(신) 전기기기 공학 II

전기기기의 동특성 해석과 제어

한양대학교 에너지변환연구실 저

도서출판 홍릉

대표저자 이주(HY-ECL)

공동저자

이형우(한국교통대학교)
이성구(동아대학교)
고성철(계명대학교)
배재남(동양미래대학교)
진창성(원광대학교)
김광수(한라대학교)
김원호(가천대학교)
강동우(계명대학교)
함상환(경일대학교)
장익상(현대모비스)
조수연(자동차부품연구원)
김미정(LG전자)
오세영(LG이노텍)
이호준(청주대학교)
이기덕(전자부품연구원)
이재준(유한대학교)
박현종(항공우주연구원)
한정호(LG이노텍)
안한웅(항공우주연구원)
오예준(한국철도기술연구원)
조수영(LG전자)
정거철(한국교통대학교)
정동훈(한라대학교)
이재광(LG전자)
임종석(HY-ECL)
장형관(HY-ECL)
오승택(HY-ECL)
김현우(HY-ECL)
박예지(HY-ECL)

감수

전연도(한국전기연구원)
김윤현(한밭대학교)
이갑재(한국건설교통기술평가원)
김솔(유한대학교)
최재학(한국전기연구원)
김태형(경상대학교)
원성홍(동양미래대학교)
임승빈(한국에너지기술평가원)
손영규(LG이노텍)
임형빈(현대자동차)
박찬배(한국교통대학교)
한필완(한국전기연구원)

HY-ECL : 한양대학교 에너지변환연구실(Hanyang University Energy Conversion Laboratory)

저자서문

전기기기 분야는 전자장이라는 물리계를 다루어야 하며 회로이론, 재료공학, 제어공학, 전력전자와 깊은 연관성을 가지고 있다. 또한 기계공학의 동역학, 열역학, 소음·진동학의 지식도 필요하기 때문에 전기공학 전공자에서도 전기기기는 어려운 분야로 평가되고 있으나 반드시 체계적으로 학습을 해야 하는 분야이기도 하다. 따라서 본 교재를 통해 엔지니어가 가능한 단시간 내에 전기기기의 물리적인 현상을 이해하고 현상 예측할 수 있는 능력을 키우는데 도움이 되고자 한다.

전기기기(한양대학교 에너지 변환 연구실 저)를 2011년 2월에 출판하고 강의를 진행하면서 책의 내용 중 불필요하다고 생각된 부분과 부족하다고 생각한 부분이 다수 발견되어 새롭게 전기기기를 집필하여야겠다고 생각해 왔었다. 그런데 책을 새롭게 집필한다는 것이 매우 힘든 과정을 거쳐야 함을 잘 알고 있던 터라 용기를 내지 못하고 차일피일하다가 이제야 새롭게 전기기기 책을 발간하게 되었다.

최근 전기기기는 제어용 전동기가 매우 중요한 위치를 차지하고 있고 우리나라의 전기기기 산업의 위치를 생각할 때 제어용 전동기의 중요성이 더욱 높아지고 있다고 생각된다. 따라서 본교재는 앞서 발간한 전기기기의 동특성 해석과 전동기 제어분야를 대폭 보강하였다. 따라서 본 책은 "(신) 전기기기 공학 I(전기기기의 원리와 정상특성 해석)과 (신) 전기기기 공학 II(전기기기의 동특성해석과 제어)" 2권의 책으로 구성하였다.

(신) 전기기기 공학 I에서는 전기기기 원리와 정상상태 특성에 대해 서술하였고 특히 최근에 잘 사용되지 않는 전기기기에 대해서는 요약 정도로만 하고 기존의 전기기기 교재에서 비중 있게 언급되지는 않았지만 최근에 많이 사용되고 있는 전기기기를 자세히 소개하고자 하였다.

(신) 전기기기 공학 II에서는 전동기 제어를 주로 다루었다. 특히 전동기제어를 위해서는 전동기의 동특성 해석이 가능해야 하고 교류전동기 벡터제어를 위해서는 좌표변환의 이해가 매우 중요하다. 따라서 최대한 물리적으로 이해 할 수 있도록 관련 내용을 기술하였다. 또한 영구자석 전동기가 최근에 매우 중요한 위치를 차지하고 있으므로 영구자석 전동기의 최대 출력제어에 대해 다른 교재에 비해서 자세히 다루고자 하였다.

2011년에 출판한 전기기기의 서문에서도 언급한바와 같이 “훌륭한 전기기기 교재가 있는데 내가 또 한권의 책을 발간하는 것이 옳은 것인가?” 라는 생각은 항상 가지고 있으나 교육자로서의 의욕이 넘쳐 이번에 새롭게 전기기기 책을 발간하게 되었다.

감사의 글

이번 전기기기 책은 2011년에 발간한 전기기기를 기반으로 하였습니다. 당시 재학했던 제자들에게 감사의 뜻을 다시 한 번 전합니다. 그리고 2020년 에너지변환연구실에 재학하고 있는 재학생들의 노력으로 약속한 일정에 맞추어 출판하게 되어 감사합니다. 전기기기 책을 발간하는 것은 연구실의 자랑이라고 하면서 따라준 제자들이 없었다면 처음부터 엄두도 못 낼 일이었던 것 같습니다. 감사합니다.

이 책을 저희 사랑하는 아내 김성희 , 딸 이경은, 어머니 그리고 고인이 되신 아버님께 바칩니다

2020년 3월 27일
대표저자 이 주

차례

제01장 전기기기 동특성해석 / 1

제02장 전동기 제어의 기초와 직류전동기 제어 / 33

제03장 교류전동기의 좌표 변환 / 93

제04장 유도전동기의 스칼라제어와 벡터제어의 원리 / 151

제05장 영구자석 전동기의 벡터제어 원리 / 185

제06장 전력전자의 기초 / 229

Appendix 부록 / 325

전기기기 동특성해석

제 01 장

1.1 전기기기의 동특성해석

그림 1.1은 직류전동기가 정상상태일 때의 등가회로를 나타내고 있다. 직류전동기의 정상상태 특성은 직류전동기에 일정한 직류가 흐르고 있는 상태이므로 인덕턴스는 단락회로이고 전압방정식도 저항(R_a)과 역기전력(E_a)으로 식 (1.1)과 같다.

$$V = E_a + R_a I_a \ \ [\mathrm{V}] \tag{1.1}$$

여기서 R_a, E_a는 각각 권선저항, 속도기전력을 나타낸다. E_a는 식 (1.2)로 정의되고 직류전동기에서 발생하는 토크는 식 (1.3)으로 나타난다.

$$E_a = K_a \phi \omega_m \ \ [\mathrm{V}] \tag{1.2}$$

$$T_a = K_a \phi I_a \ \ [\mathrm{Nm}] \tag{1.3}$$

여기서 K_a는 역기전력상수 또는 토크상수라고 한다.

전동기의 속도-토크 특성은 전동기의 성능을 나타내는 중요한 특성으로 정상상태에서 속도에 따른 전동기에서 발생하는 토크를 나타낸다. 식 (1.1), 식 (1.2), 식 (1.3)으로부터 전압의 변화에 따른 속도-토크의 곡선을 구하면 그림 1.1(b)와 같다. 토크와 전류는 비례관계가 있으므로 속도-전류 특성곡선의 교점이 그림 1.1(b)와 같이 된다. 부하의 속도-토

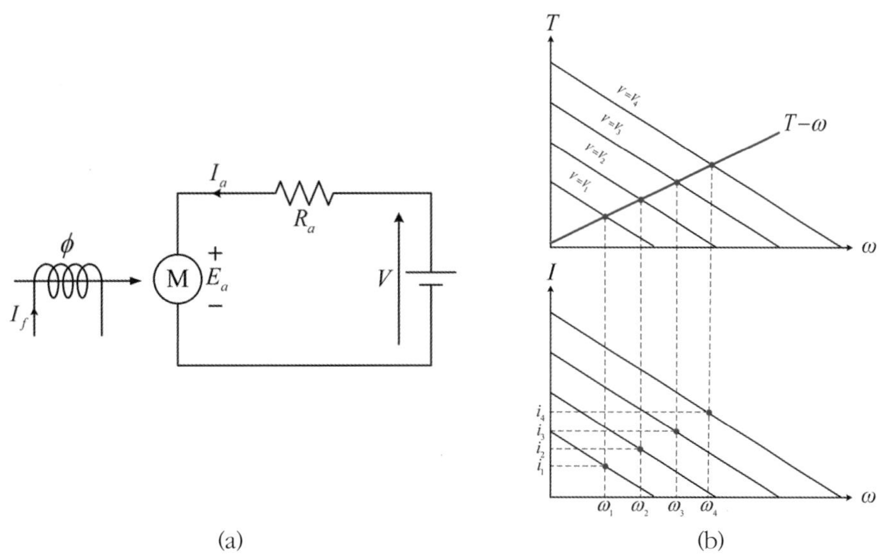

그림 1.1 직류전동기의 등가회로와 속도-토크 특성
(a) 직류전동기의 등가회로 (b) 직류전동기의 속도-토크 특성

크 특성곡선과 전동기의 속도-토크 특성의 교점이 정상속도가 되므로 그림 1.1에서 전압이 $V_1 \sim V_4$로 변할 때 속도는 $\omega_1 \sim \omega_4$가 되고 전류는 $i_1 \sim i_4$된다.

과도특성을 고려하면 전압을 V_1에서 V_4로 가변시 전류와 속도는 모두 과도현상을 거쳐서 정상상태에 도달한다. 계자전류가 일정할 때 이러한 과도현상을 해석하기 위해서는 전기자 인덕턴스를 포함하는 전압방정식인 식 (1.4)와 관성모멘트를 포함하는 운동방정식인 식 (1.5)를 연립해서 풀어야 한다.

$$V - E_a = L\frac{di_a}{dt} + R_a i_a \ [\mathrm{V}] \tag{1.4}$$

$$T_a - T_L = J_m \frac{d\omega_m}{dt} + B\omega_m \ [\mathrm{Nm}] \tag{1.5}$$

여기서 T_L, J_m, B는 부하토크, 관성모멘트, 기계적인 저항을 나타낸다.

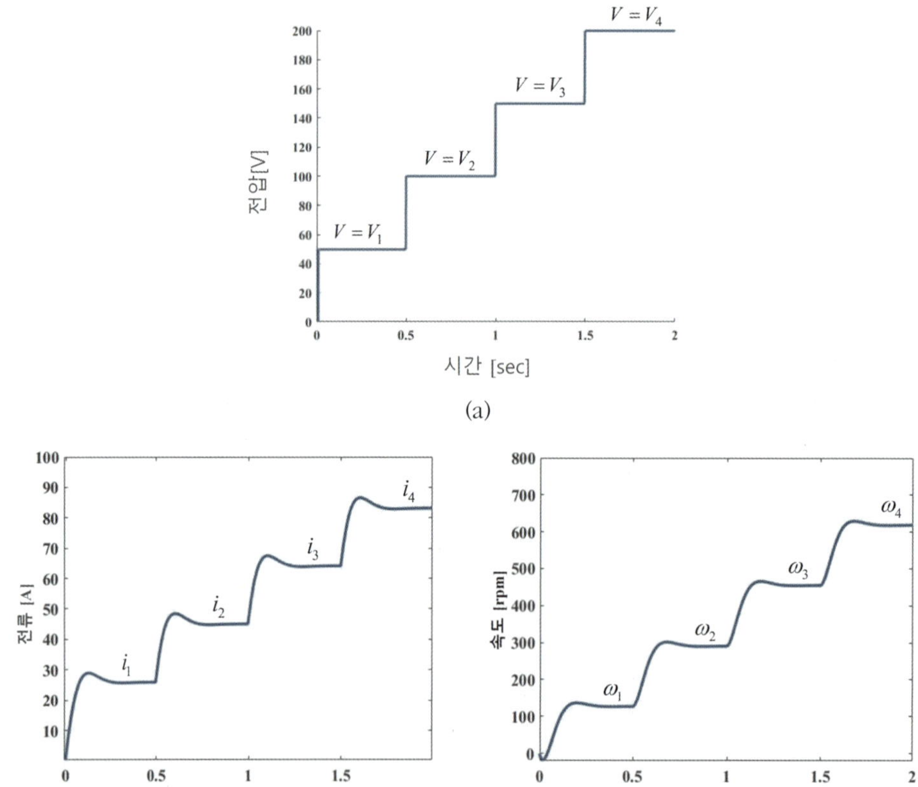

그림 1.2 직류전동기의 과도특성 (전압 제어시) (a) 입력전압 (b) 전류특성 (c) 속도특성

그림 1.2는 타여자 직류전동기의 전압을 0초, 0.5초, 1초, 1.5초, 2초에 각각 50[V], 100[V],150[V], 200[V]으로 가변시 전류와 속도의 동특성 결과이다. 그림 1.2에서 알 수 있는 바와 같이 전압이 변하면 전류와 속도 모두 과도상태를 거친 후 정상상태에 도달한다.

전압방정식 식 (1.4)와 운동방정식 식 (1.5)를 연립해서 풀기 위해서는 역기전력과 토크가 정의되어야 한다. 직류전동기에서는 식 (1.2), 식 (1.3)과 같이 간단하게 정의 될 수 있으나 일반 전기기기에서는 직관적으로 구하는 것이 어렵다. 따라서 1.2절과 1.3절에서는 전자장을 이용한 전기기기의 유기기전력과 전자력에 대한 일반식을 유도하도록 한다.

1.2 기전력의 일반식 패러데이 법칙

1.2.1 자계를 기본 물리량으로 한 패러데이법칙의 표현

전계의 세기와 자계의 세기를 기본 물리량으로 하는 패러데이법칙 미분형은 식 (1.6)과 같다.

$$\nabla \times \mathrm{E} = -\frac{\partial \mathrm{B}}{\partial \mathrm{t}} + \nabla \times (\nu \times \mathrm{B}) \tag{1.6}$$

또한 쇄교자속과 기전력을 기본 물리량으로 한 패러데이법칙은 식 (1.7)과 같다.

$$e = -\frac{d\lambda}{dt} \ [\mathrm{V}] \tag{1.7}$$

식 (1.6)과 식 (1.7)은 변압기기전력과 속도기전력을 모두 포함하는 완전히 동일한 식이다.

식 (1.6)에서 첫째 항은 정지되어 있는 대상에 쇄교하는 자속이 시간적으로 변하여 그 대상에 유도되는 기전력으로, 이 유도기전력을 변압기기전력이라고 한다. 또한 식 (1.6)의 둘째 항은 자계 내에서 어떤 대상이 상대운동을 하면서 그 대상에 유도되는 기전력으로, 이 유도기전력을 속도기전력이라고 한다. 대상이 되는 물체의 종류에 상관없이 자속의 변화량이 동일하면 동일한 기전력이 유기되지만 대상이 되는 재료의 도전율에 따라 흐르는 전류의 크기는 달라진다.

참고 식 (1.6)과 식 (1.7)의 등가 증명

우선 속도기전력이 없을 때 패러데이법칙에 대해서 알아보자. 식 (1.6)에서 속도 v가 0이면 속도기전력 항인 두 번째 항이 0이고 패러데이법칙은 식 (A1.1)으로 표현된다.

$$\nabla\times\mathrm{E}=-\frac{\partial\mathrm{B}}{\partial\mathrm{t}} \tag{A1.1}$$

여기서 E, B는 각각 전계의 세기, 자속밀도를 나타낸다.

식 (A1.1)의 양변을 면적적분하면 식 (A1.2)를 얻을 수 있다.

$$e=\oint_C \mathrm{E}\cdot dl=-\int_S\frac{\partial\mathrm{B}}{\partial t}\cdot d\mathrm{S}=-\frac{d\phi}{dt}\ \ [\mathrm{V}] \tag{A1.2}$$

여기서 ϕ는 자속을 나타낸다.

운동계를 포함하는 경우의 패러데이법칙에 대해서 검토해 보자. 운동을 하고 있는 계에서 패러데이법칙은 식 (1.6)으로 표현된다. 식 (1.6)의 양변을 면적에 대해서 적분을 하면 식 (A1.3)이 얻어진다.

$$\begin{aligned}e&=\oint_C \mathrm{E}\cdot dl=-\int_S\frac{\partial\mathrm{B}}{\partial t}\cdot d\mathrm{S}+\int_S\nabla\times(\boldsymbol{\nu}\times\mathrm{B})\cdot d\mathrm{S}\\&=-\int_S\frac{\partial\mathrm{B}}{\partial t}\cdot d\mathrm{S}-\int_S\nabla\times(\mathrm{B}\times\boldsymbol{\nu})\cdot d\mathrm{S}\ \ [\mathrm{V}]\end{aligned} \tag{A1.3}$$

속도 $\boldsymbol{\nu}$로 운동하고 있는 운동좌표계에서 임의의 벡터를 U라고 하면, 임의의 벡터 U에 대해서는 식 (A1.4)의 적분 정리가 존재한다.

$$\frac{d}{dt}\int_S \mathrm{U}\cdot d\mathrm{S}=\int_S\left[\frac{\partial\mathrm{U}}{\partial t}+\boldsymbol{\nu}\nabla\cdot\mathrm{U}+\nabla\times(\mathrm{U}\times\boldsymbol{\nu})\right]\cdot d\mathrm{S} \tag{A1.4}$$

여기서 임의의 벡터 U대신에 물리적으로 자속밀도의 의미를 갖는 $\boldsymbol{B}$를 대입하면 $\nabla\cdot\mathrm{B}=0$ 이므로 식 (A1.4)는 식 (A1.5)와 같이 간단하게 된다.

$$\frac{d}{dt}\int_S \mathrm{B}\cdot d\mathrm{S}=\int_S\left[\frac{\partial\mathrm{B}}{\partial t}+\nabla\times(\mathrm{B}\times\boldsymbol{\nu})\right]\cdot d\mathrm{S} \tag{A1.5}$$

식 (A1.5)를 식 (A1.3)에 대입하면 식 (A1.6)을 얻을 수 있다.

$$e=\oint_C \mathrm{E}\cdot dl=-\frac{d}{dt}\int_S\mathrm{B}\cdot d\mathrm{S}=-\frac{d\phi}{dt}\ \ [\mathrm{V}] \tag{A1.6}$$

식 (A1.6)으로부터 코일이 자계 내에서 운동하는 경우 기전력의 식은 코일이 정지하고 있을 때 유도기전력의 식 (A1.2)와 동일함을 알 수 있다. 따라서 다음 식 (A1.7)은 운동계와 정지계를 모두 포함하는 패러데이법칙임을 알 수 있다.

$$e=-\frac{d\phi}{dt}\ \ [\mathrm{V}] \tag{A1.7}$$

식 (A1.7)은 임의의 면에서 발생하는 유도기전력으로 N[turn]으로 구성된 코일에서는 각 도체가 기전력을 유도하고 이 도체들이 직렬로 연결되어 있으므로 식 (A1.2), (A1.7)의 ϕ는 $\lambda=N\phi$로 치환되어 식 (A1.8)과 같은 일반식을 얻을 수 있다.

$$e=-\frac{d\lambda}{dt}\ \ [\mathrm{V}] \tag{A1.8}$$

1.2.2 인덕턴스와 전류를 이용한 패러데이법칙

[1] 1권선기기에서의 패러데이법칙의 표현

식 (1.7)을 이용하여 유도기전력을 구하기 위해서는 시간, 전류, 위치에 따른 쇄교자속을 구해야 한다. 그러나 공간적, 시간적으로 변하는 자속을 해석적으로 구하는 것은 매우 어렵다. 따라서 이와 같이 자속의 양으로 유도기전력을 표현하지 않고 자속의 양을 대표하는 인덕턴스와 전류를 사용하여 자계를 전기계로 취급하는 방법이 있다. 즉, 인덕턴스 L에 의해 자계의 성질을 나타내는 방법으로 그림 1.3과 같이 1개의 권선을 갖는 기기에서 코일에 쇄교하는 자속을 인덕턴스와 전류로 나타내면 식 (1.8)과 같다.

$$\lambda = N\phi = Li \quad [\text{Wb}] \tag{1.8}$$

θ방향으로 회전 운동하고 있는 전기기기에서는 인덕턴스가 권선의 위치 θ의 함수라면 인덕턴스는 $L(\theta)$로 나타낼 수 있다. 따라서 그림 1.3에서 쇄교자속은 식 (1.9)의 형태가 된다.

$$\lambda = L(\theta)i(t) \quad [\text{Wb}] \tag{1.9}$$

식 (1.9)를 유도기전력의 식 (1.7)에 대입하면 식 (1.10)과 같이 된다.

$$e = -L(\theta)\frac{di(t)}{dt} - i(t)\frac{\partial L(\theta)}{\partial \theta} \cdot \frac{d\theta}{dt} \quad [\text{V}] \tag{1.10}$$

식 (1.10)은 패러데이법칙을 전기회로로 표현한 식으로 첫째 항은 변압기기전력을 나타내고 둘째 항은 속도기전력을 나타낸다.

속도가 0이거나 인덕턴스가 θ의 함수가 아닌 모델에서 식 (1.10)은 식 (1.11)과 같다.

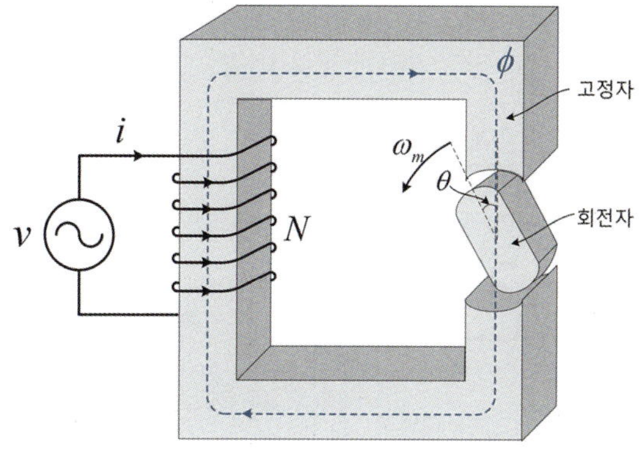

그림 1.3 1권선기기 모델

$$e = -L\frac{di}{dt} \ [\mathrm{V}] \tag{1.11}$$

식 (1.11)은 정지기에서 발생하는 기전력으로 변압기기전력을 나타내며 식 (1.6)의 첫째 항과 같다.

[2] 2권선기기에서의 패러데이법칙의 표현

그림 1.4와 같이 2권선으로 여자 된 전기기기의 역기전력을 구해보자. 역기전력은 쇄교자속의 시간미분이 되므로 1, 2차 권선의 역기전력은 식 (1.12)와 같다.

$$e_1 = -\frac{d\lambda_1}{dt},\ e_2 = -\frac{d\lambda_2}{dt} \ [\mathrm{V}] \tag{1.12}$$

여기서 λ_1, λ_2는 1차권선과 2차권선에 쇄교하는 자속을 나타내고 이것을 인덕턴스로 표현하면 식 (1.13)과 같다.

$$\begin{aligned} \lambda_1 &= L_{11}(\theta)i_1(t) + L_{12}(\theta)i_2(t) \ [\mathrm{Wb}] \\ \lambda_2 &= L_{21}(\theta)i_1(t) + L_{22}(\theta)i_2(t) \ [\mathrm{Wb}] \end{aligned} \tag{1.13}$$

따라서 1차권선과 2차권선의 유기기전력식은 식 (1.14)와 같다.

$$\begin{aligned} e_1 &= L_{11}\frac{di_1}{dt} + L_{12}\frac{di_2}{dt} + i_1\frac{\partial L_{11}}{\partial\theta}\cdot\frac{d\theta}{dt} + i_2\frac{\partial L_{12}}{\partial\theta}\cdot\frac{d\theta}{dt} \ [\mathrm{V}] \\ e_2 &= L_{21}\frac{di_1}{dt} + L_{22}\frac{di_2}{dt} + i_2\frac{\partial L_{22}}{\partial\theta}\cdot\frac{d\theta}{dt} + i_1\frac{\partial L_{21}}{\partial\theta}\cdot\frac{d\theta}{dt} \ [\mathrm{V}] \end{aligned} \tag{1.14}$$

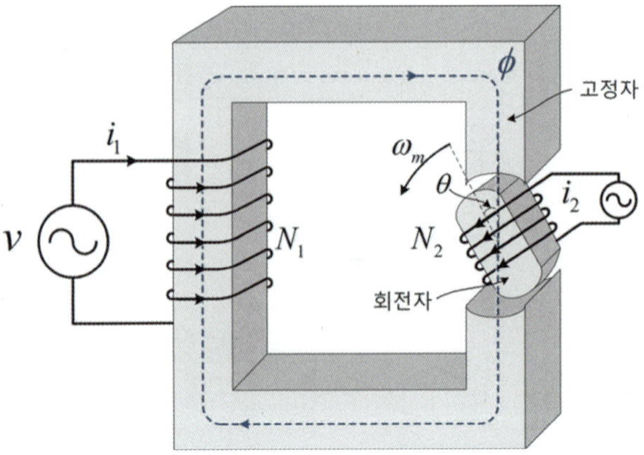

그림 1.4 2권선기기 모델

식 (1.14)에서 우변의 앞의 두 개의 항은 변압기기전력을 나타내고 뒤의 두 개의 항은 속도기전력을 나타낸다. 특히 우변 3항은 자기인덕턴스의 위치에 의존하고 있는 항이며 자기인덕턴스 위치가 변하지 않으면 0이 된다. 그림 1.4와 같이 2권선기기에서는 상호인덕턴스는 반드시 위치의 함수가 되므로 우변 4번째 항은 항상 존재한다.

1.3 자기에너지와 전자력의 일반식

1.3.1 자기에너지와 자기수반에너지

[1] 1권선기기의 자기에너지와 자기수반에너지

자계를 이용하여 전기-기계에너지 변환을 할 때 발생하는 힘은 자기에너지(magnetic energy) 또는 자기수반에너지(magnetic coenrgy)라고 하는 물리량의 위치에 대한 변화율에 비례한다. 따라서 전기기기에서 발생하는 힘을 알기 위해서는 자기에너지 또는 자기수반에너지라고 하는 물리량을 먼저 구해야 한다.

자기에너지의 일반식을 얻기 위하여 그림 1.5와 같이 공극이 있는 자성체에 N턴의 권선을 감고 전류를 흘렸을 때 축적되는 자기에너지를 구해보자. 그림 1.5의 모델에서 전원에서 공급하는 에너지를 W_E, 계에 축적되는 자기에너지를 W_{Fm}, 기계적 일을 W_M으로 하고, 손실이 없는 보존계라고 하면, 에너지 보존법칙에 의해 식 (1.15)가 성립된다.

$$dW_E = dW_{Fm} + dW_M \ [\mathrm{J}] \tag{1.15}$$

그림 1.5와 같이 가동부분이 없는 모델에서는 기계적인 일이 $0(dW_M = 0)$이므로 식 (1.15)는 식 (1.16)과 같이 나타낼 수 있다.

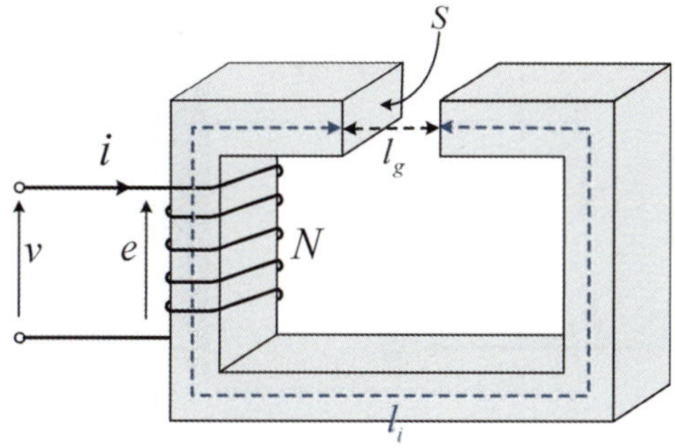

그림 1.5 가동부가 없는 1권선 전기-기계 시스템

$$dW_E = dW_{Fm} \ \ [\mathrm{J}] \tag{1.16}$$

그림 1.5에서 권선저항을 무시하면 입력전압 v와 역기전력 e는 같으므로 전류가 정상상태에 도달하기까지 입력된 전기에너지는 식 (1.17)과 같다.

$$dW_E = eidt = i\frac{d\lambda}{dt}dt = id\lambda = Nid\phi = dW_{Fm} \ \ [\mathrm{J}] \tag{1.17}$$

여기서 λ, ϕ, e, i는 각각 쇄교자속, 자속, 역기전력, 전류를 나타낸다.

따라서 자기회로가 자기에너지를 축적할 때는 그림 1.6과 같이 기자력이 0에서 Ni_1까지 증가할 때 자속은 0에서 ϕ_1까지 증가하므로 자기에너지는 식 (1.18)과 같이 된다.

$$W_{Fm} = \int_0^{\phi_1} Ni \cdot d\phi \ \ [\mathrm{J}] \tag{1.18}$$

식 (1.18)의 우변적분의 기자력 Ni와 자속 ϕ의 관계는 일반적으로 그림 1.6(a)와 같은 비선형 특성을 가지므로 간단하게 구할 수 없다. 도식적으로 구한다면 그림 1.6(a)의 파란색 부분(면적$oabo$)으로 전류가 0에서 i_1까지 증가할 때 자기회로에 축적된 자기에너지 W_{Fm}을 나타낸다.

그림 1.5의 자기회로에서 공극이 일정하고 철심의 투자율이 전류값에 관계없이 그림 1.6(b)와 같이 일정하다고 가정하면(선형특성) 기자력 Ni와 자속 ϕ에는 식 (1.19)의 관계가 성립된다.

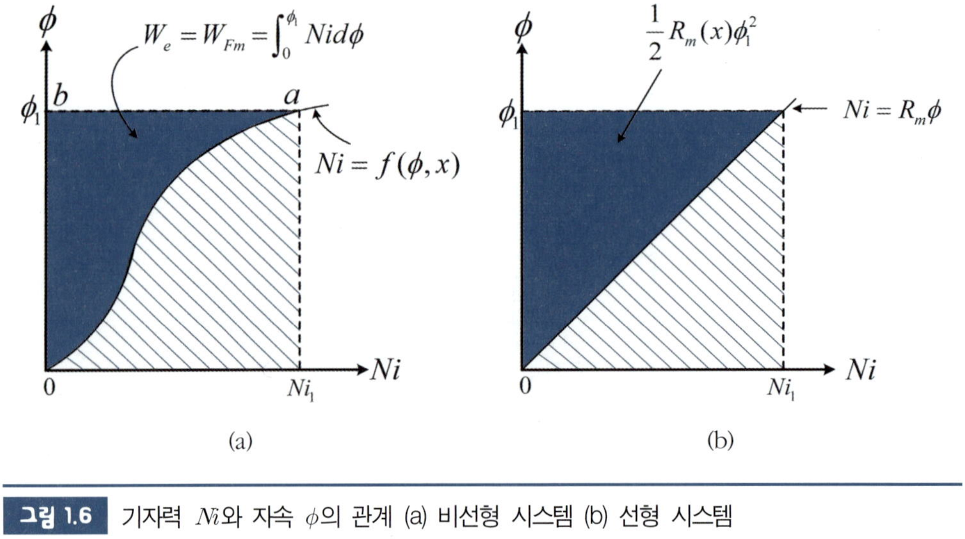

그림 1.6 기자력 Ni와 자속 ϕ의 관계 (a) 비선형 시스템 (b) 선형 시스템

$$Ni = R_m \phi \ \ [\mathrm{A}] \tag{1.19}$$

여기서 R_m은 자기저항을 나타낸다.

따라서 식 (1.19)를 식 (1.18)에 대입하면 선형자기회로에서 자기축적에너지는 식 (1.20)과 같다.

$$W_{Fm} = \frac{1}{2} R_m \phi_1^2 \ \ [\mathrm{J}] \tag{1.20}$$

다음은 자기수반에너지의 정의에 대해서 알아보자. 그림 1.7에서 파란색 면적은 자기에너지를 나타내며 반대편의 사선면적은 자기수반에너지(coenergy)라고 정의한다. 따라서 자기수반에너지를 식으로 나타내면 식 (1.21)과 같다.

$$W_{Fm}^{'} = \int_0^{i_1} \lambda di = \int_0^{Ni_1} \phi d(Ni) \ \ [\mathrm{J}] \tag{1.21}$$

자기회로가 선형인 경우 인덕턴스는 일정하므로 쇄교자속은 식 (1.22)와 같다.

$$Li = \lambda = N\phi \ \ [\mathrm{Wb}] \tag{1.22}$$

식 (1.22)를 식 (1.21)에 대입하면 자기수반에너지는 식 (1.23)과 같이 정의된다.

$$W_{Fm}^{'} = \frac{1}{2} L i_1^2 \ \ [\mathrm{J}] \tag{1.23}$$

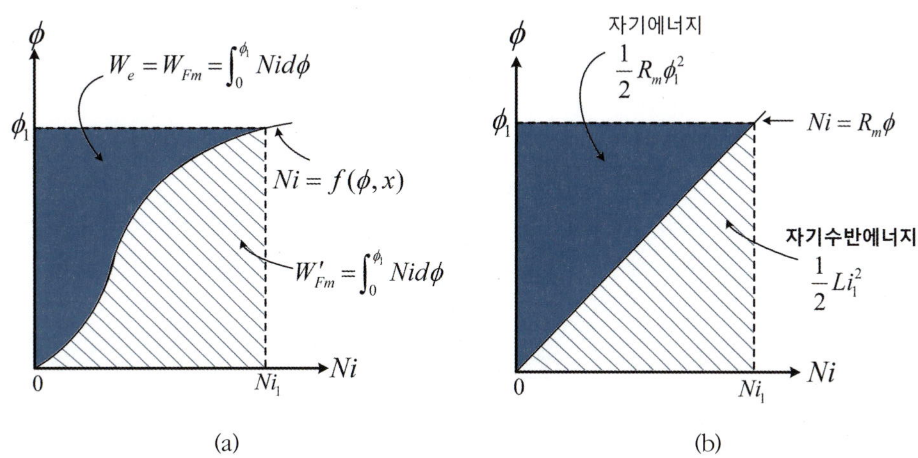

그림 1.7 자기에너지와 자기수반에너지 (a) 비선형 시스템 (b) 선형 시스템

그림 1.7(b)에서 알 수 있는 바와 같이 자기회로가 선형인 경우 자기에너지와 자기수반에너지는 동일하며 식 (1.24)와 같이 표현된다.

$$W_{Fm} = W_{Fm}' = \frac{1}{2}R_m\phi_1^2 = \frac{1}{2}Li_1^2 = \frac{1}{2}i_1\lambda_1 \ \text{[J]} \tag{1.24}$$

자기회로의 성질이 비선형인 경우에는 W_{Fm}, W_{Fm}' 을 구하는 것은 일반적으로 곤란하지만, 식 (1.24)에서 알 수 있는 바와 같이 자기특성이 선형인 경우에는 용이하게 구할 수 있다.

[2] 2권선기기의 자기에너지와 자기수반에너지

그림 1.8(a)와 같이 2권선으로 여자되고 자기회로에서 누설이 없다고 가정하면 등가자기회로는 그림 1.8(b)와 같이 된다. 이 자기회로에 2개의 권선에서 공급되는 기자력 대해서 자기회로방정식을 유도하면 식 (1.25)와 같이 된다.

$$\begin{aligned} N_1i_1 &= R_{m11}\phi_1 + R_{m12}\phi_2 \ \text{[A]} \\ N_2i_2 &= R_{m21}\phi_1 + R_{m22}\phi_2 \ \text{[A]} \end{aligned} \tag{1.25}$$

단, $R_{m11} = R_{m1} + R_{m3}$, $R_{m22} = R_{m2} + R_{m3}$, $R_{m12} = R_{m21} = -R_{m3}$ 이다.

자기회로를 선형이라고 가정하면 자기저항은 상수이므로 식 (1.25)를 식 (1.18)에 대입하면 식 (1.26)과 같이 자기에너지 W_{Fm}을 구할 수 있다.

$$\begin{aligned} W_{Fm} &= \int_0^{\phi_1} N_1i_1 \cdot d\phi + \int_0^{\phi_2} N_2i_2 \cdot d\phi \\ &= \frac{1}{2}R_{m11}\phi_1^2 + R_{m12}\phi_1\phi_2 + \frac{1}{2}R_{m22}\phi_2^2 \\ &= \frac{1}{2}R_{m1}\phi_1^2 + \frac{1}{2}R_{m3}(\phi_1 - \phi_2)^2 + \frac{1}{2}R_{m2}\phi_2^2 \ \text{[J]} \end{aligned} \tag{1.26}$$

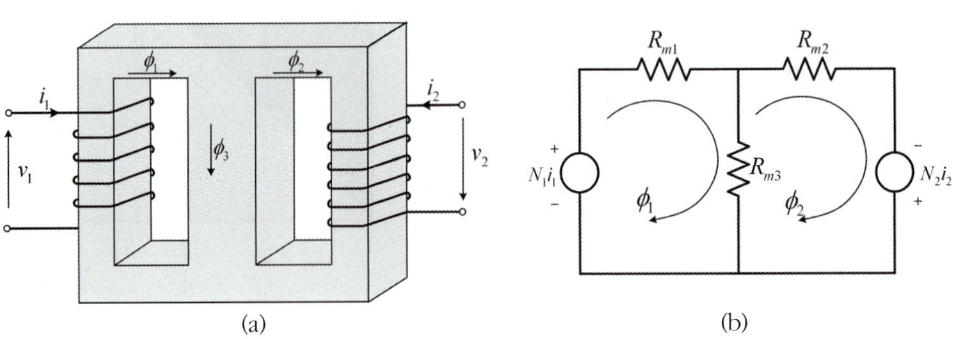

(a) (b)

그림 1.8 2권선 자기 시스템 (a) 2권선 시스템 (b) 등가회로

식 (1.26)에서 우변 제 1항은 가장 왼쪽의 철심에 축적되는 에너지, 제 2항은 중앙철심에 축적되는 에너지를 나타내고, 제 3항은 오른쪽 철심에 축적되는 에너지를 나타낸다.

그림 1.8(b)의 자기회로에서 쇄교자속을 인덕턴스로 나타내면 식 (1.27)이 성립한다.

$$\begin{aligned}\lambda_1 &= N_1\phi_1 = L_{11}i_1 + L_{12}i_2 \ \ [\mathrm{Wb}] \\ \lambda_2 &= N_2\phi_2 = L_{21}i_1 + L_{22}i_2 \ \ [\mathrm{Wb}]\end{aligned} \tag{1.27}$$

식 (1.27)을 식 (1.21)에 대입하면 자기수반에너지 $W_{Fm}^{'}$ 는 식 (1.28)과 같이 표현된다.

$$W_{Fm}^{'} = \int_0^{i_1} N_1\phi_1 \cdot di + \int_0^{i_2} N_2\phi_2 \cdot di = \frac{1}{2}L_{11}i_1^2 + L_{12}i_1i_2 + \frac{1}{2}L_{22}i_2^2 \tag{1.28}$$

이와 같이 자속과 자기저항으로 표현된 자기에너지는 전류와 인덕턴스로 표현된 자기수반에너지인 자기적인 에너지의 표현식으로 주로 사용된다.

1.3.2 자기에너지와 기계에너지의 관계

전기기기에서 자계를 전기-기계에너지 사이의 에너지변환 매개로 사용하면 자계의 로렌츠의 힘과 릴럭턴스 힘이 발생된다. 자계의 로렌츠 힘은 자속을 발생시키는 구조와 전류가 흐르는 회로 부분이 있어야 힘이 발생되지만 릴럭턴스 힘은 최소한 1개의 자계만 있어도 발생될 수 있다.

그림 1.9와 같이 권선이 1개인 전기기기에서 권선에 전류를 흘리면 철은 공극이 작아지는 방향으로 힘을 받아 점선으로 표시된 방향으로 이동할 것이다. 이 모델에서는 권선 1개만 여자 되었으므로 이때 발생되는 힘은 릴럭턴스의 힘이다. 이와 같이 가동부분이 운동을 하면 전원에서 공급되는 에너지의 일부분은 자기회로의 자기에너지로서 축적되지만, 일부분은 기계적인 일로 변환되어 가동부분이 운동한다. 그림 1.9의 모델에서 전기입력에 의해 가동부분의 위치가 x_0에서 x_1로 변했을 때 나타나는 현상을 에너지 보존법칙을 기반으로 고찰해 보자.

그림 1.9에서 임의의 시간 $t=t_0$ 일 때 가동자의 위치가 x_0, 전류는 i_0이고 자속은 ϕ_0라고 하면 $a(\phi_0, x_0, i_0)$가 동작점이 된다. 가동자가 힘을 받아 움직이기 시작하여 $t=t_1$인 시점에 가동자의 위치는 x_1, 전류는 i_1이고 자속이 ϕ_1로 증가되어 동작점이 $b(\phi_1, x_1, i_1)$가 되었다고 하자. 이와 같은 운동이 일어난 시간은 $\Delta t = t_1 - t_0$이고 이때 입력된 전기에너지는 식 (1.29)와 같다.

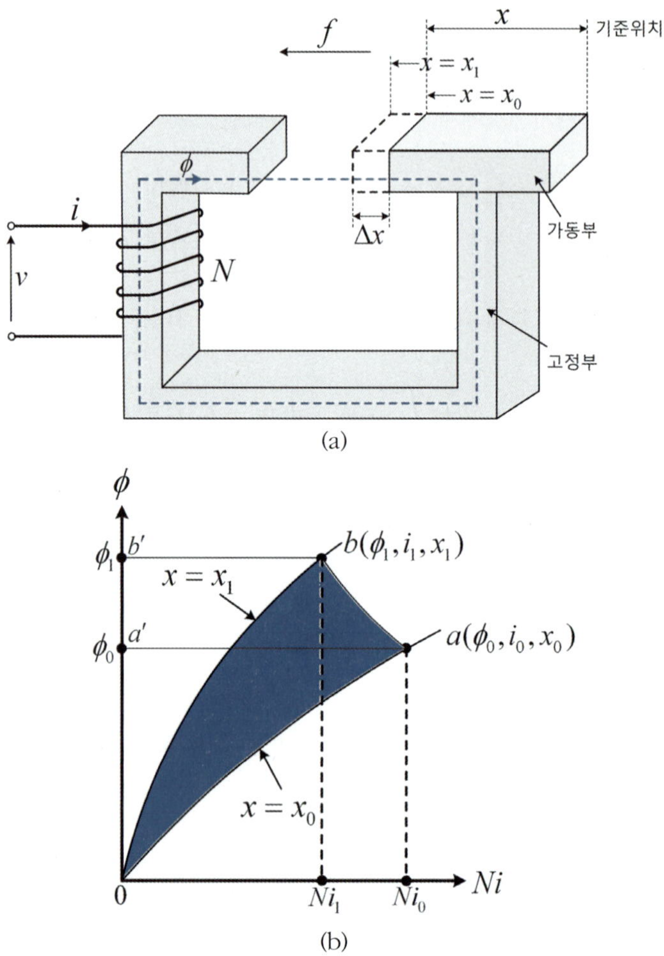

그림 1.9 가동부가 있는 1권선 자기 시스템 (a) 자기시스템 (b) $\triangle t$시간에 발생된 기계에너지

$$\triangle W_E = \int_{t_0}^{t_1} eidt = \int_{\phi_0}^{\phi_1} (Ni)d\phi = \text{면적}\, abb'a'a \tag{1.29}$$

또한, $\triangle t$의 사이에 자기에너지의 변화, 즉 가동부분의 위치가 x_0에서 x_1로 변환됨으로써 변화된 자기에너지의 변화는 식 (1.30)과 같이 된다.

$$\begin{aligned}\triangle W_{Fm} &= [\, x_1 \text{위치에서의 자기에너지 } W_{Fm}(\phi_1,\ x_1, i_1)] \\ &\quad - [\, x_0 \text{위치에서의 자기에너지 } W_{Fm}(\phi_0,\ x_0, i_0)] \\ &= \text{면적}\, 0bb'0 - \text{면적}\, 0aa'0\end{aligned} \tag{1.30}$$

기계에너지가 발생되는 경우 에너지 보존법칙은 식 (1.31)로 나타낼 수 있으므로 기계적인 에너지는 식 (1.32)와 같이 된다.

$$\Delta W_E = \Delta W_{Fm} + \Delta W_M \tag{1.31}$$

$$\begin{aligned}\Delta W_M &= \Delta W_E - \Delta W_{Fm} \\ &= \text{면적}\, abb'a'a - (\text{면적}\, 0bb'0 - \text{면적}\, 0aa'0) \\ &= \text{면적}\, 0ab0\end{aligned} \tag{1.32}$$

식 (1.32)에서 알 수 있는 바와 같이 그림 1.9(b)의 파란색 부분의 면적이 Δt 시간에 발생된 기계적인 에너지가 된다.

이와 같이 가동자의 위치를 임의로 옮기고 각 점에서의 자기에너지를 구해 힘을 얻어내는 방법을 가상변위의 원리라고 하며 힘을 구하는 일반적인 방법이다. 그림 1.9(a)에서 Δt 시간에 가동자의 위치가 Δx 변하면, 자속과 전류의 특성은 그림 1.9(b)의 점 a에서 점 b로 움직이게 된다. 가상 일 ΔW_M와 이때 발생한 힘 f 사이에는 식 (1.33)이 성립된다.

$$\Delta W_M = f \cdot \Delta x = \text{면적}\, 0ab0 \tag{1.33}$$

1.3.3 힘의 일반식

그림 1.9에서 가동자가 움직이면서 그리는 궤적 $\overset{\frown}{ab}$는 여자회로의 성질에 따라 변한다. 이상적인 조건으로 가동자가 움직일 때 자속의 변화가 없다고 가정한 경우와 전류의 변화가 없다고 가정한 두 가지 경우에 힘의 일반식이 어떻게 되는지 살펴보자.

[1] 가동자가 움직이고 있을 때 자속 ϕ가 일정한 경우

가동자가 움직이고 있는 사이에 자속 ϕ가 일정한 경우에 자속과 전류와는 그림 1.10(a)와 같은 관계가 있다. 여기서 전기적인 입력은 식 (1.17)과 같으나 역기전력 e가 0(자속의 변화가 없으므로)이므로 전기적인 입력은 없다. 따라서 에너지 보존법칙에 의해 식 (1.34)가 성립된다.

$$-\Delta W_{Fm} = \Delta W_M \ [\text{J}] \tag{1.34}$$

또한 계에 축적되는 자기에너지의 변화는 식 (1.35)와 같다.

$$\Delta W_{Fm} = \text{면적}\, 0b_1a_1'0 - \text{면적}\, 0a_1a_1'0 = -(\text{면적}\, 0a_1b_10) \tag{1.35}$$

기계적 에너지는 식 (1.35)에서 자기축적에너지의 (−)로 되므로 그림 1.10(a)의 파란색 부분이 되고 이것을 식으로 나타내면 식 (1.36)과 같다.

$$\triangle W_M = f_x \triangle x = \text{면적} 0a_1b_10 = -\triangle W_{Fm} \tag{1.36}$$

따라서 식 (1.36)로부터 평균적인 힘 f_x을 구하면 식 (1.37)이 된다.

$$f_x = -\left[\frac{\triangle W_{Fm}(\phi,\ x)}{\triangle x}\right]_{\phi=\text{일정}}\ [\text{N}] \tag{1.37}$$

식 (1.37)에서 알 수 있는 바와 같이 자속이 일정할 때 힘은 자기에너지가 작아지는 방향으로 작용한다.

[2] 가동자가 움직일 때 전류 i가 일정한 경우

가동자가 움직이고 있는 사이에 전류가 변하지 않을 경우 힘의 일반식을 구해보자. 이때 계가 발생하는 기계적인 일은 그림 1.9(b)의 특별한 경우로 그림 1.10(b)의 파란색 부분이 되므로 식 (1.38)이 성립한다.

$$\triangle W_M = f\triangle x = \text{면적} 0a_2b_20 \tag{1.38}$$

그림 1.10(b)에서 음영부분의 면적은 식 (1.39)와 같다.

$$\text{면적} 0a_2b_20 = \text{면적} 0c_2b_20 - \text{면적} 0c_2a_20 \tag{1.39}$$

여기서 우변의 각 면적은 각각 x_0와 x_1일 때의 자기수반에너지를 나타내므로 식 (1.40)이 성립한다.

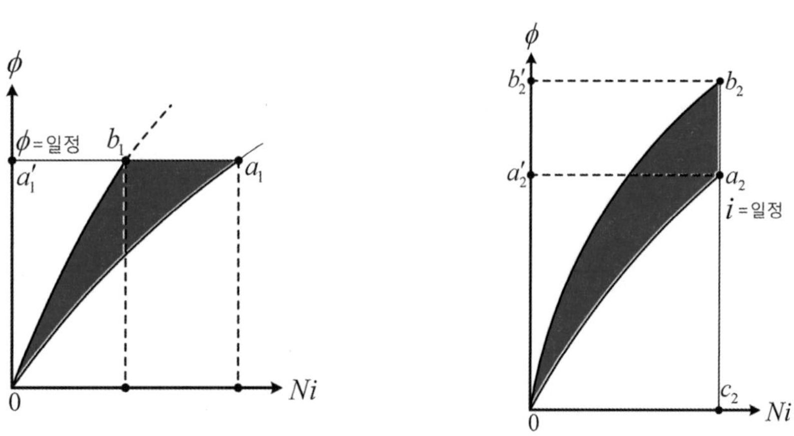

(a) (b)

그림 1.10 계에 축적되는 자기에너지의 변화 (a) ϕ가 일정한 경우 (b) i가 일정한 경우

$$면적 0c_2a_20 = W'_{Fm}(i,\ x_0),\quad 면적 0c_2b_20 = W'_{Fm}(i,\ x_1) \tag{1.40}$$

따라서 면적$0a_2b_20$는 자기수반에너지의 변화분과 같으므로 식 (1.41)이 성립한다.

$$면적 0a_2b_20 = \Delta W'_{Fm}(i,\ x) \tag{1.41}$$

따라서 전류가 일정할 때 기계적인 일은 식 (1.42)로 표현할 수 있다.

$$\triangle W_M = f_x \cdot \triangle x = \Delta W'_{Fm}(i,\ x)\ \ [\mathrm{J}] \tag{1.42}$$

즉, 가동자가 운동하고 있을 때 전류가 일정한 경우, 기계적인 일은 자기수반에너지의 증가분과 같다. 식 (1.42)에서 가동부분에 작용하는 평균적인 힘 f_x을 구하면 식 (1.43)과 같이 된다.

$$f_x = \left[\frac{\triangle W'_{Fm}(i,\ x)}{\triangle x}\right]_{i=일정}\ \ [\mathrm{N}] \tag{1.43}$$

앞에서 구한 것과 같이 계에 작용하는 기계력을 구하면 자기에너지 $W_{Fm}(\phi,\ x)$와 자기수반에너지 $W'_{Fm}(i,\ x)$를 사용하는 두 가지 방법이 있다.

[3] 자기회로의 성질이 선형인 경우

그림 1.9(a)에서와 같이 가동자가 운동을 하는 경우 자기저항 R_m 또는 인덕턴스 L은 위치 x의 함수가 되므로 자기저항과 인덕턴스는 $R_m(x)$, $L(x)$로 나타낼 수 있다. 이때 자기에너지와 자기수반에너지, $W_{Fm}(\phi, x)$, $W'_{Fm}(i, x)$는 식 (1.44), (1.45)와 같이 된다.

$$W_{Fm}(\phi,\ x) = \frac{1}{2}R_m(x)\phi^2\ \ [\mathrm{J}] \tag{1.44}$$

$$W'_{Fm}(i,\ x) = \frac{1}{2}L(x)i^2\ \ [\mathrm{J}] \tag{1.45}$$

식 (1.44)를 식 (1.37)에 대입하고 식 (1.45)를 식 (1.43)에 대입하면 기계력은 식 (1.46), (1.47)이 된다.

$$f = -\left[\frac{\triangle W_{Fm}(\phi,\ x)}{\triangle x}\right]_{\phi=일정} = -\frac{1}{2}\phi^2\frac{\triangle R_m(x)}{\triangle x}\ \ [\mathrm{N}] \tag{1.46}$$

$$f = \left[\frac{\triangle W'_{Fm}(i,\ x)}{\triangle x}\right]_{i=일정} = \frac{1}{2}i^2\frac{\triangle L(x)}{\triangle x}\ \ [\mathrm{N}] \tag{1.47}$$

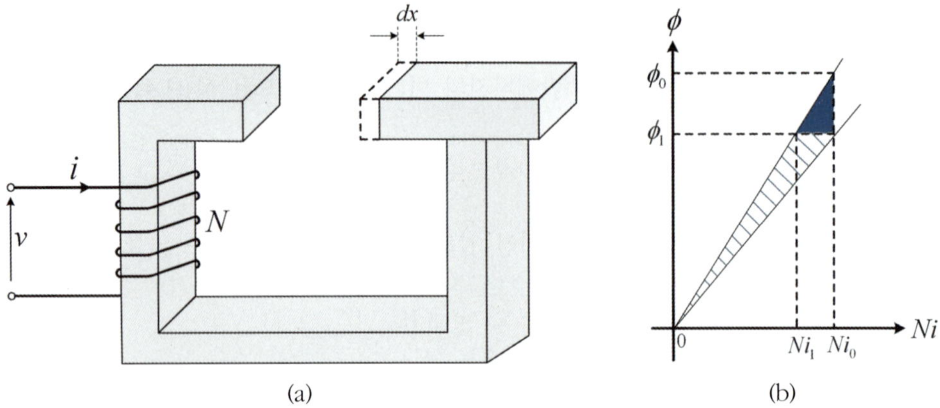

그림 1.11 가동부가 약간 이동한 경우 자기에너지와 자기수반 에너지
(a) 가동부 형상 (b) ϕ과 i가 일정한 경우의 기계력

그림 1.11(a)에서와 같이 가동자가 약간 움직일 때 자속이 일정한 경우와 전류가 일정한 경우의 기계력은 그림 1.11(b)에서 파란색 부분과 같이 차이가 나지만, 미소변위(dx)를 고려하면 거의 같은 결과라고 볼 수 있다. 따라서 가동자의 미소변위에 대한 힘의 식은 식 (1.48), (1.49)와 같다.

$$\begin{aligned} f_x &= -\left[\lim_{\Delta x \to 0} \frac{\Delta W_{Fm}(\phi, x)}{\Delta x}\right]_{\phi = \text{일정}} \\ &= -\left[\frac{\partial W_{Fm}(\phi, x)}{\partial x}\right]_{\phi = \text{일정}} \\ &= -\frac{1}{2}\phi^2 \frac{dR_m(x)}{dx} \quad [\mathrm{N}] \end{aligned} \tag{1.48}$$

$$\begin{aligned} f_x &= \left[\lim_{\Delta x \to 0} \frac{\Delta W'_{Fm}(\phi, x)}{\Delta x}\right]_{i = \text{일정}} \\ &= \left[\frac{\partial W'_{Fm}(\phi, x)}{\partial x}\right]_{i = \text{일정}} \\ &= \frac{1}{2} i^2 \frac{dL(x)}{dx} \quad [\mathrm{N}] \end{aligned} \tag{1.49}$$

이와 같이 자계의 성질이 선형일 때 식 (1.49)를, $L(x) = N^2 / R_m(x)$, $\phi = Ni / R_m(x)$의 관계를 사용하여 고쳐 쓰면 식 (1.50)의 결과를 얻을 수 있다.

$$f_x = \frac{1}{2} i^2 \frac{dL}{dx} = \frac{1}{2}(Ni)^2 \frac{d}{dx}\left(\frac{1}{R_m}\right) = -\frac{1}{2}\frac{(Ni)^2}{R_m^2}\frac{dR_m}{dx} = -\frac{1}{2}\phi^2 \frac{dR_m}{dx} \quad [\mathrm{N}] \tag{1.50}$$

식 (1.50)에서 알 수 있는 바와 같이 자기회로가 선형일 경우 힘을 구하기 위해 W_{Fm},

W'_{Fm} 의 어떤 것을 사용해도 결과는 동일하다는 것을 알게 된다.

1.3.4 2권선으로 여자된 회전기의 토크

일반적인 회전기기는 여러 개의 권선으로 구성되어 있다. 이러한 다권선 회전기기에서 회전자 위치에 따라 공극에 축적되는 자기에너지 또는 공극에 축적되는 자기수반에너지를 구해 식 (1.48) 또는 식 (1.49)에 대입하면 힘을 구할 수 있다. 예를 들면 그림 1.12와 같은 2권선계 모델에서 권선 N_1, N_2의 자기인덕턴스를 각각 $L_{11}(\theta)$, $L_{22}(\theta)$라고 하고 상호인덕턴스를 $L_{12}(\theta)$라고 하면 자기수반에너지는 식 (1.51)과 같이 된다.

$$W'_{Fm} = \frac{1}{2}L_{11}i_1^2 + L_{12}i_1 i_2 + \frac{1}{2}L_{22}i_2^2 \ \text{[J]} \tag{1.51}$$

식 (1.51)을 식 (1.43)에 대입하면 회전자에 작용하는 토크는 식 (1.52)로 나타낼 수 있다.

$$T = \frac{\partial W'_{Fm}}{\partial\theta} = \frac{1}{2}i_1^2\frac{dL_{11}}{d\theta} + \frac{1}{2}i_2^2\frac{dL_{22}}{d\theta} + i_1 i_2\frac{dL_{12}}{d\theta} \ \text{[Nm]} \tag{1.52}$$

여기서 첫 번째 항은 권선 1에 전류가 흐를 때 발생하는 릴럭턴스 토크를 나타내고, 두 번째 항은 권선 2에 전류가 흐를 때 발생하는 릴럭턴스 토크를 나타낸다. 또한 세 번째 항은 전류 1과 전류 2에 전류가 동시에 흐를 때 발생하는 마그네틱 토크를 나타낸다. 따라서 식 (1.52)은 2권선기기에서 발생하는 릴럭턴스 토크와 마그네틱 토크를 모두 나타내는 식이다.

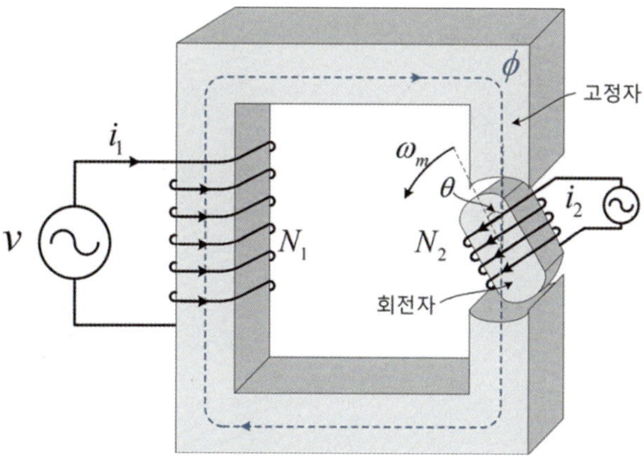

그림 1.12 2권선 시스템

참고 2권선기기에서 발생되는 전자력

다음 그림은 2권선기기를 나타내고 있다. 그림에서
(a) 기기는 회전자에 돌극성
(b) 기기는 고정자에 돌극성
(c) 기기는 고정자와 회전자에 돌극성
(d) 기기는 돌극성이 없는 기기

각각의 경우 다음의 성질을 갖는다.
(a) 기기는 고정자에 릴럭턴스 토크와 마그네틱 토크를 갖고 고정자는 마그네틱 토크 만 갖는다.
(b) 기기는 회전자에 릴럭턴스 토크와 마그네틱 토크를 갖고 회전자는 마그네틱 토크 만 갖는다.
(c) 기기는 고정자와 회전자에 릴럭턴스 토크와 마그네틱 토크를 모두 갖는다.
(d) 기기는 고정자와 회전자에 릴럭턴스 토크가 없고 마그네틱 토크를 모두 갖는다.

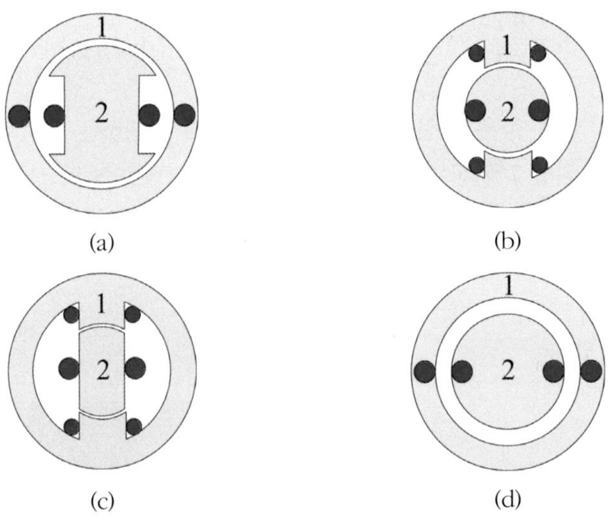

그림 예 1 마그네틱 토크 발생 설명모델

1.4 전기기기에서 에너지 변환의 일반식

1.4.1 다권선기기에서 에너지와 토크의 일반식

자계를 에너지 변환의 매개로 사용하는 기기에서는 전류가 흐르면 자기에너지를 축적하게 된다. 이때 인덕턴스가 일정하다면 (전류와 위치가 미소 변화를 하는 경우 성립하는 가정임) 자기에너지와 자기 수반에너지는 동일한 크기를 가지므로 자기에너지를 인덕턴스를 사용하여 나타내면 1권선기기와 2권선기기의 자기에너지는 각각 식 (1.53), (1.54)가 된다.

$$W'_{Fm} = \frac{1}{2}L_{11}i_1^2 \tag{1.53}$$

$$\begin{aligned} W'_{Fm} &= \frac{1}{2}[i_1\ i_2]\begin{bmatrix} L_{11}\ L_{12} \\ L_{21}\ L_{22} \end{bmatrix}\begin{bmatrix} i_1 \\ i_2 \end{bmatrix} \\ W'_{Fm} &= \frac{1}{2}L_{11}i_1^2 + L_{12}i_1 i_2 + \frac{1}{2}L_{22}i_2^2 \end{aligned} \tag{1.54}$$

위의 결과로부터 다권선기기에서 축적되는 자기에너지의 일반식을 유도하면 식 (1.55)와 같이 정의된다.

$$W'_{Fm} = \frac{1}{2}[i]^T[L][i] \tag{1.55}$$

자기수반에너지를 구하고자 하는 방향성분으로 미분하면 그 방향의 힘을 얻을 수 있으므로 x, y, z방향의 힘 또는 토크는 식 (1.56)이 된다.

$$\begin{aligned} f_x &= \frac{\partial W'_{Fm}(\phi,x,y,z)}{\partial x}, \quad f_y = \frac{\partial W'_{Fm}(\phi,x,y,z)}{\partial y}, \\ f_z &= \frac{\partial W'_{Fm}(\phi,x,y,z)}{\partial z}, \quad T = \frac{\partial W'_{Fm}(\phi,\theta)}{\partial \theta} \end{aligned} \tag{1.56}$$

전기적 입력이 1개일 때와 2개일 때의 토크는 식 (1.53) 또는 식 (1.54)를 식 (1.56)에 대입하면 각각 식 (1.57), (1.58)이 된다.

$$T = \left[\frac{\partial W'_{Fm}(i,\theta)}{\partial \theta}\right]_{i=\text{일정}} = \frac{1}{2}i^2\frac{dL(\theta)}{d\theta} \tag{1.57}$$

$$T = \frac{1}{2}[i_1\, i_2]\begin{bmatrix} \frac{\partial L_{11}}{\partial \theta} & \frac{\partial L_{12}}{\partial \theta} \\ \frac{\partial L_{21}}{\partial \theta} & \frac{\partial L_{22}}{\partial \theta} \end{bmatrix}\begin{bmatrix} i_1 \\ i_2 \end{bmatrix} \tag{1.58}$$

$$T = \frac{1}{2}i_1^2\frac{dL_{11}}{d\theta} + \frac{1}{2}i_2\frac{dL_{22}}{d\theta} + i_1 i_2\frac{dL_{12}}{d\theta}$$

다권선 전기기기에서 토크의 일반식을 구하면 식 (1.59)와 같다.

$$T = \frac{1}{2}[i]^T[G][i] \tag{1.59}$$

여기서 행렬 $[G]$는 인덕턴스의 구하고자 하는 회전방향에 대한 미분으로 식 (1.60)과 같이 된다.

$$[G] = \frac{d}{d\theta}[L] \tag{1.60}$$

1.4.2 전압방정식의 일반화

다권선기기에서 전압방정식의 일반식은 식 (1.61)과 같이 표현된다.

$$\begin{aligned} [v] &= [R][i] + \frac{d}{dt}[L][i] \\ &= [R][i] + [L]\frac{d}{dt}[i] + \left[\frac{d}{d\theta}[L]\right][i]\frac{d\theta}{dt} \\ &= [R][i] + [LP][i] + [G][i]\omega \end{aligned} \tag{1.61}$$

여기서 P는 시간미분연산자 d/dt이고 계수 행렬은 각각 식 (1.62)로 정의 되는 계수이다. R_i^a는 a(고정자s, 회전자r)의 i번째 저항이다. (단, $i = 1, 2, 3, \ldots, a = s, r$) L_{ij}^{ab}는 a의 i번째 권선과 b의 j번째 권선 사이의 자기인덕턴스 또는 상호인덕턴스이다. G_{ij}^{ab}는 a의 i번째 권선과 b의 j번째 권선 사이의 자기인덕턴스 또는 상호인덕턴스에 대한 미분이다. (단, $i, j = 1, 2, 3, \ldots, a, b = s, r$) 식 (1.61)에서 우변 첫 번째 항은 저항 전압강하를 나타내고 두 번째 항은 변압기기전력을 나타낸다. 또한 세 번째 항은 속도기전력을 나타내는 항이다.

$$[R] = \begin{bmatrix} R_1^s & 0 & \cdots & 0 & 0 & \cdots \\ 0 & R_2^s & \cdots & 0 & 0 & \cdots \\ \cdots & \cdots & \cdots & \cdots & \cdots & \cdots \\ 0 & 0 & \cdots & R_1^r & 0 & \cdots \\ 0 & 0 & \cdots & 0 & R_2^r & \cdots \\ \cdots & \cdots & \cdots & \cdots & \cdots & \cdots \end{bmatrix}$$

$$[LP] = \begin{bmatrix} L_{11}^{ss} & L_{12}^{ss} & \cdots & L_{11}^{sr} & L_{12}^{sr} & \cdots \\ L_{21}^{ss} & L_{22}^{ss} & \cdots & L_{21}^{sr} & L_{22}^{sr} & \cdots \\ \cdots & \cdots & \cdots & \cdots & \cdots & \cdots \\ L_{11}^{rs} & L_{12}^{rs} & \cdots & L_{11}^{rr} & L_{12}^{rr} & \cdots \\ L_{21}^{rs} & L_{22}^{rs} & \cdots & L_{21}^{rr} & L_{22}^{rr} & \cdots \\ \cdots & \cdots & \cdots & \cdots & \cdots & \cdots \end{bmatrix} \times P \tag{1.62}$$

$$[G] = \begin{array}{c} \\ s.1 \\ s.2 \\ \cdots \\ r.1 \\ r.2 \\ \cdots \end{array} \begin{array}{c} \begin{array}{cccccc} s.1 & s.2 & & r.1 & r.2 & \end{array} \\ \begin{bmatrix} G_{11}^{ss} & G_{12}^{ss} & \cdots & G_{11}^{sr} & G_{12}^{sr} & \cdots \\ G_{21}^{ss} & G_{22}^{ss} & \cdots & G_{21}^{sr} & G_{22}^{sr} & \cdots \\ \cdots & \cdots & \cdots & \cdots & \cdots & \cdots \\ G_{11}^{rs} & G_{12}^{rs} & \cdots & G_{11}^{rr} & G_{12}^{rr} & \cdots \\ G_{21}^{rs} & G_{22}^{rs} & \cdots & G_{21}^{rr} & G_{22}^{rr} & \cdots \\ \cdots & \cdots & \cdots & \cdots & \cdots & \cdots \end{bmatrix} \end{array}$$

1.4.3 다권선에서 에너지의 변환

전압방정식 식 (1.60)에서 양변에 $[i]^T$를 곱하면 식 (1.63)과 같이 정리해서 나타낼 수 있다.

$$P_e = \underbrace{[i]^T[R][i]}_{1항} + \underbrace{[i]^T[LP][i] + \frac{1}{2}[i]^T[G][i]\omega}_{2항} + \underbrace{\frac{1}{2}[i]^T[G][i]\omega}_{3항} \tag{1.63}$$

식 (1.63)에서 우변 1항은 저항손을 나타내고 2항은 자기에너지의 시간적 변화분을 나타낸다. 또한 3항은 기계적인 출력을 나타내는 항이다.

먼저 2항의 물리적 의미에 대해서 알아보자. 자기축적 에너지를 시간적인 변화를 구해보면 식 (1.63)의 2항과 같다. 자기 축적에너지의 시간적 변화의 물리적인 이해를 위해 2권선기기를 대상으로 설명해보자. 2권선 기기에서 2항의 첫 번째 항은 식 (1.64)가 된다.

$$\begin{aligned} &[i_1\ i_2]\begin{bmatrix} L_{11}P & L_{12}P \\ L_{21}P & L_{22}P \end{bmatrix}\begin{bmatrix} i_1 \\ i_2 \end{bmatrix} \\ &= L_{11}i_1\frac{\partial i_1}{\partial t} + L_{12}i_1\frac{\partial i_2}{\partial t} + L_{21}i_2\frac{\partial i_1}{\partial t} + L_{22}i_2\frac{\partial i_2}{\partial t} \end{aligned} \tag{1.64}$$

또한 2항의 2번째 항은 식 (1.65)와 같다.

$$\frac{1}{2}[i_1\, i_2]\begin{bmatrix}\dfrac{\partial L_{11}}{\partial\theta} & \dfrac{\partial L_{12}}{\partial\theta}\\ \dfrac{\partial L_{21}}{\partial\theta} & \dfrac{\partial L_{22}}{\partial\theta}\end{bmatrix}\begin{bmatrix}i_1\\ i_2\end{bmatrix}\omega \tag{1.65}$$
$$= \frac{1}{2}i_1^2\frac{\partial L_{11}}{\partial t} + \frac{1}{2}i_1 i_2\frac{\partial L_{12}}{\partial t}\,\frac{1}{2}i_1 i_2\frac{\partial L_{21}}{\partial t} + \frac{1}{2}i_2^2\frac{\partial L_{22}}{\partial t}$$

식 (1.64)와 식 (1.65)의 합은 식 (1.66)과 같이 2권선기기의 자기 축적에너지의 시간미분과 같다.

$$\begin{aligned}\frac{dW_{Fm}^{'}}{dt} &= \frac{d}{dt}\left[\frac{1}{2}L_{11}i_1^2 + L_{12}i_1 i_2 + \frac{1}{2}L_{22}i_2^2\right]\\ &= L_{11}i_1\frac{\partial i_1}{\partial t} + L_{12}i_1\frac{\partial i_2}{\partial t} + L_{21}i_2\frac{\partial i_1}{\partial t} + L_{22}i_2\frac{\partial i_2}{\partial t}\\ &\quad + \frac{1}{2}i_1^2\frac{\partial L_{11}}{\partial t} + \frac{1}{2}i_1 i_2\frac{\partial L_{12}}{\partial t} + \frac{1}{2}i_1 i_2\frac{\partial L_{21}}{\partial t} + \frac{1}{2}i_2^2\frac{\partial L_{22}}{\partial t}\end{aligned} \tag{1.66}$$

다권선기기에서 자기 축적에너지의 시간미분을 일반화하면 식 (1.67)과 같다.

$$\begin{aligned}P_2 &= [i]^T[LP][i] + \frac{1}{2}[i]^T[G][i]\omega\\ &= \frac{d}{dt}\left[\sum_{i=1}^{m}\sum_{j=1}^{n}\frac{1}{2}L_{ij}i_i i_j\right] = \frac{d}{dt}[\text{전체 자기에너지}]\end{aligned} \tag{1.67}$$

이러한 자기에너지의 시간적 변화는 무효전력의 변화를 나타내는 항이다. 또한 식 (1.63)에서 우변의 3항은 식 (1.59)의 토크식에 각속도를 곱한 값으로 기계적인 출력을 나타내고 있다.

따라서 식 (1.63)은 전기적인 입력이 가해지면 저항에서 손실이 발생하고 내부의 리액턴스 에너지 변화와 기계적인 출력이 발생하는 에너지 보존법칙이 성립된다는 의미를 나타내는 식이다.

1.5 전기기기 모델링 및 동특성 해석 예

1.5.1 직선운동을 하는 전자석의 동특성 예

그림 1.13과 같이 자기적으로 움직이는 물체를 대상으로 동특성을 해석하여 보자. 그림

1.13에서와 같이 직선운동을 하는 1권선기기에 전압을 가하게 되면 가동자는 릴럭턴스가 최소화 되는 방향으로 힘이 발생하게 된다. 이 기기의 동특성해석을 위해서는 전압방정식과 운동방정식을 연립해서 풀어야 한다. 우선 전압방정식의 일반식은 식 (1.68)과 같다.

$$e = Ri + L(x)\frac{di}{dt} + i\frac{dL(x)}{dx}\frac{dx}{dt} \tag{1.68}$$

식 (1.68)의 계수에서 인덕턴스를 구하기 위해 철심에서의 자기저항은 0이고 자기저항이 모두 공극에만 있다고 할 때 x방향의 자기저항(R)을 구해보면 식 (1.69)와 같다.

$$R = \frac{2l}{\mu S} = \frac{2(g-x)}{\mu S} \tag{1.69}$$

식 (1.69)로부터 인덕턴스를 구해보면 식 (1.70)과 같이 된다.

$$L = \frac{N^2}{R} = \frac{\mu S N^2}{2(g-x)} = L_s\frac{g}{g-x} \tag{1.70}$$

여기서 L_s는 초기위치$(x=0)$에서의 인덕턴스로 식 (1.71)과 같다.

$$L_s = \frac{\mu S N^2}{2g} \tag{1.71}$$

따라서 전압방정식은 식 (1.72)와 같이 된다.

$$v = Ri + L_s\frac{g}{g-x}\frac{di}{dt} + i\left(L_s\frac{g}{(g-x)^2}\right)\frac{dx}{dt} \tag{1.72}$$

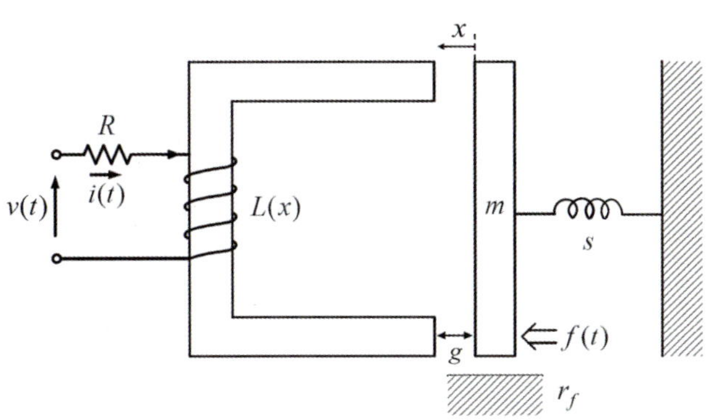

그림 1.13 직선운동을 하는 전자석의 동특성 모델

그림 1.13의 운동방정식을 구해보면 식 (1.73)과 같다.

$$f = m\frac{d^2x}{dt^2} + r_f\frac{dx}{dt} + sx - \frac{1}{2}i^2\frac{dL(x)}{dx} \tag{1.73}$$

여기서 m, r_f, s는 각각 가동부의 질량, 저항 및 스프링 상수를 나타낸다.

동특성을 해석하기 위해서는 식 (1.72)와 식 (1.73)을 연립해서 풀면 얻을 수 있다.

그림 1.14는 그림 1.13의 동특성 모델을 해석한 결과를 나타내고 있다. 그림 1.14(a)에서와 같이 전압을 0[V]→20[V]→40[V]→60[V]로 상승시키면 그림 1.14(b), (c)와 같이 전류, 위치가 과도현상을 거친 후 정상상태에 도달함을 알 수 있다.

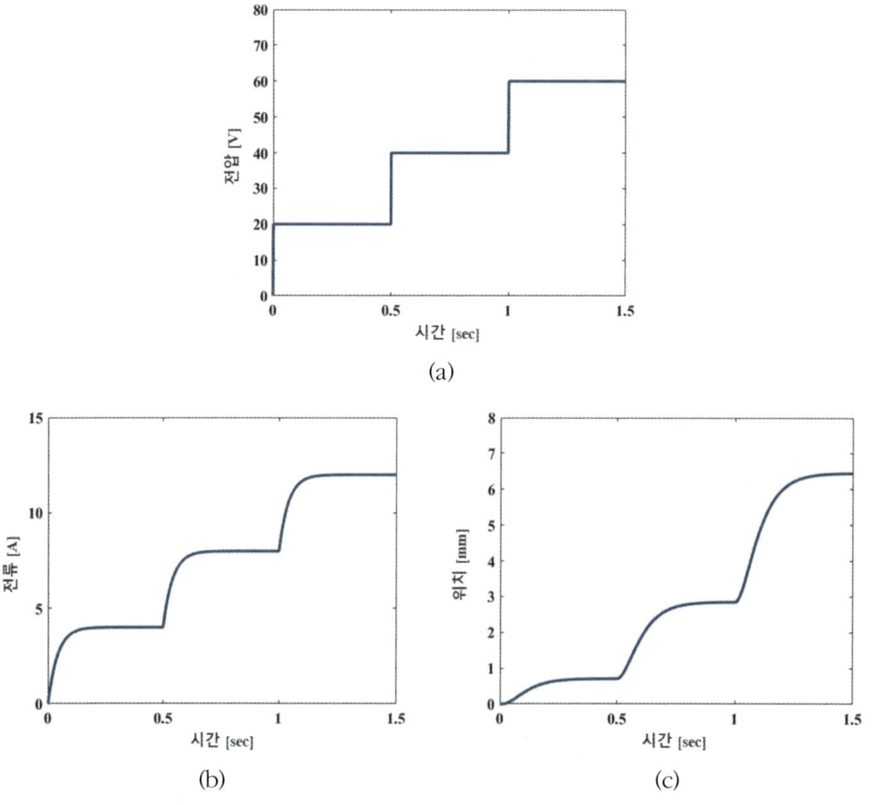

그림 1.14 직선운동을 하는 전자석의 동특성 해석 결과 (a) 전압, (b) 전류, (c) 변위

1.5.2 플런저의 동특성 해석 예

그림 1.15와 같은 자기적으로 구동되는 플런저를 대상으로 동특성을 해석하여 보자. 그림 1.15에서와 같이 직선운동을 하는 1권선기기에 전압을 가하게 되면 가동자에는 릴럭턴스가 최소화 되는 방향으로 힘이 발생하게 된다. 이 기기의 동특성해석을 위해서는 전압방정식과 운동방정식을 연립해서 풀어야 한다. 우선 전압방정식의 일반식은 식 (1.74)와 같다.

$$[v] = [R][i] + [LP][i] + [G][i]v \tag{1.74}$$

식 (1.74)의 계수에서 인덕턴스를 구하기 위해 철심에서 자기저항을 0이라고 가정하고 플런저 윗부분의 자기저항(R_1)과 아래 부분의 자기저항(R_2)을 구해보면 식 (1.75)과 같다.

$$R_1 = \frac{t}{\mu_0 \pi dx},\ R_2 = \frac{t}{\mu_0 \pi da} \tag{1.75}$$

따라서 자기저항의 합은 식 (1.76)과 같이 된다.

$$R = \frac{t}{\mu_0 \pi da}\frac{a+x}{x} \tag{1.76}$$

식 (1.76)으로부터 인덕턴스를 구해보면 식 (1.77)과 같이 된다.

$$L = \frac{N^2}{R} = \frac{\mu_0 \pi da N^2}{t}\frac{x}{a+x} = L_s \frac{x}{a+x} \tag{1.77}$$

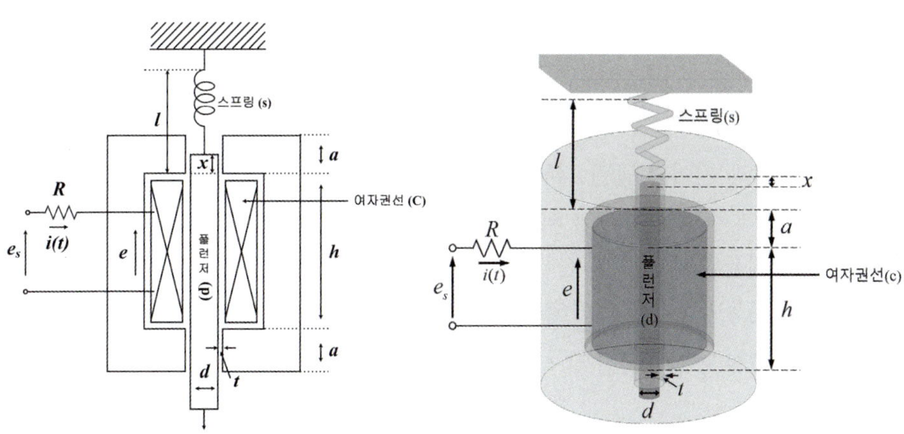

그림 1.15 플런저 동특성 해석 모델

여기서 L_s는 식 (1.78)을 나타낸다.

$$L_s = \frac{\mu_0 \pi d a N^2}{t} \tag{1.78}$$

따라서 전압방정식은 식 (1.79)와 같이 된다.

$$v = Ri + L_s \frac{x}{a+x}\frac{di}{dt} + L_s \frac{ai}{(a+x)^2}\frac{dx}{dt} \tag{1.79}$$

그림 1.15의 모델에서 발생하는 힘을 구해 보면 식 (1.80)과 같다.

$$f = \frac{\partial W_f'}{\partial x} = \frac{1}{2} i^2 \frac{dL}{dx} = \frac{1}{2} L_s \frac{ai^2}{(a+x)^2} \tag{1.80}$$

따라서 운동방정식을 구해 보면 식 (1.81)과 같다.

$$\frac{1}{2} L_s \frac{ai^2}{(a+x)^2} = m\frac{d^2x}{dt^2} + b\frac{dx}{dt} + k_s(x - l_0) + mg + f_s \tag{1.81}$$

여기서 f는 식 (1.80)으로 정의된 힘을 나타내고 f_s는 외력을 나타낸다.

동특성은 식 (1.79)와 식 (1.81)을 연립해서 풀면 얻을 수 있다. 그림 1.16은 그림 1.15의 동특성 모델을 해석한 결과를 나타내고 있다. 그림 1.16에서와 같이 전압을 20[V]로 인가하면 전류가 0.24[A]로 상승하고 위치가 66[mm]에 정지된다. 입력전압을 80[V]로 바꾸면 전류는 과도특성을 거친 후 0.53[A]로 되고 위치는 266[mm]로 되어 정지된다. 또한 입력전압을 40[V]로 낮추면 그림과 같이 과도현상을 알 수 있다.

1.5.3 기어가 달린 직류전동기의 동특성 해석 예

그림 1.17과 기어가 달린 직류전동기의 동특성을 해석하여 보자. 그림 1.17에서와 같이 직류전동기에 전압을 가하게 되면 기어가 달린 직류전동기가 회전하고 기어에 맞물린 부하가 기어비율의 속도로 회전하게 된다. 따라서 이 기기의 동특성해석을 위해서는 전압방정식과 운동방정식을 연립해서 풀어야 한다.

그림 1.17의 전압방정식은 식 (1.82)와 같다.

$$V = Ri + L\frac{di}{dt} + K\phi\omega_m \tag{1.82}$$

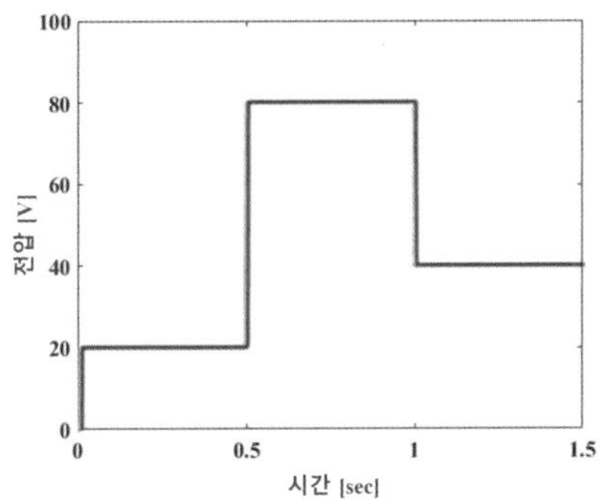

(a)

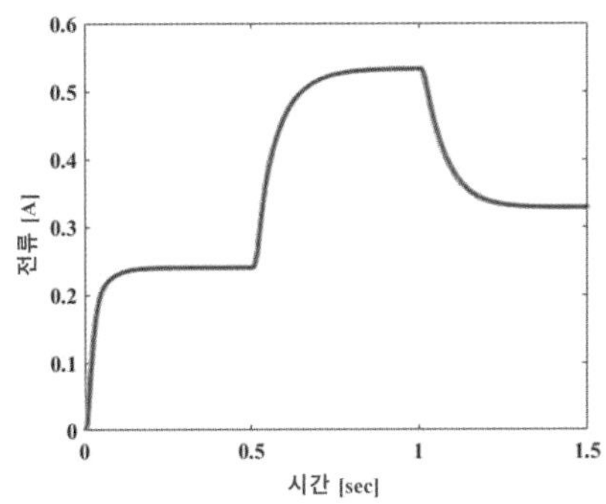

(b)

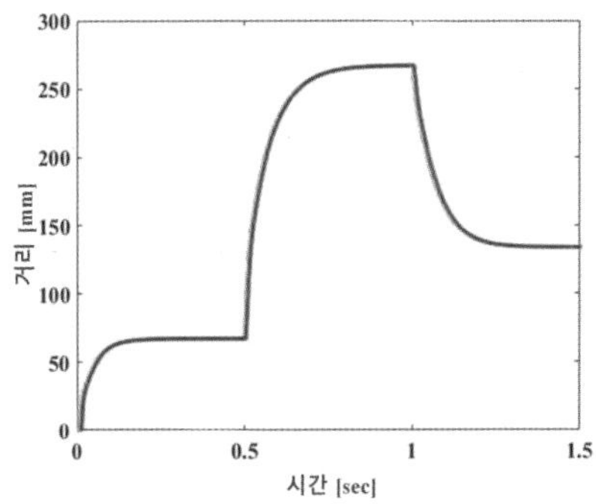

(c)

그림 1.16 플런저 동특성 해석 결과 (a) 전압, (b) 전류, (c) 변위

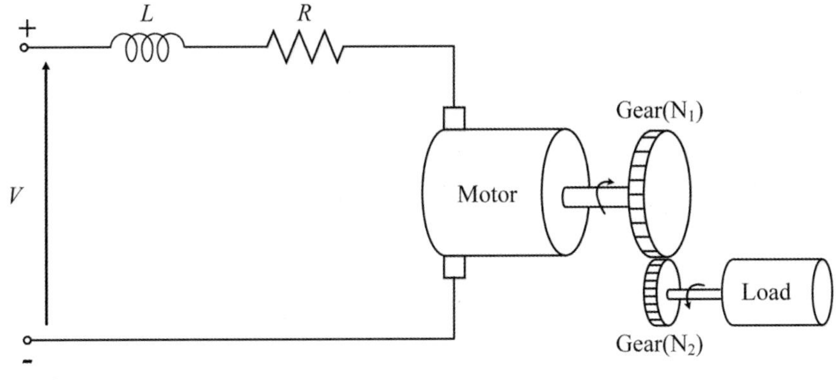

그림 1.17 기어가 달린 직류전동기의 동특성 해석 모델

그림 1.17에서 모터의 운동방정식은 식 (1.83)과 같다.

$$T_M - B_M\omega_M - K_M\theta_M - T_{gM} = J_M\frac{d\omega_m}{dt} \tag{1.83}$$

여기서 T_M은 모터에서 발생한 토크, B_M은 모터의 댐핑계수, K_M은 모터의 비틀림 계수, T_{gM}는 부하에 의해 모터에 작용하는 토크, J_M은 모터의 관성모멘트이다.

마찬가지로 부하의 운동방정식은 식 (1.84)와 같다.

$$T_{gL} - B_L\omega_L - K_L\theta_L = J_L\frac{d\omega_L}{dt} \tag{1.84}$$

여기서 T_{gL}은 모터에 의해 부하에 작용하는 토크, B_L은 부하의 댐핑계수, K_L은 부하의 비틀림 계수, J_L은 부하의 관성모멘트이다.

모터와 부하는 기어로 결합되어 있기 때문에 기어비에 의해 식 (1.85)와 같은 관계식이 성립한다.

$$\theta_L = \frac{N_1}{N_2}\theta_M\,,\quad T_{gL} = \frac{N_2}{N_1}T_{gM} \tag{1.85}$$

식 (1.85)를 이용하여 식 (1.84)와 식 (1.83)을 연립하면 식 (1.86)으로 운동방정식을 정리할 수 있다.

$$\begin{gathered} T_M = \left[J_M + J_L\left(\frac{N_1}{N_2}\right)^2\right]\frac{d^2\theta_M}{dt^2} + \left[B_M + B_L\left(\frac{N_1}{N_2}\right)^2\right]\frac{d\theta_M}{dt} + \left[K_M + K_L\left(\frac{N_1}{N_2}\right)^2\right]\theta_M \\ K\phi i_a = J_e\frac{d^2\theta_M}{dt^2} + B_e\frac{d\theta_M}{dt} + K_e\theta_M \end{gathered} \tag{1.86}$$

동특성을 해석하기 위해서는 식 (1.82)와 식 (1.86)을 연립해서 풀면 얻을 수 있다. 그림 1.18은 그림 1.17의 동특성 모델을 해석한 결과를 나타내고 있다. 그림 1.18에서와 같이 전압을 가변하여 인가하면 전류와 속도가 과도 상태를 거쳐 정상적인 속도에 도달함을 알 수 있다.

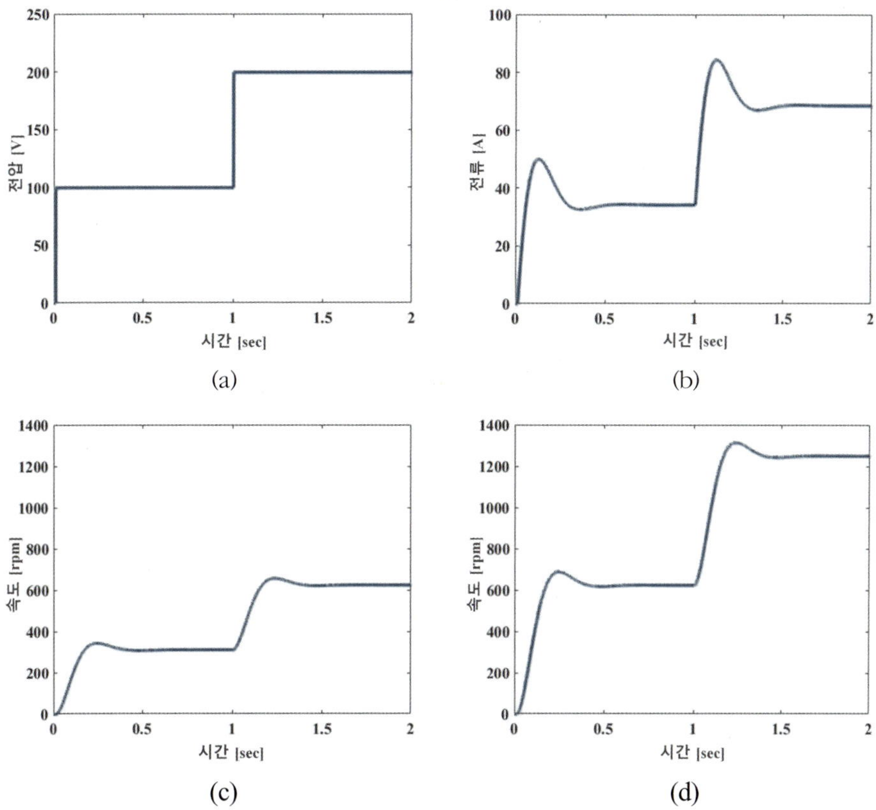

그림 1.18 기어가 달린 직류전동기의 동특성 해석 모델을 해석한 결과
(a) 전압, (b) 전류, (c) 부하속도Gear(N2), (d) 모터속도Gear(N1)

전동기 제어의 기초와 직류전동기 제어

제 02 장

2.1 전동기 제어의 개요

2.1.1 전동기 제어의 필요성

제어용 전동기는 반응속도, 응답속도, 속응성과 위치 정밀도가 매우 중요한 서보전동기와, 효율이 더 중요한 가변속 전동기로 구분할 수 있다. 서보전동기는 주로 공작기계, 로봇 등에 사용되고, 가변속 전동기는 팬, 펌프 등에 사용된다. 공작기기 또는 수송차량(전동차, 전기 자동차 등)을 제어한다는 것은 전동기의 속도 또는 위치를 제어하는 것이다. 특히 공작기기와 같이 생산에 사용되는 서보전동기의 제어 정밀도가 떨어지면 제품의 정밀도가 떨어지거나 불량품이 생산될 수 있다. 또한, 속응성이 떨어지면 생산속도가 감소할 수 있다. 즉 서보전동기의 속응성이 10% 떨어지면 생산량이 10% 감소되는 것을 의미하므로 전동기 제어의 속응성과 정밀도는 제품생산에 매우 중요한 요소가 된다. 그림 2.1에 서보전동기와 가변속 전동기의 제어 흐름도를 나타내고 있다. 그림 2.1(a)에서 알 수 있는 바와 같이 서보전동기는 속응성 및 정밀도가 매우 중요하므로 속도와 위치 센서의 신호를 전동기 제어기에 직접 피드백을 걸어주며 교류전동기를 이용할 경우 벡터제어와 같은 고성능제어가 필요하다. 반면 그림 2.1(b)의 공조용으로 사용되는 팬이나 컴프레서용 전동기의 가변속 전동기에서는 온도, 습도와 같은 변수를 제어하기 위해 시스템제어기에서의 전압지령을 내고 이 전압지령은 전력변환기를 통해 얻어진다. 팬모터와

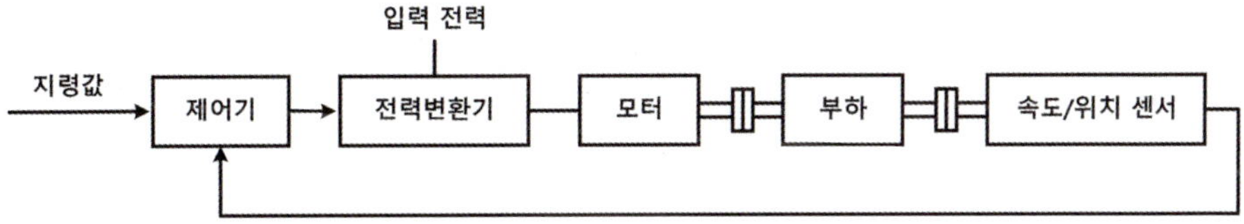

(a)

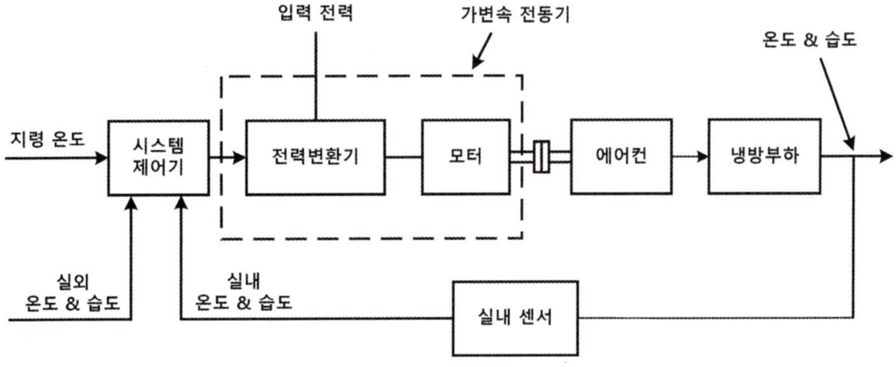

(b)

그림 2.1 제어용 전동기의 제어 흐름도 (a) 서보제어기 (b) 공조용에 사용되는 가변속 제어기

같은 가변속 전동기는 응답성과 정밀도보다 가격과 제어용이성이 중요하므로 교류전동기보다 BLDC (Brushless DC)전동기를 사용하는 경우가 많다.

가변속 전동기의 에너지 절약 효과를 알아보도록 하자. 그림 2.2에서 사용되는 펌프를 정속으로 운전하고 유량을 제어하기 위해서 슬로틀 밸브를 사용하는 것보다는 가변속 전동기를 사용하면 에너지 소비를 줄일 수 있다. 가변속 전동기가 일반화 되지 않았던 예전에는 전동기를 정속으로 운전하면서 유량을 제어하기 위해서 밸브를 조절하여 유량을 조절하였다. 그러나 슬로틀 밸브에 의한 유체의 난류 등으로 손실이 발생하게 되고 전동기의 출력이 일정해도 유체의 출력이 줄어들어 전체 시스템 효율이 저하되므로 효율이 낮다. 그러나 유량의 공급이 자주 바뀌는 펌프의 경우 그림 2.2(b)와 같이 가변속 전동기를 사용하면 슬로틀 밸브를 사용하는 것에 비해서 전력을 줄일 수 있는 장점이 있다. 유량을 줄이기 위해서 슬로틀 밸브를 닫는 것이 아니라 전동기의 속도를 낮추면 펌프에 걸리는 토크는 속도의 자승에 비례하므로 전동기의 출력은 거의 속도의 3승에 비례하여 작아진다. 따라서 유량을 1/2로 하기 위해서 전동기의 속도를 1/2로 하게 되면 전동기의 출력이 1/8이 되므로 정속운전 전동기에 비해서 월등히 시스템 효율이 높아진다. 따라서 최근에는 유량의 제어가 빈번이 일어나는 에너지 다소비 응용분야에는 고효율의 전동기를 사용하는 것 이외에 가변속전동기를 사용하여 에너지 소비를 줄이는 것이 일반화 되어가고 있다.

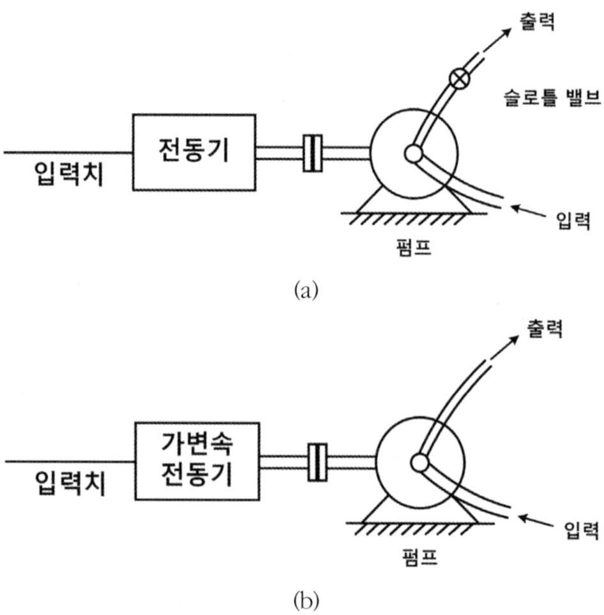

그림 2.2 유량 제어 시스템 (a) 슬로틀 밸브 (b) 가변속 전동기

2.1.2 제어기의 구성과 원리

플랜트제어(Plant control)와 마찬가지로 전동기제어도 개루프 제어(Open loop control)와 폐루프 제어(Closed loop control)로 나눌 수 있다. 개루프 제어는 정밀한 속도제어가 필요 없는 분야에 쓰이며 간단한 조작에 의해 속도가 증가 또는 감소하게 된다. 개루프 제어에서는 외부환경 또는 부하 변화에 의해 회전속도가 변할 경우 속도지령을 만족하지 못한 상태로 운전된다. 이와 반대로 페루프 제어는 플랜트에서 제어량을 검출하여 지령치와의 오차를 최소가 되도록 정밀하게 제어의 지령을 추종하는 제어를 나타낸다. 전동기에서 제어량은 위치, 속도, 토크 등이 될 수 있다. 위치제어를 하는 전동기는 위치제어 전동기 또는 서보전동기(Servo motor)라고 하고 속도제어를 하는 전동기는 가변속 전동기라는 용어가 주로 사용된다.

위치제어(Position control)와 속도제어(Speed control)를 하는 제어용 전동기의 제어블록도를 나타내면 그림 2.3과 같다. 그림 2.3에서와 같이 위치를 제어하기 위해서는 원하는 위치로 전동기가 회전해야하므로 위치제어기의 출력은 속도가 된다. 원하는 속도로 회전하기 위해서는 속도의 변화가 필요하므로 선형시스템은 추력(전류와 비례), 회전형 시스템은 토크(전류와 비례)가 속도제어기의 출력이 된다. 원하는 전류가 흐르기 위해서는 전압을 인가해야 하므로 전류제어기의 출력은 전압이 된다. 전력변환회로에서는 전류제어기의 출력인 지령전압이 전동기에 인가될 수 있도록 전압의 주파수와 크기를 제어하는 역할을 한다.

각 제어기에 사용되는 제어법은 PID(Propotional Integral Derivative)제어와 같은 고전제어법과 퍼지(Fuzzy), 신경회로망과 같은 현대 제어법을 적용할 수 있으나 일반적으로 전동기 제어는 PI제어만으로도 충분히 정밀한 제어가 가능하다. 그림 2.3에서 위치제어기는 지령위치(θ^*)와 현재위치(θ)의 위치오차($\theta^* - \theta$)를 비교하여 그 오차를 최소화하기 위해 제어이론을 적용한 하드웨어와 소프트웨어를 모두 포함한 개념이다. 위치제어기의 출력은 속도가 되며 간단한 개념으로 위치오차($\theta^* - \theta$)가 (-)이면 속도 지령을 (-)로 하고 위치오차($\theta^* - \theta$)가 (+)이면 속도지령을 (+)로 하는 것을 의미한다. 또한 오차의 크기에 따라 속도지령의 크기가 결정된다. 속도제어기는 위치제어기의 속도지령(또는 외부 속도지령)과 현재의 속도를 비교하여 그 오차가 최소가 되도록 제어하는 제어기로 속도제어기의 출력은 토크가 된다. 일반적으로 회전하는 전동기의 발생토크를 직접적으로 측정하기 위해서는 토크 센서와 같은 부가적인 센서가 필요하다. 그러나 대상 전동기의 토크 발생원리를 이용하여 적절한 전류를 흘러줄 경우, 일반적으로 토크와 전류가 비례관계가 있기 때문에 속도제어기의 출력은 이론적으로 토크이나, 비례관계의 전류로 환산하여 제어하는 것이 일반적이다.

전류제어기는 속도제어기의 전류지령과 현재의 전류를 비교하여 그 오차가 최소가 되도록 전압지령을 낸다. 전류제어기의 지령인 전압을 실시간으로 구현하기 위해서는 그림 2.3에서와 같이 전력변환기를 사용하여야 한다.

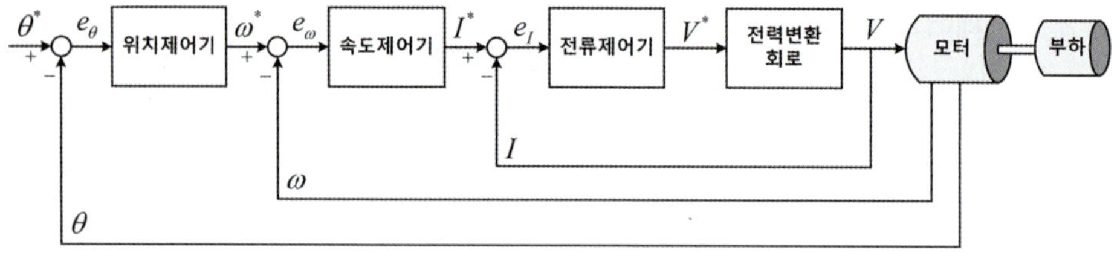

그림 2.3 제어블록도

2.2 폐루프 제어의 기초

2.2.1 폐루프 제어와 개루프 제어 성능

[1] 개루프 제어의 성능

그림 2.4는 플랜트 $G_p(s)$를 제어하기 위해서 개루프 제어기(Open loop controller)의 이득 $G_{oc}(s)$를 직렬로 삽입했을 때를 나타내고 있다. 여기서 $R(s)$는 제어 지령이고 $Y(s)$는 플랜트의 출력을 나타낸다. 따라서 이 제어기에서는 $R(s)=Y(s)$가 되도록 제어해야 한다. 그림 2.4의 $Y(s)=G_{p(s)}G_{oc}(s)R(s)$를 적용하여 이 제어기의 오차 $E_{oc}(s)$를 구하면 식 (2.1)과 같다.

$$\begin{aligned} E_{oc}(s) &= R(s) - Y(s) \\ &= [1 - G_{oc}(s)G_p(s)]R(s) \end{aligned} \tag{2.1}$$

따라서 $G_{oc}(s)=G_p^{-1}(s)$로 설계하게 되면 오차가 없게 되어 정밀한 제어가 가능하다.

그러나 그림 2.5와 같이 외란이 있을 경우 개루프 제어에서 오차는 식 (2.2)와 같이 된다.

$$\begin{aligned} E_{oc}(s) &= R(s) - Y(s) \\ &= [1 - G_{oc}(s)G_p(s)]R(s) - T_d(s)G_p(s) \end{aligned} \tag{2.2}$$

이때 앞에서와 같이 제어기를 $G_{oc}(s)=G_p^{-1}(s)$로 설계하게 되면 오차는 $E_{oc}=-T_d(s)G_p(s)$와 같이 된다. 외란이 예측 가능한 일정한 값이라면 외란을 고려한 제어기 이득을 설계할 수 있으나 보통의 경우 외란은 일정한 값이 아니고 불확실한 값이므로 외란을 고려한 이득 설정은 어렵다.

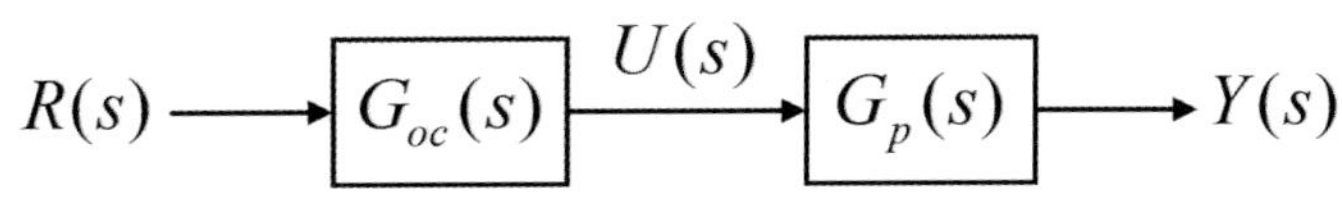

그림 2.4 외란이 없는 개루프 제어블록도

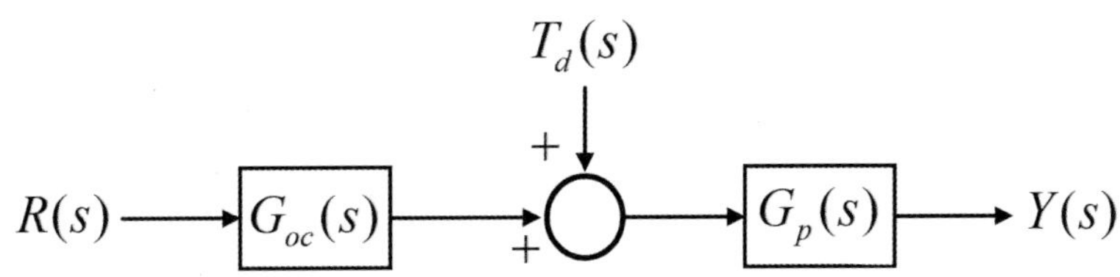

그림 2.5 외란이 있는 개루프 제어 블록도

[2] 폐루프 제어의 성능

그림 2.6에서와 같이 폐루프 제어기(Close loop controller)의 이득을 $G_{cc}(s)$로 구성할 경우 오차 $E_{cc}(s)$는 식 (2.3)과 같이 된다.

$$\begin{aligned} E_{cc}(s) &= R(s) - Y(s) \\ &= R(s) - \frac{G_{cc}(s)G_p(s)}{1+G_{cc}(s)G_p(s)}R(s) \\ \therefore E_{cc}(s) &= \frac{1}{1+G_{cc}(s)G_p(s)}R(s) \end{aligned} \tag{2.3}$$

식 (2.3)에 단위 스텝입력을 가했을 때 최종치 정리를 이용하여 정상상태오차 e_{cc}를 구해보면 폐루프 시스템이 안정하다는 가정하에 식 (2.4)와 같이 된다.

$$e_{cc}(\infty) = \lim_{s\to 0} sE_{cc}(s) = \lim_{s\to 0} s\frac{1}{s}\left(\frac{1}{1+G_{cc}(s)G_p(s)}\right) = \frac{1}{1+G_{cc}(0)G_p(0)} \tag{2.4}$$

따라서 정상상태오차를 최소화시키기 위해서는 $G_{cc}(0)$가 무한대이거나 매우 크면 오차는 0 또는 아주 작은 값이 됨을 알 수 있다.

폐루프 제어에서 외란이 있는 경우의 제어오차를 구해보면 식 (2.5)와 같이 된다.

$$E_{cc}(s) = \frac{1}{1+G_{cc}(s)G_p(s)}R(s) - \frac{G_p(s)}{1+G_{cc}(s)G_p(s)}T_d(s) \tag{2.5}$$

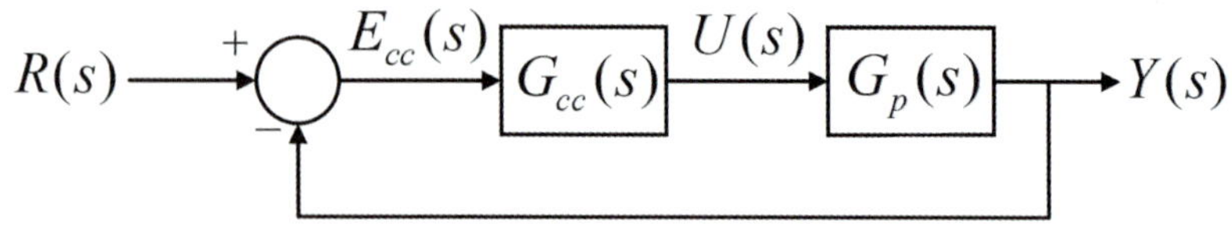

그림 2.6 외란이 없는 폐루프 제어블록도

단위 스텝의 외란이 존재하고 단위 스텝입력을 가할 경우 정상상태오차 e_{cc}를 최종치 정리로 구해 보면 식 (2.6)과 같이 된다.

$$\begin{aligned} e_{cc}(\infty) &= \lim_{s \to 0} s \frac{1}{s}\left(\frac{1}{1+G_{cc}(s)G_p(s)} - \frac{G_p(s)}{1+G_{cc}(s)G_p(s)} \right) \\ &= \frac{1}{1+G_{cc}(0)G_p(0)} - \frac{G_p(0)}{1+G_{cc}(0)G_p(0)} \end{aligned} \tag{2.6}$$

따라서 $G_{cc}(0)$가 무한대이거나 매우 크면 정상상태오차는 0 또는 아주 작은 값이 됨을 알 수 있다.

2.2.2 PI제어기를 이용한 폐루프 제어

전동기는 비선형성이 크지 않으므로 전동기의 위치제어기, 속도제어기는 PI제어기로 구성하는 것이 일반적이다. 특히 D제어기를 사용하지 않는 이유는 D제어기를 사용할 경우 센서에서 발생되는 고주파 성분의 측정 잡음이 증폭이 되어 제어 성능이 저하되고 시스템이 불안정해 질수도 있기 때문이다. 이러한 PI제어기의 장점에 대해서 알아보도록 하자.

[1] 비례제어기 (P Controller)

비례제어기는 목표 값과 현재 값의 오차에 비례하여 지령이 결정되는 제어법(P 제어기)으로 제어 블록도는 그림 2.7과 같다. 비례제어기를 사용할 경우 전달함수와 제어오차는 각각 식 (2.7)과 식 (2.8)과 같이 된다.

$$\frac{Y(s)}{R(s)} = \frac{K_p G_p(s)}{1+K_p G_p(s)} \tag{2.7}$$

$$E_{cc}(s) = \frac{1}{1+K_p G_p(s)} R(s) \tag{2.8}$$

따라서 단위 스텝입력에 대한 정상상태오차 e_{cc}를 구해보면 식 (2.9)와 같이 된다.

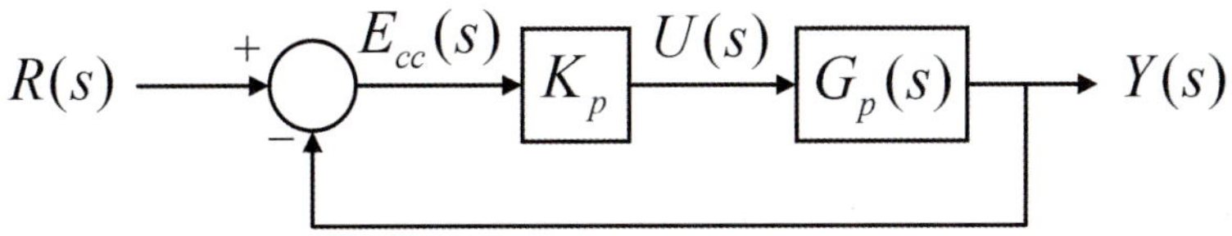

그림 2.7 비례제어기를 가진 폐루프 제어블록도

$$e_{cc}(\infty) = \lim_{s \to 0} s\frac{1}{s}\left(\frac{1}{1+K_pG_p(s)}\right) = \frac{1}{1+K_pG_p(0)} \tag{2.9}$$

식 (2.9)에서 알 수 있는 바와 같이 비례제어기의 이득을 무한대로 하지 않는 한 정상상태 오차가 존재함을 알 수 있다.

[2] 적분제어기 (I Controller)

적분제어기는 지령과 현재 오차의 누적 값에 비례해서 지령이 결정되는 방법이다. 적분제어기는 그림 2.8과 같이 구성할 경우 전달함수는 식 (2.10)과 같다.

$$\frac{Y(s)}{R(s)} = \frac{K_iG_p(s)}{s+K_iG_p(s)} \tag{2.10}$$

적분제어기는 오차가 발생될 경우 오차의 누적에 비례해서 제어지령이 결정된다. 따라서 제어초기에는 작은 제어 지령이 나오므로 비례제어기에 비해서 응답성이 느린 것이 일반적이다. 적분제어기의 전달함수와 오차를 구해보면 식 (2.11)과 같이 된다.

$$E_{cc}(s) = \frac{s}{s+K_iG_p(s)}R(s) \tag{2.11}$$

따라서 단위 스텝입력에 대한 정상상태오차 e_{cc}를 구해 보면 식 (2.12)와 같이 된다.

$$e_{cc}(\infty) = \lim_{s \to 0} s\frac{1}{s}\left(\frac{s}{s+K_iG_p(s)}\right) = 0 \tag{2.12}$$

식 (2.12)에서 알 수 있는 바와 같이 적분제어기에서는 정상상태오차가 0으로 수렴한다. 그러나 적분제어기만을 제어기로 사용할 경우 응답성이 느린 단점을 가지고 있다.

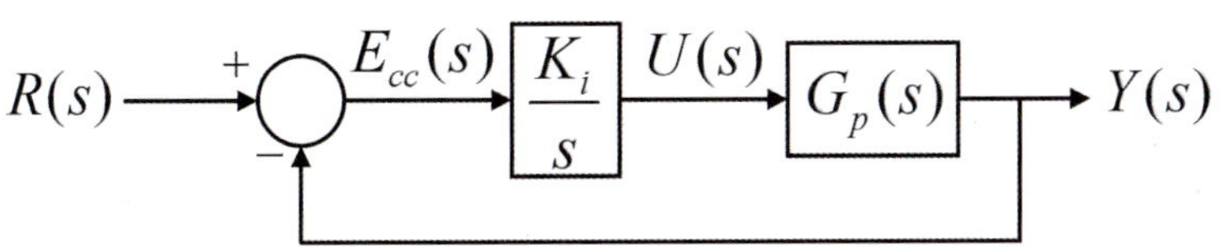

그림 2.8 적분제어기를 가진 폐루프 제어블록도

[3] 비례적분제어기 (PI Controller)

비례제어기와 적분제어기를 함께 사용하는 비례적분제어기를 그림 2.9와 같이 구성하면 전달함수와 오차는 각각 식 (2.13)과 식 (2.14)가 된다.

$$\frac{Y(s)}{R(s)} = \frac{(sK_p + K_i)G_p(s)}{s + (sK_p + K_i)G_p(s)} \tag{2.13}$$

$$E_{cc}(s) = \frac{s}{s + (sK_p + K_i)G_p(s)} R(s) \tag{2.14}$$

따라서 단위 입력에 대한 정상상태오차 e_{cc}를 구해 보면 식 (2.15)가 된다.

$$e_{cc}(\infty) = \lim_{s \to 0} s\frac{1}{s}\left[\frac{s}{s + (sK_p + K_i)G_p(s)}\right] = 0 \tag{2.15}$$

따라서 비례적분제어기는 비례제어기의 응답성에 대한 장점과 적분제어기의 정상상태 오차 제거의 장점을 살린 제어법이다.

[4] 각 제어기의 특징

그림 2.10은 비례제어기, 적분제어기, 비례적분제어기의 시간 응답특성을 나타내는 그래프이다. 그림 2.10에서 알 수 있는 바와 같이 비례제어기가 빠르게 수렴하지만 정상상태 오차를 가지게 된다. 또한 적분제어기의 경우 누적오차에 의해 오차의 부호가 바뀌어도 적분제어기의 지령의 부호가 바로 바뀌지 않으므로 제어지령이 정상상태를 지나 오버슈트를 갖는 단점을 갖고 있으며 또한 응답속도가 매우 나쁨을 알 수 있다. 그러나 정상상태 오차는 없다. 반면 비례적분제어기는 적분제어기보다 응답속도가 빠르며 정상상태오차도 없는 것을 알 수 있다.

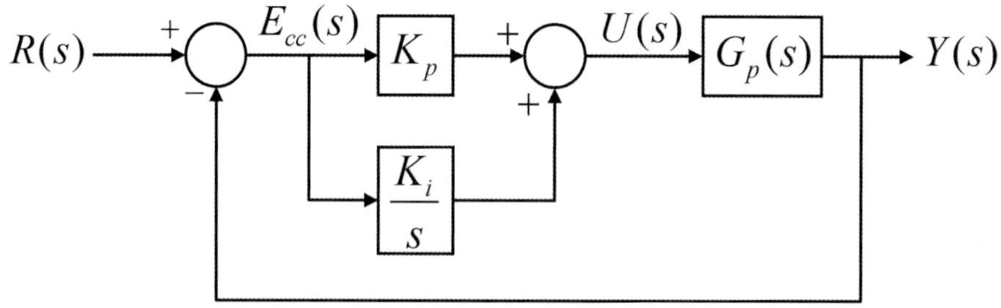

그림 2.9 비례적분제어기를 가진 폐루프 제어블록도

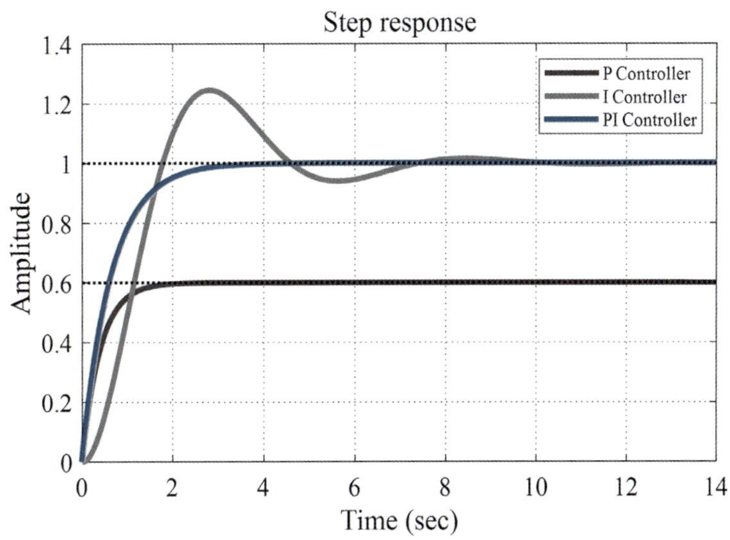

그림 2.10 제어기에 따른 단위 스텝 응답특성

2.3 전달함수와 특성방정식

2.3.1 선형시스템에서의 시간 응답

[1] 선형시스템의 정의

선형시스템(Linear system)이란 중첩성(Superposition)과 동질성(Homogenity)가 성립되는 시스템을 나타낸다. 중첩의 원리란 입력 $x_1(t)$의 출력을 $y_1(t)$라고 하고 입력 $x_2(t)$의 출력을 $y_2(t)$라고 할 때 식 (2.16)의 관계가 성립하는 시스템을 말한다.

$$\text{입력 } \{k_1x_1(t)+k_2x_2(t)\}\text{에 대한 출력은 } \{k_1y_1(t)+k_2y_2(t)\} \tag{2.16}$$

또한 시간에 대해서 시스템이 변하지 않는 경우를 시불변 시스템(Time-invariant system)이라고 정의하고 선형이면서 시불변인 시스템을 선형 시불변 시스템(LTI system : Linear Time Invariant System)이라고 한다. 일반적으로 제어대상은 시변시스템이지만 동작점의 미소 시간에 대해서는 시불변시스템으로 볼 수 있으므로 선형 시불변 시스템으로 취급하는 것이 일반적이다.

[2] 스텝응답과 임펄스 응답

LTI시스템에 단위스텝입력 $u_s(t)(t=0$일 때 1인 입력을 가함)를 가할 때의 응답을 단위 스텝응답이라고 한다. 제어시스템에서는 스텝응답으로부터 제어계의 과도특성(속응성)과 정상 상태 특성 등의 제어성능을 알 수 있다. 그림 2.11에서는 단위 스텝입력 $u_s(t)$을 가할 때 출력인 스텝응답이 $f(t)$인 LTI시스템을 나타내고 있다.

LTI시스템에 단위스텝입력이 아닌 임의의 입력 $r(t)$를 가했을 때 출력을 구해보자. 임의의 입력함수 $r(t)$는 그림 2.12와 같이 시간간격이 Δt인 펄스 신호의 합으로 표현할 수 있고 펄스함수의 Δt를 0에 가까운 아주 작은 값으로 하면 입력 신호 $r(t)$와 일치하게 된다. 이러한 입력신호의 일반화를 위해서 단위 펄스 함수 $P_n(t)$를 식 (2.17)과 같이 정의하고 도입하자.

$$P_n(t) = u_s(t - n\Delta t) - u_s(t - (n+1)\Delta t) \tag{2.17}$$

그림 2.12에서 n번째 펄스신호는 $P_n(t)r(n\Delta t)$로 표기할 수 있으므로 임의의 입력함수 $r(t)$는 식 (2.18)과 같이 된다.

$$\begin{aligned} r(t) &= \lim_{\Delta t \to 0} \sum_{n=0}^{t/\Delta t} P_n(t) r(n\Delta t) \\ &= \lim_{\Delta t \to 0} \sum_{n=0}^{t/\Delta t} \left[u_s(t - n\Delta t) - u_s(t - (n+1)\Delta t) \right] r(n\Delta t) \end{aligned} \tag{2.18}$$

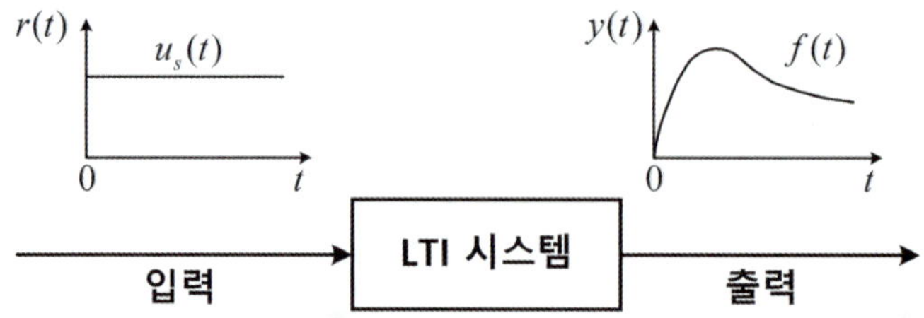

그림 2.11 단위 스텝입력에 따른 LTI 시스템의 출력

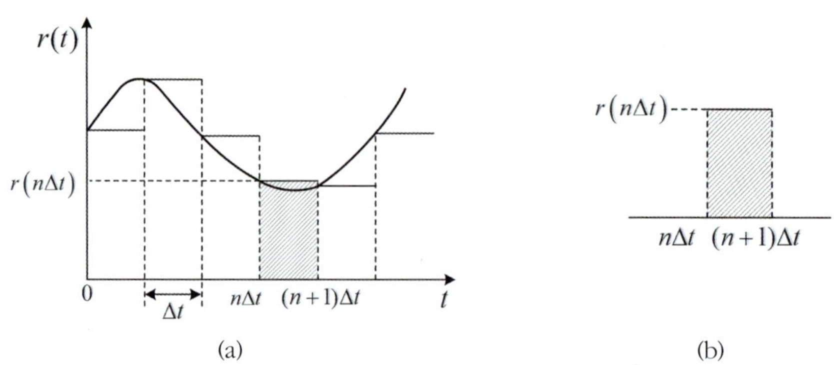

그림 2.12 임의의 함수와 펄스 함수의 관계 (a) 임의의 함수 (b) 펄스 함수

LTI시스템에서 입력이 $u_s(t-n\Delta t)-u_s(t-(n+1)\Delta t)$일 때 출력은 $f(t-n\Delta t)-f(t-(n+1)\Delta t)$이라면 입력이 $[u_s(t-n\Delta t)-u_s(t-(n+1)\Delta t)]r(n\Delta t)$일 때 중첩의 원리가 적용되므로 출력은 $[f(t-n\Delta t)-f(t-(n+1)\Delta t)]r(n\Delta t)$가 된다. 따라서 임의의 입력이 식 (2.18)일 때 입력 $r(t)$에 대응하는 LTI 시스템의 출력은 중첩의 원리로부터 식 (2.19)와 같이 된다.

$$
\begin{aligned}
y(t) &= \lim_{\Delta t \to 0} \sum_{n=0}^{t/\Delta t} [f(t-n\Delta t)-f(t-(n+1)\Delta t)]\, r(n\Delta t) \\
&= \lim_{\Delta t \to 0} \sum_{n=0}^{t/\Delta t} \frac{f(t-n\Delta t)-f(t-(n+1)\Delta t)}{\Delta t} r(n\Delta t)\Delta t \\
&= -\int_0^t \frac{df(t-\tau)}{d\tau} r(\tau)d\tau \\
y(t) &= \int_0^t \frac{df(\tau)}{d\tau} r(t-\tau)d\tau
\end{aligned}
\tag{2.19}
$$

여기서 $g(\tau)$는 식 (2.20)으로 정의하고 임펄스 응답이라고 한다.

$$
g(\tau) = \frac{df(\tau)}{d\tau} \tag{2.20}
$$

임펄스응답이란 단위 임펄스 신호를 입력할 때 응답으로 스텝응답의 시간미분과 같다. 따라서 임의의 입력 $r(t)$에 대한 응답은 식 (2.21)과 같이 임펄스 응답과 입력신호와의 컨버루션 적분(Convolution Integration)을 통해서 얻을 수 있다.

$$
y(t) = \int_0^t g(\tau)r(t-\tau)d\tau = \int_0^t g(t-\tau)r(\tau)d\tau = g(t)*r(t) \tag{2.21}
$$

이와 같이 시간영역에서의 입력에 대한 출력은 직관적으로 이해하기 쉬우나 임의의 입력에 대한 출력을 구하기 위해서는 컨버루션 적분을 해야 하는 복잡성을 갖는다.

2.3.2 전달함수

식 (2.21)을 복소주파수 영역에서 해석하기 위해서 라플라스 변환을 하게 되면 식 (2.22)와 같다.

$$
Y(s) = \mathcal{L}[y(t)] = \int_{t=0}^{\infty} \left\{ \int_{\tau=0}^{t} g(t-\tau)r(\tau)d\tau \right\} e^{-st}dt \tag{2.22}
$$

여기서 식 (2.23)과 같이 단위스텝 함수 $u_s(t-\tau)$를 정의하자.

$$u_s(t-\tau) = \begin{cases} 1 & (t-\tau \geq 0) \\ 0 & (t-\tau < 0) \end{cases} \tag{2.23}$$

따라서 식 (2.22)에 $u_s(t-\tau)$를 곱하고 t를 ∞로 바꾸어도 되므로 식 (2.24)와 같이 된다.

$$Y(s) = \int_{t=0}^{\infty}\left[\int_{\tau=0}^{\infty} g(t-\tau)r(\tau)u_s(t-\tau)d\tau\right]e^{-st}dt \tag{2.24}$$

식 (2.24)는 선형함수이므로 적분순서를 바꾸어도 같으므로 적분순서를 바꾸면 식 (2.25)와 같이 된다.

$$Y(s) = \int_{\tau=0}^{\infty}\left[\int_{t=0}^{\infty} g(t-\tau)r(\tau)u_s(t-\tau)dt\right]e^{-st}d\tau \tag{2.25}$$

$r(\tau)$는 t의 함수가 아니므로 앞으로 내놓으면 식 (2.26)이 된다.

$$Y(s) = \int_{\tau=0}^{\infty} r(\tau)\left[\int_{t=0}^{\infty} g(t-\tau)u_s(t-\tau)e^{-st}dt\right]d\tau \tag{2.26}$$

식 (2.26)에서 [ ] 안은 $e^{-s\tau}G(s)$가 되므로 식 (2.26)은 식 (2.27)과 같이 된다.

$$Y(s) = G(s)\int_{\tau=0}^{\infty} r(\tau)e^{-s\tau}d\tau = G(s)R(s) \tag{2.27}$$

식 (2.27)에서 $G(s)$는 식 (2.28)로 정의하고 전달함수라고 한다.

$$G(s) = \frac{Y(s)}{R(s)} \tag{2.28}$$

식 (2.28)에서 알 수 있는 바와 같이 복소주파수 영역에서 임의의 입력에 대한 출력은 전달함수와 입력함수의 산술곱으로 표현할 수 있다. 따라서 복소주파수 영역에서 시스템을 해석하여 $G(s)$를 구하면 임의의 입력 $R(s)$에 대한 출력은 간단한 산술곱 $G(s)R(s)$가 됨을 알 수 있다.

2.3.3 특성방정식, 개루프 방정식, 특성근과 개루프 방정식의 근

전달함수는 시스템의 특성을 좌우하는 중요한 양으로 전달함수에 의해 안정도, 속응성, 강인성을 판단할 수 있다. 그림 2.13과 같은 제어블록도에서 전달함수는 식 (2.29)와

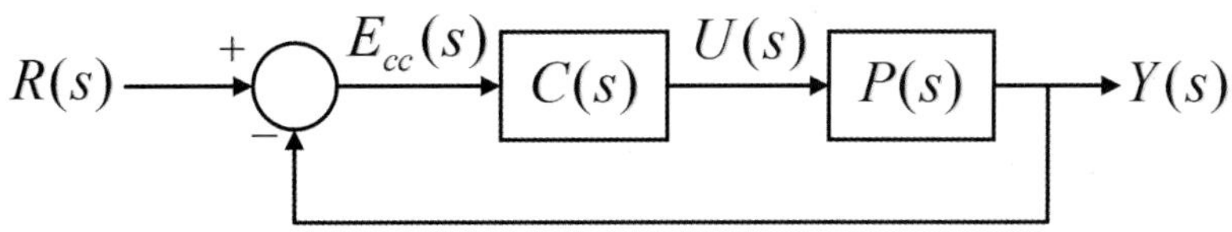

그림 2.13 폐루프 제어블록도

같이 정의 된다.

$$G(s) = \frac{Y(s)}{R(s)} = \frac{P(s)C(s)}{1+P(s)C(s)} = \frac{L(s)}{1+L(s)} \tag{2.29}$$

여기서 $L(s) = P(s)C(s)$는 개루프 전달함수라고 한다.

전달함수의 분모항이 0이 되는 점을 극점이라고 하고 극점에 의해 시스템의 안정도가 결정되므로 시스템에서는 가장 중요한 특징을 가지고 있다. 따라서 분모의 다항식을 0으로 하는 식 (2.30)을 특성방정식이라고 정의한다.

$$1 + L(s) = 0 \tag{2.30}$$

이 방정식의 해를 특성근이라고 하고 특성근은 전달함수의 극점을 나타낸다.

또한 $Y(s) = 0$를 만족하는 해를 영점이라고 한다. 이러한 극점과 영점은 시스템 특성을 결정한다. 전달함수의 종류는 다양하지만 부분분수로 전개할 때 표 2.1과 같은 기본요소로 나눌 수 있다. 각 기본요소에 대한 시간 응답을 그리면 그림 2.14와 같이 된다.

그림 2.14(a)는 비례요소로 입력의 K배가 출력이 된다. 비례요소의 경우 입력과 동일한 위상을 가지며 크기만 K배로 출력된다. 그림 2.14(b)는 미분요소로써 입력의 미분값이 출력이 되므로 단위 스텝 응답은 임펄스가 되고 무한대의 출력이 발생하여 물리적으로 실현할 수 없는 요소가 된다. 그림 2.14(c)는 적분요소로 단위 스텝이 입력이 될 경우 적분에 의해 단조증가 하는 출력이 된다. 그림 2.14(d)는 1차 지연요소로 시정수 T의 값에 의해 응답 속도가 결정된다. 그림 2.14(e)는 1차 앞선요소로 무한대의 출력이 나오는 시스템이기 때문에 물리적으로 실현할 수 없다. 그림 2.14(f)는 시간지연 요소로 출력은 일정시간 후에 입력과 같은 출력을 발생한다. 그림 2.14(g)는 2차 지연요소로 출력은 감쇄계수와 고유주파수에 의해 응답 특성이 결정된다. 감쇄계수와 고유주파수에 따라 오버슈트가 발생 할 수 있으며 입력에 대하여 출력이 지연되어 발생한다.

표 2.1 전달함수의 기본요소

항목	전달함수	비고
비례요소	$G(s)=\dfrac{Y(s)}{R(s)}=K$	입력의 K배 출력
미분요소	$G(s)=Ks$	물리적으로 실현 불가능 (무한대의 임펄스 출력)
근사 미분요소	$G(s)=\dfrac{Ts}{Ts+1}$	매크로린 전개(Maclaurin's series)에 의한 근사값 $G(s)=\dfrac{Ts}{Ts+1}=Ts(1-Ts+\cdots)\cong Ts$
적분요소	$G(s)=\dfrac{1}{Ts}$	단조 증가하는 출력
1차 지연요소	$G(s)=\dfrac{1}{Ts+1}$	시정수에 의해 출력의 응답속도가 결정됨
1차 앞선요소	$G(s)=Ts+1$	물리적으로 실현 불가능 (무한대의 임펄스 출력)
시간지연 요소	$G(s)=e^{-\tau s}$	시간 τ 후에 입력과 같은 출력
2차 지연요소	$G(s)=\dfrac{\omega_n^2}{s^2+2\zeta\omega_n s+\omega_n^2}$	ζ : 감쇄계수(Damping factor) ω_n: 고유주파수(Natural frequency)

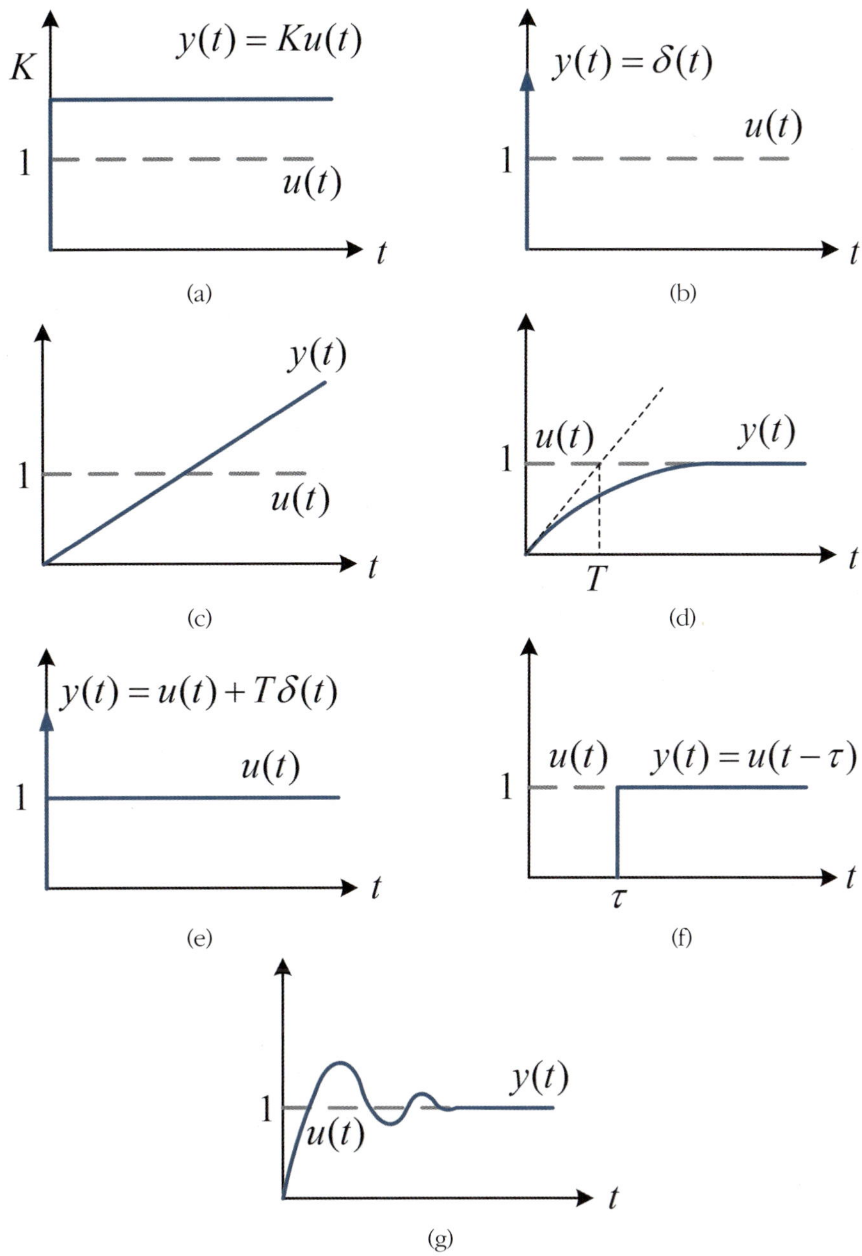

그림 2.14 기본요소 전달함수의 시간 응답
(a) 비례요소 (b) 미분요소 (c) 적분요소 (d) 1차 지연요소
(e) 1차 앞선요소 (f) 시간지연 요소 (g) 2차 지연요소

2.4 주파수 응답

2.4.1 주파수 응답의 정의

전달함수가 식 (2.31)과 같은 1차 지연요소인 시스템에 주파수 ω의 정현파 입력 $r(t) = \sin \omega t$를 가했을 때 출력의 정상치를 구해보자.

$$G(s) = \frac{1}{10s+1} \tag{2.31}$$

정현파의 라플라스 변환은 식 (2.32)와 같다.

$$R(s) = \mathcal{L}[\sin \omega t] = \frac{\omega}{s^2+\omega^2} \tag{2.32}$$

따라서 출력은 부분 분수로 전개하면 식 (2.33)과 같이 된다.

$$\begin{aligned} Y(s) = G(s)R(s) &= \frac{1}{10s+1}\frac{\omega}{s^2+\omega^2} = \frac{1}{10s+1}\omega\frac{1}{s-j\omega}\frac{1}{s+j\omega} \\ &= \frac{10\omega}{1+100\omega^2}\frac{10}{10s+1} + \frac{G(j\omega)\frac{\omega}{2j\omega}}{s-j\omega} + \frac{G(-j\omega)\frac{\omega}{-2j\omega}}{s+j\omega} \\ &= \frac{10\omega}{1+100\omega^2}\frac{10}{10s+1} + \frac{1}{2j}\left[\frac{G(j\omega)}{s-j\omega} - \frac{G(-j\omega)}{s+j\omega}\right] \end{aligned} \tag{2.33}$$

식 (2.33)을 라플라스 역변환에 의해 시간영역에서 출력 $y(t)$를 구하면 식 (2.34)와 같이 된다.

$$y(t) = \frac{10\omega}{1+100\omega^2}e^{-0.1t} + \frac{1}{2j}\left[G(j\omega)e^{j\omega t} - G(-j\omega)e^{-j\omega t}\right] \tag{2.34}$$

여기서 우변 첫 번째 항은 $t \to \infty$ 일 때 0으로 수렴하는 과도항이므로 정상상태에서는 우변 두 번째 항만 나타난다. 또한 $G(j\omega)e^{j\omega t}$와 $G(-j\omega)e^{-j\omega t}$는 공액복소수이므로 식 (2.34)의 우변 두 번째 항은 허수성분만 남아 식 (2.35)와 같이 나타낼 수 있다.

$$\begin{aligned} y(t) &= \frac{1}{2j}\left[2j\,\mathrm{Im}\{G(j\omega)e^{j\omega t}\}\right] = \mathrm{Im}\left[|G(j\omega)|e^{j\{\omega t+\psi(\omega)\}}\right] \\ &= |G(j\omega)|\mathrm{Im}\left[e^{j\{\omega t+\psi(\omega)\}}\right] = |G(j\omega)|\sin\{\omega t+\psi(\omega)\} \end{aligned} \tag{2.35}$$

따라서 주파수 ω의 정현파 입력을 인가했을 때 정상상태 출력은 식 (2.36)과 같이 된다.

$$y(t) = |G(j\omega)| \sin[\omega t + \psi(\omega)] \tag{2.36}$$

이와 같이 출력과 입력은 같은 주파수를 갖는 정현파이고 진폭은 $|G(j\omega)|$배, 위상은 $\psi(\omega)$만큼 뒤진다. 정현파 입력의 주파수에 따라 출력의 크기와 위상이 변화하는 것은 시스템의 반응성 때문이다. 예를 들어 한 사람이 팔을 뻗어 손가락으로 반대편 사람을 가리키고 손가락을 좌우로 반복해서 변화시킬 때 상대방이 이를 따라 이동해야한다고 가정하자. 가리키는 사람이 팔을 천천히 움직일 경우 상대방은 정확하게 따라 움직일 수 있다. 이때 이동하는 사람은 정확히 움직여야 하는 크기만큼 움직이게 되며 지연도 발생하지 않는다. 하지만 빨리 움직일수록 이동하는 사람은 양쪽 끝 지점까지 갈 수 없어서 움직이는 크기가 작아지게 되고 지연도 발생하게 된다.

전달함수의 주파수 응답 특성이란 $\sin\omega t$의 주파수 ω를 변화시켰을 때 얻어지는 출력 $y(t)$를 나타내고 주파수가 입력주파수와 동일하므로 이득과 위상에 의해 출력특성이 결정된다. 여기서 $|G(j\omega)|$를 이득특성이라고 하고 $\psi(\omega)$를 위상특성이라고 한다.

여기서 $G(j\omega)$는 복소수이므로 실수부와 허수부로 분해하면 식 (2.37)과 같이 된다.

$$G(j\omega) = \frac{1}{1 + j10\omega} = \frac{1}{1 + 100\omega^2} - j\frac{10\omega}{1 + 100\omega^2} \tag{2.37}$$

따라서 $G(j\omega)$를 극좌표 형식으로 나타낼 때 크기 $|G(j\omega)|$ 와 위상 $\psi(\omega)$는 식 (2.38)과 같다.

$$\begin{aligned} |G(j\omega)| &= \frac{1}{\sqrt{1 + 100\omega^2}} \\ \psi(\omega) &= \arctan(-10\omega) = -\arctan 10\omega \end{aligned} \tag{2.38}$$

따라서 출력의 정상치는 식 (2.39)와 같이 된다.

$$y(t) = \frac{1}{\sqrt{1 + 100\omega^2}} \sin(\omega t - \arctan 10\omega) \tag{2.39}$$

그림 2.15는 주파수 응답 특성을 나타내고 있다. 그림에서와 같이 입력된 크기와 위상에 대하여 출력은 복소수가 $s = j\omega$일 때 전달함수의 크기와 위상에 의해서 결정된다.

주파수 응답 예로써 $u_1(t) = \sin 0.1t$와 $u_2(t) = \sin t$인 2개의 정현파를 입력하였을 경우에 출력을 살펴보자. 식 (2.37)로부터 알 수 있는바와 같이 $\omega = 0.1$에는 $|G(j0.1)| \approx 0.707$이고 $\omega = 1$의 경우에는 $|G(j1)| \approx 0.1$이다. 따라서 전달함수가 식 (2.31)인 경우는 주파수가 커질수록 이득이 작아지는 것을 알 수 있다.

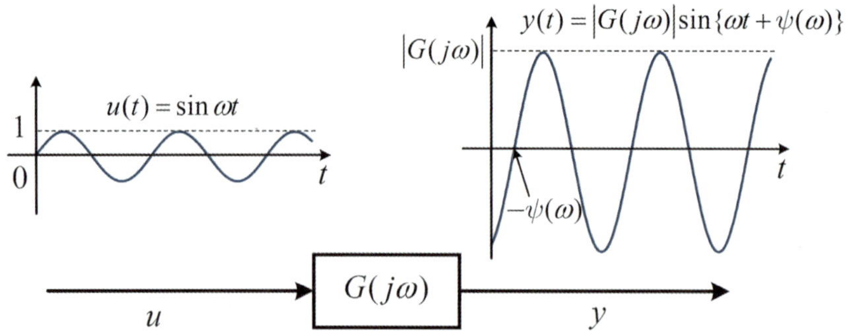

그림 2.15 전달함수의 주파수 응답

2.4.2 주파수 응답표기법 1 (보드선도)

주파수 응답 $G(j\omega)$의 이득특성과 위상특성 $\psi(\omega)$를 주파수 ω의 함수로 그린 그래프를 보드선도라고 한다. 이득특성은 식 (2.40)과 같이 데시벨 단위로 나타낸다.

$$g(\omega) = 20\log_{10}|G(j\omega)| \ \ [\mathrm{dB}] \tag{2.40}$$

예를 들어 식 (2.41)과 같은 1차 지연요소의 전달함수에 대해 보드선도를 그려보자.

$$G(s) = \frac{1}{1+s} \tag{2.41}$$

식 (2.41)의 전달함수의 이득특성을 데시벨 단위로 나타내고 위상특성을 구하면 식 (2.42)와 같다.

$$g(\omega) = 20\log\frac{1}{\sqrt{1+\omega^2}}, \ \ \psi(\omega) = -\tan^{-1}\omega \tag{2.42}$$

주파수 ω를 변화시키면서 이득특성과 위상특성을 구하면 다음 표 2.2와 같이 된다.

표 2.2 1차 지연요소의 주파수에 따른 이득과 위상 특성

주파수 [rad/s]	이득 [dB]	위상 [°]
0	0	0
0.1	−0.043	−5.7
1	−3	−45
10	−20	−84
∞	−∞	−90

이러한 결과를 이용하여 보드선도를 그려보면 그림 2.16과 같다. 그림 2.16에서 알 수 있는 바와 같이 주파수가 1일 때 이득이 -3[dB]이 되고 이때부터 급격하게 이득이 감소하게 된다. 이와 같이 시스템의 이득이 -3[dB]가 되는 주파수를 차단 주파수라고 한다.

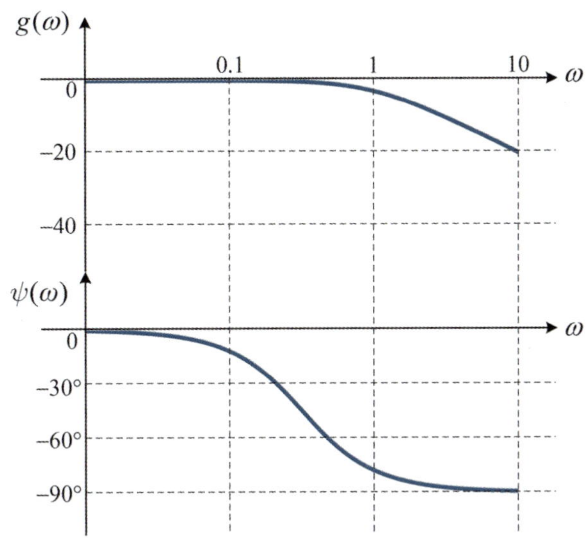

그림 2.16 1차 지연요소의 보드선도

2.4.3 주파수 응답표기법 2 (벡터 궤적과 나이키스트 선도)

나이키스트 선도는 1932년 H.Nyquist에 의해 개발된 기법으로 주파수 응답의 크기와 위상을 극좌표로 하여 복소평면위에 나타내기 때문에 극좌표 선도(Polar plot)라고도 부른다. 이 선도는 주로 시스템의 안정도 판별에 쓰이는데 이러한 안정도 판별법을 나이키스트 안정도 판별법이라고 부른다. 나이키스트 선도는 전달함수의 주파수 응답인 $G(j\omega)$의 크기와 위상을 극좌표로 하여 복소평면위에 점으로 대응시키면서 입력 주파수가 0부터 ∞까지 변화할 때 나타나는 궤적이다. 이 선도는 안정도를 판정하기 위해 제시된 것으로 원래는 그림 2.17(a)와 같이 우반면을 둘러싸는 무한장의 반원 경로를 따라 s가 변할 때 대응하는 궤적을 그리는 것이지만 $\omega = \infty$일 때 $G(j\omega)$는 원점을 나타내게 되고 허수가 아래쪽 반직선 $(-\infty < \omega \le 0)$을 따라 변할 때 대응하는 궤적은 $0 < \omega \le \infty$에 대응하는 궤적과 실수축에 대해 대칭이기 때문에 간단하게 그릴 때는 ω가 0부터 ∞까지 변할 때 대응하는 궤적만 그린다. 식 (2.42)와 같은 1차 지연요소의 나이키스트 선도를 그려보면, 우선 주파수가 0인 경우는 $1+j0$ 점이 시작점이 되고 $\omega = \infty$에서는 크기가 0 각도가 $-90°$가 되어 그림 2.17(b)와 같이 된다. 또한 $-\infty \sim 0$에서 대해서 나이키스트 선도를 그리면 실 수 축에 대칭인 벡터가 된다.

표 2.3 1차 지연요소의 대한 극좌표로 표현되는 복소 벡터 특성

주파수 [rad/s]	벡터 크기	벡터 위상 [°]
0	1	0
1	$1/\sqrt{2}$	−45
· · ·	· · ·	· · ·
∞	0	−90

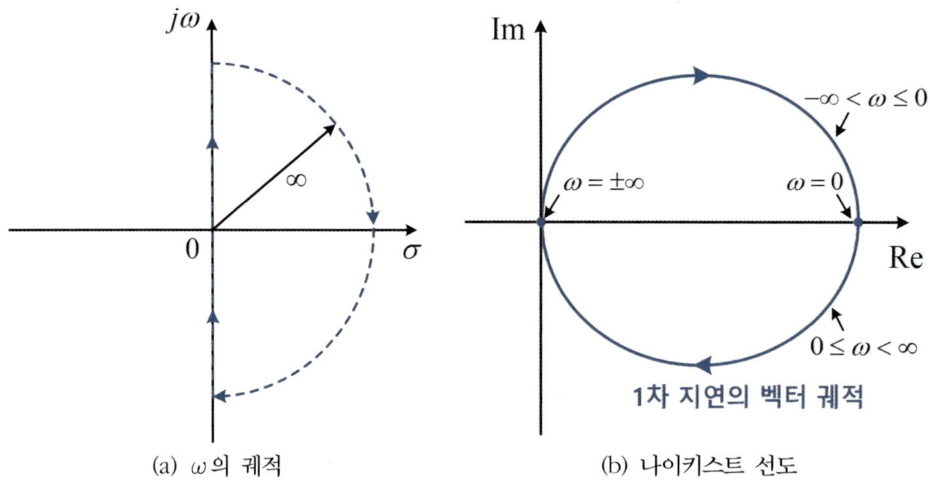

그림 2.17 1차 지연요소의 나이키스트 선도 (a) 벡터궤적 (b) 나이키스트 선도

식 (2.43)과 같이 정의되는 고차 지연요소의 나이키스트 선도를 그려보자.

$$G(s)=\frac{k}{(s+a)(s+b)}\ \rightarrow G(j\omega)=\frac{k}{(j\omega+a)(j\omega+b)}$$

$$G(s)=\frac{k}{(s+a)(s+b)(s+c)}\ \rightarrow G(j\omega)=\frac{k}{(j\omega+a)(j\omega+b)(j\omega+c)} \tag{2.43}$$

$$G(s)=\frac{k}{(s+a)(s+b)(s+c)(s+d)}\ \rightarrow G(j\omega)=\frac{k}{(j\omega+a)(j\omega+b)(j\omega+c)(j\omega+d)}$$

고차의 전달함수에 대한 나이키스트 선도를 앞에서와 같이 궤적은 $0<\omega\leq\infty$ 에 대해서 그리면 그림 2.18과 같이 된다. 그림 2.18에서 알 수 있는 바와 같이 전달함수 2차,

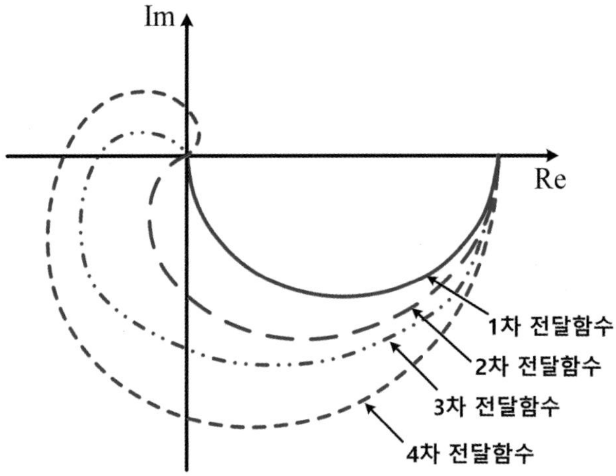

그림 2.18 고차 전달함수의 나이키스트 선도

3차, 4차, ... 로 커질수록 벡터 궤적은 1상한, 2상한, 3상한, 4상한을 거쳐 0점에 수렴을 하게 되며 따라서 고차의 차수는 몇 개의 사분면을 거쳐서 0으로 수렴하는 가를 나타낸다. 또한 0인 극점을 갖는 경우 0인 극점의 차수에 따라서 출발점이 달라진다.

나이키스트 선도를 이용한 나이키스트 안정판별법은 피드백 제어기의 안정도 판단에 사용된다. 나이키스트 안정도 판별법에서는 특성방정식 또는 개루프 전달함수의 나이키스트 선도를 그려 극점이 우반부에 있는가를 판단하는 방법으로 이와 관련된 내용은 2.5절에서 다룬다.

2.5 선형시스템에서의 안정도

2.5.1 시간영역에서의 안정도 판별

안정도의 정의는 그림 2.19와 같이 전달함수가 $G(s)$인 시스템에 유한한 입력신호(Bounded input)를 주었을 때 출력이 무한대로 발산하지 않고 유한한 출력(Bounded output)이 나오는 것(BIBO: bounded input bounded output)을 의미한다. LTI시스템에서 임의의 입력 $r(t)$에 대한 시간영역에서 출력은 식 (2.44)에서와 같이 임펄스 응답 $g(t)$와 입력 $r(t)$의 컨버루션 적분으로 계산된다.

$$y(t) = \int_0^\infty g(\tau) r(t-\tau) d\tau \tag{2.44}$$

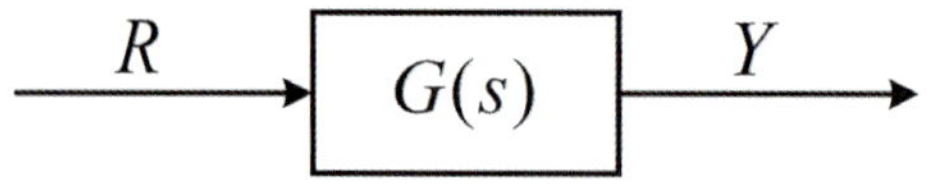

그림 2.19 전달함수가 $G(s)$인 시스템

따라서 유한한 입력 $r(t)$에 대해서 각 출력인 식 (2.44)가 유한한 값이 되는 조건을 구해보자. $r(t)$가 유한하다고 가정하면 무한대의 $r(t-\tau)$는 $\tau > t$에서는 $u(t-\tau)=0$이므로 식 (2.45)가 성립된다.

$$|r(t)| \le K < \infty, \quad \forall t \tag{2.45}$$

식 (2.45)를 식 (2.44)에 대입하면 식 (2.46)과 같은 관계를 얻을 수 있다.

$$|y(t)| \le \int_0^\infty |g(\tau)||r(t-\tau)|d\tau \le K\int_0^\infty |g(\tau)|d\tau \tag{2.46}$$

따라서 LTI시스템의 임펄스 응답 $g(t)$의 절대치 적분이 유한해야 BIBO시스템이 안정하다고 할 수 있으며 식 (2.47)은 이를 만족하는 시스템을 나타낸다.

$$\int_0^\infty |g(t)|dt < \infty, \quad \lim_{t\to\infty} g(t) = 0 \tag{2.47}$$

그림 2.20에서 (a)는 $\lim_{t\to\infty} g(t) = 0$을 만족하므로 안정한 응답이 되고 (b)는 $\lim_{t\to\infty} g(t) = 0$을 만족하지 않으므로 불안정한 응답이 된다.

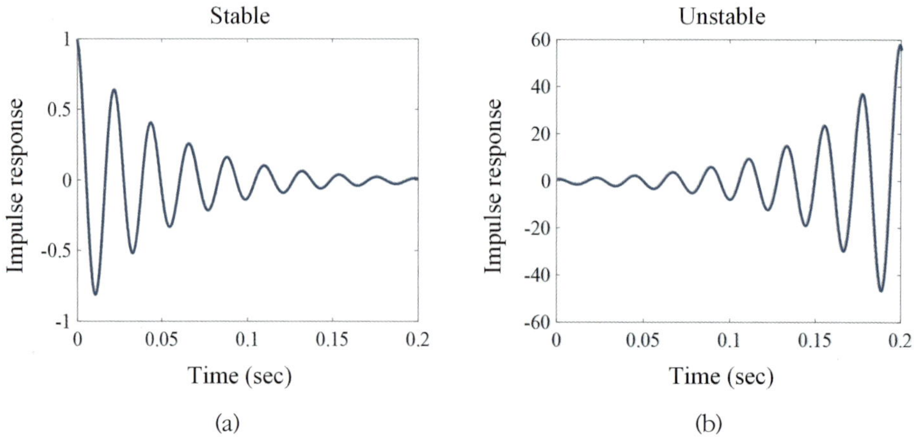

그림 2.20 LTI시스템의 임펄스 응답 (a) 안정한 시스템 (b) 불안정한 시스템

2.5.2 주파수영역에서의 안정도 판별

주파수 영역에서의 응답이 안정한 조건에 대해서 알아보자. 주파수 영역에서는 식 (2.48)의 전달함수가 임펄스 응답이 된다.

$$G(s) = \frac{B(s)}{A(s)} \tag{2.48}$$

여기서 분자와 분모의 다항식은 식 (2.49)로 표현된다.

$$\begin{aligned} A(s) &= s^n + a_{n-1}s^{n-1} + \cdots + a_1 s + a_0 \\ B(s) &= b_m s^m + b_{m-1}s^{m-1} + \cdots + b_1 s + b_0 \end{aligned} \tag{2.49}$$

다항식 $A(s)$와 $B(s)$는 서로소이며 $A(s)$를 특성다항식이라고 하고 인수분해하면 식 (2.50)으로 나타낼 수 있다. $A(s)=0$인 방정식은 특성방정식이라고 하고 이들의 근(s_i)을 특성근이라고 한다.

$$A(s) = (s-s_1)(s-s_2)\cdots(s-s_n), \quad s_1 \neq s_2 \neq \cdots \neq s_n \tag{2.50}$$

여기서 임펄스 응답은 임펄스 입력 $r(t)=\delta(t)$에 대한 출력이므로 $y(t)=g(t)$이면 복소주파수 영역에서는 $Y(s)=G(s)$가 된다.

전달함수를 부분분수로 전개하면 식 (2.51)과 같이 된다.

$$\begin{aligned} G(s) &= \frac{B(s)}{(s-s_1)(s-s_2)\cdots(s-s_n)} \\ &= \frac{\beta_1}{s-s_1} + \frac{\beta_2}{s-s_2} + \cdots + \frac{\beta_n}{s-s_n} \end{aligned} \tag{2.51}$$

여기서 $s_i(i=1,2,\cdots,n)$는 복소수이고 특성근으로 전달함수의 극점을 나타낸다.

식 (2.51)을 역변환하면 식 (2.52)와 같이 시간영역에서 임펄스 응답을 얻을 수 있다.

$$g(t) = \mathcal{L}^{-1}[y(s)] = \beta_1 e^{s_1 t} + \beta_2 e^{s_2 t} + \cdots + \beta_n e^{s_n t} \tag{2.52}$$

여기서 $e^{s_i t}$는 모드라고 하고 식 (2.52)와 같이 주파수 영역의 전달함수를 시간영역으로 나타내는 것을 모드전개라고 한다. 시스템이 안정하기 위한 조건은 특성 근의 실수부가 (-)의 값이어야 하고 그 물리적 의미를 알기 위해서는 전달함수를 시간영역으로 변환(모드전개)하여야 한다.

특성근 s_i는 복소수로 s_i의 실수는 시간영역에서 (모드전개하면) 지수함수에 대응하고 허수부는 정현파의 주파수에 대응한다. 따라서 특성근에서 지수항에 대응하는 실수부는 (-)값을 가져야 무한 시간이 경과하면 과도응답이 없어진다. 따라서 시스템이 안정되기 위해서는 특성근은 그림 2.21과 같이 복소영역에서 좌반부에 있어야 안정하다.

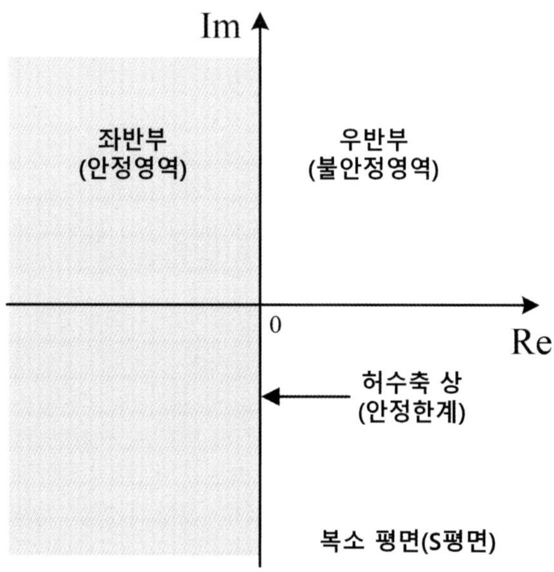

그림 2.21 복소평면과 시스템의 안전영역

그림 2.22는 주파수 영역에서 특성근의 형태에 따라 시간영역에서 응답의 특성을 동시에 나타낸 것이다. 특성근이 복소근 $(a+jb)$일 때 시간영역에서의 응답은 식 (2.53)과 같이 된다.

$$y(t) = A\,e^{at}\sin(bt+\phi) \tag{2.53}$$

따라서 그림 2.22에서 알 수 있는 바와 같이 근의 실수 부분이 음수를 갖는 것이 임펄스 응답이 0으로 수렴하는 조건임을 알 수 있다.

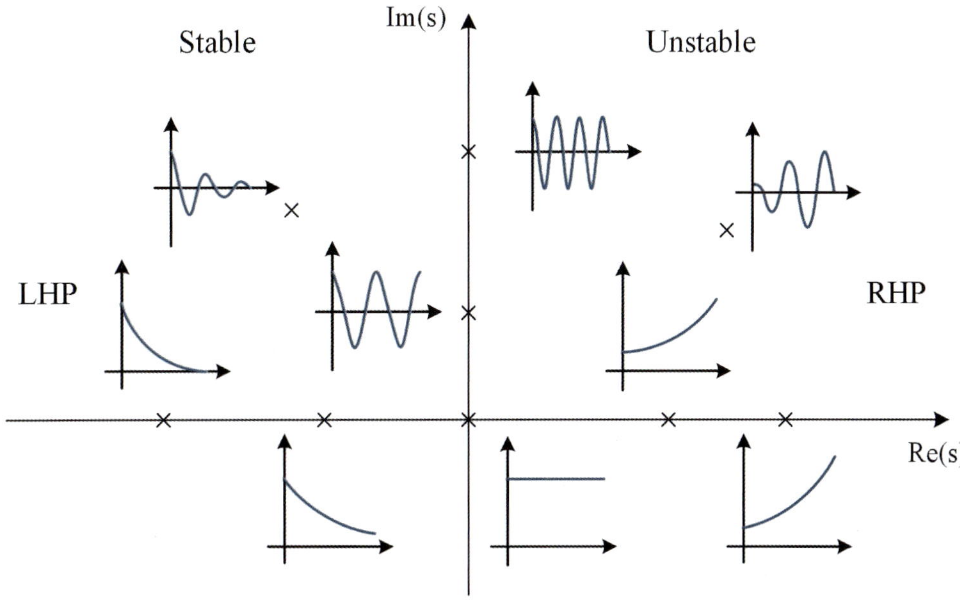

그림 2.22 특성근에 따른 시스템의 임펄스 응답

극점과 응답 특성을 조금 더 자세하게 알아보기 위해 특성근의 허근이 일정하고 실근이 변할 경우와 실근이 일정하고 허근이 변할 경우의 응답특성을 알아보자.

그림 2.23과 같이 실근은 감쇄의 정도를 나타내는 것으로 실근의 절대값이 커질수록 감쇄가 빨리 일어나는 것을 알 수 있다. 그림 2.24와 같이 허근은 진동의 정도를 나타내는 것으로 허근의 절대값이 커질수록 진동 주파수가 크다는 것을 알 수 있다. 이와 같이 특성근을 구할 수 있으면 시스템의 안정성을 판단할 수 있으나 고차방정식의 경우 근을 구하는 것이 쉽지 않기 때문에 Routh Hurwitz 안정판별법, 나이키스트 판별법등의 방법이 이용된다.

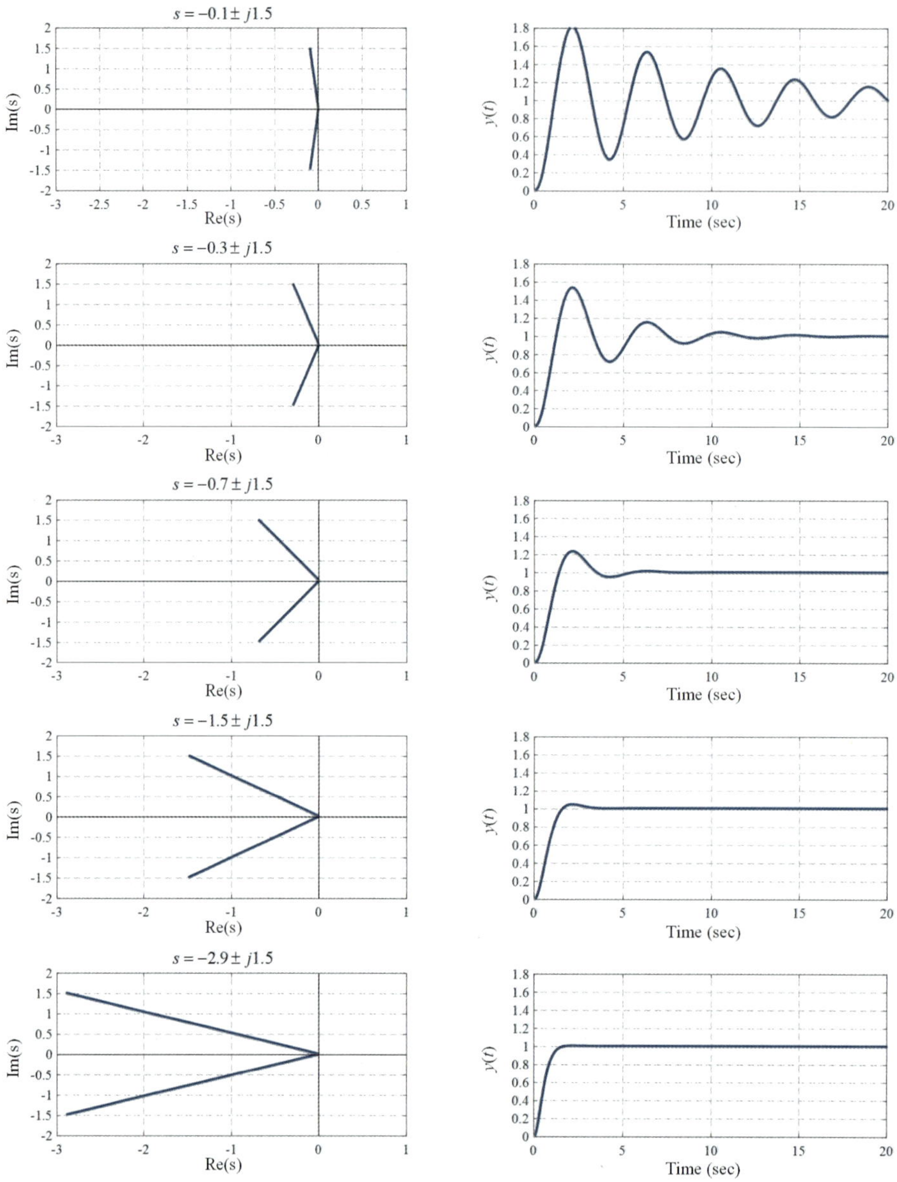

그림 2.23 특성근의 실근에 따른 단위 스텝 응답

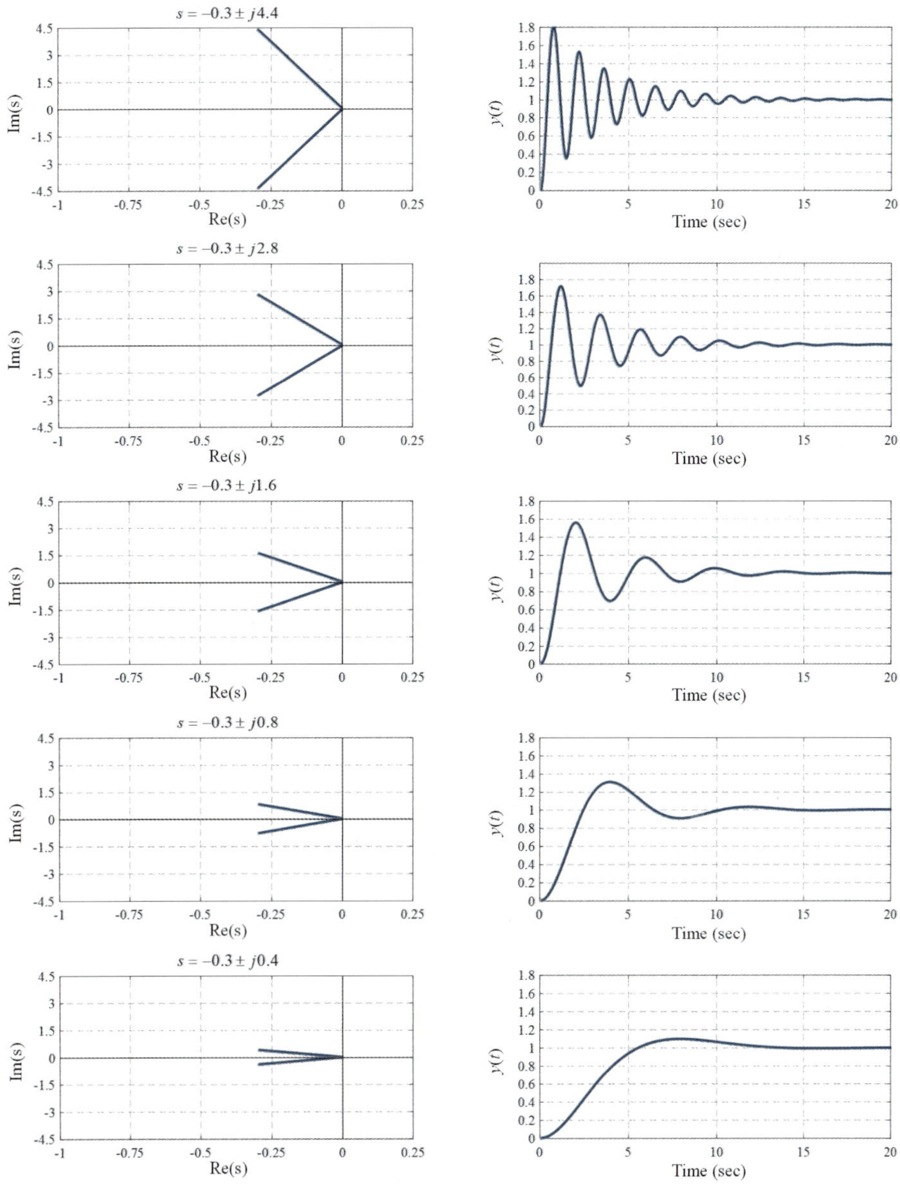

그림 2.24 특성근의 허근에 따른 단위 스텝 응답

2.5.3 나이키스트 안정도 판별법과 안정여유

[1] 나이키스트 안정도 판별법

나이키스트 안정판별법은 그림 2.25와 같은 폐루프 시스템에서 상대 안정도를 평가하는 가장 일반적인 방법으로 개루프 전달함수 $L(s)$의 주파수에 대한 응답을 도식화(나이키스트 선도) 하여 폐루프 시스템의 안정성을 주파수 영역에서 도식적으로 판단하는 방법이다.

나이키스트 판별법은 개루프 정보를 기초로 하여 폐루프 시스템의 안정성을 판별하는 점에서 유용하다. 전달함수의 특성방정식으로부터 안정도를 판별하는 방법은 물리적으로 이해하기는 쉬우나 시스템이 유한 차원이고 해를 구할 수 있어야 한다. 또한 시간지연요소 e^{-Ts}가 포함되어 있으면 안정도를 판별할 수 없다. 그러나 나이키스트 판별법을 사용하면 특성방정식이 고차이거나 지연요소를 포함하여도 안정도를 판별할 수 있을 뿐 아니라 상대적인 안정도에 관한 정보를 얻을 수 있다. 나이키스트 판별법은 $L(s)$가 안정한 경우와 불안정한 경우로 나누어 생각하면 이해가 쉽다. 여기서는 개루프 시스템이 안정된 경우에 대해서 알아보도록 하자. 그림 2.25의 피드백 제어계의 전달함수와 특성 방정식은 각각 식 (2.54), (2.55)와 같다.

$$G(s)=\frac{L(s)}{1+L(s)} \tag{2.54}$$

$$1+L(s)=0 \tag{2.55}$$

여기서 $L(s)$는 개루프 전달함수이다.

$L(s)$를 식 (2.56)과 같이 2차 지연요소라고 가정하고 나이키스트 판별법에 대해서 알아보자.

$$L(s)=\frac{K}{(1+T_1 s)(1+T_2 s)} \tag{2.56}$$

그림 2.26(a)의 $s=0-j\infty \sim 0+j\infty$ 인 벡터에 대해서 개루프 전달함수 $L(s)$의 벡터궤적이 그림 2.26(b)와 같다고 하자. 그림에서 특성방정식 $1+L(s)$를 그리면 전체를

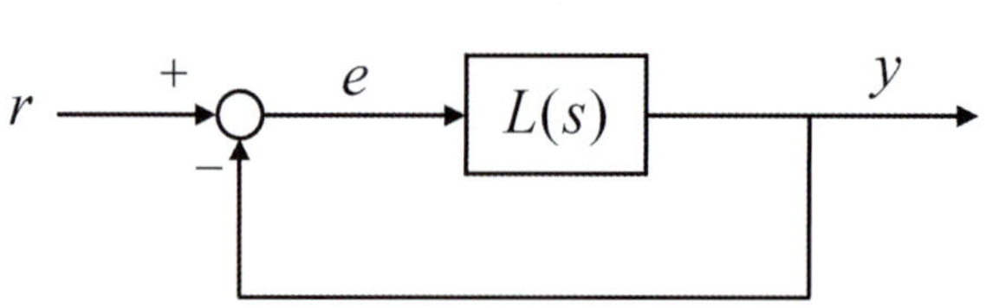

그림 2.25 일반적인 폐루프 시스템

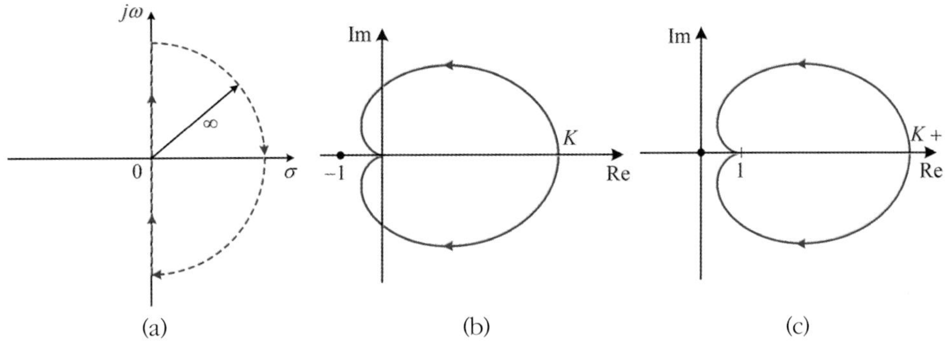

그림 2.26 나이키스트 판별법
(a) 벡터궤적 (b) $L(s)$의 나이키스트 선도 (c) $1+L(s)$의 나이키스트 선도

실수 측으로 1만큼 이동시킨 그림 2.26(c)가 된다. 코시의 편각원리에 의하면 적분 경로 안에 근이 존재하면 벡터궤적은 $0+j0$점을 포함하게 되므로 이 특성방정식은 $0+j0$을 포함하지 않으면 적분 경로 안에 영점이 존재하지 않고 모든 영점은 모두 좌반면에 존재함을 알 수 있다.

개루프 전달함수의 궤적인 그림 2.26(b)를 기준으로 보면 개루프 전달함수의 벡터궤적이 $-1+j0$점을 포함하지 않으면 특성근이 우반면에 존재하지 않는 것을 의미한다. 따라서 시스템의 전달함수의 극점이 모두 좌반면에 존재함을 의미한다.

이와 같이 개루프 전달함수를 이용하여 나이키스트 선도에 의한 안정도를 판단할 수 있으며 그림 2.27의 나이키스트 선도와 같이 안정한 시스템, 임계안정 시스템, 불안정인 시스템을 정의할 수 있다. 그림 2.27에서 벡터궤적 (a)는 $-1+j0$점을 포함하지 않으므로 안정한 시스템이다. 벡터궤적 (c)는 특성근이 우반면에 존재하므로 불안정안 시스템을

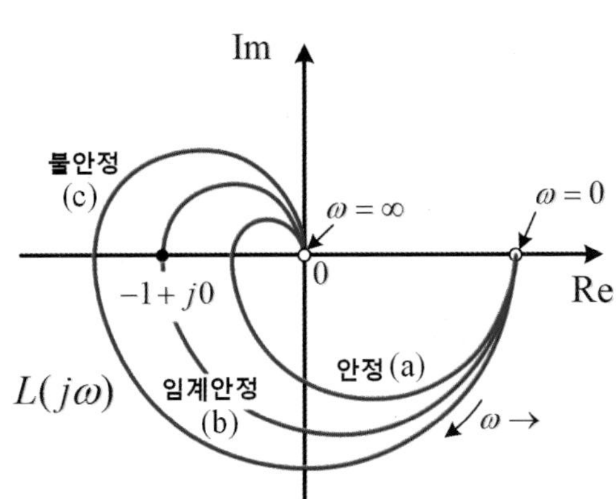

그림 2.27 나이키스트 선도에 따른 안정도

나타내고 있다. 특히 벡터궤적 (b)는 안정과 불안정의 경계에 있는 시스템으로 임계안정이라고 한다. 나이키스트 선도로부터 알 수 있듯이 $-1+j0$ 점으로부터 멀어질수록 안정적인 것을 알 수 있다.

[2] 안정여유

나이키스트 선도로부터 피드백 시스템이 '안정한가?, 불안정한가?'를 평가할 수 있었다. 여기서는 어느 정도 안정한지 정량적으로 평가하는 방법에 대해서 알아보자. 안정도의 정량적 평가 방법으로 많이 사용하는 것이 이득여유와 위상여유이다.

그림 2.28(a)의 나이키스트 선도에서 $L(j\omega)$와 음의 실축(위상이 180도 뒤진 위치)과의 교점과 원점사이의 거리를 ρ라고 하자. ρ가 1보다 큰 경우(벡터궤적이 $-1+j0$을 포함) 특성방정식의 0점이 우반부에 존재한다. 그림 2.28(a)에서 ρ가 작을수록 안정되며 안정한 정도는 $x=1-\rho$가 되고 이것을 log스케일로 나타내면 식 (2.57)과 같이 되고 이것을 이득여유(Gain Margin)라고 한다.

$$GM = 20\log 1 - 20\log\rho = -20\log\rho = -20\log|L(j\omega_\pi)| \tag{2.57}$$

여기서 ω_π는 위상이 -180도와 만나는 위상교점일 때의 주파수 ω를 의미한다.

다음은 위상여유에 대해서 알아보도록 하자. 그림 2.28(a)에서 임계 안정점은 크기가 1이고 위상이 -180도 지점을 나타내고 있다. 따라서 $L(j\omega)$의 크기는 1이지만 위상이 몇 도인가가 중요한 지표가 된다. 예를 들면 그림 2.28(a)에서와 같이 단위원과의 교점은 $L(j\omega)$이 1이 되는 점을 나타내며 그 특성근에 해당하는 주파수인 ω_c에서의 각도는 -180도에 비해서 PM 위상만큼의 여유가 존재한다. 이때 위상의 여유(Phase Margin)는 PM이고 위상여유는 식 (2.58)과 같이 정의된다.

$$PM = \pi + \angle L(j\omega_c) \tag{2.58}$$

여기서 ω_c는 이득이 0[dB]가 되는 이득교점일 때의 주파수 ω를 의미한다. 그림 2.28(a)에서 원점을 중심으로 한 반경 1인 원의 벡터는 이득이 0[dB]인 등고선을 나타내고 있으므로 위상여유는 $L(j\omega)$의 단위원과의 교점으로부터 식 (2.58)과 같이 구해진다.

이득 여유와 위상여유를 그림 2.28(b)와 같이 보드선도 상에서 정의할 수도 있다. 이득 여유는 위상이 180도 뒤진 주파수에서 0[dB]보다 얼마나 떨어져 있는가를 나타내는 양이다. 따라서 그림 2.28(b)에서와 같이 아래로 향한 양이 안정도의 여유를 나타내며 이득 여유가 커질수록 안정적이다. 또한 위상여유는 이득이 0[dB]로 되는 주파수에서 위상이 -180도 보다 어느 정도 큰가를 나타내는 양이다. 따라서 그림 2.28(a)에서 위로 향한 양이 위상여유를 나타내며 위상여유가 멀어질수록 안정적이다.

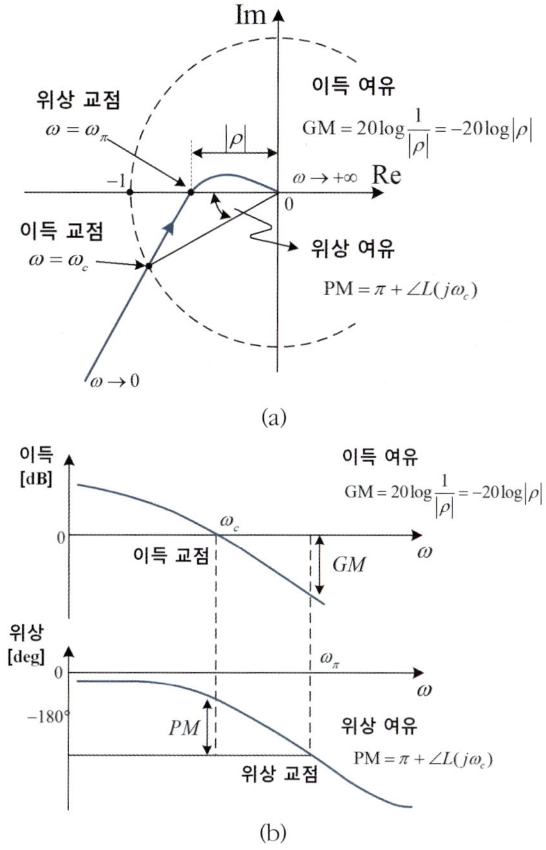

그림 2.28 이득 여유와 위상 여유 (a) 나이키스트 선도 (b) 보드선도

여기서 식 (2.54)와 같은 전달함수에서 개루프 전달함수의 교차각 주파수와 피드백 제어계의 차단주파수와의 관계에 대해서 알아보자.

개루프 전달함수가 적분요소($1/s$) 또는 미분요소(s)가 되는 경우 교차각 주파수는 식 (2.59)와 같다.

$$|L(j\omega)| = 0\,[\mathrm{dB}] \tag{2.59}$$

따라서 이 주파수에서는 개루프 전달함수는 식 (2.60)과 같이 된다.

$$L(j\omega) = \pm j1 \tag{2.60}$$

따라서 폐루프 전달함수는 식 (2.61)과 같이 된다.

$$|G(j\omega)| = \left|\frac{\pm j1}{1 \pm j1}\right| = \frac{1}{\sqrt{2}} \tag{2.61}$$

따라서 개루프 전달함수의 교차각 주파수는 페루프 전달함수의 차단주파수가 되고 이것은 대역폭(Band width)이 된다.

2.6 제어계의 속응성

제어계에서 가장 중요한 요소는 안정성이고 안정성을 확보한 이후에는 다른 성능을 생각해야 한다. 제어계의 성능은 과도특성과 정상특성으로 나뉠 수 있다.

2.6.1 시간영역에서의 과도특성의 평가

그림 2.25의 피드백 제어계에서 목표치 r로부터 제어량 y까지의 폐루프 전달함수 $G(s)$는 식 (2.54)와 같고 폐루프 시스템이 안정된다고 가정하자. 이 시스템의 시간영역에서 피드백 제어계의 과도특성을 평가하는 가장 일반적인 방법은 지령 $r(t)$로써 단위 스텝입력 $u_s(t)$를 입력하고 출력 $y(t)$의 파형(스텝응답파형)을 관찰하는 방법으로 스텝 응답시험이라고 한다.

전달함수 $G(s)$가 식 (2.62)와 같이 n차라고 하자.

$$G(s)=\frac{B(s)}{(s-s_1)(s-s_2)\cdots(s-s_n)} \tag{2.62}$$

여기서 $B(s)$는 $(n-1)$차 이하의 다항식이다. 이때 $s_i(i=1,2,3,\cdots,n)$는 상이한 특성근이고 안정하다고 가정하였으므로 $Re[s_i]<0$이 성립한다. 단위스텝신호의 라플라스 변환은 $1/s$이고 폐루프 시스템의 스텝응답을 $f(t)$는 부분분수 전개하여 계산하면 다음 식 (2.63)과 같다.

$$\begin{aligned} f(t) &= \mathcal{L}^{-1}\left[G(s)\frac{1}{s}\right] \\ &= \mathcal{L}^{-1}\left[\frac{B(s)}{(s-s_1)(s-s_2)\cdots(s-s_n)}\frac{1}{s}\right] \\ &= \mathcal{L}^{-1}\left[\frac{c}{s}+\sum_{i=1}^{n}\frac{\alpha_i}{s-s_i}\right]=c+\sum_{i=1}^{n}\alpha_i e^{s_i t}\ ,\quad t\geq 0 \end{aligned} \tag{2.63}$$

여기서 α_i는 유수계산에 의해 얻을 수 있다. 또한 $c=G(0)$는 폐루프 시스템의 정상이득이다. 식 (2.63)은 앞에서 기술한 모드표현법이다.

(1) $Re[s_i]<0$이라고 하는 안정성의 가정으로부터 $t\to\infty$일 때 식 (2.63)의 우변 2항은 0이 되므로 과도응답이라고 한다.

(2) 식 (2.63)의 우변 제 1항은 $t \to \infty$ 일 때 $f(t)$의 값(정상치 또는 최종치)이고 정상응답이라고 한다.

그림 2.29는 진동적인 제어계에서 전형적인 스텝응답파형이고 과도특성을 정량화하는 대표적인 항목을 표 2.4에 나타내었다. 이들의 특성치 중 상승시간, 지연시간, 오버슈트 시간은 속응성에 관련된 양이다. 또한 최대 오버슈트량은 제어계의 감쇄성 (또는 안정성)의 지표이기도 하다. 그 값이 크면 감쇄성이 나쁜 제어계라고 할 수 있다. 최대 오버슈트량은 통상 퍼센트로 나타내고 퍼센트 오버슈트(Percent overshoot: P.O.)라고 한다. 또한 정정시간은 속응성과 감쇄성 모두에 관계되는 특성치이다.

표 2.4 과도특성의 정량적 특성

항목	기호	정의
상승시간(rise time)	T_r	스텝 응답이 정상치(최종치, c)의 10%부터 90%까지 도달하는데 걸리는 시간
지연시간(delay time)	T_d	스텝응답이 정상치의 50%에 도달하는데 필요한 시간
최대 오버슈트 (maximum overshoot)	O_s	스텝응답의 최대치가 정상치보다 높을 때, 최대치를 나타내는 것으로 통상 정상치에 대해서 %로 많이 나타내고 %로 나타내면 %오버슈트 P.O.라고 한다.
피크시간 (peak time)	T_p	최대 오버슈트에 도달하는 시간
정정시간 (settling time)	T_s	스텝응답이 정상치의 ±5%에 도달하는 시간

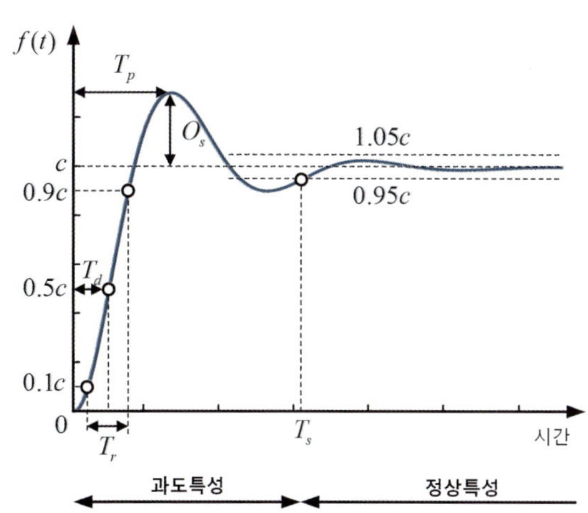

그림 2.29 진동적인 시스템의 스텝 응답 파형

2.6.2 지배근법과 2, 3차 지연요소의 특성 극 배치에 따른 과도특성

2.5절에서 과도응답 특성은 특성근 $s_i(i=1,2,3,\cdots,n)$의 복소 평면상의 배치에 의존하는 것을 알았다. 여기서는 s평면에서 폐루프 전달함수의 극점(특성근)과 영점의 배치와 과도특성사이의 관계를 알아보도록 하자.

허수축에 가까운 음의 실수부를 갖는 특성치일수록 과도특성을 오래도록 지속하기 때문에 과도특성에 크게 영향을 미친다. 반대로 허수축으로부터 많이 떨어진 음의 실수부를 갖는 특성치는 감쇄가 빠르게 일어나므로 과도응답파형에 거의 영향을 미치지 않는다. 예를 들면 $s_1=-1, s_2=-100$인 2개의 특성근으로 이루어진 2차계를 생각해 보자. 여기에 대응하는 모드는 e^{-t}, e^{-100t}인 두 가지 항이 존재하고 후자는 빠르게 0으로 수렴되어 감쇄 지연모드에 영향을 거의 주지 않고 전자는 감쇄에 큰 영향을 준다. 감쇄 지연에 영향이 큰 특성근을 대표특성근 또는 지배근이라고 하고 지배근을 사용하여 과도응답을 근사적으로 표현할 수 있다.

일반적인 폐루프 전달함수 $G(s)$는 고차이기 때문에 대표특성근을 1쌍의 공액근으로 선택하여 2차계로 근사시키는 방법과 1개의 실근과 한 쌍의 공액근으로 선택하여 3차계로 근사하는 방법이 있다. 이와 같이 고차계를 저차계로 근사화하여 과도특성 등을 해석하는 것을 지배근법이라고 한다.

$G(s)$를 식 (2.64)와 같이 2차 지연요소라고 하자.

$$G(s)=\frac{\omega_n^2}{s^2+2\zeta\omega_n s+\omega_n^2} \tag{2.64}$$

2차 지연요소의 스텝응답에 대해서 알아보자. 2차 지연요소의 스텝응답은 식 (2.65)와 같이 된다.

$$\begin{aligned} f(t) &= \mathcal{L}^{-1}\left[\frac{\omega_n^2}{s^2+2\zeta\omega_n s+\omega_n^2}\frac{1}{s}\right] \\ &= \mathcal{L}^{-1}\left[\frac{1}{s}+\frac{1}{\alpha-\beta}\left(\frac{\beta}{s-\alpha}-\frac{\alpha}{s-\beta}\right)\right] \end{aligned} \tag{2.65}$$

여기서 α, β는 2차지연요소의 특성방정식의 2개의 근으로 식 (2.66)과 같이 정의된다.

$$\alpha,\ \beta=-(\zeta\pm\sqrt{\zeta^2-1})\omega_n \tag{2.66}$$

따라서 2차 지연요소의 스텝응답은 식 (2.67)과 같이 된다.

$$f(t) = 1 + \frac{1}{\alpha - \beta}(\beta e^{\alpha t} - \alpha e^{\beta t}) \tag{2.67}$$

따라서 2차 지연요소의 응답특성은 ζ에 의해 크게 좌우되며 표 2.5와 같은 특성을 갖는다.

2차 지연요소 ζ에 따라서 어떻게 변화하는가를 그림 2.30에 나타내었다. 그림 2.30에서와 같이 $\zeta > 1$이면 오버슈트는 일어나지 않지만 ζ가 클수록 정상상태에 도달하는 시간이 길어져 과도 상태가 오래 지속됨을 알 수 있다. 또한, $0 < \zeta < 1$ 사이에 있으면 ζ가 작을수록 오버슈트가 크게 일어나 과도상태가 진동하면서 오래 지속된다. $\zeta = 0$일 때는 진동하여 불안정한 상태가 된다.

표 2.5 2차 지연요소의 응답특성

항목	조건	특성근
과제동	$\zeta > 1$	상이한 2개의 실근
임계제동	$\zeta = 1$	2중근
부족제동	$0 < \zeta < 1$	공액복소근
지속진동	$\zeta = 0$	순허근

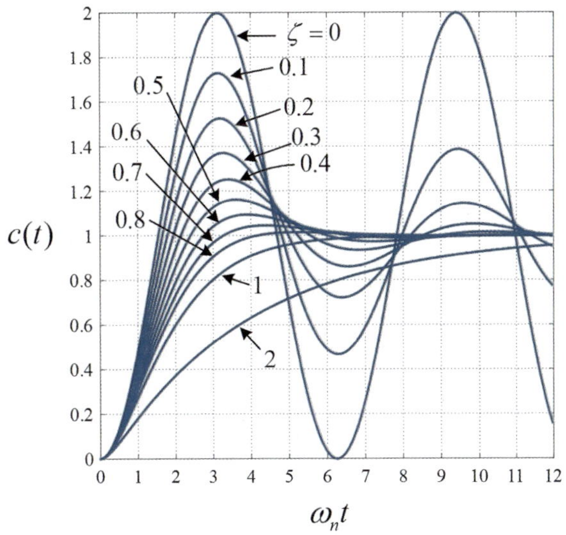

그림 2.30 감쇄계수에 따른 단위 스텝 응답 특성

2.6.3 특성근과 과도특성의 관계

[1] 2차 지연요소의 특성

$G(s)$를 식 (2.68)과 같이 2차 지연계로 근사시키는 경우를 생각해 보자.

$$G(s)=\frac{\omega_n^2}{s^2+2\zeta\omega_n s+\omega_n^2}=\frac{s_1 s_2}{(s-s_1)(s-s_2)} \tag{2.68}$$

이것의 지배근을 식 (2.69)와 같다고 하자.

$$s_1,\ s_2=-\alpha\pm j\beta,\quad \alpha,\beta>0 \tag{2.69}$$

따라서 $G(s)$는 다음 식 (2.70)과 같이 쓸 수 있다.

$$G(s)=\frac{\alpha^2+\beta^2}{s^2+2\alpha s+(\alpha^2+\beta^2)} \tag{2.70}$$

위의 두 식의 계수를 복소평면에 나타내면 그림 2.31과 같다.

이와 같이 $G(s)$가 2차 지연요소인 경우 표 2.4의 스텝응답의 특성치는 표 2.6에 보인 값으로 계산될 수 있다. 표 2.6에서 T_r, T_d의 계산식은 근사식이지만 오버슈트시간 T_p, 퍼센트 오버슈트 $P.O.$는 엄밀해이다. 또한 스텝응답의 진동성분의 특성곡선에서 정정시간 T_s는 식 (2.71)로 계산할 수 있다.

$$\begin{gathered} e^{-\zeta\omega_n T_s}=0.05 \\ \therefore T_s=\frac{\ln 20}{\zeta\omega_n}\approx\frac{3}{\zeta\omega_n} \end{gathered} \tag{2.71}$$

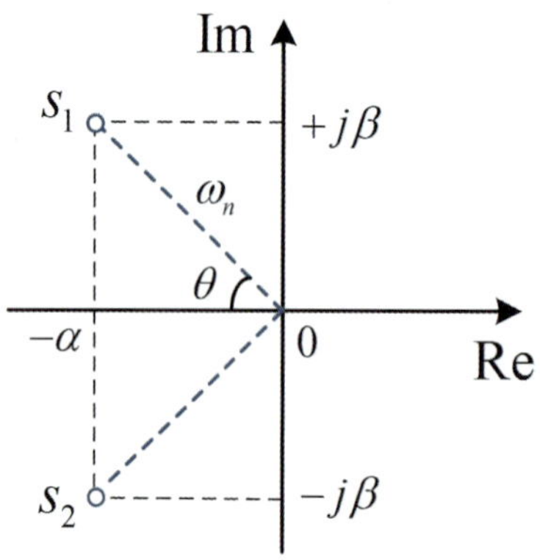

$$\omega_n=\sqrt{\alpha^2+\beta^2}$$

$$\zeta=\frac{\alpha}{\sqrt{\alpha^2+\beta^2}}=\frac{\alpha}{\omega_n}=\cos\theta$$

그림 2.31 특성근과 고유주파수, 감쇄계수의 관계

표 2.6 2차 지연요소의 스텝응답 특성치

특성치	식
상승시간	$T_r \approx \dfrac{2.16\zeta + 0.6}{\omega_n}$ $(0.3 \le \zeta \le 0.8)$
지연시간	$T_d \approx \dfrac{0.7\zeta + 1}{\omega_n}$
오버슈트시간	$T_p = \dfrac{\pi}{\omega_n \sqrt{1-\zeta^2}}$
퍼센트 오버슈트의 근사치	$P.O. = 100e^{-\frac{\pi\zeta}{\sqrt{1-\zeta^2}}}$ (엄밀해) $P.O. \approx 100\left(1 - \dfrac{\zeta}{0.6}\right)$ $(0 < \zeta < 0.6)$ (근사해)
정정시간(±5%)	$T_s = \dfrac{3}{\zeta\omega_n}$

이와 같이 정정시간은 감쇄성의 지표인 ζ와 속응성의 지표인 ω_n와 관계가 있다. 여기서 2차계의 시정수 T_c을 스텝응답의 곡선의 최종치의 63.2%에 도달하는 시간으로 정의하면 식 (2.72)가 성립하므로 정정시간은 시정수의 약 3배가 되는 것을 알 수 있다.

$$T_c = \frac{1}{\zeta\omega_n}, \quad T_s = 3T_c \tag{2.72}$$

[2] 3차 지연요소의 특성

다음은 전달함수가 식 (2.73)과 같이 3차계로 근사되었을 때의 과도특성에 대해서 살펴보자.

$$G(s) = \frac{p}{(s+p)(s^2+s+1)} \tag{2.73}$$

이 전달함수에서 $p = 0.5, 1, 2, 10$ 으로 변경할 때 스텝응답을 그리면 각각 그림 2.32(a), (b), (c), (d)와 같이 된다. 그림 2.32로부터 실근$(-p)$의 절대치가 커지면 $(s+p)$의 특성근은 시간 축 상에서 빠르게 없어지므로 스텝응답은 식 (2.74)의 2차계와 비슷한 특성을 나타내게 된다.

$$G(s) = \frac{1}{s^2+s+1} \tag{2.74}$$

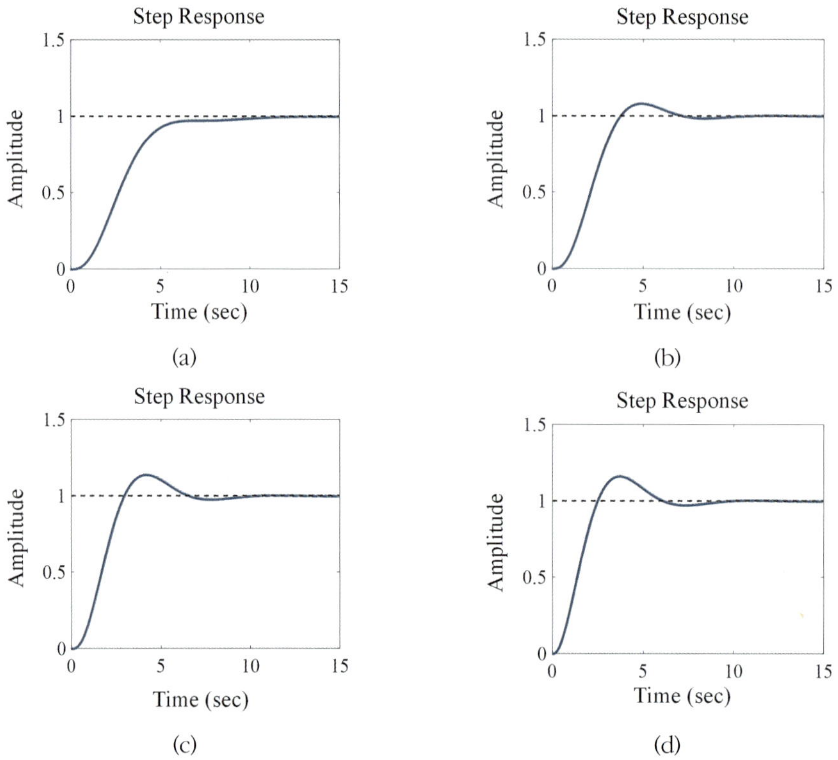

그림 2.32 실근에 따른 단위 스텝 응답 특성
(a) $p=0.5$ (b)$p=1$ (c) $p=2$ (d) $p=10$

2.6.4 영점의 배치와 과도특성의 관계

영점이 스텝응답에 미치는 영향을 살펴보기 위해서 영점이 1, -1인 식 (2.75)의 두 가지 전달함수의 스텝응답파형인 그림 2.33을 살펴보자.

$$G_1(s)=\frac{s+1}{s^2+s+1}\ ,\ G_2(s)=\frac{s-1}{s^2+s+1} \tag{2.75}$$

여기서 $G_1(s)$는 좌반평면에 안정한 영점을 갖는 최소위상시스템이고 $G_2(s)$는 우반평면에 불안정한 영점을 갖는 비최소위상 시스템이다. 그림 2.33으로부터 알 수 있는 바와 같이 $G_2(s)$의 응답 초기에는 최종치와 반대방향으로 이동하는데 이러한 특성을 역방향 응답(언더슈트, Undershoot)이라고 하고 비최소위상 시스템의 특유의 현상이다. 다음은 영점이 있는 식 (2.76)과 같은 3차원계를 생각해 보자.

$$G_1(s)=\frac{s+z}{z(s+1)(s^2+s+1)} \tag{2.76}$$

이 시스템에서 $z = 0.4, 0.6, 0.8, 1$로 변화시킬 때 스텝응답은 그림 2.34에 나타내었다. 그림 2.34에서 알 수 있는 바와 같이 실수의 영점이 특성근의 실수근($p = -1$)에 가까워

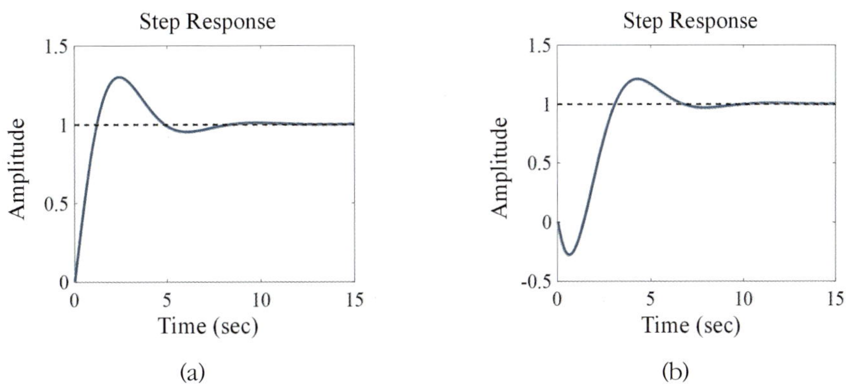

그림 2.33 안정 영점과 불안정 영점에 따른 단위 스텝 응답 특성
(a) 안정 영점(최소위상) (b) 불안정 영점(비최소위상)

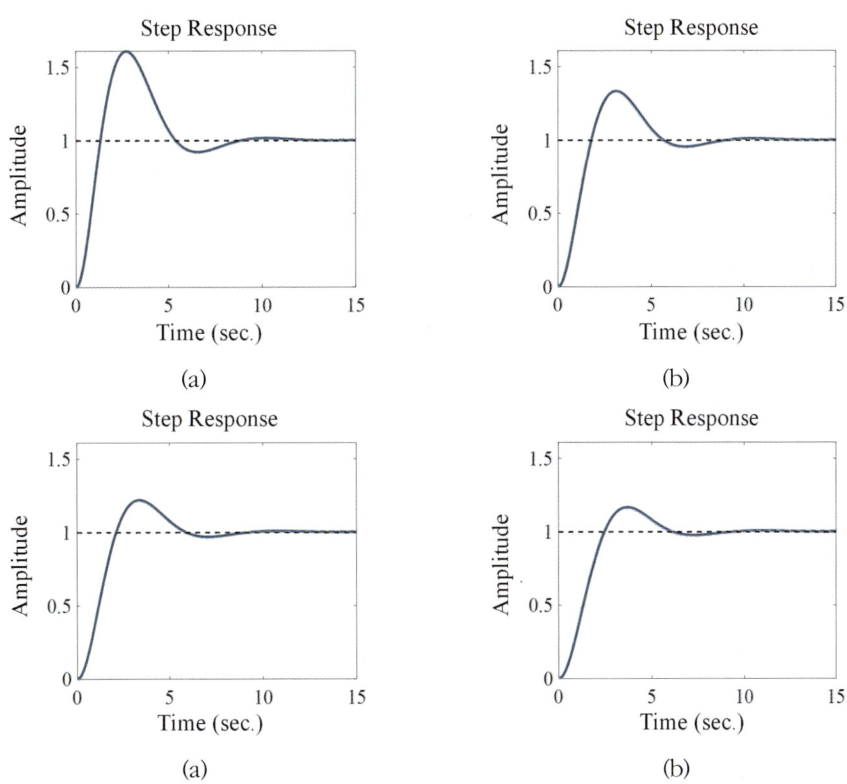

그림 2.34 영점에 따른 단위 스텝 응답 특성 (a) $z = 0.4$ (b) $z = 0.6$ (c) $z = 0.8$ (d) $z = 1$

질수록 스텝응답에 영점의 영향이 나타나지 않는다. 이와 같이 매우 근접한 위치에 존재하는 극과 영점의 쌍을 dipole이라고 한다. 따라서 영점이 실수근과 같은 $z=1$ 인 경우는 식 (2.74)와 같은 2차계가 되어 시스템의 차수가 1차원 작아진다.

2.6.5 주파수 영역에서 과도특성의 평가

폐루프 시스템은 일반적으로 저역통과 특성을 가지므로 피드백 제어계의 설계는 “일종의 저역통과 필터를 설계”하는 것과 같다. 따라서 정상이득을 1이라고 가정한 피드백 제어계의 전달함수 $G(s)$의 이득특성 $|G(j\omega)|$의 전형적인 게인 이득 특성은 그림 2.35와 같다.

폐루프 시스템의 과도특성을 평가하는 대표적인 항목은 대역폭(ω_b), 이득교차각 주파수(ω_c), 공진주파수(ω_p), 피크이득(M_p)등이 있다. 표 2.7에 과도특성의 대표적인 항목에 대하여 정의를 나타내었다. 특히 대역폭(Band width)은 제어시스템의 속응성과 밀접한 관계가 있고 일반적으로 대역폭과 상승시간은 반비례한다. 즉, 대역폭이 크면 상승시간이 짧아 지령치에 빨리 도달할 수 있다. 대역폭은 일반적으로 전달함수 $G(s)$를 저역통과 필터로 볼 때 제어계의 출력 $y(t)$가 주파수 ω_b까지는 입력에 추종하고 그 이상에서는 추종하지 못한다는 지표를 나타낸다. 따라서 ω_b를 크게 하면 제어계는 보다 높은 주파수의 입력을 추종할 수 있으므로 속응성이 향상된다. 또한 $G(s)$가 이상적인 저역통과 필터라고 가정하면 식 (2.77)이 성립된다.

$$T_r = \frac{\pi}{\omega_b}, \quad T_d = \frac{\phi_b}{\omega_b} \tag{2.77}$$

여기서 $\phi_b = \angle G(j\omega_b)$이다.

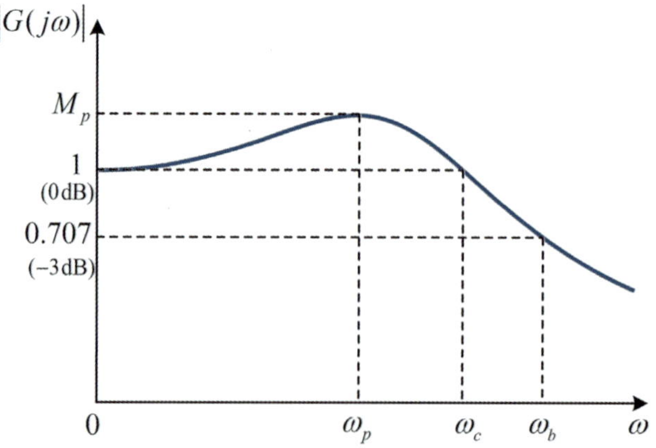

그림 2.35 전형적인 전달함수의 게인 이득 특성

표 2.7 과도특성의 대표적인 항목

항목	기호	정의
대역폭(band width)	ω_b	폐루프 이득$\lvert G(j\omega)\rvert$가 정상이득 $\lvert G(0)\rvert$의 $1/\sqrt{2}$ 배(3[dB] 저하)로 되는 주파수 (차단 주파수)
이득 교차각 주파수 (gain cross over frequency)	ω_c	폐루프 이득 $\lvert G(j\omega)\rvert$가 정상이득 $\lvert G(0)\rvert$와 동일하게 되는 주파수
공진 주파수 (resonance frequency)	ω_p	폐루프 이득 $\lvert G(j\omega)\rvert$가 최대치가 되는 주파수
피크이득(peak gain)	M_p	폐루프 이득 $\lvert G(j\omega)\rvert$의 최대치

따라서 상승시간과 지연시간은 모두 대역폭에 반비례하므로 대역폭의 설계는 제어기의 설계에서 중요한 의미를 갖는다. 제어기에 여러 개의 내부 루프가 있을 때 각각의 루프에 대한 제어속도를 결정하는 것은 주파수 영역에서 대역폭을 설정하는 것과 같다.

2차 제어계에서 대역폭은 식 (2.78)과 같이 근사화 할 수 있다.

$$\omega_b \approx (-1.1961\zeta + 1.8508)\omega_n \tag{2.78}$$

제어시스템의 개루프 전달함수가 식 (2.79)와 같다고 하면 폐루프 전달함수 $G(s)$는 식 (2.80)과 같이 2차 지연요소가 된다.

$$L(s) = \frac{1}{s(s+1)} \tag{2.79}$$

$$G(s) = \frac{L(s)}{1+L(s)} = \frac{1}{s^2+s+1} \tag{2.80}$$

이 제어기는 $\omega_n = 1$, $\zeta = 0.5$가 된다. 따라서 식 (2.78)을 이용하여 대역폭을 근사적으로 구하면 $1.253\,[\mathrm{rad/sec}]$가 된다. 또한 식 (2.80)의 보드선도를 그려보면 그림 2.36과 같이 되고 대역폭은 $1.272\,[\mathrm{rad/sec}]$가 되어 근사식과 실제의 대역폭이 거의 유사함을 알 수 있다.

이 제어계의 지령치로 $r_1(t) = \sin 0.1t$를 입력한 경우와 $r_2(t) = \sin 10t$를 입력한 경우 시간응답을 구해 보면 그림 2.37과 같다. 그림 2.37(a)에서 알 수 있는 바와 같이 $\omega = 0.1$의 지령치에 대해서 출력파형은 동일한 진폭의 파형을 갖는다. 그러나 그림 2.37(b)와 같이 $\omega = 10$인 경우는 지령치에 비해서 출력파형의 진폭이 매우작고 추종할 수 없음을 알 수 있다. 이 그림으로부터 대역폭 $\omega_b = 1.253\,[\mathrm{rad/sec}]$이상의 주파수의 지령을 주었을 때는 지령치를 추종할 수 없음을 확인할 수 있다. 따라서 제어기 설계에서는 대역폭의 설정이 매우 중요하다.

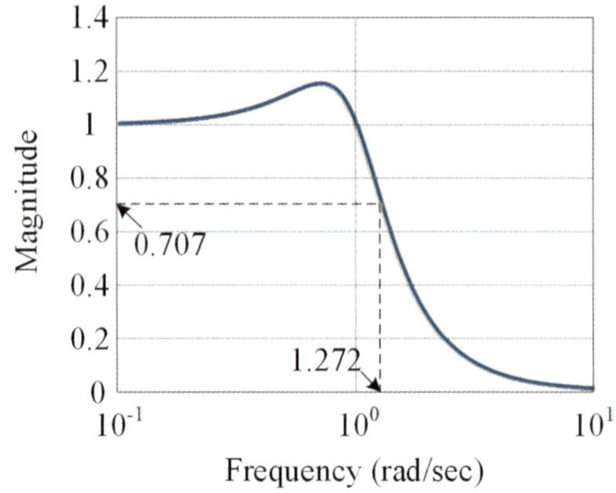

그림 2.36 $\omega_n = 1$, $\zeta = 0.5$인 2차 지연요소의 보드선도

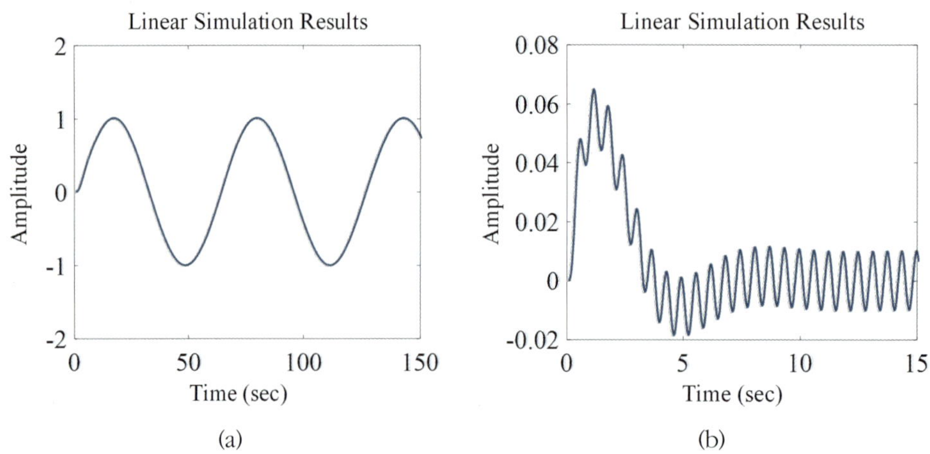

그림 2.37 대역폭과 입력주파수에 따른 응답특성 (a) $r_1(t) = \sin 0.1t$ (b) $r_2(t) = \sin 10t$

2.7 직류전동기의 제어기 설계

2.7.1 직류전동기의 직렬제어시스템과 동특성 모델

그림 2.38에서와 같이 위치제어기를 갖는 직렬접속 제어시스템(Cascade control structure)은 위치제어기, 속도제어기, 전류제어기가 직렬로 접속된 제어기를 나타낸다. 그림 2.38과 같은 직류전동기의 제어시스템에서 PI제어기를 사용할 때 전류제어기, 속도제어기를 설계한다는 것은 각 제어기의 P(비례)게인과 I(적분)게인을 결정하는 것이다. 각

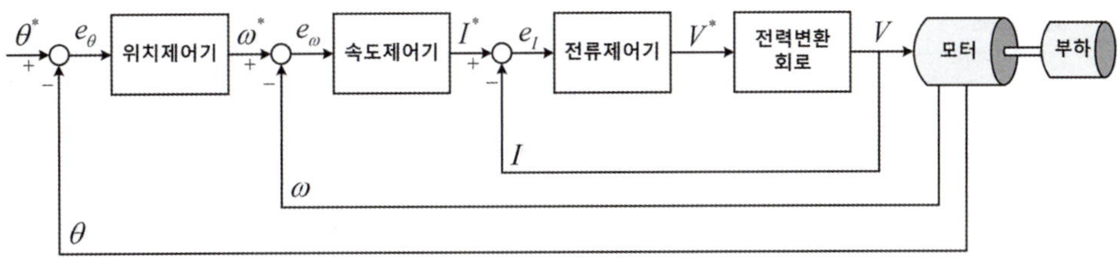

그림 2.38 일반적인 전동기의 폐루프 제어 시스템

제어기의 P게인과 I게인은 시스템의 제어 성능이 강인하고 빠르고 안정되도록 결정하는 것이 중요한 과제가 된다. 각 제어기의 PI제어게인을 결정할 때는 각 제어기의 대역폭을 기준으로 설정하는 것이 일반적이다. 직류전동기의 기준이 되는 대역폭으로는 전류 PI제어기의 대역폭(Band width) $\omega_{cc}(=2\pi f_{cc})$, 속도 PI제어기의 대역폭 $\omega_{cs}(=2\pi f_{cs})$, 전력변환기의 스위칭 주파수 $\omega_{sw}(=2\pi f_{sw})$ 및 PI제어기의 대역폭 $\omega_{\pi}(=2\pi f_{\pi})$이 있다. 각 제어기 대역폭을 어떻게 설정하는가에 따라서 각 제어기의 P게인과 I게인이 결정된다.

직렬접속된 제어시스템에서 각 제어기들은 순차적으로 직렬접속되어 있으므로 내측 제어기의 폐루프 응답속도가 외측 제어기의 폐루프 응답속도에 비해서 가능한 빨라야 한다. 예를 들면 속도제어기의 출력인 전류지령이 전류제어기를 통해 구현되기 위해서는 충분한 시간이 필요하기 때문에 전류제어기는 속도제어기에 비해서 최소한 5배~수십배 정도 빨라야 한다. 마찬가지로 속도제어기는 위치제어기에 비해서 최소한 5배~수십배로 빨라야 한다. 이러한 관계를 주파수 영역에서 보면 전류제어기의 대역폭이 속도제어기의 대역폭에 비해서 5배~수십배 정도 커야 하고 위치제어기는 속도제어기에 비해서 5배~수십배 정도 작아야 하는 것을 나타낸다. 또한 전류제어기의 출력인 전압지령은 일반적으로 펄스 폭 변조방식 전력변환기의 스위칭을 통해 구현되므로 전류제어기의 대역폭 역시 전력변환기의 스위칭 주파수에 비해서 수십배 작아야 한다. 이와 관련된 내용을 정리하면 표 2.8과 같다.

전류제어기에서 출력된 전압지령은 일반적으로 펄스 폭 변조(PWM : Pulse-Width Modulation)를 이용한 전력변환기로 구현된다. 이때, 전류제어기의 연산속도는 전력변환기의 스위칭 주파수와 동기되어 일반적으로 전류제어기의 연산속도는 전력변환기의 스위칭 주파수의 1~2배가 된다. 또한 전류제어기에 피드백되는 전류의 측정시점도 전류제어기의 연산시점과 동기되는 것이 일반적이다.

표 2.8 대역폭의 종류

대역폭의 종류	기호	설정기준
전력변환기의 스위칭 주파수	$\omega_{sw}(=2\pi f_{sw})$	전력변환기의 반송파에 의해 결정됨
전류제어기의 대역폭	$\omega_{cc}(=2\pi f_{cc})$	ω_{cc}는 ω_{sw}에 비해 수십배 작게 설정
속도제어기의 대역폭	$\omega_{cs}(=2\pi f_{cs})$	ω_{cs}는 ω_{cc}에 비해서 5배~수십배 작게 설정
PI제어기의 대역폭	$\omega_{\pi}(=2\pi f_{\pi})$	각 제어기의 대역폭을 기준으로 설정

2.7.2 직류전동기의 동특성 모델

그림 2.38의 제어시스템을 해석하기 위해서는 플랜트인 모터의 동특성 해석이 가능해야 한다. 제어대상이 직류전동기인 경우 직류전동기의 동특성모델은 그림 2.39와 같다. 정상특성에서는 전기자에 인덕턴스 성분이 없으나 과도특성해석 모델은 인덕턴스를 포함하게 되어 전압에 대한 전류응답이 시정수를 가지고 증가하는 것을 알 수 있다.

직류전동기는 전기적 입력이 V_a, V_f 2개이고 기계적 출력이 1개이므로 자유도가 3개가 되고 2개의 전압방정식과 1개의 운동방정식은 식 (2.81), (2.82), (2.83)과 같이 된다.

$$V_f = R_f i_f + L_f \frac{di_f}{dt} \tag{2.81}$$

$$V_a = R_a i_a + L_a \frac{di_a}{dt} + e_a \tag{2.82}$$

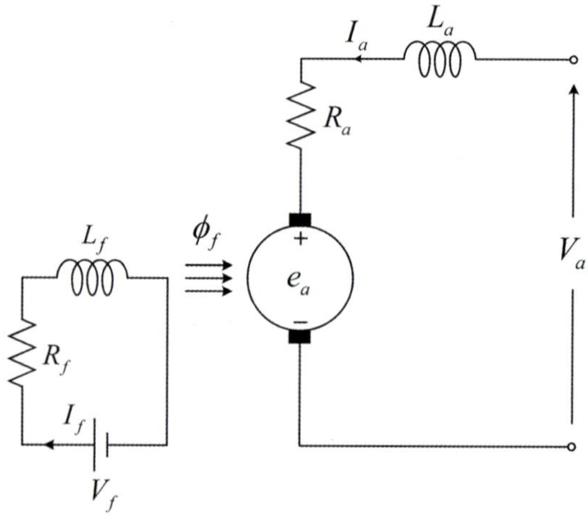

그림 2.39 직류전동기의 동특성 모델

$$T_e = J\frac{d\omega_m}{dt} + B\omega_m + T_L \tag{2.83}$$

여기서 e_a, T_e, T_L은 각각 속도기전력, 전동기의 토크, 부하토크를 나타낸다.

계자전류가 일정하다고 가정하면 식 (2.81)은 필요없고 자속 ϕ가 일정하므로 역기전력 $e_a = k_e\phi_f\omega_m$가 된다. 따라서 계자전류가 일정한 조건에서 지배방정식은 식 (2.82)와 식 (2.83)이 된다.

식 (2.82)와 식 (2.83)을 라플라스 변환하면 식 (2.84), (2.85)와 같다.

$$\begin{aligned} V_a(s) &= (R_a + sL_a)I_a(s) + e_a(s) \\ &= (R_a + sL_a)I_a(s) + k_e\phi_f\omega_m(s) \end{aligned} \tag{2.84}$$

$$T_e(s) = (Js + B)\omega_m(s) + T_L = k_T\phi_f I_a(s) \tag{2.85}$$

식 (2.84), (2.85)의 연립방정식을 블록도로 나타내면 그림 2.40과 같다. 블록선도를 이용하여 직류전동기의 전달함수를 구해보면 식 (2.86)과 같이 된다.

$$\frac{\omega_m}{V_a} = \frac{\dfrac{k_T\phi_f}{JL_a}}{s^2 + \left(\dfrac{R_a}{L_a} + \dfrac{B}{J}\right)s + \left(\dfrac{R_a}{L_a}\dfrac{B}{J} + \dfrac{k_Tk_e\phi_f^2}{JL_a}\right)} \tag{2.86}$$

이때, 전기 기계적 시정수, 전기자 회로의 시정수를 각각 τ_m, τ_a으로 정의하면 식 (2.87)과 같이 나타낼 수 있다.

$$\tau_m = \frac{JR_a}{k_Tk_e\phi_f^2}, \quad \tau_a = \frac{L_a}{R_a} \tag{2.87}$$

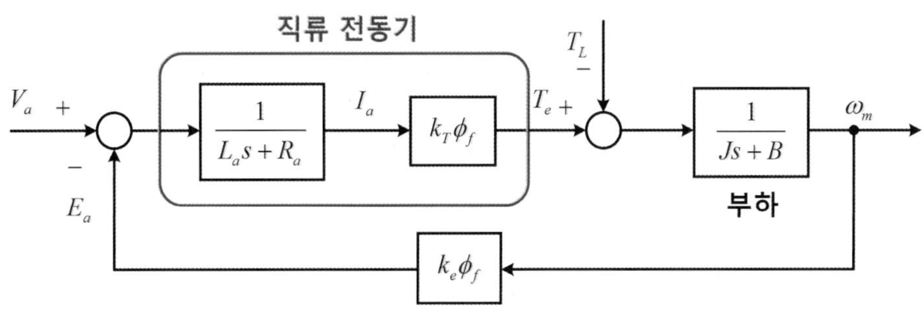

그림 2.40 직류전동기 시스템의 블록선도

마찰토크 B를 무시하고 식 (2.87)을 이용하여 식 (2.86)을 정리하면 식 (2.88)과 같이 나타낼 수 있다. 이 시스템은 전형적인 2차 지연요소로써 2.6절에서 언급한 응답특성을 갖는다.

$$\frac{\omega_m}{V_a} = \frac{\frac{1}{k_e \phi_f} \frac{1}{\tau_m \tau_a}}{s^2 + \frac{1}{\tau_a} s + \frac{1}{\tau_m \tau_a}} \tag{2.88}$$

그림 2.41은 전기자 전압 V_a를 $100[\mathrm{V}]$, $200[\mathrm{V}]$, $300[\mathrm{V}]$로 변경하였을 때 동특성 결과를 나타내고 있다. 그림 2.41(c)에서 알 수 있는바와 같이 기동 초기 역기전력이 작기 때문에 전류가 급격히 증가하지만 속도가 증가됨에 따라 전류의 변화율이 감소하고 속도가 정상속도에 도달하면 전류가 일정해짐을 알 수 있다. 또한 전압을 $200[\mathrm{V}]$로 상승시키면 다시 $V-E$가 커지게 됨으로 전류가 증가하고 토크도 증가하여 부하토크와의 교점까지 속도가 상승된다. 속도특성을 보면 앞에서 알아본바와 같이 전형적인 2차지연 요소의 특성을 가지고 있음을 알 수 있다. 즉, 속도가 증가하고 약간의 오버슈트를 가지고 있으면서 정상상태에 도달한다. 이와 같이 그림 2.40의 직류전동기의 동특성 모델은 전동기의 동특성을 정확하게 모사 할 수 있음을 알 수 있다.

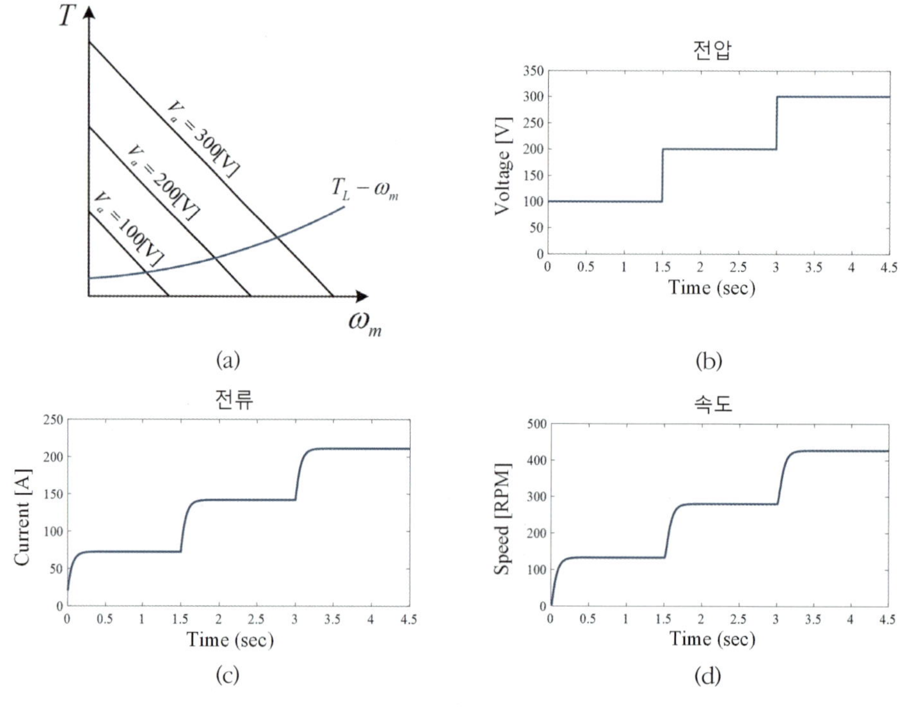

그림 2.41 직류전동기의 전압에 따른 특성
(a) 속도-토크 곡선 (b) 전압 (c) 전류 (d) 속도

2.7.3 전류제어기 설계

직류전동기의 제어시스템은 비선형성이 크지 않기 때문에 일반적으로 PI제어기를 사용한다. PI제어기는 간단하고 강인한 특성을 가지고 있고 전류제어기와 속도제어기의 비례게인과 적분게인을 최적으로 설정하면 정상상태오차를 0으로 하면서 속응성을 보장할 수 있다. PI 전류제어기를 포함하는 직류전동기 피드백 제어 블록도를 그림 2.42에 나타내었다. P게인과 I게인을 각각 K_{pc}, K_{ic}라고 하면 PI전류제어기의 전달함수는 식 (2.89)와 같이 된다.

$$G_{PI}(s) = K_{pc} + \frac{K_{ic}}{s} = K_{pc}\left(1 + \frac{K_{ic}}{K_{pc}s}\right) \tag{2.89}$$

또한 전류제어기를 포함한 직류전동기의 전달함수를 구해 보면 식 (2.90)과 같이 된다.

$$I_a(s) = \frac{K_{pc}s + K_{ic}}{L_a s^2 + (R_a + K_{pc})s + K_{ic}} I_a^*(s) - \frac{s}{L_a s^2 + (R_a + K_{pc})s + K_{ic}} E_a(s) \tag{2.90}$$

식 (2.90)에서 알 수 있는 바와 같이 역기전력 항은 외란과 같이 작용하고 있다. 외란의 크기가 예측 가능하면 외란 항을 전향 보상 시켜 외란 항을 없애고 시스템이 간단하게 할 수 있다. 역기전력 $E_a(s)$는 속도에 비례한 양으로 속도와 역기전력 상수를 알고 있다면 역기전력은 식 (2.91)과 같이 추정할 수 있다.

$$E_a = k_e \phi_f \omega_m \tag{2.91}$$

따라서 역기전력을 전향보상 시키면 그림 2.43과 같이 제어블록도가 간단하게 된다. 이때 전류제어기의 지령치는 식 (2.92)와 같이 전류제어기의 지령에 역기전력을 합한 새로운 지령치가 된다.

$$V_a^* = V_a + E_a \tag{2.92}$$

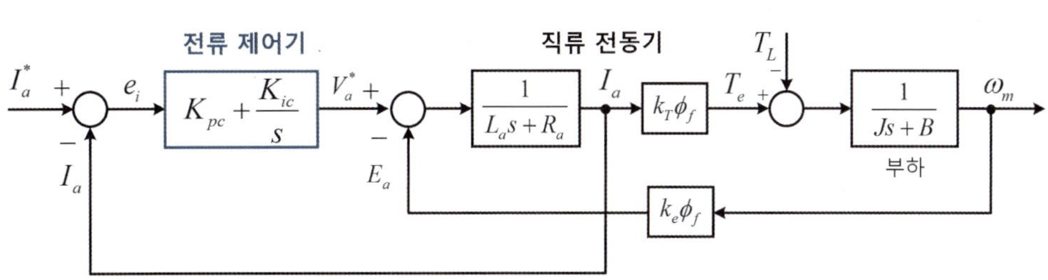

그림 2.42 전류제어기를 포함한 직류전동기의 피드백 제어 블록도

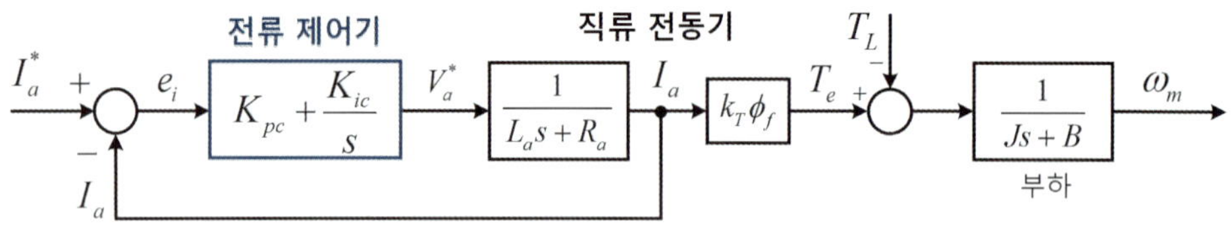

그림 2.43 역기전력을 보상한 직류전동기의 피드백 제어 블록도

따라서 역기전력을 전향 보상할 경우 그림 2.43의 전달함수는 식 (2.93)과 같이 된다.

$$G_c(s) = \frac{I_a(s)}{I_a^*(s)} = \frac{L_c(s)}{1 + L_c(s)} = \frac{K_{pc}s + K_{ic}}{L_a s^2 + (R_a + K_{pc})s + K_{ic}} \tag{2.93}$$

전류제어기의 제어기를 설계한다는 것은 식 (2.93)에서 전류제어기의 비례게인 K_{pc}와 적분게인 K_{ic}를 선택하는 것으로 두 가지 게인의 선정에 따라 제어기의 특성이 결정된다.

전향보상 된 그림 2.43의 제어블록도에서 개루프 전달함수를 구해 보면 식 (2.94)와 같이 된다.

$$\begin{aligned} L_c(s) &= K_{pc}\left(\frac{s + \dfrac{K_{ic}}{K_{pc}}}{s}\right)\frac{1}{L_a s + R_a} \\ &= K_{pc}\frac{s + \dfrac{K_{ic}}{K_{pc}}}{s}\frac{\dfrac{1}{L_a}}{s + \dfrac{R_a}{L_a}} \end{aligned} \tag{2.94}$$

식 (2.94)에서 알 수 있는 바와 같이 PI 제어기에 의해서 시스템의 전달함수에 0인 극점이 추가 되고 $-K_{ic}/K_{pc}$의 영점이 추가된다. 비례게인과 적분게인을 결정하는 방법으로는 zero-pole cancellation method, Optimum approximation method, Symmetric Optimum approximation method 등 다양한 방법들이 제공되어 있다. 2.6.4절에서 알아본 바와 같이 제어계의 영점을 극점에 근접시킬수록 제어기의 과도특성이 좋아지고 시스템의 차수를 줄일 수 있어 간단하므로 zero-pole cancellation method를 이용한 게인 설정법을 이용한다.

식 (2.94)의 개루프 전달함수의 영점이 개루프 전달함수의 극점과 같도록 식 (2.95)와 같이 결정하면 제어시스템의 극점과 제어기의 영점이 서로 상쇄되어 시스템의 차수가 줄어들고 개루프 전달함수는 식 (2.96)과 같이 간단하게 된다.

$$\frac{K_{ic}}{K_{pc}} = \frac{R_a}{L_a} \tag{2.95}$$

$$L_c(s) = \frac{1}{\dfrac{L_a}{K_{pc}} s} \tag{2.96}$$

따라서 전류제어기를 포함한 직류전동기의 폐루프 전달함수는 식 (2.97)과 같이 된다.

$$\frac{I_a(s)}{I_a^*(s)} = G_c(s) = \frac{L_c(s)}{1+L_c(s)} = \frac{1}{\dfrac{L_a}{K_{pc}} s + 1} \tag{2.97}$$

식 (2.97)은 1차 지연요소로 1차 지연요소에서 교차각 주파수 즉, 전류제어기의 대역폭은 허수 부분이 1이 되는 주파수이므로 식 (2.98)로부터 교차각 주파수(전류제어기의 대역폭) ω_{cc}를 구할 수 있다.

$$|L_c(j\omega_{cc})| = \left| \frac{1}{\dfrac{L_a}{K_{pc}} j\omega_{cc}} \right| = 1, \quad \omega_{cc} = \frac{K_{pc}}{L_a} \tag{2.98}$$

따라서 ω_{cc}를 표 2.8의 기준으로 선정하면 전류제어기의 비례게인 K_{pc}를 결정할 수 있고 식 (2.95)로부터 적분게인 K_{ic}는 식 (2.99)와 같이 결정할 수 있다.

$$K_{ic} = \frac{R_a}{L_a} K_{pc} = R_a \omega_{cc} \tag{2.99}$$

또한 식 (2.98)을 식 (2.97)에 대입하면 전달함수는 식 (2.100)과 같이 된다.

$$\frac{I_a(s)}{I_a^*(s)} = \frac{\omega_{cc}}{s+\omega_{cc}} \tag{2.100}$$

2.5.2절에서 살펴 본 바와 같이 이 시스템의 폐루프 제어시스템의 상대 안정도를 판단하기 위해서 보드선도를 그리면 개루프 전달함수의 이득의 교차각 주파수(ω_{cc})에서 위상여유는 -90도이므로 안정된 시스템이 된다.

그림 2.43의 직류전동기의 제어 블록도에 식 (2.100)을 적용하면 전동기와 전류제어기는 그림 2.44와 같이 1차 지연요소로 나타낼 수 있다.

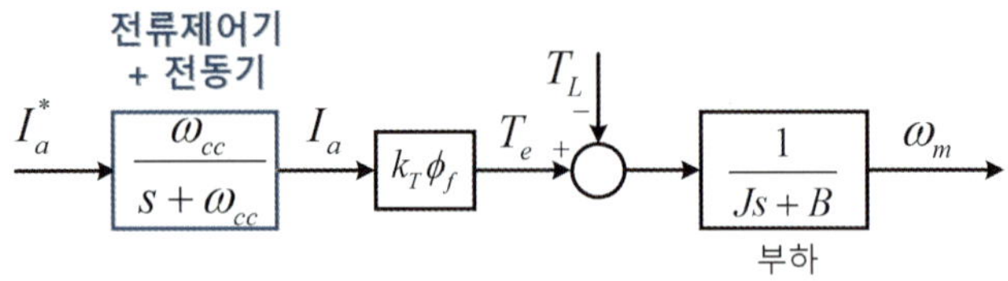

그림 2.44 zero-pole cancellation method를 이용한 전류제어기의 제어 블록도

2.7.4 속도제어기 설계

그림 2.45는 PI 속도제어기를 포함하는 직렬형 속도제어 블록선도를 나타내고 있다. 그림 2.45에서 부하토크와 마찰토크를 알고 있다면 앞에서 역기전력을 전향 보상시켰을 때와 마찬가지로 전향 보상시키면 부하토크 T_L을 무시해도 된다. 대신 속도제어기의 전류지령은 식 (2.101)과 같이 속도제어기에서 나온 지령치와 전향 보상된 부하토크와 마찰토크를 발생시키는 전류치의 합이 속도제어기의 지령값이 된다.

$$I_a^* = \left(\frac{s+\omega_{cc}}{\omega_{cc}}\right)\left(\frac{T_e+T_L}{k_T\phi_f}\right)$$
$$I_a = \frac{T_e+T_L}{k_T\phi_f} \tag{2.101}$$

이때 전류제어기를 포함하는 속도제어기의 개루프 전달함수는 식 (2.102)와 같이 된다.

$$L_s(s) = \left(K_{ps} + \frac{K_{is}}{s}\right)\frac{\omega_{cc}}{s+\omega_{cc}}\frac{k_T\phi_f}{Js} \tag{2.102}$$

식 (2.102)를 로그 스케일로 다시 쓰면 식 (2.103)과 같다.

$$L_s(s) = 20\log\left(K_{ps} + \frac{K_{is}}{s}\right) + 20\log\left(\frac{\omega_{cc}}{s+\omega_{cc}}\right) + 20\log\left(\frac{k_T\phi_f}{Js}\right)\ [\mathrm{dB}] \tag{2.103}$$

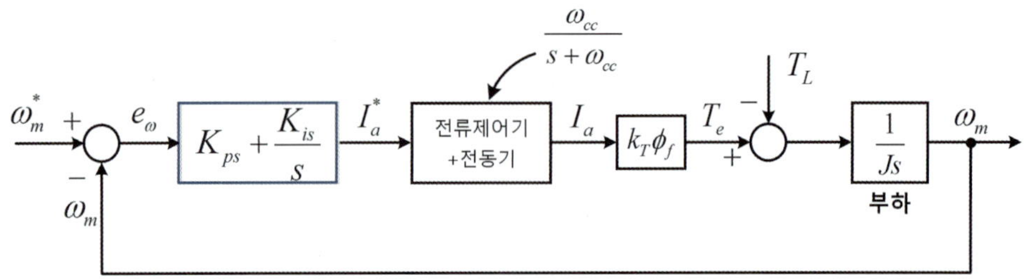

그림 2.45 속도제어기를 포함한 제어블록도

표 2.8에서 알아 본 바와 같이 안정된 속도제어를 위해 속도제어기의 대역폭 ω_{cs}을 전류제어기의 밴드폭 ω_{cc}에 비해서 1/5이하가 되도록 설정하면 식 (2.102)의 보드 선도는 그림 2.46과 같이 그릴 수 있다. 그림 2.46에서 PI제어기의 절점 주파수(ω_π)는 속도제어기의 대역폭 ω_{cs}에 비해서 작게 설계되어 있는 것을 고려하여 그린 보드선도이다.

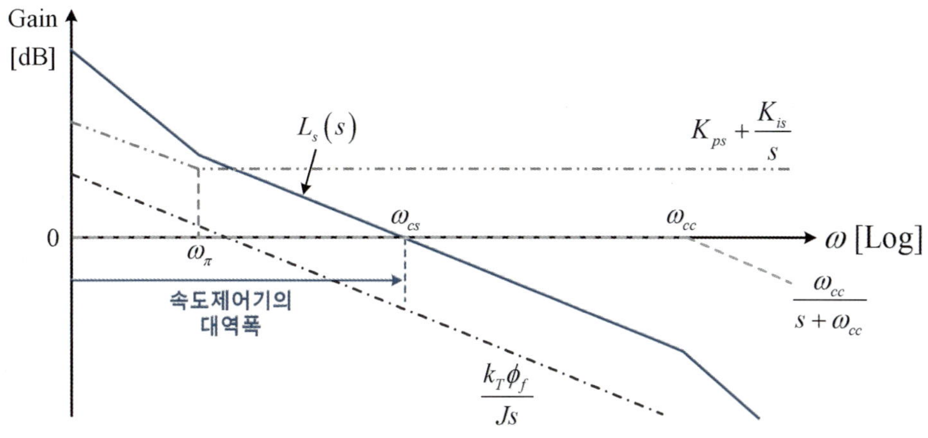

그림 2.46 속도제어기를 포함한 개루프 전달함수의 보드선도

식 (2.103)에서 첫 번째 항은 PI 제어기의 전달함수를 나타내고 두 번째 항은 피드백전류제어기와 직류전동기의 전달함수를 나타낸다. 또한 3번째 항은 토크와 속도의 관계를 나타내는 항이다.

식 (2.103)의 우변 첫째항 PI제어기에 복소수 $s = j\omega$를 대입하면 식 (2.104)와 같은 주파수 응답을 얻을 수 있다.

$$G_{PI}(j\omega) = 20\log\left(K_{ps} - j\frac{K_{is}}{\omega}\right) = 20\log K_{ps}\left(1 - j\frac{K_{is}}{K_{ps}\omega}\right)\ [\text{dB}] \tag{2.104}$$

PI제어기의 절점 주파수(ω_π)는 폐루프 전달함수 $G_{PI}(j\omega)$의 허수부분이 1이 되는 주파수를 나타내므로 식 (2.105)와 같이 구할 수 있고 이 주파수가 PI제어기의 대역폭이 된다.

$$\frac{K_{is}}{K_{ps}\omega_\pi} = 1\ ,\quad \omega_\pi = \frac{K_{is}}{K_{ps}} \tag{2.105}$$

PI 제어기의 대역폭 ω_π은 응답속도와 오버슈트 등을 고려하여 결정하는데 ω_π는 속도제어기의 비례게인 K_{ps}와 적분게인 K_{is}의 비에 해당하는 것을 알 수 있다. 전류제어기의 대역폭(ω_{cc})은 속도제어기의 대역폭(ω_{cs})보다 충분히 크므로 ω_{cs} 이하에서 전류제어기의 이득은 $\frac{\omega_{cc}}{s+\omega_{cc}} \approx 1 (\because\ s=j\omega < \omega_{cs} \ll \omega_{cc})$이고 개루프 전달함수인 식 (2.102)는 식 (2.106)과 같이 간단하게 된다.

$$L_s(s) = \left(K_{ps} + \frac{K_{is}}{s}\right)\frac{k_T\phi_f}{Js} \qquad (\omega \le \omega_{cs}) \tag{2.106}$$

그림 2.46과 같이 PI 제어기의 대역폭 ω_π를 $\omega_\pi \ll \omega_{cs}$가 되도록 설정을 하면 속도제어기의 대역폭($\omega_{cs}$) 근처에서 $K_{is}/j\omega_{cs} \approx 0$이 되므로 PI제어기의 전달함수 $G_{PI}(j\omega_{cs}) \approx K_{ps}$가 된다. 따라서 속도제어기의 대역폭($\omega_{cs}$) 근처에서 제어기의 개루프 전달 함수 식 (2.106)은 다시 식 (2.107)과 같이 간단하게 된다.

$$L_s(s) \approx K_{ps}\frac{k_T\phi_f}{Js} \qquad (\omega \approx \omega_{cs}) \tag{2.107}$$

식 (2.107)의 개루프 전달 함수에서 속도제어기의 대역폭 ω_{cs}에서 개루프 전달함수가 1 (보드선도에서는 0)이 되어야 하므로 식 (2.107)에 $s=j\omega_{cs}$를 대입하면 식 (2.108)이 성립한다.

$$|L_s(j\omega_{cs})| = K_{ps}\frac{k_T\phi_f}{J\omega_{cs}} = 1 \tag{2.108}$$

따라서 속도제어기의 대역폭 ω_{cs}를 전류제어기의 대역폭 ω_{cc}보다 충분히 크게 잡으면 비례 이득은 식 (2.109)로 된다.

$$K_{ps} = \frac{J\omega_{cs}}{k_T\phi_f} \tag{2.109}$$

속도제어기의 비례게인 K_{ps}가 식 (2.109)로 결정되면 적분게인 K_{is}는 식 (2.105)로부터 식 (2.110)과 같이 결정된다.

$$K_{is} = \omega_\pi K_{ps} \tag{2.110}$$

이와 같이 속도제어기와 전류제어기의 게인 값을 선정하는 것은 각 제어기의 대역폭을 기준으로 여러 가지 제약사항을 고려하여 선정하게 된다. 이와 같은 속도제어기와 전류제어기의 게인 결정과정을 요약 하면 표 2.9와 같다.

표 2.9 제어기의 게인 설정

기준	대역폭 결정	대역폭 ω_π, ω_{cs}, ω_{cc}에 의한 게인결정법	식번호
ω_{cc}를 기준으로 한 전류제어기의 게인 설정	전류제어기와 전동기의 개루프 전달함수 계산	$L_c(s) = K_{pc}\dfrac{s+\frac{K_{ic}}{K_{pc}}}{s}\dfrac{\frac{1}{L_a}}{s+\frac{R_a}{L_a}}$	(2.94)
	zero-pole cancellation method를 이용한 게인비 설정	$\dfrac{K_{ic}}{K_{pc}}=\dfrac{R_a}{L_a}$	(2.95)
	전류제어기의 대역폭 ω_{cc}을 기준으로 한 비례게인 결정	$\lvert L_c(j\omega_{cc})\rvert = \left\lvert\dfrac{1}{\frac{L_a}{K_{pc}}j\omega_{cc}}\right\rvert = 1$ $\omega_{cc}=\dfrac{K_{pc}}{L_a}$	(2.98)
ω_π와 ω_{cs}를 기준으로 한 속도제어기의 게인 설정	속도제어기의 개루프 전달함수 계산	$L_s(s)=\left(K_{ps}+\dfrac{K_{is}}{s}\right)\dfrac{\omega_{cc}}{s+\omega_{cc}}\dfrac{k_T\phi_f}{Js}$	(2.102)
	속도제어기의 대역폭에 의한 비례게인 결정	$K_{ps}=\dfrac{J\omega_{cs}}{k_T\phi_f}$	(2.109)
	PI제어기의 대역폭 ω_π에 의한 비례게인 결정	$\dfrac{K_{is}}{K_{ps}\omega_\pi}=1,\ \omega_\pi=\dfrac{K_{is}}{K_{ps}}$	(2.105)

2.7.5 리미터의 영향과 Anti-Windup

전류제어기의 지령인 전압은 전력변환기의 용량과 전동기의 정격에 의해서 제한되므로 리미터를 가지게 된다. 따라서 실제시스템에서는 지령전압을 그대로 발생시키지 못하고 정격이상의 지령전압에 대해서는 최대치 출력으로 제한된다. 제어기가 선형적으로 설계된 경우 적분기에 오차가 계속 누적이 되므로 전류의 오차값이 반대가 되는 경우에도 누적된 적분 값이 너무 크게 되어 전류의 오차가 반전되기 전의 지령과 같은 부호의 전압을 오랫동안 내보내게 된다. 따라서 제어기의 출력은 큰 오버슈트를 발생하게 되고 정상상태에 도달하는 시간이 느려지게 된다. 이에 대한 대책으로 Anti-Windup제어기를 가져야 한다.

전압과 전류는 정격이 정해져 있으므로 그 이상의 전류나 전압이 걸리게 되면 열적인 문제를 발생시킬 수 있어 제한을 하게 된다. 빈번하게 전류와 전압의 지령이 변하는 서보시스템에서는 전동기가 제한 온도까지 상승될 수 있으므로 특히 전압과 전류가 정격이상이 걸리지 않도록 주의해야 한다. 따라서 제어시스템에서는 전압의 지령이 정격이상일 경우에는 그 지령을 정격으로 제한하여 지령을 사용하게 이러한 것을 리미터라고 한다. 리미터는 알고리즘 상에서도 고려할 수 있으나 전력변환기는 전압이 DC Bus 전압을 넘을 수 없으므로 자연적으로 전압에 리미터가 걸리게 된다. 이러한 리미터에 의해서 시스템은 비선형적으로 되고 지령이 리미터 값 이상이 걸리면 자연적으로 지연이 발생한다. 예를 들면 부하토크가 크게 증가하게 되면 전류제어기는 큰 지령전류를 발생하게 되지만 리미터에 의해 전류가 제한되기 때문에 제어기가 늦어진다. 따라서 제어기가 선형이라고 생각하여 설계한 제어기에서는 이러한 영향을 고려하여야 한다.

제어기의 지령이 한계값 이상이 되는 것을 제어기가 포화되었다고 하는데 이때부터 제어기가 비선형으로 동작하게 된다. 예를 들어 지령값이 포화되었을 때 적분게인은 계속해서 증가를 하게 되어 큰 값을 가지게 되고 따라서 오차가 반전되어 (-)값이 된다고 해도 적분값이 크기 때문에 제어기의 지령은 계속해서 (+)값을 출력하게 된다. 따라서 제어값은 큰 오버슈트를 가지게 된다. 이러한 것을 적분기 포화(Integrator windup)이라고 한다. 이러한 문제를 해결하기 위해서는 제어기가 포화되었을 경우(리미터가 작동) 적분게인 값이 계속 커지지 않도록 조정을 해야 하는데 이러한 것을 integrator anti-windup 이라고 한다.

integrator anti-windup은 디지털 제어기를 사용할 경우 실현하는 것은 쉽게 되며 그림 2.47은 integrator anti-windup의 전형적인 형태를 보여주고 있다. 그림에서와 같이 제어기의 출력값이 포화되면 적분기에 입력되는 오차를 줄여서 적분게인이 과도하게 크게 되는 것을 방지하게 된다. 이때 K_{ac}값에 의해 성능이 달라진다. 그림 2.48은 integrator anti-windup을 가지고 있을 때와 가지고 있지 않을 때의 성능을 나타내고 있다. 그림 2.48에서 알 수 있는 바와 같이 안티 와인업이 없는 경우 오버 슈트가 발생되고 수렴 속도가 느려지지만 안티 와인드업을 사용하면 적분 값이 일정하게 유지 되면서 오버 슈트가 없고 빠르게 수렴됨을 알 수 있다.

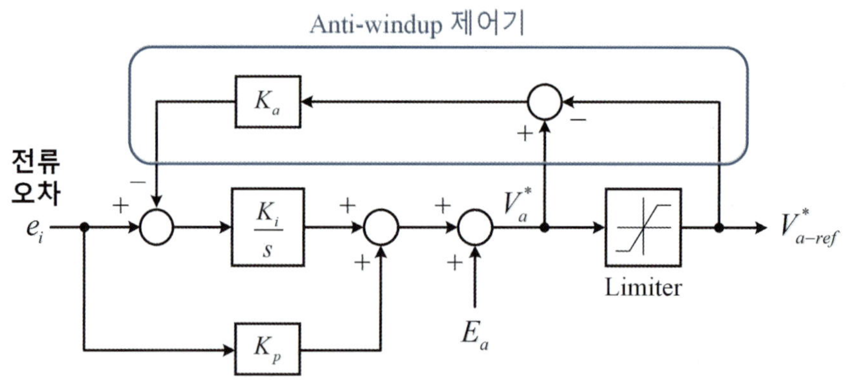

그림 2.47 Anti-Windup 제어기를 포함한 제어 블록도

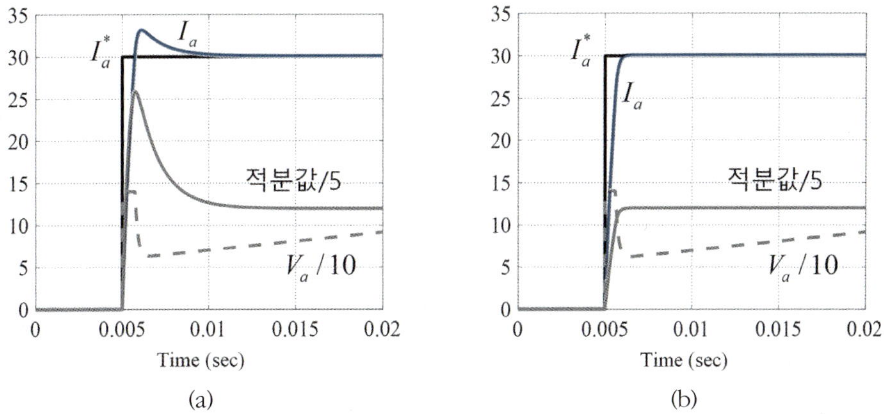

그림 2.48 Anti-Windup 제어기에 따른 전류 응답 특성
(a) Anti-Windup 제어기가 없는 경우 (b) Anti-Windup 제어기가 있는 경우

2.8 속도제어기를 갖는 직류전동기의 제어 시뮬레이션

속도제어기를 갖는 직류전동기의 제어 시뮬레이션을 위한 모델링을 그림 2.49에 나타내었다. 그림에서 PMDC 블록은 직류전동기와 운동방정식을 모델링 한 것으로 그림 2.40의 블록도를 모델링한 것이다. 제어기에 따른 응답 특성과 영향을 그림 2.50부터 2.53까지 나타내었다. 그림 2.50은 속도제어기에서 PI제어기의 응답특성으로 속도 지령 2500[rpm]일 때 오버슈트가 발생하며 수렴하게 된다. 이때 0.2[sec]에 외란토크 발생 시 속도가 흔들리지만 제어를 통하여 다시 수렴하는 것을 확인할 수 있다. 그림 2.51은 전류제어기로 P제어기를 사용할 경우 주파수(대역폭)에 대한 영향을 나타내었다. 주파수가 빨라질수록 응답속도가 빠르나 정상상태 오차가 존재함을 알 수 있다. 그림 2.52는 전류

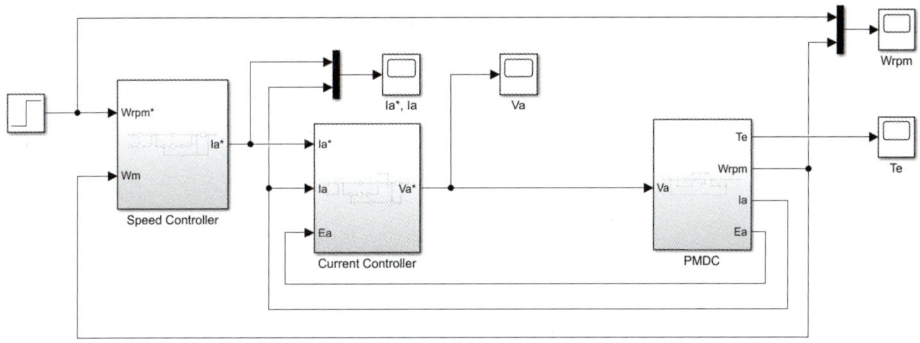

그림 2.49 직류전동기의 제어 시뮬레이션 블록도

제어기로 PI제어기를 사용할 경우 주파수(대역폭)에 따른 영향을 나타내었다. 주파수가 높을수록 수렴시간이 빨라짐을 확인할 수 있다. 그림 2.53은 지연요소를 갖는 스텝 속도 지령 입력에 대한 속도제어기의 주파수에 따른 영향을 나타내었다. 주파수가 높을수록 제어성이 향상됨을 확인할 수 있다.

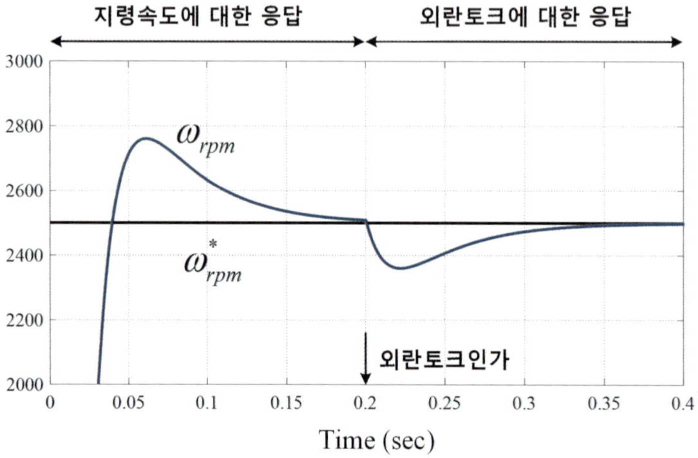

그림 2.50 PI제어기의 응답특성

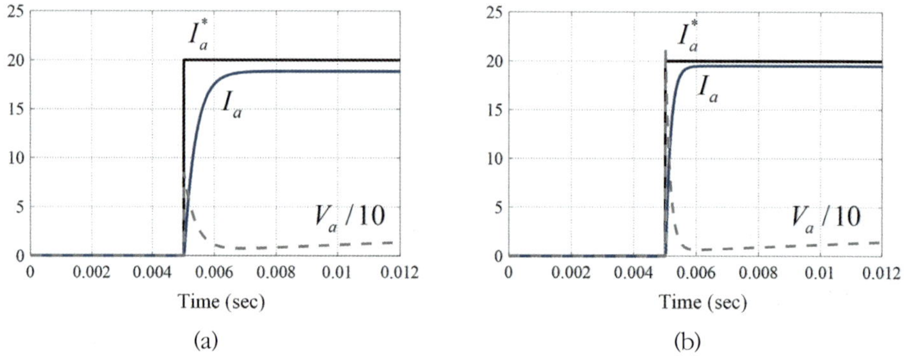

그림 2.51 P제어기에 따른 영향 (a) $f_{cc} = 400$[Hz] (b) $f_{cc} = 1000$[Hz]

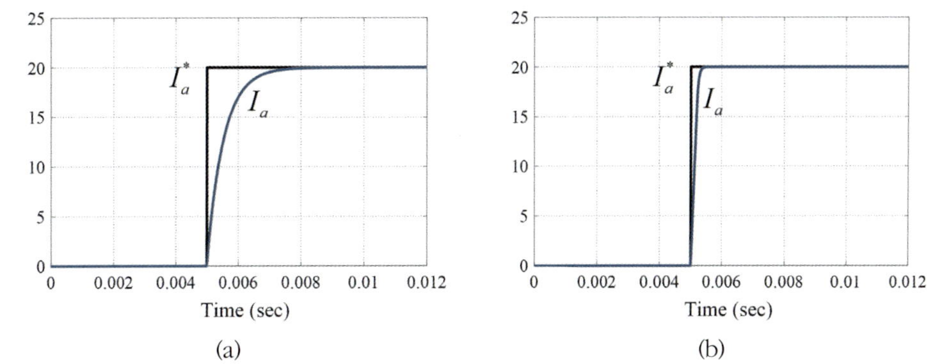

그림 2.52 PI제어기에 따른 영향 (a) $f_{cc} = 300$[Hz] (b) $f_{cc} = 3000$[Hz]

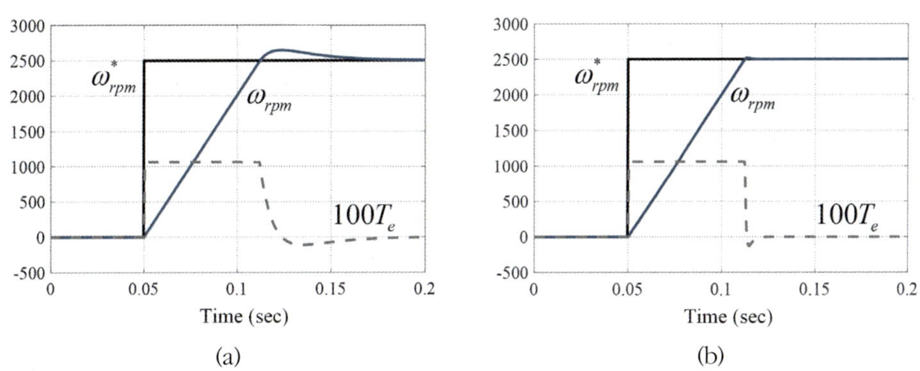

그림 2.53 속도제어기에 따른 영향 (a) $f_{cs} = 30$[Hz] (b) $f_{cs} = 300$[Hz]

제 03 장

교류전동기의 좌표 변환

3.1 좌표 변환의 필요성

풀고자 하는 방정식이 실제의 좌표계에서는 풀기 힘든 방정식이 될 때 좌표계를 변환하면 간단한 방정식이 되는 경우가 있다. 이러한 경우에 좌표변환은 수학적으로나 물리적으로 매우 유용한 수단이 된다. 전기기기에서 대표적인 좌표변환에는 대칭좌표변환과 dq 변환이 있다. 대칭좌표변환은 불평형 다상회로를 해석하는데 사용되고, dq 변환은 비선형 미분방정식을 선형방정식으로 변환하는데 편리하게 사용된다. 그림 3.1과 같은 3상 유도전동기에서 과도상태를 해석하기 위해서는 페이저해석을 할 수 없고 시간영역에서 해석해야 한다. 농형 유도전동기도 회전자의 농형을 그림 3.1과 같이 회전자에 3상의 권선으로 등가변환이 가능하므로 일반성을 유지한다. 3상 유도전동기의 고정자의 전압방정식은 식 (3.1)~(3.3)과 같고 회전자의 전압방정식은 식 (3.4)~(3.6)과 같다.

$$v_{as} = R_s i_{as} + \frac{d\lambda_{as}}{dt} \tag{3.1}$$

$$v_{bs} = R_s i_{bs} + \frac{d\lambda_{bs}}{dt} \tag{3.2}$$

$$v_{cs} = R_s i_{cs} + \frac{d\lambda_{cs}}{dt} \tag{3.3}$$

$$v_{ar} = R_r i_{ar} + \frac{d\lambda_{ar}}{dt} \tag{3.4}$$

$$v_{br} = R_r i_{br} + \frac{d\lambda_{br}}{dt} \tag{3.5}$$

$$v_{cr} = R_r i_{cr} + \frac{d\lambda_{cr}}{dt} \tag{3.6}$$

여기서 v_{as}, v_{bs}, v_{cs}, i_{as}, i_{bs}, i_{cs} 는 각각 고정자 a, b, c상의 전압과 전류를 나타낸다. 또한 λ_{as}, λ_{bs}, λ_{cs}는 고정자 a, b, c상의 권선에 쇄교하는 자속을 나타내며 R_s는 고정자의 권선저항을 나타낸다. 또한 v_{ar}, v_{br}, v_{cr}, i_{ar}, i_{br}, i_{cr}은 각각 회전자 a, b, c상의 전압과 전류를 나타낸다. 또한 λ_{ar}, λ_{br}, λ_{cr}는 회전자 a, b, c상 권선에 쇄교하는 자속을 나타내며 R_r는 회전자의 저항을 나타낸다.

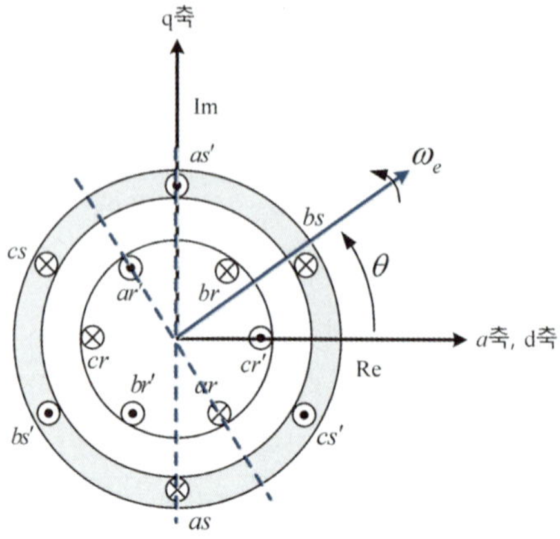

그림 3.1 3상 유도전동기의 고정자와 회전자의 권선관계

그림 3.1과 같은 3상 유도전동기에서 고정자 a상 권선에 쇄교하는 자속을 구해보면 식 (3.7)과 같다.

$$\lambda_{as} = L_s i_{as} + M_s i_{bs} + M_s i_{cs} + M_{sr}\cos\theta i_{ar} + M_{sr}\cos\theta_1 i_{br} + M_{sr}\cos\theta_2 i_{cr} \tag{3.7}$$

여기서 L_s, $M_s(= L_s\cos 120^o = L_s\cos 240^o = -0.5L_s)$는 고정자 권선의 자기인덕턴스와 고정자 각 상 권선 사이의 상호인덕턴스를 나타낸다. 또한 M_{sr}은 회전자 권선과 고정자 권선의 최대 상호인덕턴스를 나타내고 고정자와 회전자 사이의 각도인 θ는 고정자 a상 권선과 회전자 a상 권선 사이의 각을 나타낸다. 또한 θ_1, θ_2는 각각 고정자 a상 권선과 회전자 b상 권선 사이의 각도와 고정자 a상 권선과 고정자 c상 권선 사이의 각도를 나타내므로 회전자가 전기각속도 ω_e의 속도로 돌고 초기위치를 0이라고 하면 θ, θ_1, θ_2는 식 (3.8)과 같이 정의된다.

$$\begin{aligned} \theta &= \omega_e t \\ \theta_1 &= \omega_e t + 120° \\ \theta_2 &= \omega_e t + 240° \end{aligned} \tag{3.8}$$

식 (3.7)에서 앞의 3항은 고정자의 a, b, c상 권선에서 만들어진 자속이 고정자 a상에 쇄교하는 자속을 나타내고 뒤의 3항은 회전자의 a, b, c상 권선에서 만들어진 자속이 고정자 a상에 쇄교하는 자속을 나타낸다.

식 (3.7)을 식 (3.1)에 대입하면 고정자 a상의 전압방정식은 식 (3.9)와 같이 된다.

$$v_{as} = R_a i_{as} + \frac{d}{dt}\left(L_s i_{as} + M_s i_{bs} + M_s i_{cs} + M_{sr}\cos\theta i_{ar} + M_{sr}\cos\theta_1 i_{br} + M_{sr}\cos\theta_2 i_{cr}\right) \tag{3.9}$$

고정자의 b, c상과 회전자의 a, b, c상에 대해서도 쇄교자속을 구하고 식 (3.2)~(3.6)에 대입하면 다음의 식 (3.10)과 같은 고정자, 회전자의 각 a, b, c상의 전압방정식을 유도할 수 있다.

$$\begin{bmatrix} v_{as} \\ v_{bs} \\ v_{cs} \\ v_{ar} \\ v_{br} \\ v_{cr} \end{bmatrix} = \begin{bmatrix} R_s+pL_s & pM_s & pM_s & pM_{sr}\cos\theta & pM_{sr}\cos\theta_1 & pM_{sr}\cos\theta_2 \\ pM_s & R_s+pL_s & pM_s & pM_{sr}\cos\theta_2 & pM_{sr}\cos\theta & pM_{sr}\cos\theta_1 \\ pM_s & pM_s & R_s+pL_s & pM_{sr}\cos\theta_1 & pM_{sr}\cos\theta_2 & pM_{sr}\cos\theta \\ pM_{sr}\cos\theta & pM_{sr}\cos\theta_2 & pM_{sr}\cos\theta_1 & R_r+pL_r & pM_r & pM_r \\ pM_{sr}\cos\theta_1 & pM_{sr}\cos\theta & pM_{sr}\cos\theta_2 & pM_r & R_r+pL_r & pM_r \\ pM_{sr}\cos\theta_2 & pM_{sr}\cos\theta_1 & pM_{sr}\cos\theta & pM_r & pM_r & R_r+pL_r \end{bmatrix} \begin{bmatrix} i_{as} \\ i_{bs} \\ i_{cs} \\ i_{ar} \\ i_{br} \\ i_{cr} \end{bmatrix} \tag{3.10}$$

여기서 p는 미분연산자 $\dfrac{d}{dt}$를 나타낸다.

고정자 전압방정식을 고정자 전류와 회전자 전류로 분해해서 나타내면 식 (3.11)과 같고, 회전자 전압방정식은 식 (3.12)와 같다.

$$\begin{bmatrix} v_{as} \\ v_{bs} \\ v_{cs} \end{bmatrix} = \begin{bmatrix} R_s+pL_s & pM_s & pM_s \\ pM_s & R_s+pL_s & pM_s \\ pM_s & pM_s & R_s+pL_s \end{bmatrix} \begin{bmatrix} i_{as} \\ i_{bs} \\ i_{cs} \end{bmatrix} + \begin{bmatrix} pM_{sr}\cos\theta & pM_{sr}\cos\theta_1 & pM_{sr}\cos\theta_2 \\ pM_{sr}\cos\theta_2 & pM_{sr}\cos\theta & pM_{sr}\cos\theta_1 \\ pM_{sr}\cos\theta_1 & pM_{sr}\cos\theta_2 & pM_{sr}\cos\theta \end{bmatrix} \begin{bmatrix} i_{ar} \\ i_{br} \\ i_{cr} \end{bmatrix} \tag{3.11}$$

$$\begin{bmatrix} v_{ar} \\ v_{br} \\ v_{cr} \end{bmatrix} = \begin{bmatrix} pM_{sr}\cos\theta & pM_{sr}\cos\theta_2 & pM_{sr}\cos\theta_1 \\ pM_{sr}\cos\theta_1 & pM_{sr}\cos\theta & pM_{sr}\cos\theta_2 \\ pM_{sr}\cos\theta_2 & pM_{sr}\cos\theta_1 & pM_{sr}\cos\theta \end{bmatrix} \begin{bmatrix} i_{as} \\ i_{bs} \\ i_{cs} \end{bmatrix} + \begin{bmatrix} R_r+pL_r & pM_r & pM_r \\ pM_r & R_r+pL_r & pM_r \\ pM_r & pM_r & R_r+pL_r \end{bmatrix} \begin{bmatrix} i_{ar} \\ i_{br} \\ i_{cr} \end{bmatrix} \tag{3.12}$$

식 (3.10)에서 알 수 있는 바와 같이 3상 유도전동기의 전압방정식은 비선형미분 연립방정식이 되어 해석적으로 풀 수 없다. 그러나 적절한 좌표변환을 하면 그림 3.2에서와 같이 비선형 미분방정식은 보다 쉬운 선형 미분방정식으로 변환할 수 있다.

좌표변환은 우리가 잘 알고 있는 페이저해석이나 라플라스변환과 비슷한 개념이라고 할 수 있다. 페이저해석의 기본 개념은 교류시스템에서 시간 영역을 주파수 영역 또는 복소주파수 영역으로 바꾸어 해석하고 해석된 결과를 다시 역변환하여 원래 영역에서의 해를 구하는 것이다. 이렇게 하면 시간 영역에서의 복잡한 미분방정식을 간단한 대수방정식으로 바꿀 수 있다. 좌표변환도 이와 유사한 개념으로 생각할 수 있는데 현재의 좌표계에서는 해석하기 곤란한 방정식이지만 적절한 좌표변환을 통하여 다른 좌표계로 변환시키면 간단한 방정식이 될 수 있다. 이와 같은 좌표변환은 공학 전반에서 많이 사용되고 있다. 전기기기에서 주로 사용하는 좌표변환은 다음과 같은 것이 있다.

① 3상–2상 변환 : $\alpha\beta$ 좌표변환이라 하며 3상의 전기기기를 2상의 전기기기로 변환하는 방법

② 정지좌표계 dq 변환 : $\alpha\beta$ 좌표변환된 2상 전기기기에서 고정자 α상을 d축, 고정자 β상을 q축으로 하여 회전자의 α상과 β상을 고정자의 d, q축으로 변환하는 방법

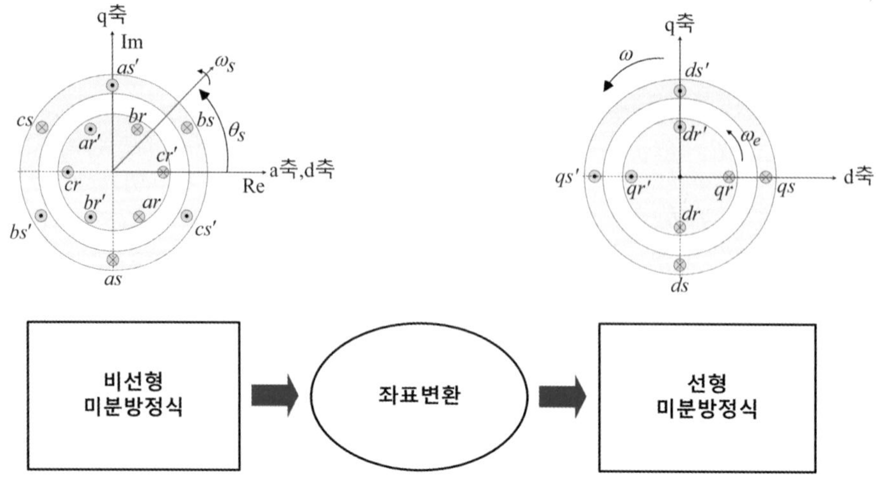

그림 3.2 3상 유도전동기의 좌표변환

③ 회전자 속도 좌표계 dq 변환 : $\alpha\beta$ 좌표변환된 2상 전기기기에서 회전자 α상을 d축, 회전자 β상을 q축으로 하여 고정자의 α상과 β상을 회전자의 d, q축으로 변환하는 방법

④ 임의의 회전속도 좌표계 dq 변환 : 고정자와 회전자의 $\alpha\beta$ 좌표를 임의의 속도로 회전하는 회전속도 좌표계의 dq축으로 변환하는 방법

⑤ 동기회전 좌표계 dq 변환 : $\alpha\beta$ 좌표를 동기속도로 회전하는 좌표의 dq축으로 변환하는 방법으로 d축의 기준을 어떻게 잡을 것인가에 따라 고정자자속 기준 dq 변환, 회전자자속 기준 dq 변환과 공극자속 기준 dq 변환으로 나눌 수 있음

3.2 유도전동기의 좌표변환

3.2.1 유도전동기에서 3상-2상 변환 ($\alpha\beta$ 좌표변환)

3상 유도전동기를 등가의 2상 유도전동기로 변환하는 좌표변환을 유도전동기의 $\alpha\beta$ 좌표변환이라고 한다. 2상 유도전동기는 α상과 β상이 공간적으로 90°의 위상차가 있으므로 α상과 β상이 자기적으로 연결되지 않아 전압방정식이 간단해지는 장점이 있다. 그림 3.3과 같은 3상 유도전동기의 $\alpha\beta$ 좌표변환에 대해 알아보자. 그림과 같이 2상 유도전동기의 고정자의 α축은 3상 유도전동기의 고정자 a상의 기자력 축으로 잡고 고정자의 β축은 고정자 a상 기자력 축에 수직한 축으로 잡자. 따라서 3상 좌표계에서 $\alpha\beta$좌표계로의 변환행렬은 변환 전과 변환 후의 전압, 전류 등이 동일한 상대변환 행렬을 이용할 경우 식 (3.13)과 같이 정의 된다.

$$\left[C_{\alpha\beta 0}^{abc}\right]=\frac{2}{3}\begin{bmatrix}\cos 0 & \cos\frac{2}{3}\pi & \cos\left(-\frac{2}{3}\pi\right) \\ \sin 0 & \sin\frac{2}{3}\pi & \sin\left(-\frac{2}{3}\pi\right) \\ 1/\sqrt{2} & 1/\sqrt{2} & 1/\sqrt{2}\end{bmatrix}=\frac{2}{3}\begin{bmatrix}1 & -\frac{1}{2} & -\frac{1}{2} \\ 0 & \frac{\sqrt{3}}{2} & -\frac{\sqrt{3}}{2} \\ \frac{1}{\sqrt{2}} & \frac{1}{\sqrt{2}} & \frac{1}{\sqrt{2}}\end{bmatrix} \tag{3.13}$$

또한, 변환행렬 $\left[C_{\alpha\beta 0}^{abc}\right]$에 대해 역행렬을 식 (3.14)로 나타낼 수 있으며, 식 (3.13)과 식 (3.14)는 식 (3.15)의 관계를 만족한다.

$$\left[C_{\alpha\beta 0}^{abc}\right]^{-1}=\left[C_{abc}^{\alpha\beta 0}\right]=\begin{vmatrix}\cos 0 & \sin 0 & 1/\sqrt{2} \\ \cos\frac{2}{3}\pi & \sin\frac{2}{3}\pi & 1/\sqrt{2} \\ \cos\left(-\frac{2}{3}\pi\right) & \sin\left(-\frac{2}{3}\pi\right) & 1/\sqrt{2}\end{vmatrix}=\begin{bmatrix}1 & 0 & \frac{1}{\sqrt{2}} \\ -\frac{1}{2} & \frac{\sqrt{3}}{2} & \frac{1}{\sqrt{2}} \\ -\frac{1}{2} & -\frac{\sqrt{3}}{2} & \frac{1}{\sqrt{2}}\end{bmatrix} \tag{3.14}$$

$$\left[C_{abc}^{\alpha\beta 0}\right]\left[C_{\alpha\beta 0}^{abc}\right]=\begin{bmatrix}1 & 0 & \frac{1}{\sqrt{2}} \\ -\frac{1}{2} & \frac{\sqrt{3}}{2} & \frac{1}{\sqrt{2}} \\ -\frac{1}{2} & -\frac{\sqrt{3}}{2} & \frac{1}{\sqrt{2}}\end{bmatrix}\frac{2}{3}\begin{bmatrix}1 & -\frac{1}{2} & -\frac{1}{2} \\ 0 & \frac{\sqrt{3}}{2} & -\frac{\sqrt{3}}{2} \\ \frac{1}{\sqrt{2}} & \frac{1}{\sqrt{2}} & \frac{1}{\sqrt{2}}\end{bmatrix}=\begin{bmatrix}1 & 0 & 0 \\ 0 & 1 & 0 \\ 0 & 0 & 1\end{bmatrix}=I \tag{3.15}$$

식 (3.13)에서 변환행렬 계수 $\frac{2}{3}$을 사용하였는데 변환행렬 계수를 $\frac{\sqrt{2}}{3}$을 사용하는 경우도 있다. $\frac{2}{3}$을 사용하는 것을 상대변환, $\frac{\sqrt{2}}{3}$을 사용하는 것을 절대변환이라고 한다. 관련내용은 3.2절 마지막 페이지의 [참조]에 설명하였다.

따라서 고정자의 a, b, c상의 전압과 전류를 고정자의 $\alpha\beta$축의 전압과 전류로 표현하는 관계식은 식 (3.16), (3.17)과 같이 된다. 또한, 영상분이 포함되어 있지 않은 행렬과 구분하기 위하여 영상분을 포함한 행렬의 경우 윗 첨자 또는 아랫 첨자에 0을 표시하여 나타내었다.

$$\left[v_{abcs}\right]=\left[C_{abc}^{\alpha\beta 0}\right]\left[v_{\alpha\beta 0s}\right] \tag{3.16}$$

$$\left[i_{abcs}\right]=\left[C_{abc}^{\alpha\beta 0}\right]\left[i_{\alpha\beta 0s}\right] \tag{3.17}$$

여기서 $\left[v_{\alpha\beta 0s}\right]$, $\left[v_{abcs}\right]$, $\left[i_{\alpha\beta 0s}\right]$, $\left[i_{abcs}\right]$는 식 (3.18)과 같다.

$$\left[v_{\alpha\beta 0s}\right]=\begin{bmatrix}v_{\alpha s} \\ v_{\beta s} \\ v_{0s}\end{bmatrix},\quad \left[v_{abcs}\right]=\begin{bmatrix}v_{as} \\ v_{bs} \\ v_{cs}\end{bmatrix},\quad \left[i_{\alpha\beta 0s}\right]=\begin{bmatrix}i_{\alpha s} \\ i_{\beta s} \\ i_{0s}\end{bmatrix},\quad \left[i_{abcs}\right]=\begin{bmatrix}i_{as} \\ i_{bs} \\ i_{cs}\end{bmatrix} \tag{3.18}$$

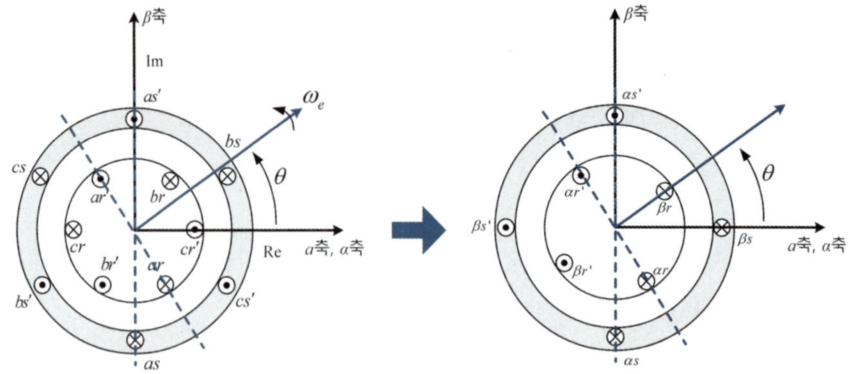

그림 3.3 3상 유도전동기의 $\alpha\beta$ 좌표변환 기법

또한 회전자 a, b, c 상의 전압과 전류를 회전자의 $\alpha\beta$축의 전압과 전류로 표현하면 식 (3.19), (3.20)과 같이 된다.

$$\left[v_{abcr}\right] = \left[C_{abc}^{\alpha\beta 0}\right]\left[v_{\alpha\beta 0r}\right] \tag{3.19}$$

$$\left[i_{abcr}\right] = \left[C_{abc}^{\alpha\beta 0}\right]\left[i_{\alpha\beta 0r}\right] \tag{3.20}$$

여기서 $\left[v_{\alpha\beta 0r}\right]$, $\left[v_{abcr}\right]$, $\left[i_{\alpha\beta 0r}\right]$, $\left[i_{abcr}\right]$는 다음의 식 (3.21)과 같다.

$$\left[v_{\alpha\beta 0r}\right] = \begin{bmatrix} v_{\alpha r} \\ v_{\beta r} \\ v_{0r} \end{bmatrix},\ \left[v_{abcr}\right] = \begin{bmatrix} v_{ar} \\ v_{br} \\ v_{cr} \end{bmatrix},\ \left[i_{\alpha\beta 0r}\right] = \begin{bmatrix} i_{\alpha r} \\ i_{\beta r} \\ i_{0r} \end{bmatrix},\ \left[i_{abcr}\right] = \begin{bmatrix} i_{ar} \\ i_{br} \\ i_{cr} \end{bmatrix} \tag{3.21}$$

한편, 고정자 각 상의 전압방정식인 식 (3.11)을 간단하게 표현하면 식 (3.22)와 같다.

$$[v_{abcs}] = [Z_{ss}][i_{abcs}] + [Z_{sr}][i_{abcr}] \tag{3.22}$$

$\left[i_{abcs}\right]$에 대한 임피던스 행렬 $[Z_{ss}]$와 $\left[i_{abcr}\right]$에 대한 임피던스 행렬 $[Z_{sr}]$은 식 (3.23)과 같다.

$$[Z_{ss}] = \begin{bmatrix} R_s + pL_s & pM_s & pM_s \\ pM_s & R_s + pL_s & pM_s \\ pM_s & pM_s & R_s + pL_s \end{bmatrix},\ [Z_{sr}] = \begin{bmatrix} pM_{sr}\cos\theta & pM_{sr}\cos\theta_1 & pM_{sr}\cos\theta_2 \\ pM_{sr}\cos\theta_2 & pM_{sr}\cos\theta & pM_{sr}\cos\theta_1 \\ pM_{sr}\cos\theta_1 & pM_{sr}\cos\theta_2 & pM_{sr}\cos\theta \end{bmatrix} \tag{3.23}$$

식 (3.22)에 나타난 전압방정식에 식 (3.16), (3.17), (3.20)을 대입하면 식 (3.24)와 같이 표현할 수 있다.

$$\left[C_{abc}^{\alpha\beta 0}\right]\left[v_{\alpha\beta 0s}\right]=[Z_{ss}]\left[C_{abc}^{\alpha\beta 0}\right]\left[i_{\alpha\beta 0s}\right]+[Z_{sr}]\left[C_{abc}^{\alpha\beta 0}\right]\left[i_{\alpha\beta 0r}\right] \tag{3.24}$$

식 (3.24)의 양변에 $\left[C_{abc}^{\alpha\beta 0}\right]^{-1}$를 곱해주면 식 (3.25)와 같고 식 (3.15)의 관계로부터 식 (3.26)을 얻을 수 있다.

$$\left[C_{abc}^{\alpha\beta 0}\right]^{-1}\left[C_{abc}^{\alpha\beta 0}\right]\left[v_{\alpha\beta 0s}\right]=\left[C_{abc}^{\alpha\beta 0}\right]^{-1}[Z_{ss}]\left[C_{abc}^{\alpha\beta 0}\right]\left[i_{\alpha\beta 0s}\right]+\left[C_{abc}^{\alpha\beta 0}\right]^{-1}[Z_{sr}]\left[C_{abc}^{\alpha\beta 0}\right]\left[i_{\alpha\beta 0r}\right] \tag{3.25}$$

$$\left[v_{\alpha\beta 0s}\right]=[Z_{\alpha\beta 0ss}]\left[i_{\alpha\beta 0s}\right]+[Z_{\alpha\beta 0sr}]\left[i_{\alpha\beta 0r}\right] \tag{3.26}$$

여기서 $[Z_{\alpha\beta 0ss}]=\left[C_{abc}^{\alpha\beta 0}\right]^{-1}[Z_{ss}]\left[C_{abc}^{\alpha\beta 0}\right]$, $[Z_{\alpha\beta 0sr}]=\left[C_{abc}^{\alpha\beta 0}\right]^{-1}[Z_{sr}]\left[C_{abc}^{\alpha\beta 0}\right]$를 나타낸다. $[Z_{\alpha\beta 0ss}]$와 $[Z_{\alpha\beta 0sr}]$은 $\alpha\beta$ 좌표로 변환된 고정자 전압방정식의 임피던스 행렬을 나타낸다.

$\alpha\beta$ 좌표변환에 의한 $\alpha\beta$ 좌표계의 고정자 전압방정식에서 $[Z_{\alpha\beta 0ss}]$를 유도하면 식 (3.27)과 같이 된다.

$$\begin{aligned}
[Z_{\alpha\beta 0ss}] &= \left[C_{abc}^{\alpha\beta 0}\right]^{-1}[Z_{ss}]\left[C_{abc}^{\alpha\beta 0}\right] \\
&= \frac{2}{3}\begin{bmatrix} 1 & -\frac{1}{2} & -\frac{1}{2} \\ 0 & \frac{\sqrt{3}}{2} & -\frac{\sqrt{3}}{2} \\ \frac{1}{\sqrt{2}} & \frac{1}{\sqrt{2}} & \frac{1}{\sqrt{2}} \end{bmatrix}\begin{bmatrix} R_s+pL_s & pM_s & pM_s \\ pM_s & R_s+pL_s & pM_s \\ pM_s & pM_s & R_s+pL_s \end{bmatrix}\begin{bmatrix} 1 & 0 & \frac{1}{\sqrt{2}} \\ -\frac{1}{2} & \frac{\sqrt{3}}{2} & \frac{1}{\sqrt{2}} \\ -\frac{1}{2} & -\frac{\sqrt{3}}{2} & \frac{1}{\sqrt{2}} \end{bmatrix} \\
&= \frac{2}{3}\begin{bmatrix} \frac{3}{2}(R_s+pL_s-pM_s) & 0 & 0 \\ 0 & \frac{3}{2}(R_s+pL_s-pM_s) & 0 \\ 0 & 0 & \frac{3}{2}(R_s+pL_s+2pM_s) \end{bmatrix} \\
&= \begin{bmatrix} R_s+pL_s-pM_s & 0 & 0 \\ 0 & R_s+pL_s-pM_s & 0 \\ 0 & 0 & R_s+pL_s+2pM_s \end{bmatrix} = \begin{bmatrix} R_s+pL'_s & 0 & 0 \\ 0 & R_s+pL'_s & 0 \\ 0 & 0 & R_s \end{bmatrix}
\end{aligned} \tag{3.27}$$

여기서 3상 전동기의 권선이 전기적으로 120° 간격으로 배치되어 있으므로 상호인덕턴스의 크기는 자기인덕턴스에 대하여 $M_s=-\frac{1}{2}L_s$의 관계가 성립하고 L'_s를 이용하여 식을 간소화할 수 있으며 $L'_s=\frac{3}{2}L_s$의 관계가 성립한다.

또한, $\alpha\beta$ 고정자 전압방정식에서 회전자 전류에 의한 임피던스 $[Z_{\alpha\beta 0sr}]$을 유도하면 다음 식 (3.28)과 같이 된다.

$$
\begin{aligned}
[Z_{\alpha\beta 0sr}] &= \left[C_{abc}^{\alpha\beta 0}\right]^{-1}[Z_{sr}]\left[C_{abc}^{\alpha\beta 0}\right] \\
&= \frac{2}{3}\begin{bmatrix} 1 & -\frac{1}{2} & -\frac{1}{2} \\ 0 & \frac{\sqrt{3}}{2} & -\frac{\sqrt{3}}{2} \\ \frac{1}{\sqrt{2}} & \frac{1}{\sqrt{2}} & \frac{1}{\sqrt{2}} \end{bmatrix}\begin{bmatrix} pM_{sr}\cos\theta & pM_{sr}\cos\theta_1 & pM_{sr}\cos\theta_2 \\ pM_{sr}\cos\theta_2 & pM_{sr}\cos\theta & pM_{sr}\cos\theta_1 \\ pM_{sr}\cos\theta_1 & pM_{sr}\cos\theta_2 & pM_{sr}\cos\theta \end{bmatrix}\begin{bmatrix} 1 & 0 & \frac{1}{\sqrt{2}} \\ -\frac{1}{2} & \frac{\sqrt{3}}{2} & \frac{1}{\sqrt{2}} \\ -\frac{1}{2} & -\frac{\sqrt{3}}{2} & \frac{1}{\sqrt{2}} \end{bmatrix} \\
&= \begin{bmatrix} pM_{sr}\left(\cos\theta - \frac{1}{2}\cos\theta_1 - \frac{1}{2}\cos\theta_2\right) & \frac{\sqrt{3}}{2}pM_{sr}(\cos\theta_1 - \cos\theta_2) & 0 \\ \frac{\sqrt{3}}{2}pM_{sr}(-\cos\theta_1 + \cos\theta_2) & \frac{1}{2}pM_{sr}(2\cos\theta - \cos\theta_1 - \cos\theta_2) & 0 \\ 0 & 0 & pM_{sr}(\cos\theta + \cos\theta_1 + \cos\theta_2) \end{bmatrix} \\
&= \frac{3}{2}\begin{bmatrix} pM_{sr}\cos\theta & -pM_{sr}\sin\theta & 0 \\ pM_{sr}\sin\theta & pM_{sr}\cos\theta & 0 \\ 0 & 0 & 0 \end{bmatrix}
\end{aligned} \tag{3.28}
$$

회전자의 전압방정식 또한 같은 방법으로 구할 수 있으며, 고정자와 회전자의 전압방정식의 임피던스를 모두 구하여 정리하면 식 (3.29)와 같다.

$$
\begin{bmatrix} v_{\alpha s} \\ v_{\beta s} \\ v_{0s} \\ v_{\alpha r} \\ v_{\beta r} \\ v_{0r} \end{bmatrix} = \begin{bmatrix} R_s + pL'_s & 0 & 0 & pM'_{sr}\cos\theta & -pM'_{sr}\sin\theta & 0 \\ 0 & R_s + pL'_s & 0 & pM'_{sr}\sin\theta & pM'_{sr}\cos\theta & 0 \\ 0 & 0 & R_s & 0 & 0 & 0 \\ pM'_{sr}\cos\theta & -pM'_{sr}\sin\theta & 0 & R_r + pL'_r & 0 & 0 \\ pM'_{sr}\sin\theta & pM'_{sr}\cos\theta & 0 & 0 & R_r + pL'_r & 0 \\ 0 & 0 & 0 & 0 & 0 & R_r \end{bmatrix} \begin{bmatrix} i_{\alpha s} \\ i_{\beta s} \\ i_{0s} \\ i_{\alpha r} \\ i_{\beta r} \\ i_{0r} \end{bmatrix} \tag{3.29}
$$

여기서 L'_s와 L'_r는 $L'_s = \frac{3}{2}L_s$, $L'_r = \frac{3}{2}L_r$, $M'_{sr} = \frac{3}{2}M_{sr}$를 나타낸다.

고정자와 회전자 전압방정식을 모두 합친 식 (3.29)를 간략하게 표현하면 식 (3.30)과 같다.

$$
[v_{\alpha\beta 0}] = [Z_{\alpha\beta 0}]\,[i_{\alpha\beta 0}] \tag{3.30}
$$

식 (3.29)는 3상 유도전동기와 등가인 2상 유도전동기의 전압방정식으로 고정자 α, β상의 상호임피던스와 회전자의 α상과 β상의 상호임피던스가 0이 되므로 식 (3.10)에 비해 매우 간결하게 된다. 그러나 식 (3.29)에 포함되어 있는 θ는 $\theta = \omega_e t$의 관계가 있으므로 여전히 비선형 연립미분방정식이 된다. 따라서 식 (3.29)도 수기계산(해석적)으로 푸는 것이 거의 불가능한 식이다.

3.2.2 정지좌표계(Stationary reference frame) *dq* 변환

$\alpha\beta$ 좌표변환에서 구해진 전압방정식인 식 (3.29)는 여전히 비선형 연립미분방정식이 되므로 수기계산이 어려운 방정식이다. 따라서 수학적으로 간단한 전압방정식을 얻기 위해

그림 3.4와 같이 회전자의 $\alpha\beta$축을 고정자의 $\alpha\beta$축으로 변환하는 방법에 대해서 알아보자. 이 때 고정자의 $\alpha\beta$축을 dq축으로 정의하면 회전자의 전압, 전류는 고정자의 dq축으로 변환되는데 이러한 변환을 정지좌표계의 dq 변환이라고 한다. 이 때 변환행렬을 정의하면 식 (3.31)과 같이 된다. dq축 상에서는 좌표계의 성질이 중요하므로 정지좌표계의 물리량을 나타내기 위하여 윗 첨자를 s로 표시하였다.

$$\left[v_{\alpha\beta}\right]=\left[C_{\alpha\beta}^{dq}\right]\left[v_{dq}^{s}\right]$$
$$\left[C_{\alpha\beta}^{dq}\right]=\begin{bmatrix}1 & 0 & 0 & 0\\ 0 & 1 & 0 & 0\\ 0 & 0 & \cos\theta & \sin\theta\\ 0 & 0 & -\sin\theta & \cos\theta\end{bmatrix} \tag{3.31}$$

식 (3.31)에서 알 수 있는 바와 같이 이 변환행렬은 고정자의 좌표는 변환하지 않고 회전자의 좌표만 고정자로 변환하는 행렬이다.

식 (3.30)에 변환행렬 $\left[C_{\alpha\beta}^{dq}\right]$를 이용하여 정지좌표계에서 유도전동기의 전압방정식을 유도하면 식 (3.32)와 같이 된다.

$$\left[C_{\alpha\beta}^{dq}\right]\left[v_{dq}^{s}\right]=\left[Z_{\alpha\beta}\right]\left[C_{\alpha\beta}^{dq}\right]\left[i_{dq}^{s}\right] \tag{3.32}$$

따라서 $\left[C_{\alpha\beta}^{dq}\right]^{-1}\left[C_{\alpha\beta}^{dq}\right]=I$ 관계를 이용하여 식 (3.32)의 양변에 $\left[C_{\alpha\beta}^{dq}\right]^{-1}$를 곱하면 정지좌표계 dq축 상에서 전압방정식은 식 (3.33)과 같이 된다.

$$\left[v_{dq}^{s}\right]=\left[Z_{dq}^{s}\right]\left[i_{dq}^{s}\right] \tag{3.33}$$

여기서 $\left[Z_{dq}^{s}\right]=\left[C_{\alpha\beta}^{dq}\right]^{-1}\left[Z_{\alpha\beta}\right]\left[C_{\alpha\beta}^{dq}\right]$의 관계가 성립한다.

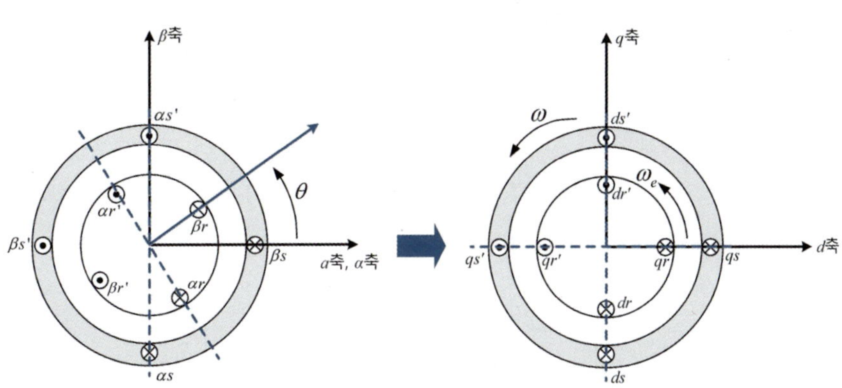

그림 3.4 정지좌표계의 dq 변환

따라서 식 (3.33)에 식 (3.29)의 임피던스 행렬 $[Z_{\alpha\beta}]$를 대입하고 풀면 식 (3.34)를 얻을 수 있다.

$$\begin{bmatrix} v_{ds}^s \\ v_{qs}^s \\ v_{dr}^s \\ v_{qr}^s \end{bmatrix} = \begin{bmatrix} R_s + pL'_s & 0 & pM'_{sr} & 0 \\ 0 & R_s + pL'_s & 0 & pM'_{sr} \\ pM'_{sr} & \omega_e M'_{sr} & R_r + pL'_r & \omega_e L'_r \\ -\omega_e M'_{sr} & pM'_{sr} & -\omega_e L'_r & R_r + pL'_r \end{bmatrix} \begin{bmatrix} i_{ds}^s \\ i_{qs}^s \\ i_{dr}^s \\ i_{qr}^s \end{bmatrix} \tag{3.34}$$

식 (3.34)의 회전자의 전기각속도 ω_e와 회전자계의 전기각속도 ω는 $\omega_e = (1-s)\omega$의 관계가 있다.

식 (3.34)를 식 (3.35)와 같이 간략히 쓸 수 있다.

$$[v_{dq}^s] = [Z_{dq}^s][i_{dq}^s] \tag{3.35}$$

식 (3.34)에서 임피던스 행렬에서는 θ항이 없어짐으로써 임피던스 행렬은 시간에 관계없이 일정하게 되어 전압방정식이 선형미분방정식이 된다. 이와 같이 정지좌표계 dq 변환을 하면 전압방정식이 선형미분방정식이 되므로 해석적으로 풀 수 있다.

정지좌표계 dq 변환을 하였을 때, dq축 상에서 전압과 전류의 성질에 대해서 알아보자. $\alpha\beta$축 상에서 회전자 전압, 전류는 식 (3.36)과 같이 $s\omega$의 각주파수를 갖는 교류이다. 여기서 고정자 전류와 회전자 전류를 구분하기 위하여 각각 I_1, I_2으로 나타내었다.

$$\begin{aligned} i_{\alpha r} &= \sqrt{2}\, I_2 \cos(s\omega t) \ \ [\mathrm{A}] \\ i_{\beta r} &= \sqrt{2}\, I_2 \sin(s\omega t) \ \ [\mathrm{A}] \end{aligned} \tag{3.36}$$

식 (3.36)을 이용하면 정지좌표계 dq축 상의 회전자의 전류를 식 (3.37)과 같이 구할 수 있다.

$$\begin{bmatrix} i_{dr}^s \\ i_{qr}^s \end{bmatrix} = \begin{bmatrix} \cos\theta & -\sin\theta \\ \sin\theta & \cos\theta \end{bmatrix} \begin{bmatrix} \sqrt{2}\, I_2 \cos(s\omega t) \\ \sqrt{2}\, I_2 \sin(s\omega t) \end{bmatrix} \tag{3.37}$$

여기서 θ는 회전자의 회전각도를 의미하며 $\theta = (1-s)\omega t$를 나타낸다. 따라서 회전자의 d축 전류와 q축 전류는 식 (3.38)과 같이 된다.

$$\begin{aligned} i_{dr}^s &= \sqrt{2}\, I_2 \cos\omega t \ \ [\mathrm{A}] \\ i_{qr}^s &= \sqrt{2}\, I_2 \sin\omega t \ \ [\mathrm{A}] \end{aligned} \tag{3.38}$$

또한 고정자의 전압, 전류는 변환하지 않았으므로 ω의 각주파수를 갖는 교류가 된다. 따라서 회전자 전류와 전압은 고정자의 전류와 전압의 각주파수와 동일한 각주파수가 됨을 알 수 있다.

3.2.3 임의의 회전속도 좌표계 (Rotating reference frame) dq 변환

가장 일반적인 좌표변환은 임의로 회전하는 dq축을 기준으로 하는 임의의 회전속도 좌표계 dq 변환이다. 그림 3.5는 임의의 회전속도 좌표계 dq 변환의 원리를 나타내고 있다. 그림 3.5에서와 같이 임의의 전기적 속도 ω_c로 회전하고 있는 dq 좌표축에 정지좌표계 dq축의 물리량을 변환하는 것을 임의의 회전속도 좌표계 dq 변환이라고 한다. 이와 같이 임의의 회전속도로 회전하는 좌표계로 변환하는 것은 가장 일반적인 좌표변환으로 정지좌표계나 회전자 속도 좌표계 또는 동기회전 좌표계는 임의의 회전속도 좌표계의 특수한 경우라고 볼 수 있다.

정지좌표계의 모든 물리량을 임의의 회전좌표계로 변환할 때 변환행렬은 식 (3.39)와 같다.

$$
\begin{gathered}
\left[v_{dq}^{s}\right]=\left[C_{dq(s)}^{dq(c)}\right]\left[v_{dq}^{c}\right] \\
\left[C_{dq(s)}^{dq(c)}\right]=\begin{bmatrix} \cos\theta_c & -\sin\theta_c & 0 & 0 \\ \sin\theta_c & \cos\theta_c & 0 & 0 \\ 0 & 0 & \cos\theta_c & -\sin\theta_c \\ 0 & 0 & \sin\theta_c & \cos\theta_c \end{bmatrix}
\end{gathered} \tag{3.39}
$$

식 (3.35)에 식 (3.39)의 변환행렬을 대입하여 임의의 회전좌표계에서 전압방정식을 유도하면 식 (3.40)과 같이 된다.

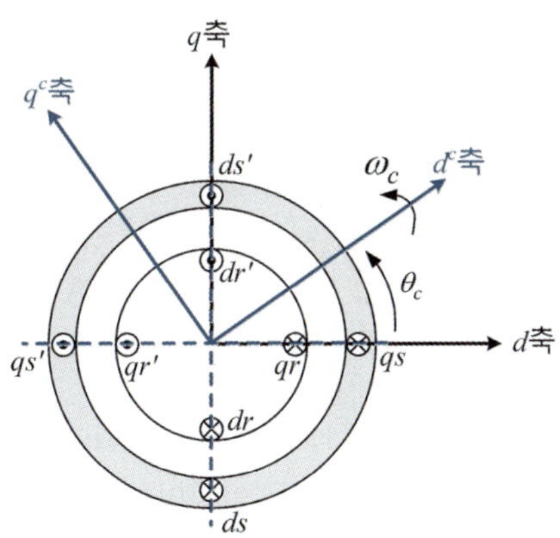

그림 3.5 임의의 회전좌표계의 dq 변환

$$\left[C_{dq(s)}^{dq(c)}\right]\left[v_{dq}^{c}\right]=\left[Z_{dq}^{s}\right]\left[C_{dq(s)}^{dq(c)}\right]\left[i_{dq}^{c}\right] \tag{3.40}$$

식 (3.40)의 양변에 $\left[C_{dq(s)}^{dq(c)}\right]^{-1}$을 곱하면 다음의 식 (3.41)과 같이 표현할 수 있다.

$$\left[v_{dq}^{c}\right]=\left[C_{dq(s)}^{dq(c)}\right]^{-1}\left[Z_{dq}^{s}\right]\left[C_{dq(s)}^{dq(c)}\right]\left[i_{dq}^{c}\right] \tag{3.41}$$

여기서 $\left[C_{dq(s)}^{dq(c)}\right]^{-1}\left[Z_{dq}^{s}\right]\left[C_{dq(s)}^{dq(c)}\right]$는 임의의 회전좌표계에서의 임피던스 $\left[Z_{dq}^{c}\right]$를 의미한다.

따라서 식 (3.34)의 임피던스 행렬 $[Z_{dq}^{s}]$를 식 (3.41)에 대입하여 전압방정식을 유도하면 식 (3.42)와 같이 된다.

$$\begin{bmatrix} v_{ds}^{c} \\ v_{qs}^{c} \\ v_{dr}^{c} \\ v_{qr}^{c} \end{bmatrix}=\begin{bmatrix} R_s+pL'_s & -\omega_c L'_s & pM'_{sr} & -\omega_c M'_{sr} \\ \omega_c L'_s & R_s+pL'_s & \omega_c M'_{sr} & pM'_{sr} \\ pM'_{sr} & -(\omega_c-\omega_e)M'_{sr} & R_r+pL'_r & -(\omega_c-\omega_e)L'_r \\ (\omega_c-\omega_e)M'_{sr} & pM'_{sr} & (\omega_c-\omega_e)L'_r & R_r+pL'_r \end{bmatrix}\begin{bmatrix} i_{ds}^{c} \\ i_{qs}^{c} \\ i_{dr}^{c} \\ i_{qr}^{c} \end{bmatrix} \tag{3.42}$$

식 (3.42)에서 알 수 있는 바와 같이 임의의 속도 ω_c로 회전하는 dq 좌표계의 전압방정식은 속도 ω_c를 포함하고 있으나 일정한 값이므로 선형미분방정식이 된다. 임의의 속도 ω_c로 회전하는 회전좌표계에서 고정자전류와 회전자전류는 식 (3.43)으로 구할 수 있다.

$$\begin{bmatrix} i_{ds}^{c} \\ i_{qs}^{c} \\ i_{dr}^{c} \\ i_{qr}^{c} \end{bmatrix}=\begin{bmatrix} \cos\theta_c & \sin\theta_c & 0 & 0 \\ -\sin\theta_c & \cos\theta_c & 0 & 0 \\ 0 & 0 & \cos\theta_c & \sin\theta_c \\ 0 & 0 & -\sin\theta_c & \cos\theta_c \end{bmatrix}\begin{bmatrix} \sqrt{2}\,I_1\cos(\omega t) \\ \sqrt{2}\,I_1\sin(\omega t) \\ \sqrt{2}\,I_2\cos(\omega t) \\ \sqrt{2}\,I_2\sin(\omega t) \end{bmatrix} \tag{3.43}$$

따라서 임의의 회전속도 좌표계에서 고정자전류와 회전자전류는 식 (3.44)와 같이 된다.

$$\begin{aligned} i_{ds}^{c} &= \sqrt{2}\,I_1\cos(\omega-\omega_c)t \ \ [\mathrm{A}] \\ i_{qs}^{c} &= \sqrt{2}\,I_1\sin(\omega-\omega_c)t \ \ [\mathrm{A}] \\ i_{dr}^{c} &= \sqrt{2}\,I_2\cos(\omega-\omega_c)t \ \ [\mathrm{A}] \\ i_{qr}^{c} &= \sqrt{2}\,I_2\sin(\omega-\omega_c)t \ \ [\mathrm{A}] \end{aligned} \tag{3.44}$$

식 (3.44)에서 알 수 있듯이 임의의 회전속도 좌표계에서는 고정자와 회전자의 전류는 각속도가 $\omega-\omega_c$인 교류임을 알 수 있다. 임의의 회전속도 좌표계의 dq 변환은 가장 일반성이 있는 좌표변환으로, 회전좌표계의 임의의 속도 ω_c가 0인 경우는 정지좌표계의 dq 변환이 되고 또한 $\omega_c=\omega_e$를 대입하면 회전자 속도 좌표계의 dq 변환이 된다. 또한 $\omega_c=\omega$를 대입하면 동기회전 좌표계의 dq 변환이 된다. 예를 들면 식 (3.42)의 전압방정식에

$\omega_c = 0$을 대입하면 정지좌표계 dq 변환 전압방정식인 식 (3.34)와 같은 결과를 얻을 수 있고, 또한 전류의 식 (3.44)에 $\omega_c = 0$을 대입하면 전압과 전류는 정지좌표계 dq 변환에서 얻어진 결과와 동일하게 ω의 각주파수를 갖는 교류가 된다.

3.2.4 동기회전 좌표계 (Synchronous reference frame) dq 변환

동기회전 좌표계 dq 변환은 가장 많이 사용되는 변환으로 특히 벡터제어에서 중요한 의미를 갖는다. 동기회전 좌표계 dq 좌표계에서 전압방정식을 구하기 위해서는 임의의 회전속도 좌표계의 전압방정식인 식 (3.42)에서 $\omega_c = \omega$를 대입하면 식 (3.45)와 같은 결과를 얻을 수 있다.

$$\begin{bmatrix} v_{ds}^e \\ v_{qs}^e \\ v_{dr}^e \\ v_{qr}^e \end{bmatrix} = \begin{bmatrix} R_s + pL'_s & -\omega L'_s & pM'_{sr} & -\omega M'_{sr} \\ \omega L'_s & R_s + pL'_s & \omega M'_{sr} & pM'_{sr} \\ pM'_{sr} & -(\omega - \omega_e)M'_{sr} & R_r + pL'_r & -(\omega - \omega_e)L'_r \\ (\omega - \omega_e)M'_{sr} & pM'_{sr} & (\omega - \omega_e)L'_r & R_r + pL'_r \end{bmatrix} \begin{bmatrix} i_{ds}^e \\ i_{qs}^e \\ i_{dr}^e \\ i_{qr}^e \end{bmatrix} \tag{3.45}$$

또한 동기회전 좌표계에서 좌표축의 회전속도가 ω, 임의의 초기 위상을 $-\alpha_0$라 하면 임의의 회전속도 좌표계의 $\omega_c t$는 식 (3.46)과 같이 나타낼 수 있다.

$$\omega_c t = \omega t - \alpha_0 \ \ [\mathrm{rad}] \tag{3.46}$$

식 (3.46)을 식 (3.44)에 대입하면 전류는 식 (3.47)과 같이 직류가 된다.

$$\begin{aligned} i_{ds}^e &= \sqrt{2}\, I_1 \cos\alpha_0 \ \ [\mathrm{A}], \ \ i_{qs}^e = \sqrt{2}\, I_1 \sin\alpha_0 \ \ [\mathrm{A}], \\ i_{dr}^e &= \sqrt{2}\, I_2 \cos\alpha_0 \ \ [\mathrm{A}], \ \ i_{qr}^e = \sqrt{2}\, I_2 \sin\alpha_0 \ \ [\mathrm{A}] \end{aligned} \tag{3.47}$$

따라서 전류가 직류인 것을 고려하면 정상상태에서 전압방정식인 식 (3.45)는 식 (3.48)과 같이 된다.

$$\begin{bmatrix} v_{ds}^e \\ v_{qs}^e \\ v_{dr}^e \\ v_{qr}^e \end{bmatrix} = \begin{bmatrix} R_s & -\omega L'_s & 0 & -\omega M'_{sr} \\ \omega L'_s & R_s & \omega M'_{sr} & 0 \\ 0 & -(\omega - \omega_e)M'_{sr} & R_r & -(\omega - \omega_e)L'_r \\ (\omega - \omega_e)M'_{sr} & 0 & (\omega - \omega_e)L'_r & R_r \end{bmatrix} \begin{bmatrix} i_{ds}^e \\ i_{qs}^e \\ i_{dr}^e \\ i_{qr}^e \end{bmatrix} \tag{3.48}$$

이와 같이 여러 가지의 좌표변환 중에서 유도전동기를 동기회전 좌표계 dq 변환을 하면 고정자와 회전자의 전압, 전류가 직류로 되기 때문에 전압방정식이 간단해지고 동기회전 좌표계에서는 유도전동기가 직류전동기와 동일한 특성을 갖는다. 유도전동기의 특성이 직류전동기와 동일하게 된다는 것은 해석이 쉬워진다는 의미 이외에 동기회전 좌표계에서 유도전동기를 제어하는 것은 직류전동기를 제어하는 것과 같다는 의미를 갖는다.

동기회전 좌표계에서 토크는 식 (1.59)를 이용하면 식 (3.49)와 같이 된다.

$$T_o = \frac{1}{2}[i_{dq}^e]^T[G_{dq}^e][i_{dq}^e] \times P = \frac{3}{2}\frac{P}{2}M_{sr}^{'}[i_{dr}^e i_{qs}^e - i_{qr}^e i_{ds}^e] \tag{3.49}$$

여기서 P는 극수를 나타내고 $\frac{3}{2}$은 좌표계의 전력(토크)의 환산계수를 나타낸다.

참고 **변환행렬에 계수로 $2/3$ 또는 $\sqrt{2/3}$ 을 사용할 때의 의미**

식 (3.49)의 토크식에서 계수 3/2는 식(3.13)의 변환행렬 계수 2/3에 의한 좌표 변환 시 전력과 토크가 변환전 좌표계와 변환후의 좌표계에 변화가 있으므로 이를 보정하기 위해 사용된 계수다. 식 (3.13)의 변환행렬 계수에 $\sqrt{2/3}$ 을 사용할 수도 있는데 이 변환은 절대변환이라고 한다. 절대 변환을 사용하면 토크와 전력은 동일하여 식 (3.49)에서 사용된 3/2의 보정계수가 불필요하나 전압, 전류의 최대값은 i_a, i_b, i_c 전류의 최대값과 $\sqrt{3/2}$ 만큼 차이가 난다.

식 (3.15)에서 abc좌표계에서 동기회전좌표로 변환하는 변환행렬의 계수로 2/3를 사용하는 경우와 $\sqrt{2/3}$ 를 사용하는 경우가 있다. 2/3의 계수를 사용하는 변환은 상대변환이라고 하여 변환된 동기회전좌표계(dq좌표계)와 원래좌표계(abc좌표계) 사이에서 전력이 상이하므로 전력 또는 토크를 구할 때 보정을 해야 한다.

반면 변환행렬의 계수로 $\sqrt{2/3}$ 를 사용하면 변환된 좌표계와 원래좌표계 사이의 전력이 동일하여 전력관계를 고려하지 않아도 되는데 이 변환을 절대 변환이라고 한다. 따라서 식 (3.49)의 토크식에서 2/3의 계수를 사용하는 상대변환에서는 동기회전좌표계에서 전력은 abc좌표계 전력에 비해 2/3이 되므로 dq좌표계에서 구한 전력 또는 토크에 3/2를 곱해 주어야 abc좌표계에서의 전력, 토크와 동일하게 된다.

또한 전류와 전압의 물리량은 2/3를 사용하는 상대변환은 식 (3.44)와 같이 abc좌표계의 전류, 전압의 최대치와 동기회전좌표계의 전류, 전압의 최대치와 일치하므로 전류와 전압의 환산을 할 필요가 없다.

반면 $\sqrt{2/3}$ 계수를 사용하는 절대변환에서는 전압과 전류는 식 (1)로부터 구할 수 있다.

$$\begin{bmatrix} i_d \\ i_q \\ i_0 \end{bmatrix} = \sqrt{\frac{2}{3}} \begin{bmatrix} \cos\theta & \cos\left(\theta - \frac{2}{3}\pi\right) & \cos\left(\theta + \frac{2}{3}\pi\right) \\ \sin\theta & \sin\left(\theta - \frac{2}{3}\pi\right) & \sin\left(\theta + \frac{2}{3}\pi\right) \\ 1/\sqrt{2} & 1/\sqrt{2} & 1/\sqrt{2} \end{bmatrix} \begin{bmatrix} I_m \cos(\zeta + \omega t) \\ I_m \cos\left(\zeta + \omega t - \frac{2}{3}\pi\right) \\ I_m \cos\left(\zeta + \omega t + \frac{2}{3}\pi\right) \end{bmatrix} \tag{1}$$

식 (1)로부터 i_{ds}^e, i_{qs}^e를 계산하면 식 (2)와 같이 된다.

$$i_{ds}^e = \sqrt{\frac{3}{2}} I_m \cos\zeta = \sqrt{3} I_{eff} \cos\zeta, \ i_{qs}^e = \sqrt{\frac{3}{2}} I_m \sin\zeta = \sqrt{3} I_{eff} \sin\zeta, \ i_{0s}^e = 0 \tag{2}$$

따라서 dq좌표계에서 전압의 최대치는 원래 좌표계에서 선간전압의 실효치가 되므로 동기회전좌표계로 변환하거나 역변환 할 때는 전압 또는 전류의 값들을 환산을 해주어야 한다. 이와 같이 변환행렬 계수로 어떠한 계수를 사용할 것인가는 연구자에 따라 선호도가 다르다.

3.3 동기회전 좌표계에서 유도전동기의 동특성해석 예(Matlab 시뮬레이션)

동기회전 좌표계에서 유도전동기의 동특성 해석을 하기 위해 식 (3.45)를 회전자의 입력 전압이 0인 것을 고려하여 풀어서 쓰면 식 (3.50)과 같이 된다.

$$
\begin{aligned}
v_{ds}^e &= (R_s + pL'_s)i_{ds}^e - \omega L'_s i_{qs}^e + pM'_{sr} i_{dr}^e - \omega M'_{sr} i_{qr}^e = R_s i_{ds}^e + p\lambda_{ds}^e - \omega\lambda_{qs}^e \\
v_{qs}^e &= \omega L'_s i_{ds}^e + (R_s + pL'_s)i_{qs}^e + \omega M'_{sr} i_{dr}^e - pM'_{sr} i_{qr}^e = R_s i_{qs}^e + p\lambda_{qs}^e + \omega\lambda_{ds}^e \\
0 &= pM'_{sr} i_{ds}^e - (\omega - \omega_e)M'_{sr} i_{qs}^e + (R_r + pL'_r)i_{dr}^e - (\omega - \omega_e)L'_r i_{qr}^e \\
&= R_r i_{dr}^e + p\lambda_{dr}^e - (\omega - \omega_e)\lambda_{qr}^e \\
0 &= (\omega - \omega_e)M'_{sr} i_{ds}^e + pM'_{sr} i_{qs}^e + (\omega - \omega_e)L'_r i_{dr}^e + (R_r + pL'_r)i_{dr}^e \\
&= R_r i_{dr}^e + p\lambda_{qr}^e + (\omega - \omega_e)\lambda_{dr}^e
\end{aligned} \tag{3.50}
$$

식 (3.50)으로부터 쇄교자속을 식 (3.51)과 같이 구할 수 있으며 토크는 식 (3.49)와 같다.

$$
\begin{aligned}
v_{ds}^e = R_s i_{ds}^e + p\lambda_{ds}^e - \omega\lambda_{qs}^e &\longrightarrow \lambda_{ds}^e = \int (v_{ds}^e - R_s i_{ds}^e + \omega\lambda_{qs}^e)dt \\
v_{qs}^e = R_s i_{qs}^e + p\lambda_{qs}^e + \omega\lambda_{ds}^e &\longrightarrow \lambda_{qs}^e = \int (v_{qs}^e - R_s i_{qs}^e - \omega\lambda_{ds}^e)dt \\
0 = R_r i_{dr}^e + p\lambda_{dr}^e - (\omega - \omega_e)\lambda_{qr}^e &\longrightarrow \lambda_{dr}^e = \int (-R_r i_{dr}^e + (\omega - \omega_e)\lambda_{qr}^e)dt \\
0 = R_r i_{qr}^e + p\lambda_{qr}^e + (\omega - \omega_e)\lambda_{dr}^e &\longrightarrow \lambda_{qr}^e = \int (-R_r i_{qr}^e - (\omega - \omega_e)\lambda_{dr}^e)dt
\end{aligned} \tag{3.51}
$$

그림 3.6은 3상 유도전동기를 전전압 기동할 때 동특성해석을 위한 블록도를 나타내고 있다. 그림 3.6에서와 같이 교류의 입력은 좌표변환기에 의해 직류의 i_d, iq로 변환되어 동기회전좌표계의 유도전동기의 전압방정식에 입력된다.

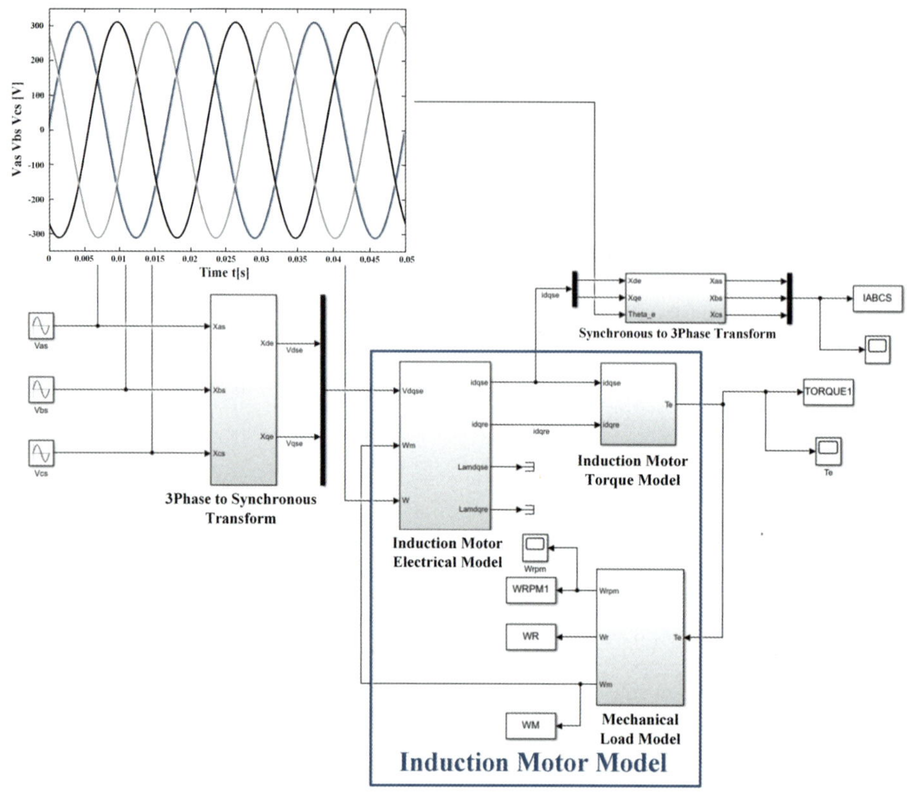

그림 3.6 3상 유도전동기의 Line Start Model (전전압 기동)

그림 3.7은 유도전동기를 전전압 기동할 때의 동특성해석을 나타내고 있다. 그림3.7(b)에서와 같이 기동 초기에는 큰 전류가 오랜 동안 흐르지만 최대토크가 발생하는 슬립 근처의 속도에 도달하면 전류가 속도에 비례하여 감소하여 정상상태에 도달하면 일정한 전류가 흐르게 됨을 알 수 있다. 그림 3.7(c)는 시간에 대한 토크를 나타내고 있다. 그림 3.7(c)에서와 같이 기동초기에는 토크가 진동을 하지만 최대 토크를 발생하는 슬립 근처부터는 진동이 작아지고 정상상태에 도달하면 식 (3.49)와 같은 평균토크가 발생한다. 그림 3.7(d)는 속도-토크 특성을 나타내는 곡선이다.

그림 3.8은 전압을 속도에 따라서 증가시키는 전압 기동법을 나타내고 있다. 초기전압은 저항전압강하와 리액턴스 전압을 고려한 부스트 전압을 나타내고 있다. 그림 3.9는 그림 3.8의 전압 기동에 의한 동특성해석 결과를 나타내고 있다. 주파수가 일정한 기동전압을 가하고 속도가 증가함에 따라서 전압을 증가시키면 기동초기에 그림 3.9(b)에서와 같이 전전압 기동에 비해서 작은 전류가 흐른다. 따라서 그림 3.9(c)와 같이 전전압 기동에 비해서 토크가 작으므로 정상상태에 도달하는 시간이 전전압 기동에 비해서 오래 걸리는 단점을 갖고 있으나 전류치가 제한되기 때문에 안정한 기동이 가능하다.

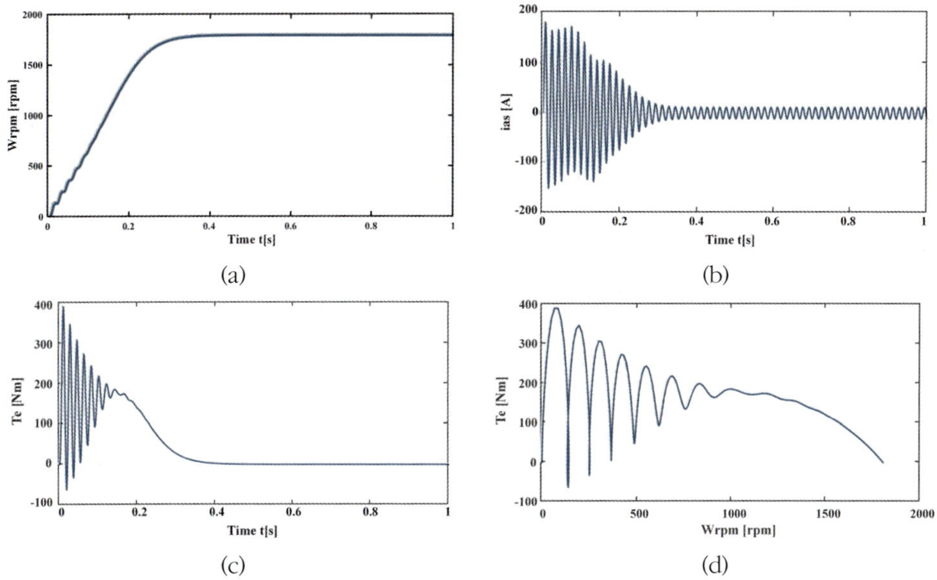

그림 3.7 3상 유도전동기의 전전압 기동 동특성해석 결과 (a) 속도 (b) a상 전류 (c) 토크 (d) 속도-토크 특성

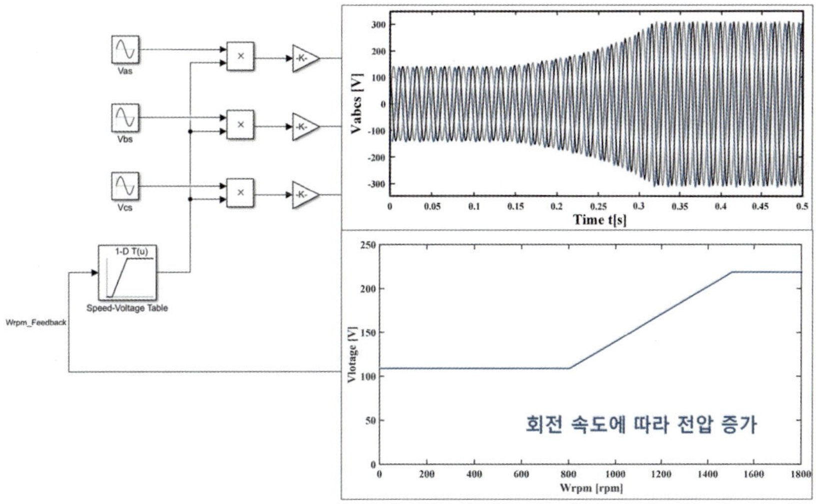

그림 3.8 3상 유도전동기의 Voltage Start Model (전압 기동)

그림 3.10은 V/f 일정 기동할 경우 블록선도를 나타내고 있다. 유도전동기에 흐르는 회전자계의 크기는 전압에 비례하고 전원의 주파수에 반비례한다. 따라서 V/f 일정 기동을 하면 공극의 자속을 일정하게 할 수 있으므로 공극자속 일정 기동법에 해당한다. 그림 3.11은 V/f 일정 기동의 동특성해석 결과 나타내고 있다. 그림 3.11에서와 같이 V/f 일정 제어는 공극자속이 일정하고 일반적으로는 전압기동에 비해서 정상속도에 일찍 도달한다. 그

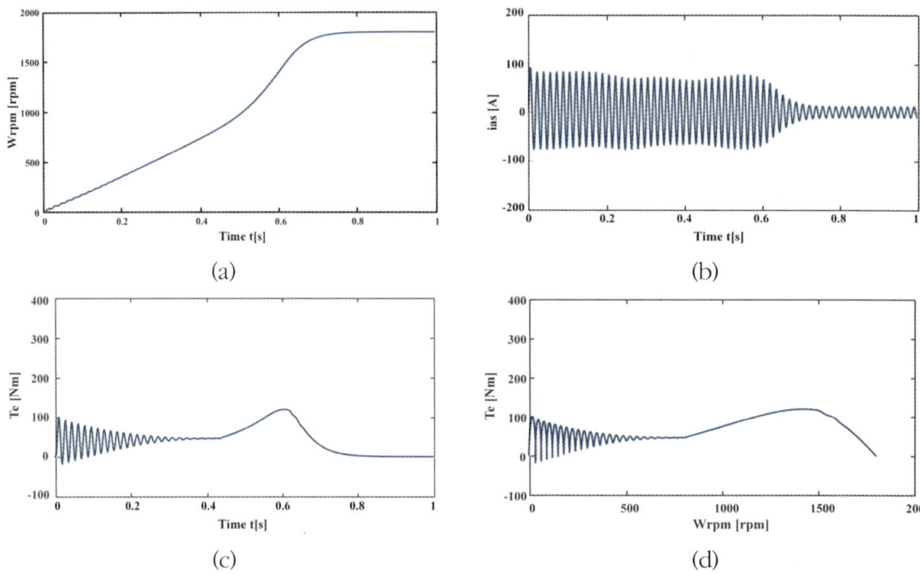

그림 3.9 3상 유도전동기의 전압 기동 동특성해석 결과 (a) 속도 (b) a상 전류 (c) 토크 (d) 속도-토크 특성

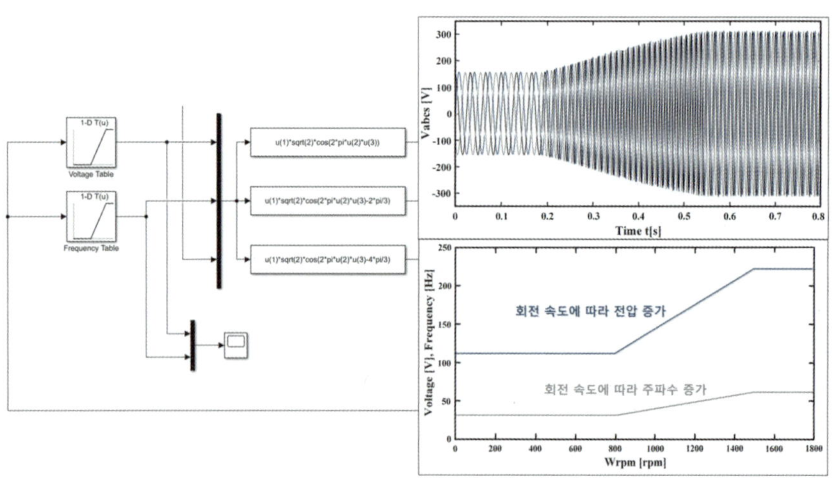

그림 3.10 3상 유도전동기의 Voltage Frequency Start Model (V/f 일정 기동)

림에서와 같이 전압의 상승을 전압기동에 비해서 늦게 시작하였으므로 정상상태 도달 시간이 늦지만 일찍 전압을 상승 시키면 더 빠른 정상상태 도달이 가능하다.

그림 3.12는 권선형 유도전동기에 사용되는 2차저항 기동을 나타내고 있다. 그림 3.12에서와 같이 속도가 증가함에 따라 2차측 저항을 저감시킨다. 그림 3.13은 2차저항 기동의 동특성해석 결과를 나타내고 있다. 유도전동기의 비례추이 특성에 의해서 입력전력의 무효전력이 감소됨에 따라 기동 토크가 크고 전류를 제한하며 정상속도에 도달하는 시간이 빠르다.

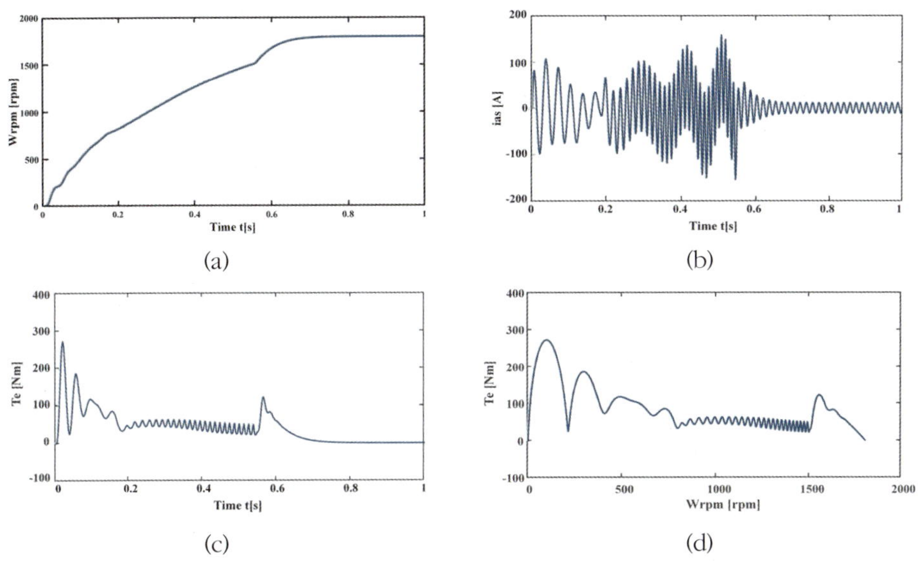

그림 3.11 3상 유도전동기의 V/f 일정 기동 동특성해석 결과 (a) 속도 (b) a상 전류 (c) 토크 (d) 속도-토크 특성

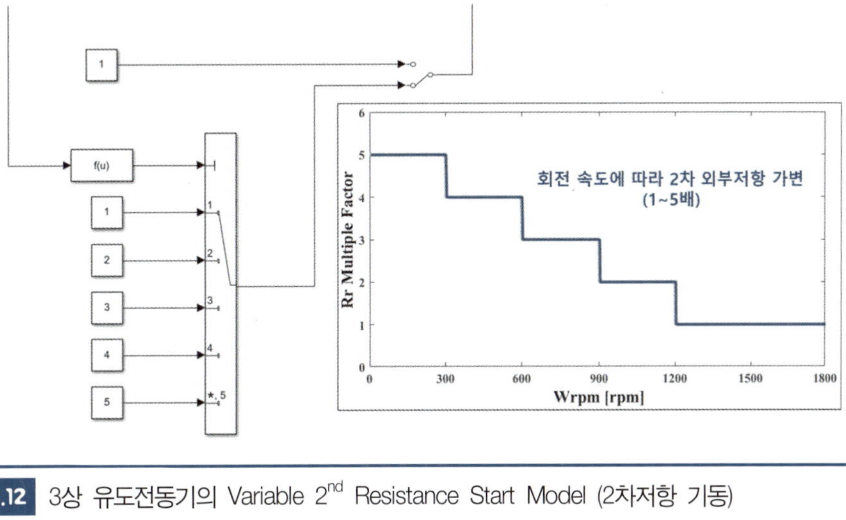

그림 3.12 3상 유도전동기의 Variable 2nd Resistance Start Model (2차저항 기동)

그림 3.14는 각 기동법의 성능을 나타내고 있다. 그림 3.14의 결과로부터 알 수 있는 바와 같이 전전압 기동이 가장 빠르게 속도가 상승하고 다음으로 2차저항 기동이 빠르게 속도가 상승함을 알 수 있다. 반면 전압기동은 상승하는데 시간이 오래 걸리고 전압기동에 비해서 V/f 일정 기동이 빠르게 전압이 상승함을 알 수 있다.

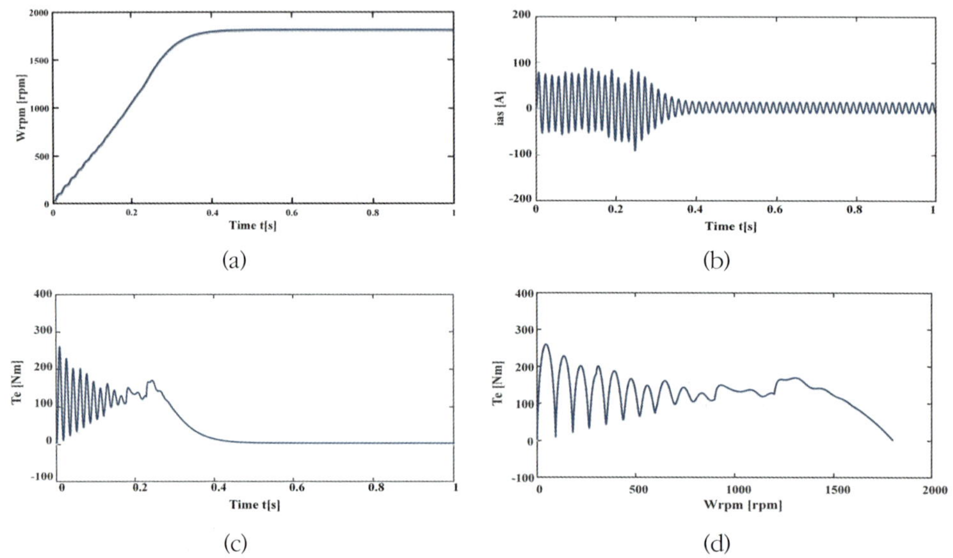

그림 3.13 3상 유도전동기의 2차 저항 기동 동특성해석 결과 (a) 속도 (b) a상 전류 (c)토크 (d) 속도-토크 특성

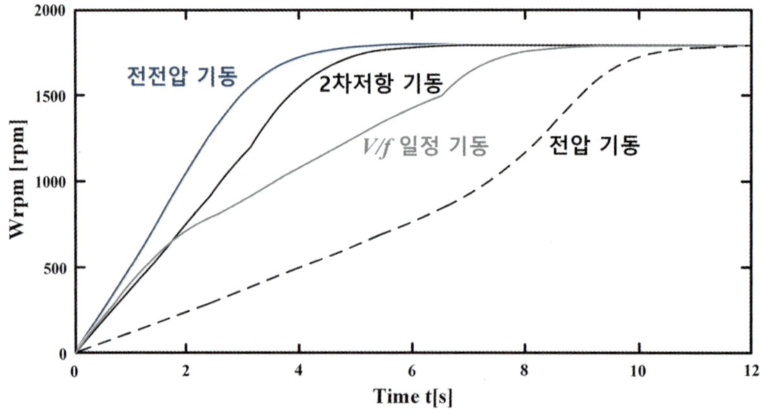

그림 3.14 유도전동기 기동법 비교 : 가속시간

그림 3.15는 각 기동법에 대한 전류의 동특성해석결과를 나타내고 있다. 그림 3.15에서와 같이 전전압 기동은 200[A] 정도의 큰 기동전류가 흐르면서 점차 감소하는 특성을 갖는 반면 전압기동은 처음에 저전압으로 기동을 하고 속도가 증가함에 따라 전압을 크게 하므로 50[A] 정도의 전류를 지속적으로 흘려준다. V/f 일정 기동은 처음에 저주파수, 저전압을 가해 줌에 따라 전류가 제한되고 저주파수로 하였기 때문에 속도에 따라서 전류의 감소가 심하게 나타난다. 또한 일정 속도이상에서 V/f를 일정하게 유지함으로써 전류가 제한되고 있음을 알 수 있다. 다음은 2차저항 기동을 나타내고 있다. 예측한 바와 같이 저항에 의해서 전류가 제한되고 단계적으로 저항을 가변시키므로 전류가 불연속적으로 변하는 지점이 있음을 확인할 수 있다.

그림 3.16은 각 기동법에 대한 속도-토크 동특성해석결과를 나타내고 있다. 그림 3.16에서와 같이 전전압 기동은 큰 기동토크를 발생시키지만 그림 3.15에서 알 수 있는 바와 같이 큰 기동전류가 흐르고 있으므로 관성모멘트가 큰 기기인 경우 기동전류가 오랫동안 흐르기 때문에 소손의 위험이 있다. 반면 전압기동은 작은 기동토크를 발생시키므로 정상상태에 도달하는 시간이 오래 걸리지만 전류가 제한되어 소손의 위험이 없다. V/f 일정 기동법은 전류가 제한되어 안전하고 전압기동에 비해서 토크가 크므로 속응성이 향상됨을 알 수 있다.

저항기동은 전류가 제한되고 역률이 좋아지므로 토크가 크게 발생되어 성능이 우수하지만 2차 저항을 제어하여야 하므로 권선형 유도전동기에만 사용할 수 있는 기동법이다.

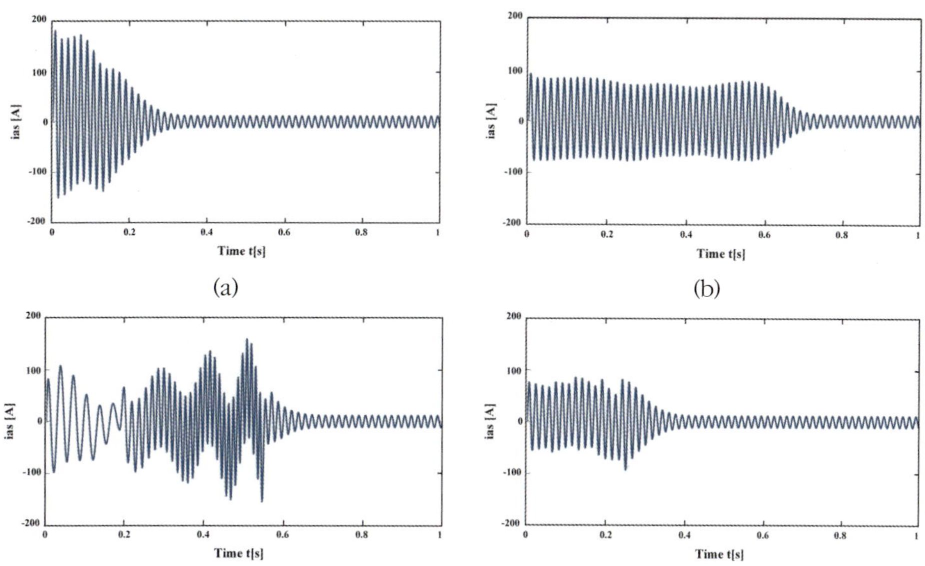

그림 3.15 유도전동기 기동법 비교 : a상 전류 (a) 전전압 기동 (b) 전압 기동 (c) V/f 일정 기동 (d) 2차저항 기동

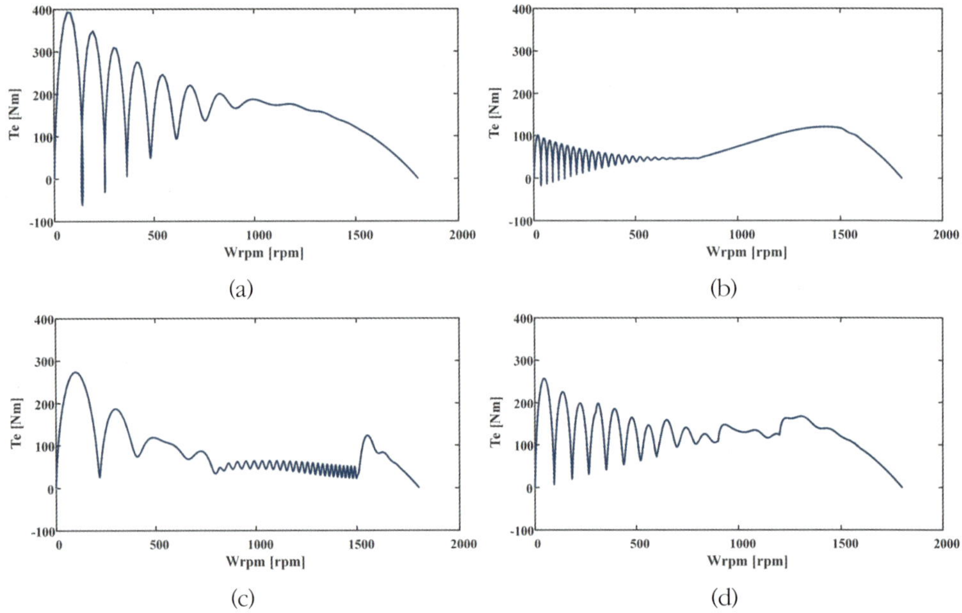

그림 3.16 유도전동기 기동법 비교 : 속도-토크 특성 (a) 전전압 기동 (b) 전압 기동 (c) V/f 일정 기동 (d) 2차저항 기동

3.4 돌극형 동기전동기의 전압방정식과 동기회전 좌표계의 dq 변환

3.4.1 돌극형 동기전동기의 특성

그림 3.17은 돌극형 권선형 동기전동기를 나타내고 있다. 돌극형이란 회전자가 그림 3.17과 같이 원형으로 되어 있지 않고 돌극 모양을 가지고 있는 기기를 나타낸다. 돌극형 동기전동기에서 발생하는 토크는 식 (3.52)와 같다.

$$\begin{aligned} T &= \frac{\partial W'_{Fm}}{\partial \theta} = \frac{1}{2}[i]^T[G][i] \\ &= \frac{1}{2}i_a^2\frac{dL_{aa}}{d\theta} + \frac{1}{2}i_b^2\frac{dL_{bb}}{d\theta} + \frac{1}{2}i_c^2\frac{dL_{cc}}{d\theta} + \frac{1}{2}i_f^2\frac{dL_{ff}}{d\theta} + i_a i_b\frac{dM_{ab}}{d\theta} \\ &\quad + i_b i_c\frac{dM_{bc}}{d\theta} + i_a i_c\frac{dM_{ca}}{d\theta} + i_a i_f\frac{dM_{af}}{d\theta} + i_b i_f\frac{dM_{bf}}{d\theta} + i_c i_f\frac{dM_{cf}}{d\theta} \end{aligned} \tag{3.52}$$

식 (3.52)에서 앞의 4개의 항은 돌극성을 가지고 있는 경우에 발생되는 릴럭턴스 토크를 나타내고 있으며 릴럭턴스 토크는 자기인덕턴스가 위치에 대해서 변하는 경우에 발생하는 토크를 나타낸다. 회전자에 돌극성을 가지고 있는 그림 3.17과 같은 모델에서는

L_{aa}, L_{bb}, L_{cc}는 회전자의 위치 함수가 되어 우변 1항~3항의 릴럭턴스는 모두 발생하지만 L_{ff}는 위치에 따라서 일정하므로 우변 4항에서 L_{ff}의 변화에 따른 릴럭턴스 토크는 발생하지 않는다. 우변 5항~7항은 고정자 권선 사이에 발생하는 마그네틱 토크지만 권선이 고정되어 있으므로 회전에는 영향을 주지 않는다. 또한 우변 8항~10항의 토크는 고정자와 회전자 사이의 마그네틱 토크를 나타내며 계자와 전기자 권선의 상호인덕턴스는 위치의 함수가 되므로 3개의 마그네틱 토크가 발생한다.

돌극형 동기전동기의 특성은 3상 좌표계에서 보다는 동기회전 좌표계에서 그 물리적 의미를 더욱 쉽게 알 수 있다. 그림 3.17의 3상 동기전동기의 고정자를 동기회전 좌표계로 변환하면 그림 3.18과 같이 된다. 그림 3.18에서 자극의 방향을 d축으로 하면 전기적으로 90도의 위치에 q축이 존재한다. 그림 3.18에서 알 수 있는 바와 같이 그림 3.17의 3상의 고정자 권선은 가상의 d축 권선과 q축 권선으로 바뀌게 된다. 그림 3.18에서 d축의 권선에 전

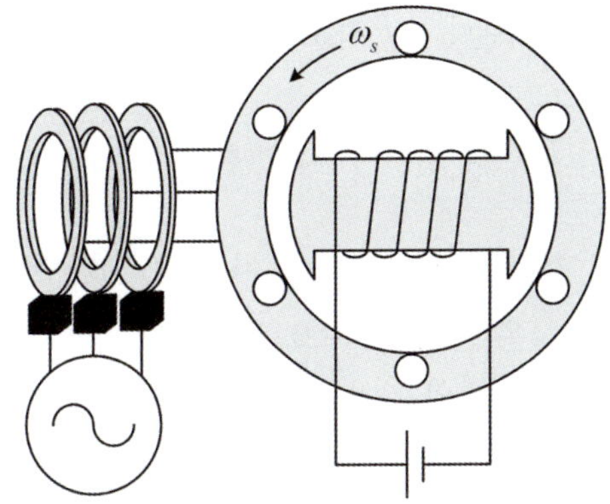

그림 3.17 돌극형 동기전동기

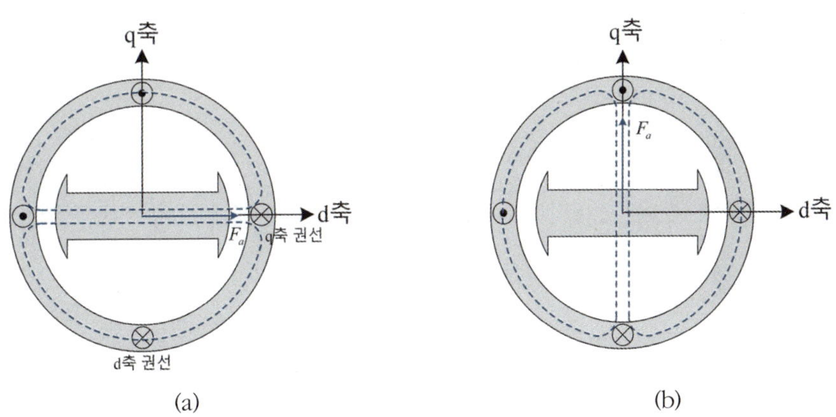

그림 3.18 2극기 돌극형 동기기에서 자로 (a) d축 자로 (b) q축 자로

류를 흘리면 그림 3.18(a)와 같은 자로가 형성되며 이 때 인덕턴스를 d축 인덕턴스라고 한다. 또한 q축의 권선에 전류를 흘리면 그림 3.18(b)와 같은 자로가 형성되며 이때 인덕턴스를 q축 인덕턴스라고 한다.

그림 3.18에서 알 수 있는 바와 같이 돌극형 동기전동기에서는 d축 인덕턴스가 q축 인덕턴스에 비해서 큼을 알 수 있다. 돌극형 동기전동기가 4극기인 경우에는 그림 3.19와 같이 d축 권선과 q축 권선이 그림 3.19(a)와 같이 시행된다. 회전자의 계자 방향을 d축으로 하면 q축은 d축에 대해서 전기적으로 90도에 위치하므로 그림 3.19(a)와 같이 4극기에서는 기계적으로 45도 위치에 q축이 존재한다.

그림 3.19의 d축 권선에 전류를 흘리면 그림 3.19(b)와 같은 d축 자로가 형성되고 q축 권선에 전류를 흘리면 그림 3.19(c)와 같은 q축 자로가 형성된다. 따라서 4극의 권선형 동기전동기에서는 2극기와 마찬가지로 d축 인덕턴스가 q축 인덕턴스에 비해서 큼을 알 수 있다. 이와 같이 전기기기에서 돌극성이라 하면 dq변환한 좌표계에서 d축 인덕턴스와 q축 인덕턴스의 크기가 상이한 특성을 나타낸다. dq 좌표상에서 토크를 구해보면 식 (3.53)과 같이 된다.

$$T = \frac{3}{2}\frac{P}{2}\left[M_f i_f i_q + (L_d - L_q) i_d i_q\right] \tag{3.53}$$

식 (3.53)에서 우변 첫 번째 항은 계자의 자속($M_f i_f$)과 전류의 곱으로 마그네틱 토크를 나타내고 우변 두 번째 항은 릴럭턴스 토크를 나타낸다. 식 (3.53)에서 알 수 있는 바와 같이 d축 인덕턴스와 q축 인덕턴스의 차가 커야 릴럭턴스 토크가 크게 된다.

돌극형 동기전동기는 돌극성을 가지고 있고 동기좌표계에서 토크식은 식 (3.53)과 같이 되어 릴럭턴스 토크와 마그네틱 토크가 모두 발생한다.

그림 3.20(a)와 같이 q축과 i_a축과의 각도를 β라고 할 때 식 (3.53)에서 i_d와 i_q는 식 (3.54)와 같다.

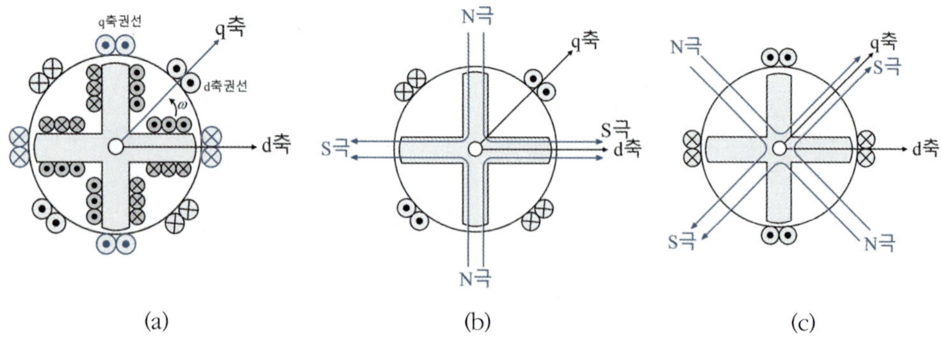

그림 3.19 4극 돌극형 동기전동기에서 자로 (a) 권선형 동기기 (b) d축 자로 (c) q축 자로

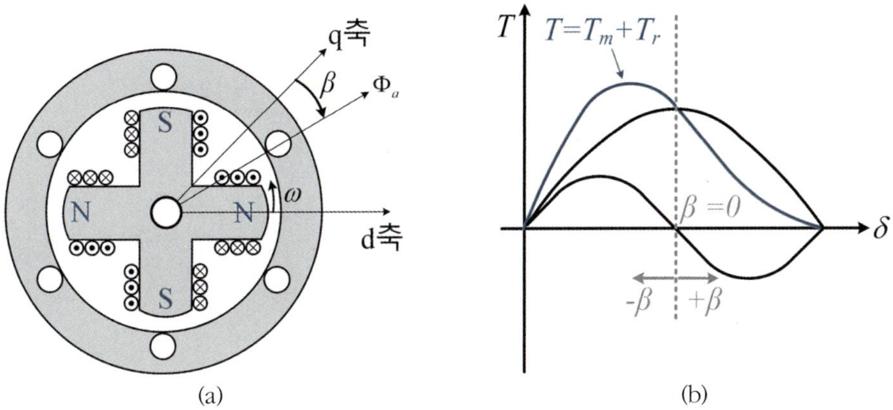

그림 3.20 돌극성의 개념 (a) 권선형 동기전동기 (b) 부하각에 따른 토크

$$i_d = -i_a \sin\beta,\ i_q = i_a \cos\beta \tag{3.54}$$

식 (3.54)를 식 (3.53)에 대입하면 식 (3.55)와 같이 되어 토크를 β의 함수로 나타낼 수 있다.

$$T = \frac{3}{2}\frac{P}{2}\left\{M_f i_f i_a \cos\beta + \frac{1}{2}(L_q - L_d) i_a^2 \sin 2\beta\right\} \tag{3.55}$$

식 (3.55)에서 우변 첫 번째 항은 마그네틱 토크를 나타내는 항이고, 우변 두 번째 항은 릴럭턴스 토크를 나타내는 항이다.

마그네틱 토크는 계자자속과 전기자 자속에 의해서 발생되는 토크로 로렌츠 토크를 나타내며 자속 배열 토크라고도 한다. 반면 릴럭턴스 토크는 돌극성에 의해서 발생되는 토크로 계자자속이 0인 경우에도 발생되는 토크를 나타낸다.

그림 3.20(b)는 권선형 동기전동기의 토크를 나타내는 그림으로 릴럭턴스 토크는 부하각 90($\beta = 0^o$)도 이하에서 양의 토크가 발생되고 부하각 90도 이상에서는 음의 토크가 발생하므로 부하각은 90도 이하($\beta \le 0^o$)에서 최대 토크가 발생됨을 알 수 있다. 여기서 부하각은 계자자속과 전기자자속 사이의 각을 나타낸다.

3.4.2 돌극형 동기전동기에서 인덕턴스

유도전동기에서는 돌극성을 갖지 않지만 동기전동기에서는 돌극성을 갖는 경우가 많다. 그림 3.21과 같은 3상 동기전동기를 대상으로 자기인덕턴스와 상호인덕턴스의 특성을 검토하자. 그림 3.21과 같은 3상의 돌극형 동기전동기에서 직류로 여자되는 계자권선과 고정자의 a, b, c상의 권선을 가지고 있으므로 총 4개의 권선을 가지게 된다. 따라서 자기인덕턴스 4개와 상호인덕턴스 6개를 갖게 된다.

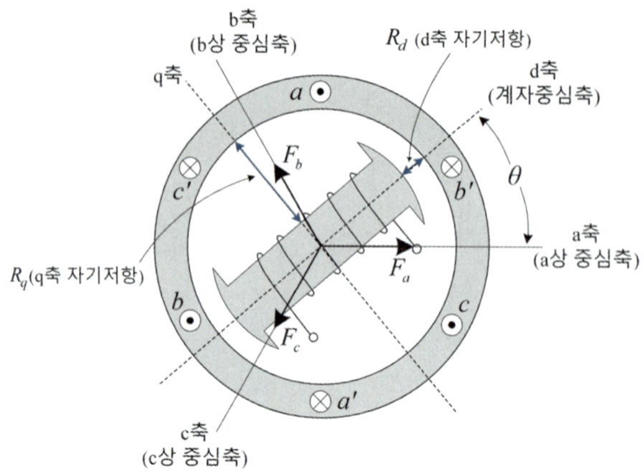

그림 3.21 3상의 돌극형 권선형 동기전동기

표 3.1 돌극형 동기기의 인덕턴스

종류	크기
자기인덕턴스	$L_{ff} = \dfrac{N_f^2}{R_d}$
	$L_{aa} = L_A + L_{A0}\cos 2\theta$
	$L_{bb} = L_A + L_{A0}\cos\left(2\theta - \dfrac{4}{3}\pi\right)$
	$L_{cc} = L_A + L_{A0}\cos\left(2\theta - \dfrac{2}{3}\pi\right)$
상호인덕턴스	$M_{ab} = M_{ba} = -\dfrac{1}{2}L_A + L_{A0}\cos\left(2\theta - \dfrac{2}{3}\pi\right)$
	$M_{bc} = M_{cb} = -\dfrac{1}{2}L_A + L_{A0}\cos 2\theta$
	$M_{ca} = M_{ac} = -\dfrac{1}{2}L_A + L_{A0}\cos\left(2\theta - \dfrac{4}{3}\pi\right)$
	$M_{af} = M_{fa} = \dfrac{N_a N_f}{R_d}\cos\theta = M_f\cos\theta$
	$M_{bf} = M_{fb} = M_f\cos\left(\theta - \dfrac{2}{3}\pi\right)$
	$M_{cf} = M_{fc} = M_f\cos\left(\theta - \dfrac{4}{3}\pi\right)$

돌극기에서는 전기자의 자기인덕턴스(L_{aa}, L_{bb}, L_{cc})와 상호인덕턴스($M_{ab}, M_{bc}, M_{ca}, M_{af}, M_{bf}, M_{cf}$)는 회전자의 위치에 따라 변하기 때문에 표 3.1과 같이 회전자 위치의 함수가 된다.

반면 회전자가 원통인 경우는 돌극기의 특수한 경우로 자기인덕턴스($L_{ff}, L_{aa}, L_{bb}, L_{cc}$)와 고정자권선 사이의 상호인덕턴스($M_{ab}, M_{ac}, M_{bc}$)는 일정한 값을 갖고 전기자권선과 계자권선 사이의 상호인덕턴스(M_{af}, M_{bf}, M_{cf})만 위치의 함수가 된다. 본 절에서는 돌극형 동기전동기에서의 자기인덕턴스와 상호인덕턴스의 특성식을 유도하고 검토해 보도록 한다.

[1] 자기인덕턴스

① 계자권선의 자기인덕턴스 (L_{ff})

그림 3.21에서 d축의 자기저항과 q축의 자기저항을 각각 R_d, R_q로 정의하자. 이때 계자의 권선수를 N_f라고 하면, 우선 계자권선이 발생하는 자속은 d축의 자로를 통하여 흐르기 때문에 계자권선의 자기인덕턴스는 식 (3.56)과 같이 된다.

$$L_{ff} = \frac{N_f^2}{R_d} \tag{3.56}$$

② 전기자 권선의 자기인덕턴스 (L_{aa})

고정자의 a상, b상, c상 권선의 자기인덕턴스를 구하기 위해서는 자기 쇄교자속을 구해야 하지만 회전자가 돌극성을 가지고 있으므로 회전자의 위치에 따라 쇄교자속이 달라진다. 따라서 기자력을 d축 성분(F_{ad})과 q축 성분(F_{aq})으로 분해하여 쇄교자속을 구해야 한다. 그림3.21의 a상 권선에서 발생한 기자력 F_a가 d축과 θ만큼의 차이가 있을 경우 F_a를 d축과 q축 성분으로 분해하면 식 (3.57)과 같다.

$$\begin{aligned} F_{ad} &= N_a i_a \cos\theta \quad [\mathrm{AT}] \\ F_{aq} &= N_a i_a \sin\theta \quad [\mathrm{AT}] \end{aligned} \tag{3.57}$$

따라서 a상 권선에서 발생하는 자속의 d, q성분은 식 (3.58)과 같다.

$$\begin{aligned} \phi_{ad} &= \frac{F_{ad}}{R_d} = \frac{N_a i_a}{R_d}\cos\theta \quad [\mathrm{Wb}] \\ \phi_{aq} &= \frac{F_{aq}}{R_q} = \frac{N_a i_a}{R_q}\sin\theta \quad [\mathrm{Wb}] \end{aligned} \tag{3.58}$$

그림 3.21의 a상 권선에서 발생하여 a상 권선에 쇄교하는 자속λ_{aa}을 구하면 식 (3.59)와 같다.

$$\begin{aligned}\lambda_{aa} &= N_a\phi_{ad}\cos\theta + N_a\phi_{aq}\sin\theta \\ &= \frac{N_a^2 i_a}{R_d}\cos^2\theta + \frac{N_a^2 i_a}{R_q}\sin^2\theta \\ &= (L_d\cos^2\theta + L_q\sin^2\theta)i_a\end{aligned} \tag{3.59}$$

여기서 L_d 와 L_q는 각각 d축 인덕턴스와 q축의 인덕턴스를 나타내는 양으로 식 (3.60)과 같이 정의된 값이다.

$$L_d = \frac{N_a^2}{R_d}\ ,\quad L_q = \frac{N_a^2}{R_q} \tag{3.60}$$

삼각함수 공식을 사용하면 식 (3.59)는 식 (3.61)이 된다.

$$\lambda_{aa} = i_a\left[\frac{1}{2}(L_d + L_q) + \frac{1}{2}(L_d - L_q)\cos 2\theta\right] \tag{3.61}$$

따라서 a상의 자기인덕턴스는 식 (3.62)와 같이 된다.

$$L_{aa} = \left[\frac{1}{2}(L_d + L_q) + \frac{1}{2}(L_d - L_q)\cos 2\theta\right] = L_A + L_{A0}\cos 2\theta \tag{3.62}$$

여기서 L_A와 L_{A0}는 식 (3.63)으로 정의되는 양으로 각각 자기인덕턴스의 평균치와 자기인덕턴스 변화의 진폭을 나타내는 양이다.

$$\begin{aligned}L_A &= \frac{N_a^2}{2}\left(\frac{1}{R_d} + \frac{1}{R_q}\right) = \frac{1}{2}(L_d + L_q) \\ L_{A0} &= \frac{N_a^2}{2}\left(\frac{1}{R_d} - \frac{1}{R_q}\right) = \frac{1}{2}(L_d - L_q)\end{aligned} \tag{3.63}$$

식 (3.62)에서와 같이 a상의 자기인덕턴스는 그림 3.22와 같이 위치에 평균치가 L_A이고 진폭이 L_{A0}를 가지고 진동하는 함수가 된다.

③ 전기자 권선의 자기인덕턴스 (L_{bb})

b상 권선의 기자력 F_b를 d축과 q축으로 분해하면 식 (3.64)와 같다.

$$\begin{aligned}F_{bd} &= N_b i_b \cos\left(\theta - \frac{2}{3}\pi\right)\ \text{[AT]} \\ F_{bq} &= N_b i_b \sin\left(\theta - \frac{2}{3}\pi\right)\ \text{[AT]}\end{aligned} \tag{3.64}$$

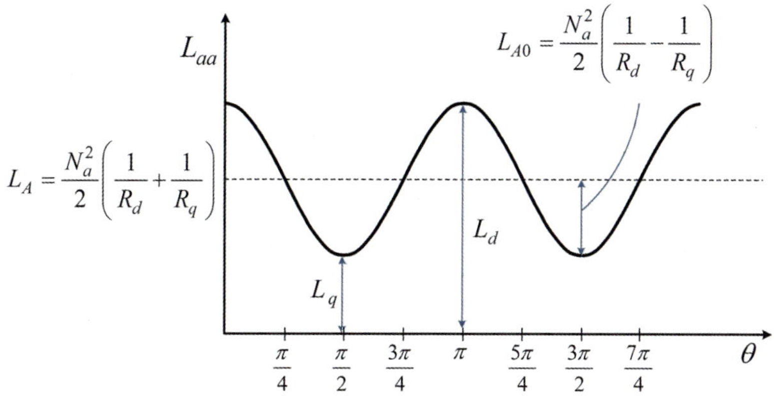

그림 3.22 돌극형 동기전동기에서 a상의 자기인덕턴스

따라서 b상에서 발생하는 자속의 dq축 성분은 식 (3.65)와 같다.

$$\begin{aligned} \phi_{bd} &= \frac{F_{bd}}{R_d} = \frac{N_b i_b}{R_d}\cos\left(\theta - \frac{2}{3}\pi\right) \ \text{[Wb]} \\ \phi_{bq} &= \frac{F_{bq}}{R_q} = \frac{N_b i_b}{R_q}\sin\left(\theta - \frac{2}{3}\pi\right) \ \text{[Wb]} \end{aligned} \tag{3.65}$$

b상의 자기 쇄교자속을 구하면 식 (3.66)과 같이 된다.

$$\begin{aligned} \lambda_{bb} &= N_b\phi_{bb} = N_b\phi_{bd}\cos\left(\theta - \frac{2}{3}\pi\right) + N_b\phi_{bq}\sin\left(\theta - \frac{2}{3}\pi\right) \\ &= \frac{N_b^2 i_b}{R_d}\cos^2\left(\theta - \frac{2}{3}\pi\right) + \frac{N_b^2 i_b}{R_q}\sin^2\left(\theta - \frac{2}{3}\pi\right) \\ &= \frac{N_b^2}{2}\left[\left(\frac{1}{R_d} + \frac{1}{R_q}\right) + \left(\frac{1}{R_d} - \frac{1}{R_q}\right)\cos\left(2\theta - \frac{4}{3}\pi\right)\right] i_b \end{aligned} \tag{3.66}$$

따라서 b상의 자기인덕턴스는 식 (3.67)과 같이 된다.

$$\begin{aligned} L_{bb} &= \left[\frac{1}{2}(L_d + L_q) + \frac{1}{2}(L_d - L_q)\cos\left(2\theta - \frac{4}{3}\pi\right)\right] \\ &= L_A + L_{A0}\cos\left(2\theta - \frac{4}{3}\pi\right) \end{aligned} \tag{3.67}$$

④ 전기자 권선의 자기인덕턴스 (L_{cc})

c상 권선의 기자력 F_c를 d축과 q축으로 분해하면 식 (3.68)과 같다.

$$F_{cd} = N_c i_c \cos\left(\theta - \frac{4}{3}\pi\right) \ [\mathrm{AT}]$$
$$F_{cq} = N_c i_c \sin\left(\theta - \frac{4}{3}\pi\right) \ [\mathrm{AT}] \tag{3.68}$$

따라서 c상에서 발생하는 자속의 dq축 성분은 식 (3.69)와 같다.

$$\phi_{cd} = \frac{F_{cd}}{R_d} = \frac{N_c i_c}{R_d}\cos\left(\theta - \frac{4}{3}\pi\right) \ [\mathrm{Wb}]$$
$$\phi_{cq} = \frac{F_{cq}}{R_q} = \frac{N_c i_c}{R_q}\sin\left(\theta - \frac{4}{3}\pi\right) \ [\mathrm{Wb}] \tag{3.69}$$

c상의 자기 쇄교자속을 구하면 식 (3.70)과 같이 된다.

$$\begin{aligned}
\lambda_{cc} &= N_c\phi_{cc} = N_c\phi_{cd}\cos\left(\theta - \frac{4}{3}\pi\right) + N_c\phi_{cq}\sin\left(\theta - \frac{4}{3}\pi\right) \\
&= \frac{N_c^2 i_c}{R_d}\cos^2\left(\theta - \frac{4}{3}\pi\right) + \frac{N_c^2 i_c}{R_q}\sin^2\left(\theta - \frac{4}{3}\pi\right) \\
&= \frac{N_c^2}{2}\left[\left(\frac{1}{R_d} + \frac{1}{R_q}\right) + \left(\frac{1}{R_d} - \frac{1}{R_q}\right)\cos\left(2\theta - \frac{2}{3}\pi\right)\right] i_c
\end{aligned} \tag{3.70}$$

따라서 c상의 자기인덕턴스는 식 (3.71)과 같이 된다.

$$\begin{aligned}
L_{cc} &= \left[\frac{1}{2}(L_d + L_q) + \frac{1}{2}(L_d - L_q)\cos\left(2\theta - \frac{2}{3}\pi\right)\right] \\
&= L_A + L_{A0}\cos\left(2\theta - \frac{2}{3}\pi\right)
\end{aligned} \tag{3.71}$$

[2] 상호인덕턴스

① 상호인덕턴스 (M_{ab})

그림 3.21에서 b상에서 발생하여 a상에 쇄교하는 자속을 구해보면 식 (3.72)와 같다.

$$\begin{aligned}
\lambda_{ab} &= N_a\phi_{bd}\cos\theta + N_a\phi_{bq}\sin\theta \\
&= \frac{N_a N_b}{R_d} cos\left(\theta - \frac{2}{3}\pi\right)\cos\theta i_b + \frac{N_a N_b}{R_q}\sin\left(\theta - \frac{2}{3}\pi\right)\sin\theta i_b \\
&= \frac{N_a N_b}{2} i_b\left[-\frac{1}{2}\left(\frac{1}{R_d} + \frac{1}{R_q}\right) + \left(\frac{1}{R_d} - \frac{1}{R_q}\right)\cos\left(2\theta - \frac{2}{3}\pi\right)\right] \\
&= \frac{i_b}{2}\left[-\frac{1}{2}(L_d + L_q) + (L_d - L_q)\cos\left(2\theta - \frac{2}{3}\pi\right)\right]
\end{aligned} \tag{3.72}$$

N_a와 N_b가 $N_a = N_b = N$ 인 것을 고려하면 a상과 b상의 상호인덕턴스는 식 (3.73)과 같이 정의된다.

$$\begin{aligned} M_{ab} &= \frac{N_a N_b}{2}\left[-\frac{1}{2}\left(\frac{1}{R_d}+\frac{1}{R_q}\right)+\left(\frac{1}{R_d}-\frac{1}{R_q}\right)\cos\left(2\theta-\frac{2}{3}\pi\right)\right] \\ &= -\frac{1}{2}L_A + L_{A0}\cos\left(2\theta-\frac{2}{3}\pi\right) \end{aligned} \tag{3.73}$$

② 상호인덕턴스 (M_{bc})

그림 3.21에서 c상에서 발생하여 b상에 쇄교하는 자속을 구하면 식 (3.74)와 같다.

$$\begin{aligned} \lambda_{bc} &= N_b\phi_{cd}\cos\left(\theta-\frac{2}{3}\pi\right)+N_b\phi_{cq}\sin\left(\theta-\frac{2}{3}\pi\right) \\ &= \frac{N_bN_c}{R_d}\cos\left(\theta-\frac{4}{3}\pi\right)\cos\left(\theta-\frac{2}{3}\pi\right)i_c+\frac{N_bN_c}{R_q}\sin\left(\theta-\frac{4}{3}\pi\right)\sin\left(\theta-\frac{2}{3}\pi\right)i_c \\ &= \frac{N_bN_c}{2}i_c\left[-\frac{1}{2}\left(\frac{1}{R_d}+\frac{1}{R_q}\right)+\left(\frac{1}{R_d}-\frac{1}{R_q}\right)\cos 2\theta\right] \\ &= \frac{i_c}{2}\left[-\frac{1}{2}(L_d+L_q)+(L_d-L_q)\cos 2\theta\right] \end{aligned} \tag{3.74}$$

N_b와 N_c가 $N_b = N_c = N$ 인 것을 고려하면 b상과 c상의 상호인덕턴스는 식 (3.75)와 같이 정의된다.

$$\begin{aligned} M_{bc} &= \frac{N_bN_c}{2}\left[-\frac{1}{2}\left(\frac{1}{R_d}+\frac{1}{R_q}\right)+\left(\frac{1}{R_d}-\frac{1}{R_q}\right)\cos 2\theta\right] \\ &= -\frac{1}{2}L_A + L_{A0}\cos 2\theta \end{aligned} \tag{3.75}$$

③ 상호인덕턴스 (M_{ca})

그림 3.21에서 a상에서 발생하여 c상에 쇄교하는 자속을 구하면 식 (3.76)과 같다.

$$\begin{aligned} \lambda_{ca} &= N_c\phi_{ad}\cos\left(\theta-\frac{4}{3}\pi\right)+N_c\phi_{aq}\sin\left(\theta-\frac{4}{3}\pi\right) \\ &= \frac{N_aN_c}{R_d}\cos\theta\cos\left(\theta-\frac{4}{3}\pi\right)i_a+\frac{N_aN_c}{R_q}\sin\theta\sin\left(\theta-\frac{4}{3}\pi\right)i_a \\ &= \frac{N_aN_c}{2}i_a\left[-\frac{1}{2}\left(\frac{1}{R_d}+\frac{1}{R_q}\right)+\left(\frac{1}{R_d}-\frac{1}{R_q}\right)\cos\left(2\theta-\frac{4}{3}\pi\right)\right] \\ &= \frac{i_a}{2}\left[-\frac{1}{2}(L_d+L_q)+(L_d-L_q)\cos\left(2\theta-\frac{4}{3}\pi\right)\right] \end{aligned} \tag{3.76}$$

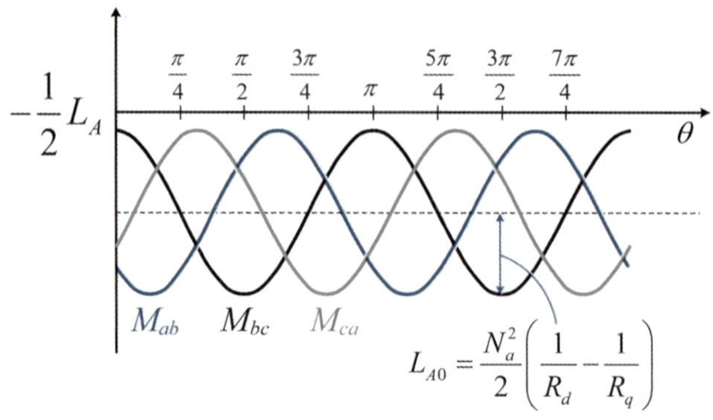

그림 3.23 돌극형 동기전동기에서 상호인덕턴스

N_a와 N_c가 $N_a = N_c = N$ 인 것을 고려하면 a상과 c상의 상호인덕턴스는 식 (3.77)과 같이 정의된다.

$$\begin{aligned} M_{ca} &= \frac{N_aN_c}{2}\left[-\frac{1}{2}\left(\frac{1}{R_d}+\frac{1}{R_q}\right)+\left(\frac{1}{R_d}-\frac{1}{R_q}\right)\cos\left(2\theta-\frac{4}{3}\pi\right)\right] \\ &=-\frac{1}{2}L_A + L_{A0}\cos\left(2\theta-\frac{4}{3}\pi\right) \end{aligned} \tag{3.77}$$

식 (3.73), (3.75), (3.77)에서 구한 상호인덕턴스는 그림 3.23과 같이 평균치가 $-\frac{1}{2}L_A$ 이고 진폭이 L_{A0}로 진동하는 함수가 된다.

④ 상호인덕턴스 (M_{af}, M_{bf}, M_{cf})

그림 3.21에서 계자에서 발생한 자속이 a권선에 쇄교하는 자속은 식 (3.78)과 같다.

$$\lambda_{af} = N_a\phi_f\cos\theta = \frac{N_aN_f}{R_d}\cos\theta\, i_f \tag{3.78}$$

또한 계자권선과 고정자 a상과의 상호인덕턴스는 다음의 식 (3.79)으로 정의된다.

$$M_{af} = M_{fa} = \frac{N_aN_f}{R_d}\cos\theta = M_f\cos\theta \tag{3.79}$$

여기서 $M_f = \frac{N_aN_f}{R_d}$는 상호인덕턴스의 최대치를 나타낸다.

또한 계자에서 발생한 자속이 b상에 쇄교하는 쇄교자속은 a상과 b상이 120° 위상차가 나는 것을 고려하면 식 (3.80)과 같다.

$$\lambda_{bf} = N_b\phi_f\cos\left(\theta - \frac{2}{3}\pi\right) = \frac{N_bN_f}{R_d}\cos\left(\theta - \frac{2}{3}\pi\right)i_f \tag{3.80}$$

따라서 상호인덕턴스 M_{bf}는 식 (3.81)로 정의 된다.

$$M_{bf} = M_{fb} = \frac{N_bN_f}{R_d}\cos\left(\theta - \frac{2}{3}\pi\right) = M_f\cos\left(\theta - \frac{2}{3}\pi\right) \tag{3.81}$$

마지막으로 계자에서 발생한 자속이 c상에 쇄교하는 쇄교자속은 a상과 c상이 240° 위상차가 나는 것을 고려하면 식 (3.82)와 같다.

$$\lambda_{cf} = N_c\phi_f\cos\left(\theta - \frac{4}{3}\pi\right) = \frac{N_cN_f}{R_d}cos\left(\theta - \frac{4}{3}\pi\right)i_f \tag{3.82}$$

따라서 상호인덕턴스 M_{cf}는 식 (3.83)으로 정의 된다.

$$M_{cf} = M_{fc} = \frac{N_cN_f}{R_d}\cos\left(\theta - \frac{4}{3}\pi\right) = M_f\cos\left(\theta - \frac{4}{3}\pi\right) \tag{3.83}$$

3.4.3 돌극형 동기전동기의 전압방정식

[1] abc 좌표계에서 전압방정식

원통형 회전자 구조를 갖는 유도전동기에서는 고정자 권선의 자기인덕턴스와 고정자 권선 간의 상호인덕턴스가 일정한 값이었으나 회전자가 돌극 구조이면 고정자의 자기인덕턴스와 고정자 권선 간의 상호인덕턴스가 회전자의 위치에 따라 변하는 위치의 함수가 된다. 3상 돌극형 동기전동기의 전압방정식을 구하면 식 (3.84)와 같이 된다.

$$\begin{aligned}
v_a &= R_ai_a + \frac{d\lambda_a}{dt} = R_ai_a + \frac{d}{dt}(L_{aa}i_a + M_{ab}i_b + M_{ac}i_c + M_{af}i_f) \\
v_b &= R_bi_b + \frac{d\lambda_b}{dt} = R_bi_b + \frac{d}{dt}(M_{ba}i_a + L_{bb}i_b + M_{bc}i_c + M_{bf}i_f) \\
v_c &= R_ci_c + \frac{d\lambda_c}{dt} = R_ci_c + \frac{d}{dt}(M_{ca}i_a + M_{cb}i_b + L_{cc}i_c + M_{cf}i_f) \\
v_f &= R_fi_f + \frac{d\lambda_f}{dt} = R_fi_f + \frac{d}{dt}(M_{fa}i_a + M_{fb}i_b + M_{fc}i_c + L_{ff}i_f)
\end{aligned} \tag{3.84}$$

여기서 R_a, R_b, R_c, R_f는 각각 전기자 권선저항, 계자 권선저항을 나타낸다. 또한 λ_a, λ_b, λ_c, λ_f는 고정자 a상, b상, c상 권선에 쇄교하는 자속과 계자권선에 쇄교하는 자속을 나타낸다. 또한 L_{aa}, M_{ab}, M_{ac}, M_{af}, M_{ba}, L_{bb}, M_{bc}, M_{bf}, M_{ca}, M_{cb}, L_{cc}, M_{cf},

M_{fa}, M_{fb}, M_{fc}, L_{ff} 는 각각 다음을 나타낸다.

- L_{aa} : 고정자 a상 권선의 자기인덕턴스
- M_{ab} : 고정자 b상 권선과 고정자 a상 권선 사이의 상호인덕턴스
- M_{ac} : 고정자 c상 권선과 고정자 a상 권선 사이의 상호인덕턴스
- M_{af} : 계자권선과 고정자 a상 권선 사이의 상호인덕턴스
- M_{ba} : 고정자 a상 권선과 고정자 b상 권선 사이의 상호인덕턴스
- L_{bb} : 고정자 b상 권선의 자기인덕턴스
- M_{bc} : 고정자 c상 권선과 고정자 b상 권선 사이의 상호인덕턴스
- M_{bf} : 계자권선과 고정자 b상 권선 사이의 상호인덕턴스
- M_{ca} : 고정자 a상 권선과 고정자 c상 권선 사이의 상호인덕턴스
- M_{cb} : 고정자 b상 권선과 고정자 c상 권선 사이의 상호인덕턴스
- L_{cc} : 고정자 c상 권선의 자기인덕턴스
- M_{cf} : 계자권선과 고정자 c상 권선 사이의 상호인덕턴스
- M_{fa} : 고정자 a상 권선과 계자권선 사이의 상호인덕턴스
- M_{fb} : 고정자 b상 권선과 계자권선 사이의 상호인덕턴스
- M_{fc} : 고정자 c상 권선과 계자권선 사이의 상호인덕턴스
- L_{ff} : 계자권선의 자기인덕턴스

여기서 인덕턴스를 사용하여 쇄교자속을 나타내면 식 (3.85)와 같다.

$$\begin{aligned}\lambda_a &= L_{aa}i_a + M_{ab}i_b + M_{ac}i_c + M_{af}i_f \\ \lambda_b &= M_{ba}i_a + L_{bb}i_b + M_{bc}i_c + M_{bf}i_f \\ \lambda_c &= M_{ca}i_a + M_{cb}i_b + L_{cc}i_c + M_{cf}i_f \\ \lambda_f &= M_{fa}i_a + M_{fb}i_b + M_{fc}i_c + L_{ff}i_f\end{aligned} \tag{3.85}$$

따라서 각 인덕턴스의 정의식은 3.4.2절에서 구한 바와 같이 식 (3.86)으로 정의 된다.

$$\begin{aligned}L_{aa} &= L_A + L_{A0}\cos 2\theta \\ L_{bb} &= L_A + L_{A0}\cos\left(2\theta - \frac{4}{3}\pi\right) \\ L_{cc} &= L_A + L_{A0}\cos\left(2\theta - \frac{2}{3}\pi\right)\end{aligned} \tag{3.86}$$

$$
\begin{aligned}
L_{ff} &= \frac{N_f^2}{R_d} \\
M_{ab} &= -\frac{1}{2}L_A + L_{A0}\cos\left(2\theta - \frac{2}{3}\pi\right) \\
M_{bc} &= -\frac{1}{2}L_A + L_{A0}\cos 2\theta \\
M_{ca} &= -\frac{1}{2}L_A + L_{A0}\cos\left(2\theta - \frac{4}{3}\pi\right) \\
M_{af} &= M_{fa} = M_f\cos\theta \\
M_{bf} &= M_{fb} = M_f\cos\left(\theta - \frac{2}{3}\pi\right) \\
M_{cf} &= M_{fc} = M_f\cos\left(\theta - \frac{4}{3}\pi\right)
\end{aligned}
\tag{3.86}
$$

식 (3.86)을 식 (3.84)에 대입하고 $R_a = R_b = R_c$ 의 조건을 적용하면 식 (3.86)은 식 (3.87)과 같이 된다.

$$
\begin{bmatrix} v_a \\ v_b \\ v_c \\ v_f \end{bmatrix} =
\begin{bmatrix}
R_a + p(L_A + L_{A0}\cos 2\theta) & p\left(-\frac{1}{2}L_A + L_{A0}\cos\left(2\theta - \frac{2}{3}\pi\right)\right) & p\left(-\frac{1}{2}L_A + L_{A0}\cos\left(2\theta - \frac{4}{3}\pi\right)\right) & p(M_f\cos\theta) \\
p\left(-\frac{1}{2}L_A + L_{A0}\cos\left(2\theta - \frac{2}{3}\pi\right)\right) & R_a + p\left(L_A + L_{A0}\cos\left(2\theta - \frac{4}{3}\pi\right)\right) & p\left(-\frac{1}{2}L_A + L_{A0}\cos 2\theta\right) & p\left(M_f\cos\left(\theta - \frac{2}{3}\pi\right)\right) \\
p\left(-\frac{1}{2}L_A + L_{A0}\cos\left(2\theta - \frac{4}{3}\pi\right)\right) & p\left(-\frac{1}{2}L_A + L_{A0}\cos 2\theta\right) & R_a + p\left(L_A + L_{A0}\cos\left(2\theta - \frac{2}{3}\pi\right)\right) & p\left(M_f\cos\left(\theta - \frac{4}{3}\pi\right)\right) \\
p(M_f\cos\theta) & p\left(M_f\cos\left(\theta - \frac{2}{3}\pi\right)\right) & p\left(M_f\cos\left(\theta - \frac{4}{3}\pi\right)\right) & R_f + pL_{ff}
\end{bmatrix}
\begin{bmatrix} i_a \\ i_b \\ i_c \\ i_f \end{bmatrix}
\tag{3.87}
$$

여기서 $\theta = \omega t$ 이고 식 (3.87)은 비선형 미분방정식이 되어 해석하기 곤란하게 된다. 따라서 $\alpha\beta$좌표변환을 이용하면 전압방정식을 좀 더 단순화 시킬 수 있다.

[2] $\alpha\beta$ 좌표계에서 전압방정식

3상 돌극형 동기전동기를 2상의 돌극형 동기전동기로 변환하게 되면 유도전동기의 좌표변환에서 알아본 바와 같이 전압방정식을 간단하게 만들 수 있다. 따라서 abc상 좌표계를 $\alpha\beta$좌표계로 변환하기 위하여 식 (3.87)의 전압방정식을 고정자 전압방정식과 회전자 전압방정식으로 분리하면 식 (3.88)과 같다.

$$
\begin{aligned}
\begin{bmatrix} v_{as} \\ v_{bs} \\ v_{cs} \end{bmatrix} &=
\begin{bmatrix}
R_a + p(L_A + L_{A0}\cos 2\theta) & p\left(-\frac{1}{2}L_A + L_{A0}\cos\left(2\theta - \frac{2}{3}\pi\right)\right) & p\left(-\frac{1}{2}L_A + L_{A0}\cos\left(2\theta - \frac{4}{3}\pi\right)\right) \\
p\left(-\frac{1}{2}L_A + L_{A0}\cos\left(2\theta - \frac{2}{3}\pi\right)\right) & R_a + p\left(L_A + L_{A0}\cos\left(2\theta - \frac{4}{3}\pi\right)\right) & p\left(-\frac{1}{2}L_A + L_{A0}\cos 2\theta\right) \\
p\left(-\frac{1}{2}L_A + L_{A0}\cos\left(2\theta - \frac{4}{3}\pi\right)\right) & p\left(-\frac{1}{2}L_A + L_{A0}\cos 2\theta\right) & R_a + p\left(L_A + L_{A0}\cos\left(2\theta - \frac{2}{3}\pi\right)\right)
\end{bmatrix}
\begin{bmatrix} i_{as} \\ i_{bs} \\ i_{cs} \end{bmatrix} +
\begin{bmatrix} p(M_f\cos\theta) \\ p\left(M_f\cos\left(\theta - \frac{2}{3}\pi\right)\right) \\ p\left(M_f\cos\left(\theta - \frac{4}{3}\pi\right)\right) \end{bmatrix} i_f \\
v_f &= \left[p(M_f\cos\theta) \; p\left(M_f\cos\left(\theta - \frac{2}{3}\pi\right)\right) \; p\left(M_f\cos\left(\theta - \frac{4}{3}\pi\right)\right)\right]
\begin{bmatrix} i_{as} \\ i_{bs} \\ i_{cs} \end{bmatrix} + (R_f + pL_{ff})i_f
\end{aligned}
\tag{3.88}
$$

식 (3.88)의 전압방정식을 간단하게 표현하면 식 (3.89)와 같다.

$$
\begin{aligned}
\left[v_{abcs}\right] &= \left[Z_{abcs}\right]\left[i_{abcs}\right] + \left[M_{abcf}\right] i_f \\
v_f &= \left[M_{abcf}\right]^T \left[i_{abcs}\right] + Z_f i_f
\end{aligned}
\tag{3.89}
$$

식 (3.90)은 abc 좌표계에서 $\alpha\beta 0$ 좌표계로의 변환행렬이고 식 (3.91)은 식 (3.90)의 역행렬로 $\alpha\beta 0$ 좌표계로의 변환행렬이다. 따라서 전압과 전류의 변환은 식 (3.92)와 같이 정의된다.

$$
\left[C_{\alpha\beta 0}^{abc}\right] = \frac{2}{3}\begin{bmatrix} \cos 0 & \cos\frac{2}{3}\pi & \cos\left(-\frac{2}{3}\pi\right) \\ \sin 0 & \sin\frac{2}{3}\pi & \sin\left(-\frac{2}{3}\pi\right) \\ 1/\sqrt{2} & 1/\sqrt{2} & 1/\sqrt{2} \end{bmatrix}
\tag{3.90}
$$

$$
\left[C_{\alpha\beta 0}^{abc}\right]^{-1} = \left[C_{abc}^{\alpha\beta 0}\right] = \begin{vmatrix} \cos 0 & \sin 0 & 1/\sqrt{2} \\ \cos\frac{2}{3}\pi & \sin\frac{2}{3}\pi & 1/\sqrt{2} \\ \cos\left(-\frac{2}{3}\pi\right) & \sin\left(-\frac{2}{3}\pi\right) & 1/\sqrt{2} \end{vmatrix} = \begin{bmatrix} 1 & 0 & \frac{1}{\sqrt{2}} \\ -\frac{1}{2} & \frac{\sqrt{3}}{2} & \frac{1}{\sqrt{2}} \\ -\frac{1}{2} & -\frac{\sqrt{3}}{2} & \frac{1}{\sqrt{2}} \end{bmatrix}
\tag{3.91}
$$

$$
\left[v_{abc}\right] = \left[C_{abc}^{\alpha\beta 0}\right]\left[v_{\alpha\beta 0}\right],\ \left[i_{abc}\right] = \left[C_{abc}^{\alpha\beta 0}\right]\left[i_{\alpha\beta 0}\right]
\tag{3.92}
$$

식 (3.92)를 식 (3.89)에 대입하면 $\alpha\beta$좌표계에서의 전압방정식인 식 (3.93)을 얻을 수 있다.

$$
\begin{aligned}
\left[C_{abc}^{\alpha\beta 0}\right]\left[v_{\alpha\beta 0}\right] &= \left[Z_{abcs}\right]\left[C_{abc}^{\alpha\beta 0}\right]\left[i_{\alpha\beta 0}\right] + \left[M_{abcf}\right] i_f \\
v_f &= \left[M_{abcf}\right]^T \left[C_{abc}^{\alpha\beta 0}\right]\left[i_{\alpha\beta 0}\right] + Z_f i_f
\end{aligned}
\tag{3.93}
$$

식 (3.93)의 양변에 $\left[C_{abc}^{\alpha\beta 0}\right]^{-1}$을 곱해주고 정리해주면 식 (3.94)가 된다.

$$
\begin{aligned}
\left[v_{\alpha\beta 0s}\right] &= \left[C_{abc}^{\alpha\beta 0}\right]^{-1}\left[Z_{abcs}\right]\left[C_{abc}^{\alpha\beta 0}\right]\left[i_{\alpha\beta 0s}\right] + \left[C_{abc}^{\alpha\beta 0}\right]^{-1}\left[M_{abcf}\right] i_f \\
v_f &= \left[M_{abcf}\right]^T \left[C_{abc}^{\alpha\beta 0}\right]\left[i_{\alpha\beta 0s}\right] + Z_f i_f
\end{aligned}
\tag{3.94}
$$

식 (3.94)의 임피던스 행렬을 구하면 식 (3.95), 식 (3.96)과 같이 된다.

$$
\begin{aligned}
&\left[C_{abc}^{\alpha\beta 0}\right]^{-1}\left[Z_{abcs}\right]\left[C_{abc}^{\alpha\beta 0}\right] \\
&= \frac{2}{3}\begin{bmatrix} 1 & -\frac{1}{2} & -\frac{1}{2} \\ 0 & \frac{\sqrt{3}}{2} & -\frac{\sqrt{3}}{2} \\ \frac{1}{\sqrt{2}} & \frac{1}{\sqrt{2}} & \frac{1}{\sqrt{2}} \end{bmatrix}
\begin{bmatrix} R_a + p(L_A + L_{A0}\cos 2\theta) & p\left(-\frac{1}{2}L_A + L_{A0}\cos\left(2\theta - \frac{2}{3}\pi\right)\right) & p\left(-\frac{1}{2}L_A + L_{A0}\cos\left(2\theta - \frac{4}{3}\pi\right)\right) \\ p\left(-\frac{1}{2}L_A + L_{A0}\cos\left(2\theta - \frac{2}{3}\pi\right)\right) & R_a + p\left(L_A + L_{A0}\cos\left(2\theta - \frac{4}{3}\pi\right)\right) & p\left(-\frac{1}{2}L_A + L_{A0}\cos 2\theta\right) \\ p\left(-\frac{1}{2}L_A + L_{A0}\cos\left(2\theta - \frac{4}{3}\pi\right)\right) & p\left(-\frac{1}{2}L_A + L_{A0}\cos 2\theta\right) & R_a + p\left(L_A + L_{A0}\cos\left(2\theta - \frac{2}{3}\pi\right)\right) \end{bmatrix}
\begin{bmatrix} 1 & 0 & \frac{1}{\sqrt{2}} \\ -\frac{1}{2} & \frac{\sqrt{3}}{2} & \frac{1}{\sqrt{2}} \\ -\frac{1}{2} & -\frac{\sqrt{3}}{2} & \frac{1}{\sqrt{2}} \end{bmatrix} \\
&= \begin{bmatrix} R_a + \frac{3}{2}p(L_A + L_{A0}\cos 2\theta) & \frac{3}{2}p(L_{A0}\sin 2\theta) & 0 \\ \frac{3}{2}p(L_{A0}\sin 2\theta) & R_a + \frac{3}{2}p(L_A - L_{A0}\cos 2\theta) & 0 \\ 0 & 0 & R_a \end{bmatrix}
\end{aligned}
\tag{3.95}
$$

$$\left[C_{abc}^{\alpha\beta 0}\right]^{-1}\left[M_{abcf}\right]$$
$$=\frac{2}{3}\begin{bmatrix} 1 & -\frac{1}{2} & -\frac{1}{2} \\ 0 & \frac{\sqrt{3}}{2} & -\frac{\sqrt{3}}{2} \\ \frac{1}{\sqrt{2}} & \frac{1}{\sqrt{2}} & \frac{1}{\sqrt{2}} \end{bmatrix}\begin{bmatrix} p(M_f\cos\theta) \\ p\left(M_f\cos\left(\theta-\frac{2}{3}\pi\right)\right) \\ p\left(M_f\cos\left(\theta-\frac{4}{3}\pi\right)\right) \end{bmatrix}=\begin{bmatrix} p(M_f\cos\theta) \\ p(M_f\sin\theta) \\ 0 \end{bmatrix}$$

$$\left[M_{abcf}\right]^T\left[C_{abc}^{\alpha\beta 0}\right]$$
$$=\left[p(M_f\cos\theta)\ \ p\left(M_f\cos\left(\theta-\frac{2}{3}\pi\right)\right)\ \ p\left(M_f\cos\left(\theta-\frac{4}{3}\pi\right)\right)\right]\begin{bmatrix} 1 & 0 & \frac{1}{\sqrt{2}} \\ -\frac{1}{2} & \frac{\sqrt{3}}{2} & \frac{1}{\sqrt{2}} \\ -\frac{1}{2} & -\frac{\sqrt{3}}{2} & \frac{1}{\sqrt{2}} \end{bmatrix}$$
$$=\left[\frac{3}{2}p(M_f\cos\theta)\ \ \frac{3}{2}p(M_f\sin\theta)\ \ 0\right] \tag{3.96}$$

식 (3.95), 식 (3.96)을 이용하여 다시 정리하면 $\alpha\beta 0$ 좌표계에서 전압 방정식은 식 (3.97)과 같이 정의된다.

$$\begin{bmatrix} v_{\alpha s} \\ v_{\beta s} \\ v_{0s} \end{bmatrix}=\begin{bmatrix} R_a+\frac{3}{2}p(L_A+L_{A0}\cos 2\theta) & \frac{3}{2}p(L_{A0}\sin 2\theta) & 0 \\ \frac{3}{2}p(L_{A0}\sin 2\theta) & R_a+\frac{3}{2}p(L_A-L_{A0}\cos 2\theta) & 0 \\ 0 & 0 & R_a \end{bmatrix}\begin{bmatrix} i_{\alpha s} \\ i_{\beta s} \\ i_{0s} \end{bmatrix}+\begin{bmatrix} p(M_f\cos\theta) \\ p(M_f\sin\theta) \\ 0 \end{bmatrix}i_f \tag{3.97}$$
$$v_f=\left[\frac{3}{2}p(M_f\cos\theta)\ \ \frac{3}{2}p(M_f\sin\theta)\ \ 0\right]\begin{bmatrix} i_{\alpha s} \\ i_{\beta s} \\ i_{0s} \end{bmatrix}+(R_f+pL_{ff})i_f$$

[3] 동기회전 좌표계에서 전압방정식

$\alpha\beta$좌표계로 변환한 식 (3.97)의 전압방정식은 여전히 비선형하므로 동기회전 좌표계를 이용한 변환하며 선형화한다. 유도전동기의 좌표변환에서 알아본 바와 같이 동기회전 좌표계에서 d축을 그림 3.21에서와 같이 회전자의 돌극 부분으로 잡으면, 동기회전 좌표계의 변환행렬은 다음 식 (3.98)과 같다.

$$\left[C_{\alpha\beta 0}^{dq0}\right]=\begin{bmatrix} \cos\theta & -\sin\theta & 0 \\ \sin\theta & \cos\theta & 0 \\ 0 & 0 & 1 \end{bmatrix} \tag{3.98}$$

식 (3.98)의 변환행렬을 이용하여 동기회전 좌표계에서 전압 방정식을 구해보자. $\alpha\beta 0$좌표계에서의 전압방정식인 식 (3.97)을 식 (3.99)와 같이 나타내자.

$$\begin{aligned} &[v_{\alpha\beta 0}] = [Z_{\alpha\beta 0}][i_{\alpha\beta 0}] + [M_{\alpha\beta}]i_f \\ &v_f = [M_{\alpha\beta}]^T[i_{\alpha\beta 0}] + Z_f i_f \end{aligned} \tag{3.99}$$

변환행렬 식 (3.98)을 이용하면 동기회전 좌표계에서 전압방정식은 다음 식 (3.100)과 같이 된다.

$$\begin{aligned} &\left[C_{\alpha\beta 0}^{dq0}\right][v_{dq0}^e] = [Z_{\alpha\beta 0}]\left[C_{\alpha\beta 0}^{dq0}\right][i_{dq0}^e] + [M_{\alpha\beta}]i_f^e \\ &v_f^e = [M_{\alpha\beta}]^T\left[C_{\alpha\beta 0}^{dq0}\right][i_{dq0}^e] + Z_f i_f^e \end{aligned} \tag{3.100}$$

식 (3.100)의 양변에 $\left[C_{\alpha\beta 0}^{dq0}\right]^{-1}$를 곱하고 계산하면 식 (3.101)이 얻어진다.

$$\begin{bmatrix} v_d^e \\ v_q^e \\ v_f^e \end{bmatrix} = \begin{bmatrix} R_a + p(L_A + L_{A0}) & -\omega(L_A - L_{A0}) & pM_f \\ \omega(L_A + L_{A0}) & R_a + p(L_A - L_{A0}) & \omega M_f \\ \dfrac{3}{2}pM_f & 0 & R_f + pL_{ff} \end{bmatrix} \begin{bmatrix} i_d^e \\ i_q^e \\ i_f^e \end{bmatrix} \tag{3.101}$$

또한 식 (3.63)으로부터 d축과 q축의 인덕턴스를 정의하면 식 (3.102)와 같이 된다.

$$L_d = L_A + L_{A0}, \quad L_q = L_A - L_{A0} \tag{3.102}$$

따라서 식 (3.101)은 식 (3.103)과 같이 표현할 수 있다.

$$\begin{bmatrix} v_d^e \\ v_q^e \\ v_f^e \end{bmatrix} = \begin{bmatrix} R_a + pL_d & -\omega L_q & pM_f \\ \omega L_d & R_a + pL_q & \omega M_f \\ \dfrac{3}{2}pM_f & 0 & R_f \end{bmatrix} \begin{bmatrix} i_d^e \\ i_q^e \\ i_f^e \end{bmatrix} \tag{3.103}$$

식 (3.103)에서 계자전류는 일정하다고 가정하고 전기자 전류는 시간의 함수라고 한다면 식 (3.103)은 식 (3.104)와 같이 간단하게 쓸 수 있다.

$$\begin{bmatrix} v_d^e \\ v_q^e \\ v_f^e \end{bmatrix} = \begin{bmatrix} R_a + pL_d & -\omega L_q & 0 \\ \omega L_d & R_a + pL_q & \omega M_f \\ \dfrac{3}{2}pM_f & 0 & R_f \end{bmatrix} \begin{bmatrix} i_d^e \\ i_q^e \\ i_f^e \end{bmatrix} \tag{3.104}$$

식 (3.104)는 동기회전 좌표계에서 돌극형 동기전동기의 전압방정식으로 식 (3.104)의 d축, q축 회로를 그리면 각각 그림 3.24 (a), (b)와 같다.

동기회전 좌표계에서는 권선형 동기전동기의 전기자와 계자의 전압과 전류가 정상상태에서는 직류가 되는 것을 고려하면 권선형 동기전동기의 정상상태 전압방정식은 식 (3.105)와 같다.

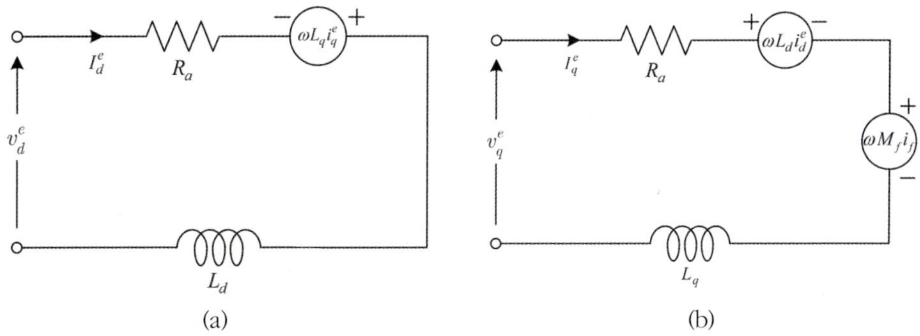

그림 3.24 동기회전 좌표계에서의 돌극형 동기전동기 과도상태 등가회로
(a) d축 등가회로 (b) q축 등가회로

$$\begin{bmatrix} v_d^e \\ v_q^e \\ v_f^e \end{bmatrix} = \begin{bmatrix} R_a & -\omega L_q & 0 \\ \omega L_d & R_a & \omega M_f \\ 0 & 0 & R_f \end{bmatrix} \begin{bmatrix} i_d^e \\ i_q^e \\ i_f^e \end{bmatrix} \tag{3.105}$$

식 (3.105)를 풀어쓰면 식 (3.106)과 같이 된다.

$$\begin{aligned} v_d^e &= R_a i_d^e - \omega L_q i_q^e \\ v_q^e &= R_a i_q^e + \omega L_d i_d^e + \omega M_f i_f^e \\ v_f^e &= R_f i_f^e \end{aligned} \tag{3.106}$$

그림 3.24의 $\omega M_f I_f^e$는 $\omega \Psi_0$로 치환하면 영구자석 동기전동기의 정상상태 등가회로가 된다.

3.5 동기회전 좌표계에서 전압방정식과 토크식의 물리적 의미

3.5.1 돌극형 동기전동기

동기회전 좌표계에서 돌극형 동기전동기의 전압방정식이 갖는 물리적 의미에 대해서 고찰하여 보자. 먼저 q축 권선의 전압방정식에 대해 살펴보자. 돌극형 동기전동기를 나타내는 그림 3.25(a)에서 d축 권선은 d축으로 $L_d i_d$의 자속을 발생시키고 ω의 속도로 반시계 방향으로 회전하므로 이 자속은 q축 권선에 $\omega L_d i_d$의 기전력을 유기하고 이 기전력은 권선의 전원과 반대방향이 된다. 또한 계자권선을 갖는 회전자도 ω의 속도로 반시계 방향으로 회전하므로 q축 권선에 $\omega M_f i_f$의 기전력을 유기 하고 이 기전력은 권선의 전원과 반대방

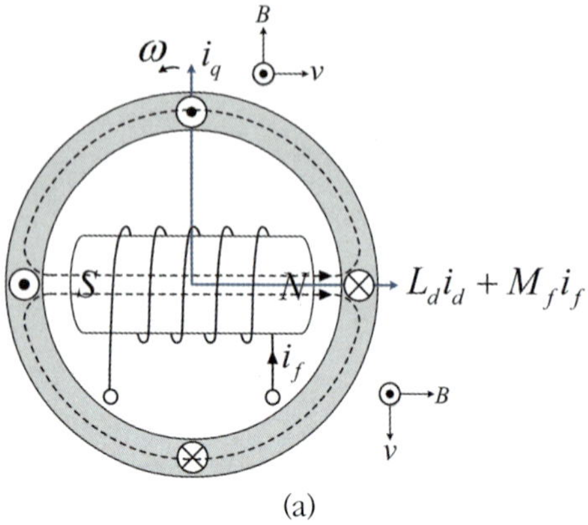

그림 3.25 동기회전 좌표계에서 돌극형 동기전동기의 자속과 기전력 관계 (a) d축 등가회로 (b) q축 등가회로

향이 된다. 따라서 q축의 권선에 v_q의 전압을 가했을 때 전압방정식은 식 (3.107)과 같이 된다.

$$\begin{aligned} v_q - \omega L_d i_d - \omega M_f i_f &= R_a i_q + pL_q i_q \\ v_q &= R_a i_q + pL_q i_q + \omega L_d i_d + \omega M_f i_f \end{aligned} \tag{3.107}$$

다음은 d축 권선의 전압방정식에 대해서 알아보자. 그림 3.25(b)와 같이 q축 권선에 의한 자계 $L_q i_q$는 d축 권선에 쇄교하고 이 자속은 ω의 속도로 반시계 방향으로 회전하므로 d축 권선에 $\omega L_q I_q$의 기전력을 유기하고 이 기전력은 권선의 전원과 동일 방향이 된다. 따라서 d축의 권선에 v_d의 전압을 가했을 때 전압방정식은 식 (3.108)과 같이 된다.

$$\begin{aligned} v_d + \omega L_q i_q &= R_a i_d + pL_d i_d \\ v_d &= R_a i_d + pL_d i_d - \omega L_q i_q \end{aligned} \tag{3.108}$$

식 (3.107)과 식 (3.108)을 행렬식으로 나타내면 식 (3.109)와 같이 된다.

$$\begin{bmatrix} v_d \\ v_q \end{bmatrix} = \begin{bmatrix} R_a + pL_d & -\omega L_q \\ \omega L_d & R_a + pL_q \end{bmatrix} \begin{bmatrix} i_d \\ i_q \end{bmatrix} + \begin{bmatrix} 0 \\ \omega M_f i_f \end{bmatrix} \tag{3.109}$$

동기회전 좌표계에서 동기전동기의 토크는 d축 권선과 q축 권선에서 발생하는 토크의 합이다. q축 권선에서 발생하는 마그네틱 토크는 q축 도체에 쇄교하는 d축 자속 $(M_f i_f + L_d i_d)$과 q축 전류(i_q)의 곱인 식 (3.110)이 되고 d축 권선에서 발생하는 토크는 d축 도체에 쇄교하는 q축 자속($L_q i_q$)과 d축 전류(i_d)의 곱인 식 (3.111)이 된다. 따라서 권선에서 발생하는 총 토크는 식 (3.112)가 된다. 아래의 토크식에서 계수 $3/2$은 상대변환을 이용한 경우 전력과 토크를 보정하기 위해 사용한 값이다.

$$T_q = \frac{3}{2}\frac{P}{2}(M_f i_f + L_d i_d) i_q \tag{3.110}$$

$$T_d = -\frac{3}{2}\frac{P}{2} L_q i_q i_d \tag{3.111}$$

$$T = \frac{3}{2}\frac{P}{2}[M_f i_f i_q + (L_d - L_q) i_d i_q] \tag{3.112}$$

3.5.2 유도전동기

유도전동기를 동기회전 좌표계로 dq변환하면 고정자 권선과 회전자 권선에 각각 dq권선을 갖게 되므로 총 4개의 전압방정식이 얻어진다. 그림 3.25에서 고정자권선에 쇄교하는 dq자속과 회전자 권선에 쇄교하는 dq자속을 구해보면 각각 식 (3.113), (3.114)와 같다.

$$\begin{aligned} \lambda_{ds}^e &= L'_s i_{ds}^e + M'_{sr} i_{dr}^e \\ \lambda_{qs}^e &= L'_s i_{qs}^e + M'_{sr} i_{qr}^e \end{aligned} \tag{3.113}$$

$$\begin{aligned} \lambda_{dr}^e &= L'_r i_{dr}^e + M'_{sr} i_{ds}^e \\ \lambda_{qr}^e &= L'_r i_{qr}^e + M'_{sr} i_{qs}^e \end{aligned} \tag{3.114}$$

고정자 권선의 쇄교자속 식(3.113)은 ω의 속도로 반시계 방향으로 회전하므로 속도기전력을 발생시키므로 고정자 권선의 전압방정식은 식(3.115)와 같이 된다. 또한 회전자 권선에 쇄교자속 식 (3.114)는 ω의 속도로 반시계 방향으로 회전하고 회전자가 ω_e의 속도로 회전하므로 상대속도는 $(\omega - \omega_e)$가 되어 상대속도에 비례하는 속도기전력을 발생시킨다. 따라서 고정자와 회전자의 전압방정식은 각각 식 (3.115), (3.116)과 같이 된다.

$$\begin{aligned} v_{ds}^e &= R_s i_{ds}^e + \frac{d\lambda_{ds}^e}{dt} - \omega \lambda_{qs}^e \\ v_{qs}^e &= R_s i_{qs}^e + \frac{d\lambda_{qs}^e}{dt} + \omega \lambda_{ds}^e \end{aligned} \tag{3.115}$$

$$\begin{aligned} 0 &= R_r i_{dr}^e + \frac{d\lambda_{dr}^e}{dt} - (\omega - \omega_e)\lambda_{qr}^e \\ 0 &= R_r i_{qr}^e + \frac{d\lambda_{qr}^e}{dt} + (\omega - \omega_e)\lambda_{dr}^e \end{aligned} \tag{3.116}$$

식 (3.115)에 식 (3.113)을 대입하고 식 (3.116)에 식 (3.114)는 대입하면 식 (3.117)과 같

은 전압방정식을 얻을 수 있다.

$$\begin{bmatrix} v_{ds}^e \\ v_{qs}^e \\ v_{dr}^e \\ v_{qr}^e \end{bmatrix} = \begin{bmatrix} R_s + pL'_s & -\omega L'_s & pM'_{sr} & -\omega M'_{sr} \\ \omega L'_s & R_s + pL'_s & \omega M'_{sr} & pM'_{sr} \\ pM'_{sr} & -(\omega - \omega_e)M'_{sr} & R_r + pL'_r & -(\omega - \omega_e)L'_r \\ (\omega - \omega_e)M'_{sr} & pM'_{sr} & (\omega - \omega_e)L'_r & R_r + pL'_r \end{bmatrix} \begin{bmatrix} i_{ds}^e \\ i_{qs}^e \\ i_{dr}^e \\ i_{qr}^e \end{bmatrix} \tag{3.117}$$

유도전동기에서 발생하는 토크도 영구자석 전동기의 토크와 마찬가지로 d축 권선과 q축 권선에서 발생하는 토크의 합이다. q축 권선에서 발생하는 마그네틱 토크는 q축 도체에 쇄교하는 d축 자속과 q축 전류(i_q)의 곱인 식 (3.118)이 되고 d축 권선에서 발생하는 토크는 d축 도체에 쇄교하는 q축 자속과 d축 전류(i_d)의 곱인 식 (3.119)가 된다. 따라서 권선에서 발생하는 총 토크는 식 (3.120)이 된다.

$$T_q = \frac{3}{2}\frac{P}{2}\left(M'_{sr} i_{dr}^e + L'_s i_{ds}^e\right) i_{qs}^e \tag{3.118}$$

$$T_d = -\frac{3}{2}\frac{P}{2}\left(M'_{sr} i_{qr}^e + L'_s i_{qs}^e\right) i_{ds}^e \tag{3.119}$$

$$\begin{aligned} T &= T_q + T_d = \frac{3}{2}\frac{P}{2} M'_{sr}\left[i_{dr}^e i_{qs}^e - i_{qr}^e i_{ds}^e\right] \\ &= \frac{3}{2}\frac{P}{2}\frac{M'_{sr}}{L'_r}\left[\lambda_{dr} i_{qs}^e - \lambda_{qr} i_{ds}^e\right] \end{aligned} \tag{3.120}$$

3.6 대칭좌표변환

3.6.1 대칭좌표변환의 개요

3상 교류전기기기가 평형하고 정상상태라고 가정하면 3상 중 1상만을 페이저해석하면 충분하다. 여기서 페이저해석을 한다는 것은 정상상태를 해석한다는 의미이며 3상 중 1상만을 해석한다는 것은 3상 평형회로를 해석한다는 의미이다. 그러나 발전기에서 각 상에 독립적인 단상부하를 걸거나 불평형 3상 부하를 걸었다고 하면 3상은 불평형하게 된다. 불평형 3상 정상상태 회로를 해석하기 위해서는 3상 회로에 절점해석법 또는 망로해석법을 적용하여 전압 또는 전류방정식을 유도하고 풀어야 하나 전압방정식이 복소수 연립방정식이 되므로 풀기가 어려워진다. 그러나 대칭좌표변환을 사용하면 불평형 전압, 전류, 임피던스를 정상분(positive phase sequence), 역상분(negative phase sequence), 영상분(zero phase sequence)이라고 하는 평형한 성분으로 나누어 해석할 수 있다. 또한 대칭좌표변환을 사용하면 불평형한 성분의 물리적 의미를 쉽게 알 수 있고 수학적으로도 간단해진다. 대칭좌표변환으로 많이 사용되는 것은 3상 대칭좌표변환과 2상 대칭좌표변환이 있다.

3.6.2 3상 대칭좌표변환

각 상의 전압, 전류의 크기가 같고 위상이 120°씩 차이나는 회로를 3상 평형회로라고 한다. 따라서 각 상의 전압, 전류의 크기가 같지 않거나 각 상의 위상차가 120°가 나지 않은 회로는 불평형 3상 회로이다. 이러한 불평형 3상을 정상분, 역상분, 영상분이라고 하는 3개의 평형성분으로 분해하는 방법에 대해서 알아보자. 우선 정상분과 역상분, 영상분의 의미에 대해 알아보면, 그림 3.26(a)와 같이 전압, 전류 등의 물리량의 크기가 같고 a, b, c상이 시계방향으로 120°씩 차이나는 성분을 정상분이라고 정의한다. 그림 3.26(b)와 같이 물리량이 크기가 같고 a, b, c상이 반시계방향으로 120°씩 차이나는 성분을 역상분이라고 정의한다. 그림 3.26(c)와 같이 영상분은 위상차가 없고 일정한 크기를 갖는 성분이다.

정상분, 역상분을 복소수를 사용하여 나타내보도록 하자. 단위크기를 갖고 위상이 120° 차이나는 복소벡터 a는 식 (3.121)과 같이 극좌표형식, 직각좌표형식, 지수형식 등 어떠한 형식으로도 나타낼 수 있다. 또한 식 (3.122)에서와 같이 단위크기를 갖고 240° 차이나는 복소벡터는 a^2으로 나타낼 수 있다. 또한 식 (3.123)에서와 같이 a^3은 단위크기를 갖고 위상이 0인 벡터 즉, 1을 나타낸다. 이러한 3개 벡터의 합은 식 (3.124)와 같이 0이 된다.

$$a = 1\angle 120° = -\frac{1}{2} + j\frac{\sqrt{3}}{2} = e^{j\frac{2}{3}\pi} \tag{3.121}$$

$$a^2 = 1\angle 240° = 1\angle -120° = -\frac{1}{2} - j\frac{\sqrt{3}}{2} = e^{j\frac{4}{3}\pi} \tag{3.122}$$

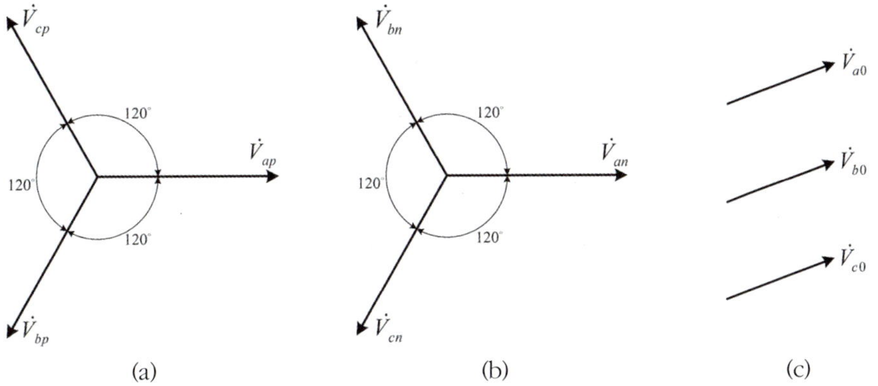

그림 3.26 3상 대칭좌표계에서의 정상분과 역상분, 영상분
(a) 정상분 (b) 역상분 (c) 영상분

$$a^3 = 1 \tag{3.123}$$

$$1 + a + a^2 = 0 \tag{3.124}$$

따라서 정상분 b상 전압(V_{bp})과 정상분 c상 전압(V_{cp})은 정상분 a상 전압(V_{ap})을 이용하여 각각 식 (3.125), 식 (3.126)으로 나타낼 수 있다. 또한 역상분 b상 전압(V_{bn})과 역상분 c상 전압(V_{cn})은 역상분 a상 전압(V_{an})을 이용하여 각각 식 (3.127), 식 (3.128)로 나타낼 수 있다.

$$\dot{V}_{bp} = a^2 \dot{V}_{ap} \tag{3.125}$$

$$\dot{V}_{cp} = a \dot{V}_{ap} \tag{3.126}$$

$$\dot{V}_{bn} = a \dot{V}_{an} \tag{3.127}$$

$$\dot{V}_{cn} = a^2 \dot{V}_{an} \tag{3.128}$$

그림 3.27에서와 같이 각 상의 전압크기가 서로 다르고 위상차가 120°가 나지 않는 파란색으로 나타낸 불평형 3상 회로의 전압에 대해서 3상 대칭좌표변환을 적용해 보자. 그림 3.27의 불평형 3상은 그림 3.27과 같이 정상분, 역상분, 영상분의 합으로 나타낼 수 있다. 불평형한 각 상의 전압은 각 상에 대한 정상분, 역상분, 영상분의 합이 되므로 식 (3.129)~(3.131)로 나타낼 수 있다.

$$\dot{V}_a = \dot{V}_{ap} + \dot{V}_{an} + \dot{V}_{a0} \tag{3.129}$$

$$\dot{V}_b = \dot{V}_{bp} + \dot{V}_{bn} + \dot{V}_{b0} = a^2 \dot{V}_{ap} + a \dot{V}_{an} + \dot{V}_{a0} \tag{3.130}$$

$$\dot{V}_c = \dot{V}_{cp} + \dot{V}_{cn} + \dot{V}_{c0} = a \dot{V}_{ap} + a^2 \dot{V}_{an} + \dot{V}^0_{a0} \tag{3.131}$$

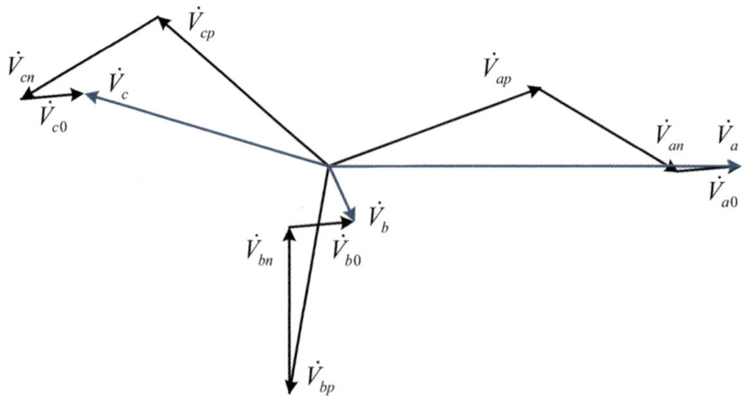

그림 3.27 불평형 3상 회로 전압

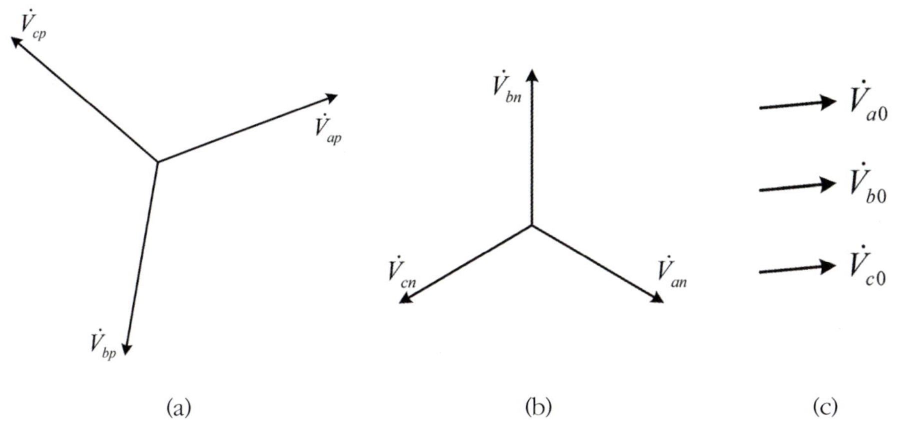

그림 3.28 그림 3.27의 불평형 3상의 정상분, 역상분, 영상분
(a) 정상분 (b) 역상분 (c) 영상분

따라서 불평형 3상 전압과 a상 대칭성분과의 관계를 행렬식으로 나타내면 식 (3.132)와 같다.

$$\begin{bmatrix} \dot{V}_a \\ \dot{V}_b \\ \dot{V}_c \end{bmatrix} = \begin{bmatrix} 1 & 1 & 1 \\ a^2 & a & 1 \\ a & a^2 & 1 \end{bmatrix} \begin{bmatrix} \dot{V}_{ap} \\ \dot{V}_{an} \\ \dot{V}_{a0} \end{bmatrix} \tag{3.132}$$

식 (3.132)는 식 (3.133)과 같이 나타낼 수 있다.

$$[V_{abc}] = [C_{abc}^{pn0}][V_{pn0}] \tag{3.133}$$

여기서 $[C_{abc}^{pn0}]$의 위첨자와 아래첨자의 의미는 정상분, 역상분, 영상분에 대한 3상 대칭좌표계로부터 기존의 불평형 3상 좌표계로 변환하는 행렬이라는 것이다. $[V_{abc}]$, $[C_{abc}^{pn0}]$, $[V_{pn0}]$는 식 (3.134)와 같다. 1)

$$[V_{abc}] = \begin{bmatrix} \dot{V}_a \\ \dot{V}_b \\ \dot{V}_c \end{bmatrix}, \quad [C_{abc}^{pn0}] = \begin{bmatrix} 1 & 1 & 1 \\ a^2 & a & 1 \\ a & a^2 & 1 \end{bmatrix}, \quad [V_{pn0}] = \begin{bmatrix} \dot{V}_{ap} \\ \dot{V}_{an} \\ \dot{V}_{a0} \end{bmatrix} \tag{3.134}$$

식 (3.133)을 다시쓰면 식 (3.135)와 같다.

---

1) $[C_{abc}^{pn0}]$의 변환행렬 대신 $\sqrt{\frac{1}{3}}[C_{abc}^{pn0}]$을 사용하면 abc좌표계에서 구한 전력과 $pn0$좌표계에서 구한 전력이 동일하므로 전력계산시 전력을 환산할 필요가 없으며 이러한 변환을 직교좌표변환이라고 한다.

$$[V_{pn0}] = [C_{abc}^{pn0}]^{-1}[V_{abc}] \tag{3.135}$$

b상, c상의 대칭성분은 a상 대칭성분으로부터 식 (3.125)~(3.128)로 구할 수 있으므로 별도로 구할 필요가 없다.

식 (3.135)에서 변환행렬의 역수 $[C_{abc}^{pn0}]^{-1}$는 식 (3.136)과 같이 정의된다.

$$[C_{abc}^{pn0}]^{-1} = \frac{1}{3}[C_{abc}^{pn0}]_t^* = \frac{1}{3}\begin{bmatrix} 1 & 1 & 1 \\ a & a^2 & 1 \\ a^2 & a & 1 \end{bmatrix} \tag{3.136}$$

불평형 3상 전류로부터 3상 대칭전류성분을 구하기 위해서는 불평형 3상 전압으로부터 3상 대칭전압성분을 구해내는 것과 같은 과정을 이용한다. 불평형 3상 전류와 3상 대칭전류성분의 관계는 식 (3.137)과 같다.

$$[I_{abc}] = [C_{abc}^{pn0}][I_{pn0}], \quad [I_{pn0}] = [C_{pn0}^{abc}][I_{abc}] \tag{3.137}$$

불평형 3상 회로의 전압방정식으로부터 3상 대칭좌표계의 전압방정식을 구해보자. 불평형 3상 회로의 전압방정식은 식 (3.138)과 같이 나타내자.

$$[V_{abc}] = [Z_{abc}][I_{abc}] \tag{3.138}$$

식 (3.138)에 식 (3.133), 식 (3.137)을 대입하면 식 (3.139)가 된다.

$$[C_{abc}^{pn0}][V_{pn0}] = [Z_{abc}][C_{abc}^{pn0}][I_{pn0}] \tag{3.139}$$

식 (3.138)의 양변에 역행렬을 곱해주면 대칭성분으로 표현된 전압방정식은 식 (3.140)과 같다.

$$[V_{pn0}] = [C_{abc}^{pn0}]^{-1}[Z_{abc}][C_{abc}^{pn0}][I_{pn0}] \tag{3.140}$$

따라서 식 (3.140)은 식 (3.141)과 같이 나타낼 수 있다.

$$[V_{pn0}] = [Z_{pn0}][I_{pn0}] \tag{3.141}$$

여기서 새로운 임피던스 행렬은 식 (3.142)와 같이 된다.

$$[Z_{pn0}] = [C_{abc}^{pn0}]^{-1}[Z_{abc}][C_{abc}^{pn0}] \tag{3.142}$$

3.6.3 2상 대칭좌표변환

불평형 3상 회로와 마찬가지로 불평형 2상 회로는 u상과 v상의 전압, 전류와 같은 물리량의 크기가 같지 않거나 위상차가 90° 차이 나지 않으면 불평형 2상 회로라고 한다.

그림 3.29에서 파란색으로 표시된 불평형 2상 회로의 전압은 정상분과 역상분의 합으로 나타낼 수 있다. 이때 2상 회로의 정상상태 해석에서 불평형 2상 회로의 물리량($\dot{V}_u$, $\dot{V}_v$)은 2상 대칭좌표변환을 이용하면 2상 대칭성분($\dot{V}_{up}$, $\dot{V}_{un}$, $\dot{V}_{vp}$, $\dot{V}_{vn}$)으로 나타낼 수 있다.

정상분 v상 전압($\dot{V}_{vp}$)과 정상분 u상 전압($\dot{V}_{up}$) 사이의 관계는 직각좌표 형식으로 나타내면 식 (3.143)과 같다. 또한 역상분 v상 전압($\dot{V}_{vn}$)과 역상분 u상 전압($\dot{V}_{un}$)의 관계는 식 (3.144)와 같다.

$$\dot{V}_{vp} = -j\dot{V}_{up} \tag{3.143}$$

$$\dot{V}_{vn} = j\dot{V}_{un} \tag{3.144}$$

그림 3.29(a)에서와 같이 u상 전압은 u상의 정상분과 역상분의 합으로, v상 전압도 v상의 정상분과 역상분의 합으로 나타낼 수 있으므로 식 (3.145), 식 (3.146)이 성립한다.

$$\dot{V}_u = \dot{V}_{up} + \dot{V}_{un} \tag{3.145}$$

$$\dot{V}_v = \dot{V}_{vp} + \dot{V}_{vn} = -jV_{up} + jV_{un} \tag{3.146}$$

따라서 불평형 2상 전압과 u상 대칭성분 사이에는 식 (3.147)이 성립한다.

$$\begin{bmatrix} \dot{V}_u \\ \dot{V}_v \end{bmatrix} = \begin{bmatrix} 1 & 1 \\ -j & j \end{bmatrix} \begin{bmatrix} \dot{V}_{up} \\ \dot{V}_{un} \end{bmatrix} \tag{3.147}$$

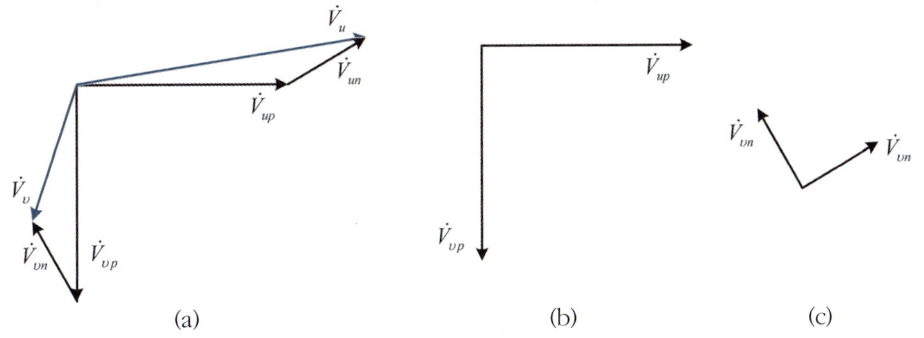

그림 3.29 2상 불평형 전압과 정상분, 역상분 성분
(a) 2상 불평형 전압 (b) 정상분 성분 (c) 역상분 성분

식 (3.147)은 식 (3.148)과 같이 간단히 나타낼 수 있다.

$$[V_{uv}] = [C_{uv}^{pn}][V_{pn}] \tag{3.148}$$

여기서 $[V_{uv}]$, $[C_{uv}^{pn}]$, $[V_{pn}]$는 식 (3.149)와 같다.[1)]

$$[V_{uv}] = \begin{bmatrix} \dot{V}_u \\ \dot{V}_v \end{bmatrix}, \quad [C_{uv}^{pn}] = \begin{bmatrix} 1 & 1 \\ -j & j \end{bmatrix}, \quad [V_{pn}] = \begin{bmatrix} \dot{V}_{up} \\ \dot{V}_{un} \end{bmatrix} \tag{3.149}$$

식 (3.149)에서 변환행렬의 역행렬 $[C_{uv}^{pn}]^{-1}$은 식 (3.150)과 같다.

$$[C_{uv}^{pn}]^{-1} = \frac{1}{2}[C_{uv}^{pn}]_t^* = \frac{1}{2}\begin{bmatrix} 1 & j \\ 1 & -j \end{bmatrix} \tag{3.150}$$

불평형 2상 전류로부터 2상 대칭전류성분을 구하기 위해서는 불평형 2상 전압으로부터 2상 대칭전압성분을 구해내는 것과 같은 과정을 이용한다. 불평형 2상 전류를 대칭성분으로 나타내면 식 (3.151)과 같다.

$$[I_{uv}] = [C_{uv}^{pn}][I_{pn}] \tag{3.151}$$

uv좌표계에서 전압방정식을 (3.152)와 같으면, 2상 대칭좌표변환을 사용한 대칭좌표계에서 전압방정식은 식 (3.153)이 된다.

$$[V_{uv}] = [Z_{uv}][I_{uv}] \tag{3.152}$$

$$[C_{uv}^{pn}][V_{pn}] = [Z_{uv}][C_{uv}^{pn}][I_{pn}] \tag{3.153}$$

식 (3.153)의 양변에 $[C_{uv}^{pn}]^{-1}$를 곱하면 식 (3.154)와 같이 2상 대칭좌표계에서 전압 방정식을 얻을 수 있다.

$$[V_{pn}] = [C_{uv}^{pn}]^{-1}[Z_{uv}][C_{uv}^{pn}][I_{pn}] \tag{3.154}$$

식 (3.154)는 식 (3.155)와 같이 간단히 나타낼 수 있다.

$$[V_{pn}] = [Z_{pn}][I_{pn}] \tag{3.155}$$

여기서 2상 대칭좌표계에서의 새로운 임피던스 행렬$[Z_{pn}]$은 식 (3.156)과 같이 된다.

$$[Z_{pn}] = [C_{uv}^{pn}]^{-1}[Z_{uv}][C_{uv}^{pn}] \tag{3.156}$$

1) $\sqrt{\frac{1}{2}}[C_{uv}^{pn}]$은 절대좌표변환이다.

3.7 대칭좌표변환을 이용한 단상 유도전동기의 등가회로 유도

단상 유도전동기의 등가회로는 3상 유도전동기의 등가회로와 같이 평형한 상태를 가정하여 직관적으로 구해내기 어렵다. 따라서 단상 유도전동기를 불평형 2상 유도전동기라 가정하고 2상 대칭좌표변환을 적용하여 정상분과 역상분으로 나눈 후 단상 유도전동기의 특수한 조건을 대입하면 단상 유도전동기의 등가회로를 얻을 수 있다.

3.7.1 유도전동기의 2상 대칭변환

일반적인 2상유도전동기의 전압방정식은 회전자 전압은 0이 되어 식 (3.157)과 같다.

$$\begin{bmatrix} v_{\alpha s} \\ v_{\beta s} \\ 0 \\ 0 \end{bmatrix} = \begin{bmatrix} R_s + pL_s & 0 & pM_{sr}\cos\theta & -pM_{sr}\sin\theta \\ 0 & R_s + pL_s & pM_{sr}\sin\theta & pM_{sr}\cos\theta \\ pM_{sr}\cos\theta & pM_{sr}\sin\theta & R_r + pL_r & 0 \\ -pM_{sr}\sin\theta & pM_{sr}\cos\theta & 0 & R_r + pL_r \end{bmatrix} \begin{bmatrix} i_{\alpha s} \\ i_{\beta s} \\ i_{\alpha r} \\ i_{\beta r} \end{bmatrix} \tag{3.157}$$

여기서 L_s, L_r, M_{sr}은 각각 고정자의 자기 인덕턴스, 회전자의 자기 인덕턴스 및 고정자와 회전자의 상호 인덕턴스의 최대치를 나타낸다. 3.2절의 좌표변환에서 다루었던 정지좌표계의 변환행렬을 사용하면 식 (3.158)과 같은 dq 정지좌표계에서의 2상 유도전동기의 전압방정식을 얻을 수 있다.

$$\begin{bmatrix} v_{ds}^s \\ v_{qs}^s \\ 0 \\ 0 \end{bmatrix} = \begin{bmatrix} R_s + pL_s & 0 & pM_{sr} & 0 \\ 0 & R_s + pL_s & 0 & pM_{sr} \\ pM_{sr} & \omega_e M_{sr} & R_r + pL_r & \omega_e L_r \\ -\omega_e M_{sr} & pM_{sr} & -\omega_e L_r & R_r + pL_r \end{bmatrix} \begin{bmatrix} i_{ds}^s \\ i_{qs}^s \\ i_{dr}^s \\ i_{qr}^s \end{bmatrix} \tag{3.158}$$

식 (3.158)을 식 (3.159)와 같이 간단하게 나타낼 수 있다.

$$[v_{dq}^s] = [Z_{dq}^s][i_{dq}^s] \tag{3.159}$$

유도전동기의 전압방정식을 간편하게 해석하기 위해서 3.6절에서 다루었던 2상 대칭좌표변환을 이용하면 회로성분을 정상분과 역상분으로 나누어 회로식을 유도할 수 있다. 이때 사용되는 2상 대칭좌표변환의 변환행렬식과 변환행렬의 역행렬식은 식 (3.160)과 같은 절대변환 행렬을 사용하자. 절대변환을 이용하여 좌표변환을 하게 될 경우 전력이 동일하게 변환되어 전력관계를 생각하지 않아도 된다.

$$[C_{pn}^{dq}] = [C_{dq}^{pn}]^{-1} = \frac{1}{\sqrt{2}}\begin{bmatrix} 1 & j & 0 & 0 \\ 1 & -j & 0 & 0 \\ 0 & 0 & 1 & j \\ 0 & 0 & 1 & -j \end{bmatrix}, \quad [C_{dq}^{pn}] = \frac{1}{\sqrt{2}}\begin{bmatrix} 1 & 1 & 0 & 0 \\ -j & j & 0 & 0 \\ 0 & 0 & 1 & 1 \\ 0 & 0 & -j & j \end{bmatrix} \tag{3.160}$$

따라서 2상 대칭좌표변환을 이용한 새로운 전압방정식은 식 (3.161), (3.162)에 의해 구할 수 있다.

$$[C_{dq}^{pn}][v_{pn}^{s}] = [Z_{dq}^{s}][C_{dq}^{pn}][i_{pn}^{s}] \tag{3.161}$$

$$[v_{pn}^{s}] = [C_{dq}^{pn}]^{-1}[Z_{dq}^{s}][C_{dq}^{pn}][i_{pn}^{s}] \tag{3.162}$$

식 (3.158)에서 회전자의 전기각속도 $\omega_e = (1-s)\omega$를 대입하고 새로운 임피던스 행렬 $\left[C_{dq}^{pn}\right]^{-1}\left[Z_{dq}^{s}\right]\left[C_{dq}^{pn}\right]$을 구하면 2상 대칭좌표계에서 전압방정식을 구할 수 있다. 또한 정상상태 해석인 것을 고려하여 미분연산자 $p = j\omega$로 치환하면 2상 대칭좌표계에서 정상상태 페이저 전압방정식은 식 (3.163)과 같다.

$$\begin{bmatrix} \dot{V}_p^s \\ \dot{V}_n^s \\ 0 \\ 0 \end{bmatrix} = \begin{bmatrix} R_s + j\omega L_s & 0 & j\omega M_{sr} & 0 \\ 0 & R_s + j\omega L_s & 0 & j\omega M_{sr} \\ js\omega M_{sr} & 0 & R_r + js\omega L_r & 0 \\ 0 & j(2-s)\omega M_{sr} & 0 & R_r + j(2-s)\omega L_r \end{bmatrix}\begin{bmatrix} \dot{I}_p^s \\ \dot{I}_n^s \\ \dot{I}_p^r \\ \dot{I}_n^r \end{bmatrix} \tag{3.163}$$

식 (3.163)에서 1행과 3행은 정상분에 대해 서로 연관된 전압방정식이고 2행과 4행은 역상분에 대해 서로 연관된 전압방정식이다. 따라서 1행, 3행의 전압방정식과 2행, 4행의 전압방정식은 서로 독립된 전압방정식이다. 따라서 이 전압방정식을 정상분과 역상분으로 분리해서 나타내면 정상분과 역상분 전압방정식은 각각 식 (3.164)와 식 (3.165)가 된다.

$$\text{정상분 :} \quad \begin{bmatrix} \dot{V}_p^s \\ 0 \end{bmatrix} = \begin{bmatrix} R_s + j\omega L_s & j\omega M_{sr} \\ js\omega M_{sr} & R_r + js\omega L_r \end{bmatrix}\begin{bmatrix} \dot{I}_p^s \\ \dot{I}_p^r \end{bmatrix} \tag{3.164}$$

$$\text{역상분 :} \quad \begin{bmatrix} \dot{V}_n^s \\ 0 \end{bmatrix} = \begin{bmatrix} R_s + j\omega L_s & j\omega M_{sr} \\ j(2-s)\omega M_{sr} & R_r + j(2-s)\omega L_r \end{bmatrix}\begin{bmatrix} \dot{I}_n^s \\ \dot{I}_n^r \end{bmatrix} \tag{3.165}$$

식 (3.164) 및 식 (3.165)를 풀어 쓰면 식 (3.166), (3.167)과 같다.

$$\begin{aligned} \text{정상분 :} \quad & \dot{V}_p^s = (R_s + j\omega L_s)\dot{I}_p^s + j\omega M_{sr}\dot{I}_p^r \\ & 0 = j\omega M_{sr}\dot{I}_p^s + \left(\frac{R_r}{s} + j\omega L_r\right)\dot{I}_p^r \end{aligned} \tag{3.166}$$

$$\text{역상분} : \dot{V}_n^s = (R_s + j\omega L_s)\dot{I}_n^s + j\omega M_{sr}\dot{I}_n^r$$
$$0 = j\omega M_{sr}\dot{I}_n^s + \left(\frac{R_r}{2-s} + j\omega L_r\right)\dot{I}_n^r \tag{3.167}$$

식 (3.166)과 식 (3.167)의 전압방정식을 회로로 표현할 수 있으나 이 때 나타나는 회로 정수가 물리적인 의미를 갖기 위해서 식 (3.166), 식(3.167)에서의 회전자의 회로정수를 고정자로 환산하기 위해 다음 식 (3.168)과 같이 변환하자.

$$\begin{aligned} M'_{sr} &= aM_{sr} \\ R'_r &= a^2 R_r \\ L'_r &= a^2 L_r \\ \dot{I'}_p^r &= \frac{\dot{I}_p^r}{a} \\ \dot{I'}_n^r &= \frac{\dot{I}_n^r}{a} \end{aligned} \tag{3.168}$$

여기서 권선계수를 고려한 고정자와 회전자의 유효권선을 각각 N_s, N_r라고 하면, $a = \dfrac{N_s}{N_r}$로 회전자 권선수와 고정자 권선수의 비를 나타낸다. 식 (3.168)의 치환식을 사용하면 식 (3.166), (3.167)의 전압방정식은 식 (3.169)와 (3.170)과 같이 된다.

$$\text{정상분} : \dot{V}_p^s = R_s\dot{I}_p^s + j\omega(L_s - M'_{sr})\dot{I}_p^s + j\omega M'_{sr}(\dot{I}_p^s + \dot{I'}_p^r)$$
$$0 = j\omega M'_{sr}(\dot{I}_p^s + \dot{I'}_p^r) + \frac{R'_r}{s}\dot{I'}_p^r + j\omega(L'_r - M'_{sr})\dot{I'}_p^r \tag{3.169}$$

$$\text{역상분} : \dot{V}_n^s = R_s\dot{I}_n^s + j\omega(L_s - M'_{sr})\dot{I}_n^s + j\omega M'_{sr}(\dot{I}_n^s + \dot{I'}_n^r)$$
$$0 = \frac{R'_r}{(2-s)}\dot{I'}_n^r + j\omega(L'_r - M'_{sr})\dot{I'}_n^r + j\omega M'_{sr}(\dot{I}_n^s + \dot{I'}_n^r) \tag{3.170}$$

식 (3.169)의 정상분에 대한 회로를 그리면 그림 3.30(a)와 같다. 식 (3.169)와 식 (3.170)에서 알 수 있는 바와 같이 역상분 전압방정식은 정상분 전압방정식의 R'_r/s를 $R'_r/(2-s)$로 치환한 것이다. 따라서 정상분 회로에서 역상분 회로를 유도하면 그림 3.30(b)와 같다. 비대칭 2상 전압으로 동작하는 2상 유도전동기의 대칭좌표변환에 의해 구한 등가회로는 정상분 성분과 역상분 성분이 독립적이고 두 회로를 동시에 나타내면 그림 3.30(c)와 같이 된다.

식 (3.157)에서 유도전동기의 전압방정식은 α상과 β상이 독립적이지 않고 종속적이나 대칭변환된 유도전동기의 전압방정식은 식 (3.163)과 같이 정상분과 역상분이 독립적인 회

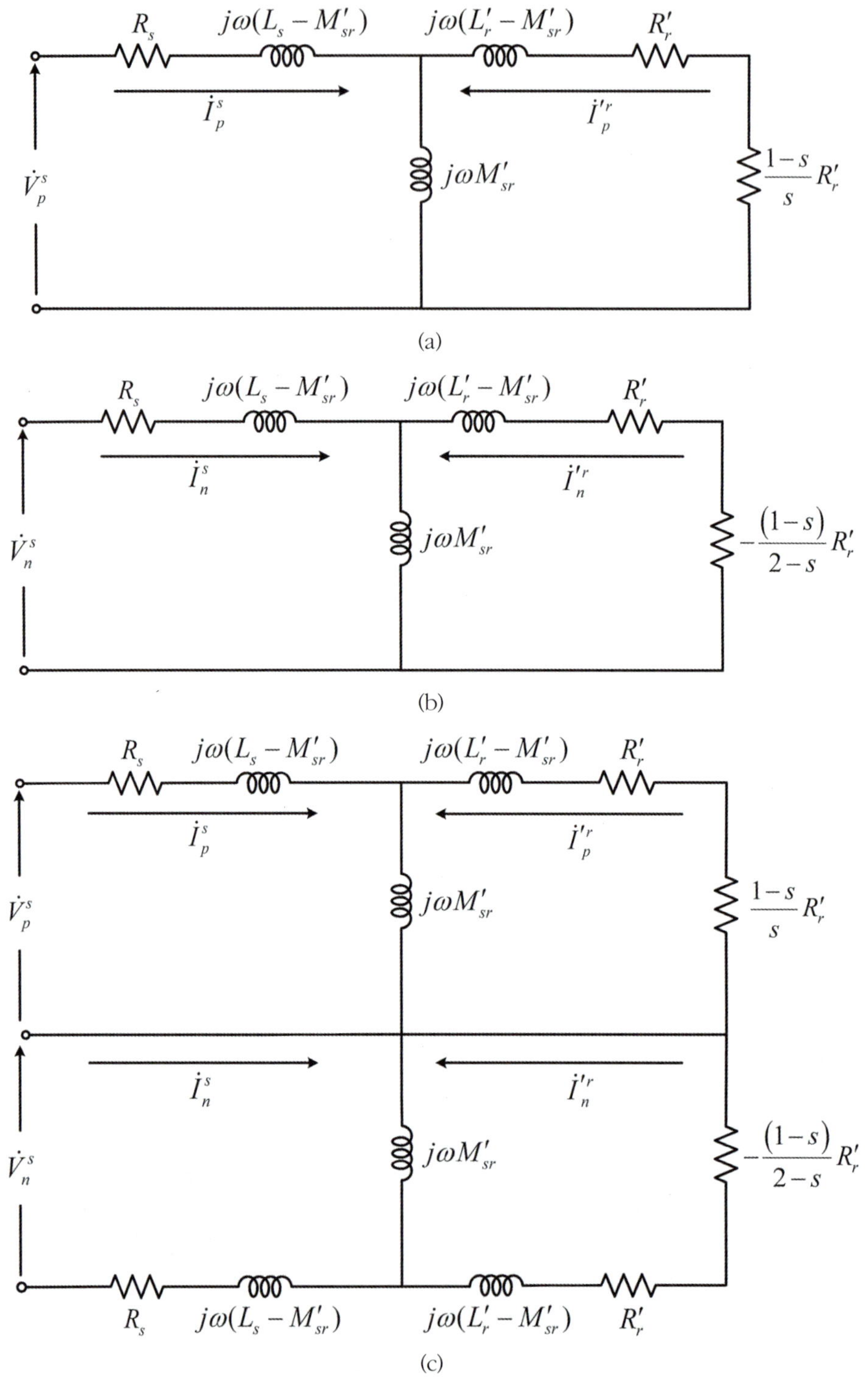

그림 3.30 비대칭 2상 전압 하에서 동작하는 2상 유도전동기 등가회로
(a) 정상분 회로 (b) 역상분 회로 (c) 정상분과 역상분을 함께 그린 회로

로가 된다. 따라서 대칭좌표 내에서는 유도전동기의 특성을 정상분, 역상분으로 분해하여 각각 독립적으로 특성을 파악할 수 있으며 두 성분의 결과를 더하면 2상 유도전동기의 특성을 알 수 있다.

정상분 회로와 역상분 회로에서 나타나는 $(L_s - M'_{sr})$의 의미에 대해 알아보자.

$(L_s - M'_{sr})\dot{I}_p^s$를 다시 쓰면 식 (3.171)과 같다.

$$(L_s - aM_{sr})\dot{I}_p^s = N_s\phi_s - aN_r\phi_{sr} \tag{3.171}$$

여기서 ϕ_s, ϕ_{sr}은 각각 고정자의 자기자속, 고정자와 회전자 사이의 상호자속을 나타낸다. 식 (3.171)을 다시 쓰면 식 (3.172)과 같다.

$$\begin{aligned} N_s\phi_s - aN_r\phi_{sr} &= N_s\phi_{ls} + N_s\phi_{sr} - aN_r\phi_{sr} \\ &= N_s\phi_{ls} = L_{ls}\dot{I}_p^s \end{aligned} \tag{3.172}$$

여기서 ϕ_{ls}, L_{ls}는 각각 고정자의 누설자속, 누설인덕턴스를 나타낸다. 따라서 $(L_s - M'_{sr})$는 고정자의 누설인덕턴스를 나타냄을 알 수 있다. 다음은 $(L'_r - M'_{sr})$의 의미에 대해 알아보자. $(L'_r - M'_{sr})\dot{I'}_p^r$을 다시 쓰면 식 (3.173)과 같다.

$$\begin{aligned} (L'_r - M'_{sr})\dot{I'}_p^r &= a^2L_r\dot{I'}_p^r - aM_{sr}\dot{I'}_p^r \\ &= a^2N_r\phi'_r - aN_s\phi'_{sr} \end{aligned} \tag{3.173}$$

여기서 ϕ'_r, ϕ'_{sr}는 각각 $\dot{I'}_p^r$에 의한 회전자 자속과 회전자와 고정자 사이의 상호자속을 나타낸다. 식 (3.173)을 다시 쓰면 식 (3.174)와 같다.

$$\begin{aligned} a^2N_r\phi'_r - aN_s\phi'_{sr} &= a^2N_r\phi'_{lr} + a^2N_r\phi'_{sr} - aN_s\phi'_{sr} \\ &= a^2N_r\phi'_{lr} = a^2L_{lr}\dot{I'}_p^r = L'_{lr}\dot{I'}_p^r \end{aligned} \tag{3.174}$$

여기서 ϕ'_{lr}, L'_{lr}은 각각 $\dot{I'}_p^r$에 의한 회전자의 누설자속과 누설인덕턴스를 나타낸다. 따라서 $(L'_r - M'_{sr})$는 회전자를 고정자로 환산한 회전자의 누설인덕턴스를 나타냄을 알 수 있다.

3.7.2 단상 유도전동기의 등가회로

dq 변환된 단상 유도전동기의 등가회로는 그림 3.31과 같이 고정자의 한 상이 0인 극단적인 불평형 2상 유도전동기라고 볼 수 있다. 따라서 식 (3.158)에서 단상 유도전동기만의 특수한 조건을 대입하면 단상 유도전동기의 전압방정식을 얻을 수 있다. 단상 유도전동기는 q축 전압과 전류가 0이고 d축 전압과 전류가 입력전압, 전류와 같으므로 식 (3.175)이 성립한다.

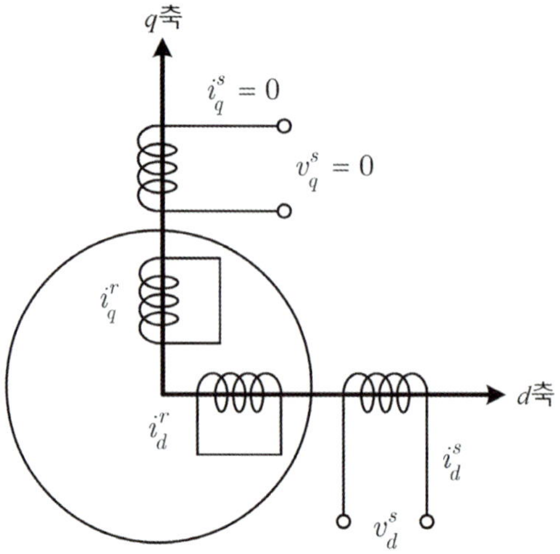

그림 3.31 고정자 한상이 0인 극단적인 불평형 2상 유도전동기

$$\dot{V}_q^s = 0 \ [\mathrm{V}], \quad \dot{I}_q^s = 0 \ [\mathrm{A}], \quad \dot{V}_d^s = \dot{V}_1 \ [\mathrm{V}], \quad \dot{I}_d^s = \dot{I}_1 \ [\mathrm{A}] \tag{3.175}$$

따라서 변환행렬 (3.160)을 이용하여 정상분 전류와 역상분 전류를 구하면 식 (3.176), 식 (3.177)과 같다.

$$\dot{I}_p^s = \frac{1}{\sqrt{2}}(\dot{I}_d^s - j\dot{I}_q^s) = \frac{1}{\sqrt{2}}\dot{I}_d^s = \frac{1}{\sqrt{2}}\dot{I}_1 \ [\mathrm{A}] \tag{3.176}$$

$$\dot{I}_n^s = \frac{1}{\sqrt{2}}(\dot{I}_d^s + j\dot{I}_q^s) = \frac{1}{\sqrt{2}}\dot{I}_d^s = \frac{1}{\sqrt{2}}\dot{I}_1 \ [\mathrm{A}] \tag{3.177}$$

또한 변환행렬 (3.160)을 이용하여 정상분 전압과 역상분 전압을 구하면 식 (3.178), 식 (3.179)와 같다.

$$\dot{V}_p^s = \frac{1}{\sqrt{2}}(\dot{V}_d^s - j\dot{V}_q^s) = \frac{1}{\sqrt{2}}\dot{V}_d^s = \frac{1}{\sqrt{2}}\dot{V}_1 \ [\mathrm{V}] \tag{3.178}$$

$$\dot{V}_n^s = \frac{1}{\sqrt{2}}(\dot{V}_d^s + j\dot{V}_q^s) = \frac{1}{\sqrt{2}}\dot{V}_d^s = \frac{1}{\sqrt{2}}\dot{V}_1 \ [\mathrm{V}] \tag{3.179}$$

식 (3.178), (3.179)에서 알 수 있는 바와 같이 단상 유도전동기에서는 역상분 전압, 전류와 정상분 전압, 전류의 값이 동일하기 때문에 정회전하는 회전자계와 역회전하는 회전자계의 크기는 같고 방향만 반대가 된다.

등가회로를 좀 더 간단히 하기 위해서 정상분 전압과 역상분 전압의 합을 구해보면 식 (3.180)과 같다.

$$\dot{V}_p^s + \dot{V}_n^s = \sqrt{2}\,\dot{V}_d^s = \sqrt{2}\,\dot{V}_1\ [\mathrm{V}] \tag{3.180}$$

따라서 식 (3.176), (3.178), (3.180)을 이용하여 단상 유도전동기의 등가회로를 그리면 그림 3.32와 같이 된다. 그림 3.32의 등가회로의 전압과 전류는 전원전압과 다르므로 전원전압으로 표현하기 위해서 권선비 $a = 1/\sqrt{2}$을 환산 계수로 이용하면 그림 3.33과 같은 등가회로를 얻을 수 있다. 그림 3.33의 등가회로에서 $\dot{E}'^s_p$, $\dot{I}'^r_p$는 정상분 역기전력과 전류를 나타내며, $\dot{E}'^s_n$, $\dot{I}'^r_n$은 역상분 역기전력과 전류를 나타낸다.

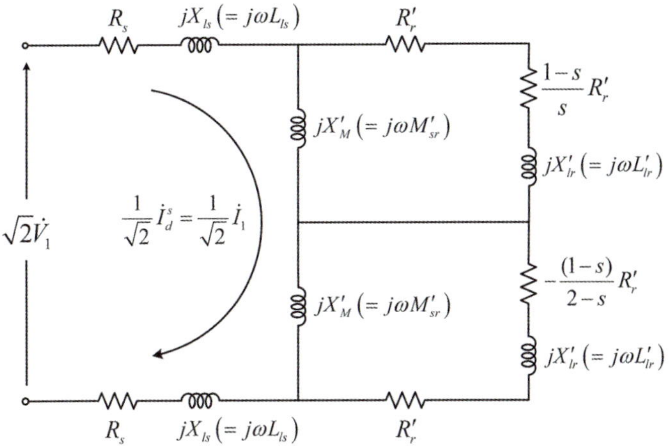

그림 3.32 정상분과 역상분의 관계식을 이용하여 간략화한 등가회로

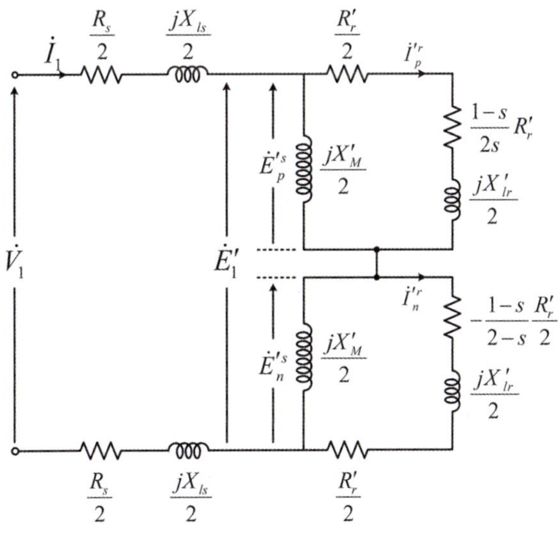

그림 3.33 일반적인 단상 유도전동기의 등가회로

유도전동기의 스칼라제어와 벡터제어의 원리

제 04 장

4.1 개요

벡터제어는 문헌에 따라 여러 가지로 정의되지만 "교류전동기를 직류전동기와 동일하게 제어하는 방법"이 가장 적절한 표현이라고 생각된다. 여기서 키워드 중 벡터제어는 "교류전동기 제어법"이라는 것으로 직류전동기에서는 벡터제어라는 개념과 용어를 사용하지 않는다. 또 하나의 키워드는 "직류전동기와 동일하게 제어"라는 것으로 직류전동기의 속도는 토크에 의해서 제어되고 토크는 전류에 비례하다는 것이다. 실제로 교류전동기의 속도제어는 전류로 제어되지 않으며 주파수와 전류, 전압의 크기를 제어해야 전동기가 제어된다. 벡터제어는 교류전동기에서 발생되는 계자 자속과 전기자 자속의 공간적인 위치와 크기를 제어하여 토크의 크기를 제어한다는 개념도 가지고 있다. 브러시형 직류전동기에서는 계자 자속과 전기자 자속의 공간적인 위치관계가 정류자와 브러시의 위치에 의해 정해지므로 전기적으로 전기자 자속과 계자 자속의 위치를 제어할 수 없으므로 브러시형 직류전동기에서는 벡터제어라는 용어를 사용하지 않는다.

반면 스칼라제어는 교류전동기의 특성인 주파수제어의 개념을 가지고 있다. 교류전동기는 주파수를 제어하면 자속의 크기가 변하게 되므로 주파수와 함께 전압을 제어하는 경우도 있다. 이와 같이 스칼라 제어는 주파수와 전압을 직접 제어하는 방법으로 벡터제어와는 대칭되는 개념으로 사용된다.

최근에 교류전동기에서 벡터제어가 많이 이용되고 있는 것은 벡터제어가 스칼라제어에 비하여 응답성이 빠르고 속도 및 위치오차가 작기 때문이다. 유도전동기의 속도제어에서 스칼라제어와 벡터제어를 비교하면 표 4.1과 같다. 표 4.1에서 알 수 있는 바와 같이 벡터제어는 직류전동기와 동일하게 순시토크를 제어하여 속도를 제어하는 방법이고 스칼라제어는 속도제어를 위해 주파수를 제어하므로 단지 평균토크가 제어되는 방법이다. 벡터제어에서는 속도오차를 줄이기 위해 계자 자속과 전기자 자속의 벡터를 제어하여 토크를 제어하기 때문에 직류전동기의 속도제어와 마찬가지로 토크가 직접 제어대상이 되지만 스칼라제어에서는 속도의 오차를 줄이기 위해서 단지 주파수와 전압의 크기를 제어하기 때문에 평균토크만을 제어할 수 있다.

벡터제어에서는 계자 자속과 전기자 자속의 벡터를 순시적으로 제어하기 위해서 각 자속의 순시위치를 알아야 한다. 또한 계자 자속과 전기자 자속을 분리하여 두 자속을 독립적으로 제어하기 위해 3장에서 설명한 dq변환을 이용한다. dq변환에 의해 3상 좌표계가 아닌 dq라고 하는 가상의 좌표계에서 제어하면 계자 자속과 전기자 자속을 독립적으로 제어할 수 있으므로 스칼라제어에서는 어려운 최대토크제어가 가능하다.

표 4.1 벡터제어와 스칼라제어의 비교

	벡터제어(순시토크제어)	스칼라제어(평균토크제어)
대표적 방법	전압, 전류의 크기와 위상 (벡터) 제어	V/f 일정제어
센서	속도센서 또는 위치센서 필요	위치센서 불필요
변환	dq변환	-
제어대상	토크가 제어대상 (직류전동기와 동일)	속도가 제어대상
제어방법	최대토크제어 (예: 부하각=90°)	평균토크만 제어 (부하각은 변함)

4.2 유도전동기의 스칼라 제어

4.2.1 개루프 스칼라제어

유도전동기에서 다상 유도전동기의 고전적인 속도제어법으로 저항제어, 전압제어, 주파수제어, V/f 일정제어가 있다. 이러한 제어법은 자속의 위상을 제어하지 못하고 단지 제어변수(전압, 주파수 등)의 크기만을 제어하므로 스칼라제어라고 한다. 스칼라제어법 중에서 V/f 일정제어는 기준속도보다 낮은 속도로 제어하기 위해 사용되는 방법이다. V/f 일정제어는 속도제어범위가 넓고 효율이 좋기 때문에 스칼라제어법 중에서 가장 광범위하게 이용되고 있다.

3상 유도전동기의 간이등가회로에서 토크식은 식 (4.1)로 정의되었다.

$$T = \frac{P_2}{\omega_s} = \frac{P}{2\omega} m_1 V_1^2 \frac{r'_2/s}{(r_1 + \frac{r'_2}{s})^2 + (x_1 + x'_2)^2} \quad [\mathrm{N \cdot m}] \tag{4.1}$$

여기서 P_2는 유도전동기의 기계적 출력을 나타낸다. 또한 ω_s는 기계적 동기속도로 전기적 동기속도 ω와 극수 P는 식 (4.2)의 관계가 성립한다. 또한 2차측 저항과 2차측 리액턴스로 환산한 r_2', x_2'는 식 (4.3)의 관계가 성립한다.

$$\omega = \frac{P}{2}\omega_s \tag{4.2}$$

$$r_2' = \frac{N_s}{N_r} r_2 \, , \; x_2' = \frac{N_s}{N_r} x_2 \tag{4.3}$$

여기서 N_s ,N_r 은 각각 권선계수를 고려한 고정자의 유효 권선수와 회전자의 유효 권선수를 나타내고 $N_s/N_r \gg 1$ 이 된다.

식 (4.3)에서 저슬립($s \ll 1$)에서는 $r_2' \gg r_1$, $x_2' \gg x_1$ 이므로 1차측 권선저항과 1차측 누설리액턴스를 무시하면 식 (4.4)와 같은 간략한 토크식을 얻을 수 있다.

$$T = \frac{P}{2} m_1 \left(\frac{V_1}{\omega} \right)^2 \frac{s\omega r'_2}{(r'_2)^2 + (sx'_2)^2} \quad [\text{N} \cdot \text{m}] \tag{4.4}$$

운전영역에서는 슬립이 작으므로 2차측의 슬립각주파수 $s\omega$ 역시 작은 값이 된다.

따라서 $r'_2 \gg sx'_2 (= s\omega L_{2l})$의 조건이 성립하므로 저슬립영역에서 토크는 식 (4.5)와 같이 슬립주파수 $s\omega$에 비례한다.

$$T \approx \frac{P}{2} m_1 \left(\frac{V_1}{\omega} \right)^2 \frac{s\omega}{r'_2} \tag{4.5}$$

식 (4.5)에서 V/f가 일정하면 저슬립에서 토크는 $s\omega$에 비례하므로 그림 4.1의 속도-토크특성을 갖는다. 따라서 V/f 일정제어에서 부하토크가 일정하다고 가정하면 그림 4.1과 같이 전원주파수를 f, $\frac{1}{2}f$, $\frac{1}{3}f$로 할 때 구동속도는 ω_{m1}, $\frac{1}{2}\omega_{m1}$, $\frac{1}{3}\omega_m$으로 변한다.

V/f 제어를 개루프 제어에 이용할 경우 그림 4.1과 같이 일정 부하토크에 대하여 유도전동기가 낮은 슬립에서 운전을 하고 있을 때 주파수를 낮추면 회전자 속도는 주파수에 거의 비례하여 느려진다는 점을 이용한다. 유도기에서 공극 자속은 전압에 비례하고

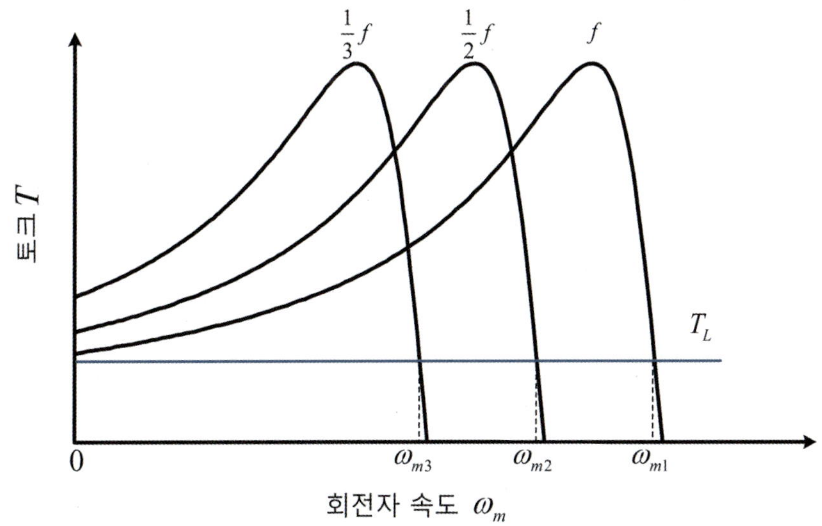

그림 4.1 일정 부하토크에 대한 개루프 V/f일정제어 시 유도전동기 속도-토크 특성

주파수에 반비례하므로 V/f 제어는 일정자속제어가 된다. 전압은 정격전압 이상 인가할 수 없으므로 V/f 제어는 정격전압까지만 가능한 제어법이다. 반면 정격속도 이상에서 전압을 정격전압으로 인가하고 주파수만 크게 하면 자속이 작아지므로 약계자제어법으로는 사용 가능하다.

이러한 개루프 V/f 일정제어의 블록선도를 그림 4.2에 나타내었다. 그림 4.2에서와 같이 속도지령 ω_s^*가 주어지면 ω_s^*에 비례하여 전압지령 V_s^*가 생성된다. 전압지령 테이블에서 V_0는 전동기의 권선저항과 누설리액턴스를 고려한 일종의 Boost 전압이다. 주파수지령과 전압지령에 의해 v_a^*, v_b^*, v_c^*가 인버터의 전압지령으로 입력되어 유도전동기를 제어한다.

개루프 V/f 일정제어는 부하변동이나 전압변동에 따라 속도의 변동이 발생한다. 예를 들면 그림 4.3에서와 같이 외란 등의 요인으로 부하토크가 T_{L1}에서 T_{L2}로 변동되었을 때 개루프 제어에서는 속도의 변동을 검출할 수 없으므로 속도지령과 실제속도의 차를

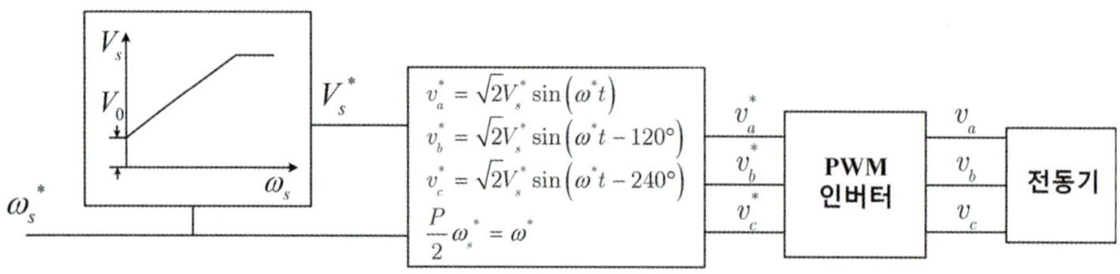

그림 4.2 개루프 V/f 일정제어의 블록선도

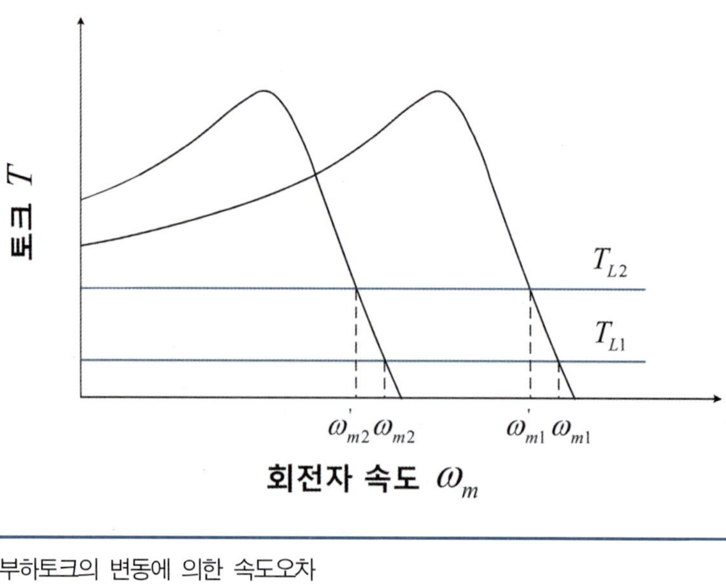

그림 4.3 부하토크의 변동에 의한 속도오차

보정할 수 없다. 따라서 그림 4.3에서와 같은 속도지령이 ω_{m1} 또는 ω_{m2}일 때 부하가 T_{L1}에서 T_{L2}로 바뀌면 실제속도는 ω'_{m1} 또는 ω'_{m2}가 되어 속도오차가 발생한다.

4.2.2 폐루프 스칼라제어

개루프 V/f 일정제어에서는 속도오차가 발생되어도 보정할 수 없기 때문에 정밀한 속도제어가 불가능하다. 따라서 속도오차를 보정하기 위해서 속도 궤환을 이용한 폐루프 속도제어가 필요하다.

식 (4.5)에서 V/f를 일정하게 하면 저슬립영역에서 토크는 슬립각주파수 $s\omega$에 비례함을 알 수 있다. 유도전동기는 저슬립영역에서 운전되므로 슬립각주파수 $s\omega$를 제어하면 토크제어가 가능하므로 슬립각주파수 제어를 속도제어에 이용할 수 있다. 또한 유도전동기의 2차측 전류를 2차측 유도기전력을 이용하여 나타내면 식 (4.6)과 같이 된다.

$$I_2 = \frac{E_2}{\sqrt{\left(\frac{r_2}{s}\right)^2 + x_2^2}} = \frac{sE_2}{\sqrt{r_2^2 + (sx_2)^2}} = \frac{E_2}{\omega}\frac{s\omega}{\sqrt{r_2^2 + (sx_2)^2}} \tag{4.6}$$

식 (4.6)에서 E_2는 기동 시 2차측 전압이고 ω는 동기속도이므로 E_2/ω는 일정하다. 따라서 저슬립영역에서 $r_2 \gg sx_2$인 조건을 고려하면 2차측 전류 I_2도 토크와 마찬가지로 $s\omega$에 비례한다. 또한 V/f를 일정하게 제어하면 공극 자속이 일정하기 때문에 여자전류 역시 일정하게 되어 1차측 전류도 일정해진다. 따라서 토크와 전류의 크기가 슬립각주파수 $s\omega$에 비례하여 변하는 선형적 특징을 가지고 있으므로 슬립각주파수 제어에 의해 토크제어가 가능하므로 속도제어에 슬립각주파수 제어를 사용할 수 있음을 알 수 있다. 즉, 슬립각주파수 제어는 토크와 전류를 제어할 수 있고 저항제어와 같이 슬립각주파수가 변하지 않으므로 효율 좋은 속도제어가 가능하다.

그림 4.4와 같이 전동기의 전기적 속도 $\omega_e(=(1-s)\omega)$를 검출하여 폐루프를 구성하면 속도제어기에서는 속도오차를 0으로 하기 위한 토크지령이 생성된다. 식 (4.5)와 같이 토크는 슬립각주파수 $s\omega(=2\pi f_2)$에 비례하므로 속도제어기의 토크지령으로부터 슬립각주파수 지령$(s\omega)^*$를 구할 수 있다. 실제속도가 속도지령보다 느리면 큰 슬립각주파수를 지령으로 출력한다. 반대로 실제속도가 속도지령보다 빠르면 작은 슬립각주파수를 지령으로 출력한다. 이때 슬립각주파수의 변동범위는 안정운전을 위해 최대토크를 발생시키는 슬립각주파수 이하로 제한한다. 따라서 각주파수 지령 ω^*는 슬립각주파수 지령 $(s\omega)^*$와 회전자의 각속도 $(1-s)\omega$에 의해 식 (4.7)과 같이 정의된다.

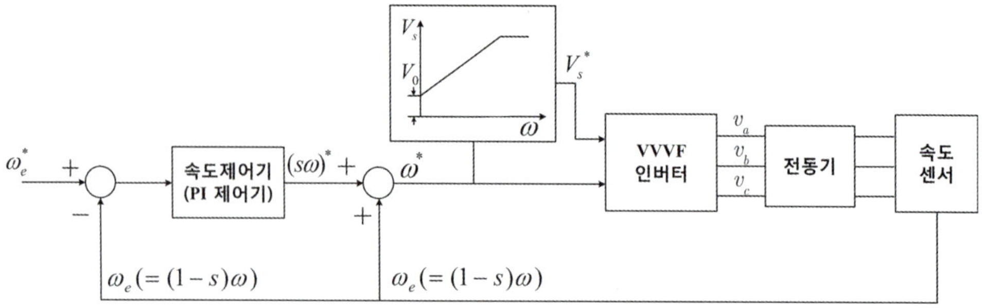

그림 4.4 폐루프 V/f일정제어의 블록선도

$$\omega^* = (1-s)\omega + (s\omega)^* \ \ [\mathrm{rad/s}] \tag{4.7}$$

또한 그림 4.4와 같이 V/f일정제어에 의해서 주파수에 비례한 전압지령 V_s^*가 생성된다. 생성된 각주파수지령 ω^*와 전압지령 V_s^*를 추종하는 전압은 PWM 인버터를 이용하여 발생시킨다. 이러한 용도로 사용되는 PWM 인버터를 VVVF(Variable Voltage Variable Frequency) 인버터라고 한다. VVVF 인버터에 의해 발생된 abc상 전압이 인가되어 유도전동기를 구동시킨다.

유도전동기의 폐루프 스칼라제어(슬립각주파수 조절에 의한 속도제어방법)는 속도의 정밀도는 낮으나 제어기의 가격이 싸고 제어가 간단하여 강인하다는 장점이 있다. 따라서 빠른 응답이 요구되지 않고 속도정밀도가 높지 않은 응용분야에서 유도전동기의 범용적인 구동을 위해 사용된다.

4.3 유도전동기의 벡터제어

4.3.1 벡터제어를 위한 좌표변환

벡터제어는 교류전동기를 타여자 직류전동기와 동일한 방법으로 제어하는 제어법이다. 따라서 교류전동기가 타여자 직류전동기와 같은 특성을 갖는 좌표계로 변환하여 그 좌표계에서 제어를 하여야 한다. 타여자 직류전동기의 특성은 계자 권선과 전기자 권선에 흐르는 전류가 직류이고 두 권선은 독립된 전원으로부터 전류가 공급된다.

따라서 유도전동기를 타여자 직류전동기와 같은 방법으로 제어하기 위한 좌표변환은 다음의 성질을 만족하는 좌표계로 변환되어야 한다.

① 계자 전류와 전기자 전류의 성분이 직류여야 한다.

② 마그네틱 토크는 식 (4.8)과 같이 계자 자속과 전류의 곱으로 되어야 한다.

$$T = K\,\lambda_f(i_f)\,i_a \tag{4.8}$$

③ 계자 자속성분과 전기자 전류성분이 서로 간섭이 없도록 분리되어야 한다.

유도전동기에서 입력은 교류이고 고정자에서 계자 자속과 전기자 자속을 모두 발생시키므로 abc좌표 상에서는 ①, ②의 조건을 만족시킬 수 없다. 또한 계자 자속성분과 전기자 전류성분의 간섭이 없도록 분리하는 것은 3상 좌표계에서는 불가능하다. 따라서 좌표변환을 이용하여 위 3개의 조건을 모두 만족시키는 dq좌표로 변환하고 dq좌표상에서 제어를 하여 실제 입력은 역변환에 의해 교류를 입력해야 한다.

[1] 동기회전좌표계를 이용한 좌표변환

우선 3.2.4절에서 알아본 바와 같이 동기회전좌표계로 dq좌표변환을 하면 고정자와 회전자의 전류가 직류가 되므로 ①번의 조건을 만족하고 일반적인 토크식은 식 (4.9)와 같이 된다.

$$T_o = \frac{1}{2}\left[i_{dq}^e\right]^T\left[G_{dq}^e\right]\left[i_{dq}^e\right] \times P = \frac{3}{2}\frac{P}{2}M'_{sr}\left[i_{dr}^e i_{qs}^e - i_{qr}^e i_{ds}^e\right] \tag{4.9}$$

여기서 P는 극수를 나타낸다.

여기서 $\left[i_{dq}^e\right]$, $\left[G_{dq}^e\right]$는 각각 식 (4.10), (4.11)을 나타낸다.

$$\left[i_{dq}^e\right]^T = \left[i_{ds}^e\ i_{qs}^e\ i_{dr}^e\ i_{qr}^e\right] \tag{4.10}$$

$$\left[G_{dq}^e\right] = \begin{bmatrix} 0 & 0 & 0 & -M'_{sr} \\ 0 & 0 & M'_{sr} & 0 \\ 0 & M'_{sr} & 0 & 0 \\ -M'_{sr} & 0 & 0 & 0 \end{bmatrix} \tag{4.11}$$

식 (4.9)에서 전류성분 $\left[i_{dq}^e\right]$는 3.2.4절의 식 (3.47)과 같이 직류가 되어 벡터제어의 조건 ①을 만족한다.

[2] 자속기준 좌표를 이용한 토크식이 ②번 조건의 만족

식 (4.9)는 토크식이 전류의 곱으로 표현되어 있으므로 전류와 자속의 관계식을 이용하여 전류와 자속의 곱으로 표현하여야 한다. 이때 기준이 되는 자속성분은 회전자 자속, 고정자 자속, 공극 자속 모두 기준자속으로 선정할 수 있다. 전기기기에서 발생하는 마그네틱 토크는 자속과 자속사이의 자기배열토크로 설명할 수 있으며 이때 기준이 되는 자속은 그림 4.5에서와 같이 고정자(전기자)자속(ϕ_a), 회전자(계자)자속(ϕ_f), 공극(합성)자속(ϕ_{total})이 있다. 자기배열토크는 각 자속이 상대자속에 배열하려고 하는 토크이므로 다음 세 가지의 토크로 설명할 수 있다.

- 전기자 자속과 계자 자속 사이의 자기배열 토크
- 전기자 자속과 공극 자속 사이의 자기배열 토크
- 계자 자속과 공극 자속 사이의 자기배열 토크

이 세 가지 토크는 전기기기에서 발생하는 토크를 나타낸 것으로 모두 마그네틱 토크와 동일하다. 전기자 자속과 계자 자속 사이에서 발생하는 힘은 식 (4.12)와 같이 나타낼 수 있다.

$$T = K\phi_a\phi_f \sin\delta_s \ \ [\mathrm{N \cdot m}] \tag{4.12}$$

식 (4.12)에서 δ_s는 그림 4.5에서 계자 자속과 전기자 자속 사이의 각을 나타낸다. 그림 4.5에서 각 자속의 크기와 사이각 사이에는 식 (4.13)과 식 (4.14)가 성립한다.

$$\phi_a \sin\delta_s = \phi_{total} \sin\delta \tag{4.13}$$

$$\phi_f \sin\delta_s = \phi_{total} \sin\delta_r \tag{4.14}$$

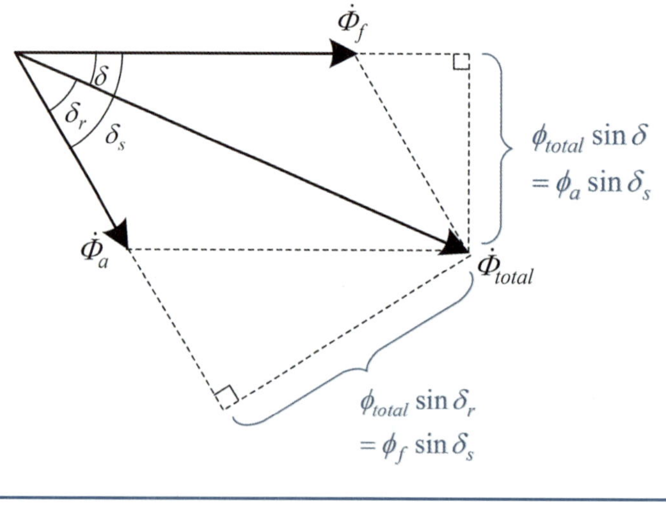

그림 4.5 자기배열토크 벡터도

따라서 식 (4.13), (4.14)를 식 (4.12)에 대입하면 식 (4.15)을 얻을 수 있다.

$$T = K\phi_f \phi_{total} \sin\delta, \quad T = K\phi_a \phi_{total} \sin\delta_r \tag{4.15}$$

식 (4.15)의 토크는 식 (4.12)와 동일하므로 전기기기에 작용하는 자기배열 토크는 계자 자속과 전기자 자속, 전기자 자속과 공극 자속, 계자 자속과 공극 자속 중 하나로 표현할 수 있다. 이때 기준자속사이의 각도 δ, δ_s, δ_r를 부하각 또는 토크각이라고 한다.

따라서 기준자속의 선정에 의해 벡터제어는 다음의 3가지로 나눌 수 있다.

- 고정자 자속기준 벡터제어 (SFO : Stator Flux Oriented Control)
- 공극 자속기준 벡터제어 (AFO : Airgap Flux Oriented Control)
- 회전자 자속기준 벡터제어 (RFO : Rotor Flux Oriented Control)

이러한 3가지 제어법에서 고정자 자속기준 벡터제어는 토크성분 전류와 고정자 쇄교자속 간에 간섭이 발생하여 제어가 복잡하고, 공극 자속기준 벡터제어도 슬립식과 자속식 간에 간섭이 발생하여 제어가 복잡하다. 반면 회전자 자속을 기준으로 하면 수식전개가 간단하고 자속성분과 토크성분이 90°로 제어될 수 있다. 또한 서로 간섭이 일어나지 않으므로 각 성분을 독립적으로 제어 할 수 있어 ②, ③의 조건을 만족하고 일반적으로 가장 많이 사용되는 방법이다.

[3] 회전자 자속기준 동기회전좌표계에서의 토크식

회전자 자속 기준 벡터제어를 하기 위해서는 식 (4.9)의 토크식으로부터 회전자 자속과 전류의 곱인 식 (4.8)의 형식으로 토크식이 표현되어야 한다. 식 (4.9)를 고쳐쓰면 식 (4.16)과 같이 된다.

$$\begin{aligned} T &= \frac{3}{2}\frac{P}{2}M'_{sr}\left[i^e_{dr}i^e_{qs} - i^e_{qr}i^e_{ds}\right] \\ &= \frac{3}{2}\frac{P}{2}\frac{M'_{sr}}{L'_r}\left[L'_r i^e_{dr}i^e_{qs} - L'_r i^e_{qr}i^e_{ds}\right] \end{aligned} \tag{4.16}$$

회전자, 고정자의 dq축 자속을 전류성분으로 나타내면 식 (4.17)과 같이 된다.

$$\begin{aligned} \lambda^e_{ds} &= L'_s i^e_{ds} + M'_{sr} i^e_{dr} \\ \lambda^e_{qs} &= L'_s i^e_{qs} + M'_{sr} i^e_{qr} \\ \lambda^e_{dr} &= L'_r i^e_{dr} + M'_{sr} i^e_{ds} \\ \lambda^e_{qr} &= L'_r i^e_{qr} + M'_{sr} i^e_{qs} \end{aligned} \tag{4.17}$$

식 (4.17)에서 상호인덕턴스와 회전자 전류의 관계식은 식 (4.18)과 같이 된다.

$$L'_r i^e_{dr} = \lambda^e_{dr} - M'_{sr} i^e_{ds}$$
$$L'_r i^e_{qr} = \lambda^e_{qr} - M'_{sr} i^e_{qs} \tag{4.18}$$

회전자 자속기준 동기좌표계에서 그림 4.6(a)와 같이 회전자 자속축과 고정자의 d^e축이 일치하지 않을 때 발생되는 P극기의 토크는 식 (4.16)에 식 (4.18)을 대입하면 식 (4.19)를 얻을 수 있다.

$$\begin{aligned} T &= \frac{3}{2}\frac{P}{2}M'_{sr}\left[i^e_{dr}i^e_{qs} - i^e_{qr}i^e_{ds}\right] \\ &= \frac{3}{2}\frac{P}{2}\frac{M'_{sr}}{L'_r}\left[\left(\lambda^e_{dr} - M'_{sr}i^e_{ds}\right)i^e_{qs} - \left(\lambda^e_{qr} - M'_{sr}i^e_{qs}\right)i^e_{ds}\right] \\ &= \frac{3}{2}\frac{P}{2}\frac{M'_{sr}}{L'_r}\left[\lambda^e_{dr}i^e_{qs} - \lambda^e_{qr}i^e_{ds}\right] \end{aligned} \tag{4.19}$$

여기서 λ^e_{dr}, λ^e_{qr}는 각각 동기좌표계에서 회전자 쇄교자속의 d^e축과 q^e축 쇄교성분을 나타낸다. 식 (4.19)에서 알 수 있는 바와 같이 자속성분과 전류성분이 분리되지 않으므로 벡터제어를 적용할 수 없다. 그러나 그림 4.6(b)와 같이 d^e축을 회전자 자속축에 일치시키면 $\lambda^e_{qr} = 0$이기 때문에 토크식은 다음 식 (4.20)과 같이 되어 식 (4.8)의 형식이 된다.

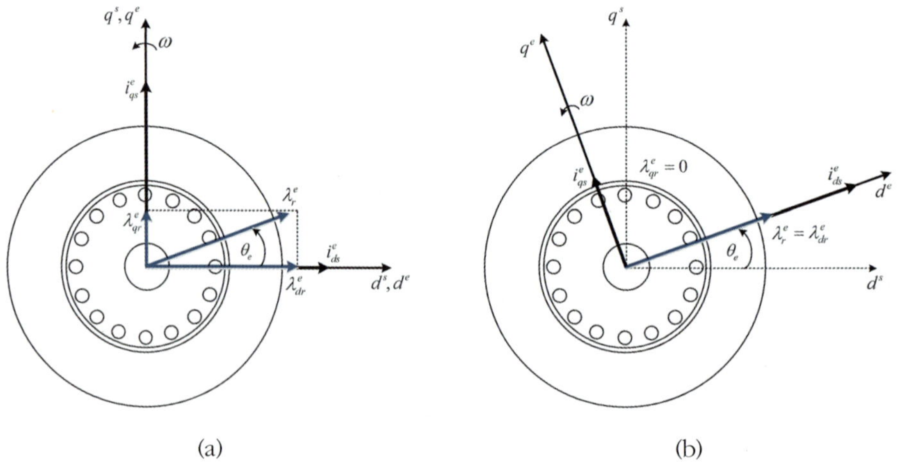

그림 4.6 유도전동기에서의 회전자 자속과 고정자 d^e축의 관계
(a) 회전자 자속축과 고정자 d^e축이 일치하지 않을 때
(b) 회전자 자속축과 고정자 d^e축이 일치할 때

$$T = \frac{3}{2}\frac{P}{2}\frac{M'_{sr}}{L'_r}\left(\lambda_{dr}^e i_{qs}^e\right) = K_T i_{qs}^e \quad [\mathrm{N \cdot m}] \tag{4.20}$$

이와 같이 유도전동기를 벡터제어 하기 위한 좌표변환계는 “동기회전좌표계”를 사용하고 “d축을 자속방향에 일치”시켜야 한다.

[4] 회전자 자속의 전류성분

다음은 ③ 계자자속 성분과 전기자 전류성분이 서로 간섭이 없도록 분리되어야 한다는 조건에 대해서 알아보자. 식 (4.20)에서 토크는 자속과 전류의 곱으로 되어 있다. dq 좌표에서는 d축 권선의 전류와 q축 권선의 전류가 있고, 토크가 q축 전류에 비례하므로 2개가 독립적으로 되는 ③번의 조건을 만족시키기 위해서는 회전자의 자속 λ_{dr}^e 이 d축 권선의 전류 i_{ds}^e 에 의해서만 생성되어야 한다.

식 (3.45)의 동기회전 좌표계에서의 전압방정식에서 회전자의 전압이 0인 것을 고려하면 회전자 d축의 전압방정식은 식 (4.21)과 같이 된다.

$$v_{dr}^e = R_r i_{dr}^e + \frac{d\lambda_{dr}^e}{dt} - \left(\omega - \omega_e\right)\lambda_{qr}^e = 0 \tag{4.21}$$

식 (4.21)에서 d축과 자속축을 일치시키면 $\lambda_{qr}^e = 0$ 이 되므로 회전자의 d축 전류 (i_{dr}^e)은 식 (4.22)와 같이 된다.

$$i_{dr}^e = -\frac{p\lambda_{dr}^e}{R_r} \quad \left(\because\ v_{qr}^e = 0\right) \tag{4.22}$$

여기서 p는 $\dfrac{d}{dt}$를 나타내는 미분 연산자이다.

식 (4.22)를 식 (4.17)의 회전자의 자속 λ_{dr}^e 식에 대입하여 정리하면 식 (4.23)이 얻어진다.

$$\lambda_{dr}^e = \frac{R_r M'_{sr}}{R_r + L'_r p} i_{ds}^e = \frac{M'_{sr}}{1 + \dfrac{L'_r}{R_r}p} i_{ds}^e \tag{4.23}$$

식 (4.23)에서 i_{ds}^e 가 일정한 정상상태를 고려하면 $\lambda_{dr}^e = M'_{sr} i_{ds}^e$ 가 된다. 식 (4.23)에서 알 수 있는 바와 같이 회전자의 자속 λ_{dr}^e 은 오직 고정자의 d축 권선의 전류 i_{ds}^e 에 의해서만 생성되어 자속성분과 토크성분이 완전히 독립적으로 됨을 알 수 있다. 따라서 동기회전좌표를 사용하고 자속 축을 d축에 일치시키면 직류전동기와 동일한 특성을 갖는 좌표가 되어 벡터제어가 가능함을 알 수 있다.

4.3.2 벡터제어의 특성

식 (4.23)과 같이 i_{ds}^e를 제어하면 λ_{dr}^e을 제어할 수 있으므로 i_{ds}^e를 자속분 전류라고 한다. 자속분 전류 i_{ds}^e와 토크분 전류 i_{qs}^e는 서로 직교하므로 간섭이 없다. 따라서 자속분 전류 i_{ds}^e를 일정하게 유지하고 토크분 전류 i_{qs}^e를 제어하면 식 (4.20)에서와 같이 토크는 i_{qs}^e에 의해서만 변하므로 순시적인 토크제어가 가능해진다. 따라서 회전자 자속 기준 동기회전 좌표계 dq변환을 이용해 고정자 전류를 자속분 전류 i_{ds}^e와 토크분 전류 i_{qs}^e로 분해하면 타여자 직류전동기와 동일한 제어를 할 수 있다.

그림 4.7과 같이 자속분 전류 i_{ds}^e와 토크분 전류 i_{qs}^e를 제어하면 고정자에 흐르는 전류 i_s^e는 크기와 위상이 변하게 된다. 이러한 의미에서 벡터제어라는 용어가 일반적으로 사용된다. 반면 자속을 기준으로 한 좌표계를 사용하였다는 의미에서는 자속기준 제어(Field Oriented Control)이라는 용어를 사용하는데 그 의미는 벡터제어와 동일한 의미를 갖는다.

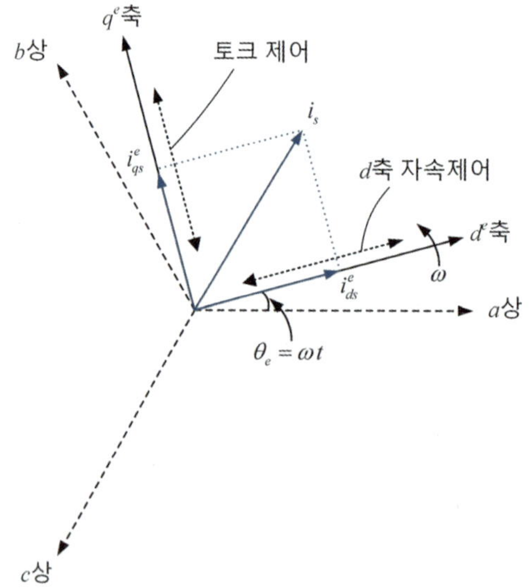

그림 4.7 벡터제어의 자속분 전류와 토크분 전류의 벡터도

4.3.3 벡터제어의 원리 요약과 제어블록도

벡터제어 기법을 도식적으로 나타내면 그림 4.8과 같다. 그림 4.8에서와 같이 유도전동기를 좌표변환하여 가상좌표계인 회전자 자속기준 동기좌표계 상으로 변환하면 유도전동기의 특성이 타여자 직류전동기와 동일하게 되어 속도제어기와 전류제어기에 의해 가상의 직류전압지령 v_{ds}^{e*}, v_{qs}^{e*}를 생성된다. 그러나 실제 전동기는 유도전동기이기 때문에 직류전압지령 v_{ds}^{e*}, v_{qs}^{e*}를 역변환하여 인버터 지령전압 v_{as}^{*}, v_{bs}^{*}, v_{cs}^{*}로 바꿔준다.

따라서 벡터제어란 벡터제어의 조건 ①, ②, ③을 만족할 수 있는 가상의 dq좌표계로 변환하여 유도전동기를 타여자 직류전동기라고 생각하고 제어하는 방법으로 직류의 전압지령을 생성하고 역변환함으로써 실제의 인가 가능한 3상 교류전압지령를 얻어내는 방법이라고 할 수 있다.

그림 4.9는 유도전동기의 벡터제어 블록선도를 나타내고 있다. 그림 4.9에서 자속제어기는 자속을 제어 하는 부분으로 앞에서 언급한 바와 같이 회전자의 쇄교자속 축을 d축으로 하면 d축의 전류에 의해 자속이 제어된다. 이때 약계자 제어를 하지 않으면 정격자속이 자속 지령이 된다. 정격의 자속은 정격전압을 가했을 때 자속을 나타낸다. 이때 여자전류의 크기는 이상적으로 유도전동기를 무부하 상태(부하전류=0)로 회전시켰을 때의

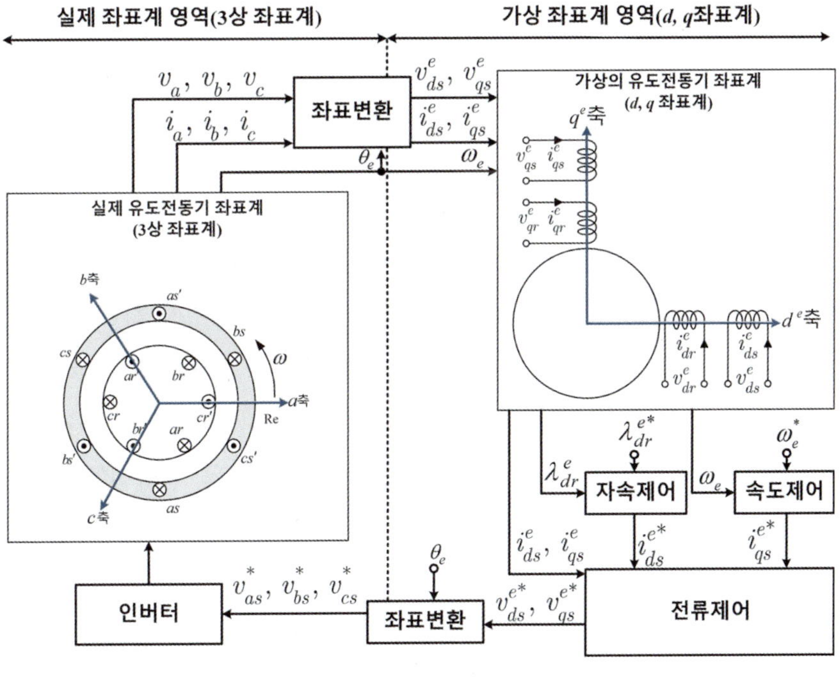

그림 4.8 유도전동기의 회전자 자속기준 벡터제어 기법

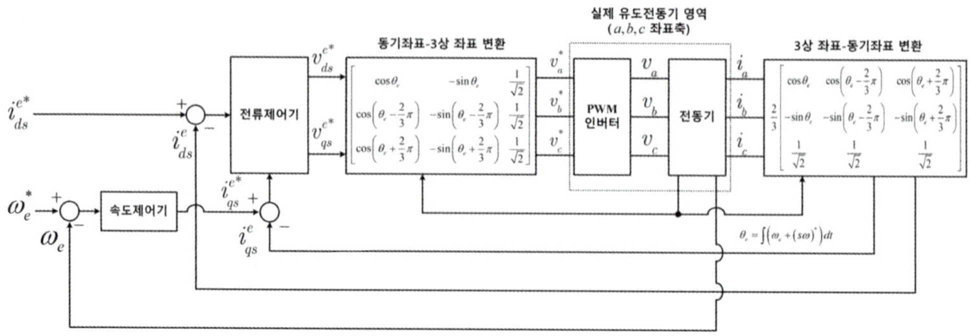

그림 4.9 유도전동기의 벡터제어 블록선도

전류가 된다. 정격 전압을 걸었을 때 철손을 무시하고 마찰토크가 없는 이상적인 경우 유도전동기의 등가회로는 그림 4.10과 같다. 그림 4.10에서 1차측에 흐르는 전류는 여자 전류로써 식 (4.24)와 같이 된다.

$$I_{ds\_r} = \frac{V_{m\_r}}{\sqrt{r_1^2 + x_s^2}} \tag{4.24}$$

여기서 $x_s = (x_l + x_m)$은 고정자의 자기리액턴스이다.

d축 전류의 제어는 시정수의 수배 정도에서 정상적인 전류에 도달하므로 빠르게 자속이 확립된다. 자속이 확립된 후에는 자속이 일정하므로 토크분 전류 i_{qs}^e를 제어하여 속도 제어를 한다.

속도제어기는 속도지령 ω_e^*를 입력으로 받아 토크분 전류지령 i_{qs}^{e*}를 출력하고 자속분 전류지령 i_{ds}^{e*}와 토크분 전류지령 i_{qs}^{e*}는 전류제어기를 통해서 직류전압지령 v_{ds}^{e*}, v_{qs}^{e*}를 발생시킨다. d^e축 전압지령 v_{ds}^{e*}은 원하는 자속 λ_{dr}^{e*}을 발생시키기 위한 전압이며, q^e축 전압지령 v_{qs}^{e*}은 원하는 속도 ω_e^*에 도달하기 위해 필요한 토크를 발생시키기 위한 전압이 된다. 이러한 전압지령에 대해서 등가인 3상 교류전압지령 v_a^*, v_b^*, v_c^*을 그림 4.9에서와 같이 동기좌표계-3상 좌표계 변환을 통해 구한다. 변환된 3상 교류전압지령 v_a^*, v_b^*, v_c^*은 PWM 인버터를 통해 3상 전압 v_a, v_b, v_c로 유도전동기에 인가된다.

전류제어기의 경우, 궤환값으로 동기회전좌표계의 d^e축 전류 i_{ds}^e와 q^e축 전류 i_{qs}^e를 이용하므로 3상 교류전류 i_a, i_b, i_c로부터 동기회전좌표계로 변환하는 변환기를 사용하여 구해낸다. 동기좌표계-3상 좌표계 변환과 마찬가지로 3상 좌표계-동기좌표계 변환 역시 회전자 자속의 위치정보 θ_e가 필요하다.

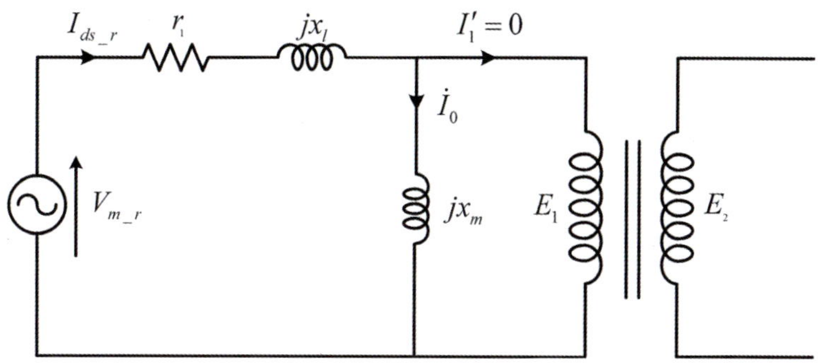

그림 4.10 철손을 고려하지 않은 유도전동기의 등가회로

4.4 직접벡터제어와 간접벡터제어

4.4.1 회전자 쇄교자속 (λ_{dr}^{e})의 위상각 (θ_e)

그림 4.9의 벡터제어 블록선도에서 알아본 바와 같이 회전자 자속기준 동기좌표변환에 의해 변환된 동기회전좌표계에서는 유도전동기를 타여자 직류전동기와 같은 방법으로 제어 할 수 있다. 그러나 제어대상은 교류전동기인 유도전동기이므로 전압지령 v_{ds}^{e*}, v_{qs}^{e*}에 대해서 등가인 3상 교류전압지령 v_a^*, v_b^*, v_c^*를 가해야 한다. 따라서 전압지령 v_{ds}^{e*}, v_{qs}^{e*}로부터 3상 교류전압지령 v_a^*, v_b^*, v_c^*를 구하기 위한 그림 4.9의 좌표변환기가 필요하다.

v_{ds}^{e*}, v_{qs}^{e*} 로부터 v_a^*, v_b^*, v_c^*를 얻기 위한 좌표 변환기는 정지좌표계의 d^s, q^s축과 동기회전좌표계의 d^e, q^e축 사이의 각도 θ_e를 알 수 있다면 정지좌표계와 동기회전좌표계 간의 관계식인 식 (4.25)로부터 정지좌표계의 값을 구할 수 있다.

$$\begin{bmatrix} v_{ds}^{e*} \\ v_{qs}^{e*} \\ v_0^* \end{bmatrix} = \frac{2}{3}\begin{bmatrix} \cos\theta_e & \cos(\theta_e - \frac{2}{3}\pi) & \cos(\theta_e + \frac{2}{3}\pi) \\ -\sin\theta_e & -\sin(\theta_e - \frac{2}{3}\pi) & -\sin(\theta_e + \frac{2}{3}\pi) \\ \frac{1}{\sqrt{2}} & \frac{1}{\sqrt{2}} & \frac{1}{\sqrt{2}} \end{bmatrix}\begin{bmatrix} v_a^* \\ v_b^* \\ v_c^* \end{bmatrix} \tag{4.25}$$

유도전동기 벡터제어의 경우, 식 (4.25)에서 변환행렬은 동기좌표계의 d^e축과 정지좌표계의 d^s축 사이의 각도 θ_e를 필요로 한다. 이와 같이 회전자 자속과 정지좌표계의 d^s축과의 각도 θ_e에 대한 정보를 얻는 방법에 따라 직접벡터제어와 간접벡터제어로 나눌 수 있다.

4.4.2 간접벡터제어

간접벡터제어는 회전자 자속기준 동기좌표계의 전압방정식으로부터 슬립각주파수와 $d^e q^e$ 축 전류의 관계를 유도하여 회전자자속의 위상각(θ_e)을 간접적으로 계산하는 방법이다. d^e 축과 q^e 축 회전자의 전압방정식을 식 (3.45)를 변형하여 유도하면 식 (4.26), (4.27)과 같다.

$$v_{dr}^e = R_r i_{dr}^e + p\lambda_{dr}^e - (\omega - \omega_e)\lambda_{qr}^e = 0 \tag{4.26}$$

$$v_{qr}^e = R_r i_{qr}^e + p\lambda_{qr}^e + (\omega - \omega_e)\lambda_{dr}^e = 0 \tag{4.27}$$

식 (4.26), (4.27)에서 회전자 자속기준인 경우 $\lambda_{qr}^e = 0$ 이고 회전자는 단락되어 있으므로 식 (4.28), (4.29)가 성립한다.

$$R_r i_{dr}^e + p\lambda_{dr}^e = 0 \tag{4.28}$$

$$R_r i_{qr}^e + (\omega - \omega_e)\lambda_{dr}^e = 0 \tag{4.29}$$

식 (4.29)에서 슬립각주파수 $s\omega$는 식 (4.30)과 같이 된다.

$$s\omega = (\omega - \omega_e) = -\frac{R_r i_{qr}^e}{\lambda_{dr}^e} \tag{4.30}$$

식 (4.17)에서 $\lambda_{qr}^e = 0$인 조건을 이용하면 식(4.31)을 얻을 수 있다.

$$i_{qr}^e = -\frac{M_{sr}'}{L_r'} i_{qs}^e \tag{4.31}$$

따라서 식 (4.31)를 식 (4.30)에 대입하면 슬립각주파수 $s\omega$는 식 (4.32)와 같이 된다.

$$s\omega = \frac{M_{sr}' R_r}{L_r'} \frac{i_{qs}^e}{\lambda_{dr}^e} \tag{4.32}$$

또한 식 (4.23)에서 자속이 정상상태에 도달하게 되면 $\lambda_{dr}^e = M_{sr}' i_{ds}^e$ 이므로 식 (4.32)는 식 (4.33)과 같이 d^e 축, q^e 축 전류 i_{ds}^e, i_{qs}^e 의 관계식으로 유도할 수 있다.

$$s\omega = k_s \frac{i_{qs}^e}{i_{ds}^e} \quad [\text{rad/s}] \tag{4.33}$$

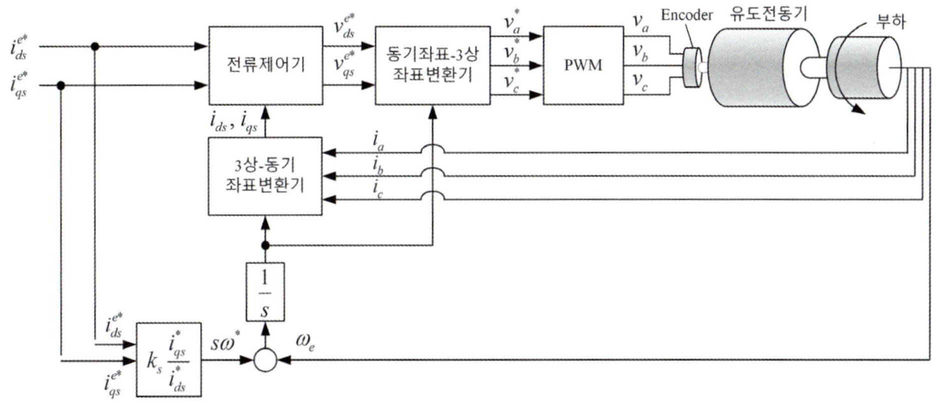

그림 4.11 간접벡터제어 시스템의 구성과 원리

여기서 $k_s = R_r / L'_r$로 유도전동기 회전자 시정수의 역수를 나타낸다. 따라서 간접벡터제어에서는 토크분 전류지령 i_{qs}^{e*}와 자속분 전류지령 i_{ds}^{e*}로부터의 슬립각주파수지령 $(s\omega)^*$를 구할 수 있다. 슬립각주파수지령 $(s\omega)^*$와 속도센서로 부터 얻은 회전자의 전기적 각속도 ω_e을 이용하면 식 (4.34)로부터 회전자 자속의 위상각 θ_e를 얻을 수 있다.

$$\theta_e = \int \omega dt = \int \left(\omega_e + (s\omega)^*\right) dt \quad [\text{rad}] \tag{4.34}$$

그림 4.11은 간접벡터제어의 제어블록도를 나타내고 있다. 그림 4.11에서 알 수 있는 바와 같이 간접벡터제어는 회전자의 속도정보를 필요로 하므로 속도센서가 있어야 한다는 점과 슬립각주파수에 대한 관계식의 정확도가 회전자 저항 R_r과 자기인덕턴스 L'_r에 의존하는 단점을 가진다. 그러나 회전자 자속에 대한 측정이 필요하지 않기 때문에 간단하게 구현이 가능하다는 장점을 가지므로 일반적으로 사용되는 벡터제어법이다.

4.4.3 직접벡터제어

그림 4.12에서와 같이 정지좌표계의 d축 좌표 d^s는 회전자의 위치와 상관없이 일정하고 동기회전좌표계의 d축 좌표 d^e축은 회전자 자속과 같은 방향으로 동기속도로 회전한다. 따라서 회전자 쇄교자속의 위상각(θ_e)은 그림 4.12에서와 같이 회전자 쇄교자속벡터는 정지좌표계의 d^s축 자속성분 λ_{dr}^s와 q^s축 자속성분 λ_{qr}^s의 정보를 알면 식 (4.35)로부터 구할 수 있다.

$$\theta_e = \tan^{-1}\left(\frac{\lambda_{qr}^s}{\lambda_{dr}^s}\right) \tag{4.35}$$

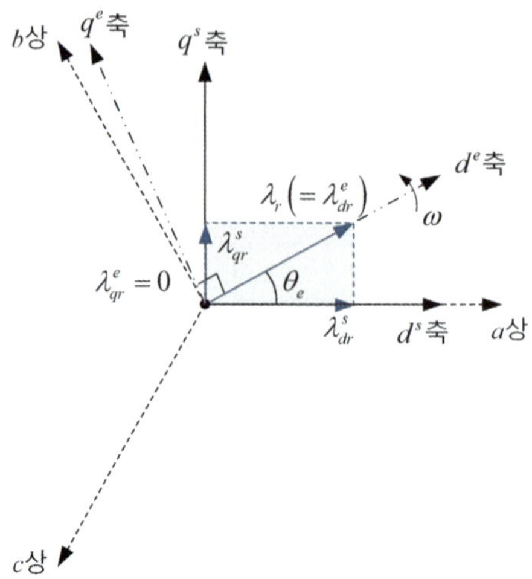

그림 4.12 θ_e와 정지좌표계에서의 회전자 쇄교자속과의 관계

이와 같이 정지좌표계 상에서 d^s, q^s축 회전자의 쇄교자속 λ_{dr}^s, λ_{qr}^s를 측정 또는 계산함으로써 각도 θ_e을 직접 구해내는 것을 직접벡터제어라고 한다. 직접벡터제어 중 자속을 직접 검출하는 경우 홀센서 또는 서치 코일과 같은 자속센서를 사용하여 자속을 측정해야 하지만 센서에는 측정오차가 있으므로 정확하게 위치를 구해내지 못한다는 단점을 가지고 있다. 따라서 유도전동기의 회전자 쇄교자속인 d^s축 자속성분 λ_{dr}^s와 q^s축 자속성분 λ_{qr}^s를 전압, 전류 등의 다른 물리량을 이용하여 구해낼 수도 있다. 이때 사용되는 물리량을 기준으로 전압모델 또는 전류모델로 분류된다. 전압모델과 전류모델로 λ_{dr}^s, λ_{qr}^s를 계산하여 얻을 수 있으나, 전압모델은 저속에서 정밀도가 떨어지고 전류모델은 속도센서를 이용하여 속도의 정보를 얻어야 하는 단점이 있다. 따라서 저속에서는 전류 모델을 이용하고 고속에서는 전압 모델을 사용하여 λ_{dr}^s, λ_{qr}^s를 구해내는 혼합 방식을 사용하는 경우가 많다.

4.5 직접벡터제어를 위한 회전자 자속의 위상각 추정

4.5.1 전압모델

식 (4.35)에서 회전자의 쇄교자속의 위치를 구하기 위해서는 정지좌표계 d^s축 자속성분 λ_{dr}^s과 정지좌표계 q^s축 자속성분 λ_{qr}^s을 구해야 한다. λ_{dr}^s과 λ_{qr}^s은 식 (4.36)과 같이 정의 된다.

$$\lambda_{dr}^{s} = L_r^{'} i_{dr}^{s} + M_{sr}^{'} i_{ds}^{s}\ , \quad \lambda_{qr}^{s} = L_r^{'} i_{qr}^{s} + M_{sr}^{'} i_{qs}^{s} \tag{4.36}$$

식 (4.36)에서 우변 첫째항의 회전자의 dq축 전류($i_{dr}^{s}\ , i_{qr}^{s}$)는 측정할 수 없는 양으로 다른 물리량으로 치환되어야 한다. 식 (4.17)의 고정자의 쇄교자속 식으로부터 $i_{dr}^{s}\ , i_{qr}^{s}$ 을 구하면 식 (4.37)과 같다.

$$\begin{aligned} i_{dr}^{s} &= \frac{\lambda_{ds}^{s} - L'_{s} i_{ds}^{s}}{M'_{sr}} \quad \left(\because \lambda_{ds}^{s} = L'_{s} i_{ds}^{s} + M'_{sr} i_{dr}^{s}\right) \\ i_{qr}^{s} &= \frac{\lambda_{qs}^{s} - L'_{s} i_{qs}^{s}}{M'_{sr}} \quad \left(\because \lambda_{qs}^{s} = L'_{s} i_{qs}^{s} + M'_{sr} i_{qr}^{s}\right) \end{aligned} \tag{4.37}$$

식 (4.37)을 식 (4.36)에 대입하면 식 (4.38)과 같이 λ_{dr}^{s} 을 얻을 수 있다.

$$\begin{aligned} \lambda_{dr}^{s} &= L'_{r} i_{dr}^{s} + M'_{sr} i_{ds}^{s} \\ &= L'_{r}\left(\frac{\lambda_{ds}^{s} - L'_{s} i_{ds}^{s}}{M'_{sr}}\right) + M'_{sr} i_{ds}^{s} \\ &= \frac{L'_{r}}{M'_{sr}}\lambda_{ds}^{s} - \left(\frac{L'_{r}L'_{s}}{M'_{sr}} - M'_{sr}\right) i_{ds}^{s} \\ &= \frac{L'_{r}}{M'_{sr}}\lambda_{ds}^{s} - \frac{L'_{r}L'_{s}}{M'_{sr}}\left(1 - \frac{M'^{2}_{sr}}{L'_{r}L'_{s}}\right) i_{ds}^{s} \\ &= \frac{L'_{r}}{M'_{sr}}\left(\lambda_{ds}^{s} - \sigma L'_{s} i_{ds}^{s}\right) \end{aligned} \tag{4.38}$$

식 (4.38)의 유도과정과 동일한 과정을 거치면 λ_{qr}^{s} 은 식 (4.39)와 같이 얻어진다.

$$\begin{aligned} \lambda_{qr}^{s} &= L'_{r} i_{qr}^{s} + M'_{sr} i_{qs}^{s} \\ &= L'_{r}\left(\frac{\lambda_{qs}^{s} - L'_{s} i_{qs}^{s}}{M'_{sr}}\right) + M'_{sr} i_{qs}^{s} \\ &= \frac{L'_{r}}{M'_{sr}}\lambda_{qs}^{s} - \left(\frac{L'_{r}L'_{s}}{M'_{sr}} - M'_{sr}\right) i_{qs}^{s} \\ &= \frac{L'_{r}}{M'_{sr}}\lambda_{qs}^{s} - \frac{L'_{r}L'_{s}}{M'_{sr}}\left(1 - \frac{M'^{2}_{sr}}{L'_{r}L'_{s}}\right) i_{qs}^{s} \\ &= \frac{L'_{r}}{M'_{sr}}\left(\lambda_{qs}^{s} - \sigma L'_{s} i_{qs}^{s}\right) \end{aligned} \tag{4.39}$$

식 (4.38), (4.39)에서 $\sigma = \left(1 - \frac{M_{sr}^{'2}}{L_r^{'} L_s^{'}}\right)$ 로 누설계수이다

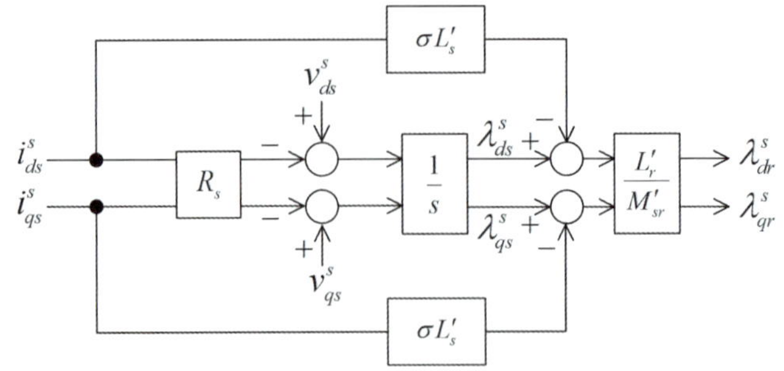

그림 4.13 회전자 쇄교자속의 추정기 블록도

식 (4.38), (4.39)를 구하기 위해서는 정지좌표계에서 고정자의 쇄교자속 λ_{ds}^s, λ_{qs}^s를 구해야 한다. 고정좌표계의 전압방정식인 식 (3.34)를 쇄교자속으로 표현하여 다시쓰면 식 (4.40)과 같이되어 λ_{ds}^s, λ_{qs}^s를 구할 수 있다.

$$\begin{aligned} v_{ds}^s &= R_s i_{ds}^s + \frac{d\lambda_{ds}^s}{dt} \qquad \therefore\ \lambda_{ds}^s = \int \left(v_{ds}^s - R_s i_{ds}^s\right)dt \\ v_{qs}^s &= R_s i_{qs}^s + \frac{d\lambda_{qs}^s}{dt} \qquad \therefore\ \lambda_{qs}^s = \int \left(v_{qs}^s - R_s i_{qs}^s\right)dt \end{aligned} \tag{4.40}$$

식 (4.40)으로부터 고정자의 쇄교자속 λ_{ds}^s과 λ_{qs}^s을 구할 수 있으므로 이 값을 식 (4.38), (4.39)에 대입하면 λ_{dr}^s, λ_{qr}^s를 구할 수 있다. 따라서 회전자 자속의 위상각(θ_e)은 식 (4.35)로부터 구할 수 있게 된다. 이와 같은 과정을 블록선도로 나타내면 그림 4.13과 같다.

식 (4.40)의 적분 대상은 전압에서 저항 전압강하를 빼준 양을 적분하는 것으로 이 양은 정상상태에서는 속도기전력을 나타내는 항으로 저속에서는 매우 작은 양이 되므로 오차를 수반할 수 있는 단점이 있다. 그러나 이 방법은 속도센서를 사용하지 않으므로 센서리스 제어의 기초가 되는 방법이다.

4.5.2 전류모델

저속에서도 정확하게 λ_{dr}^s과 λ_{qr}^s을 추정하는 방법에 대해서 알아보자. 임의의 회전좌표계의 전압방정식인 식 (3.42)에서 ω_c에 ω_e를 대입하면 회전자 속도로 회전하는 회전좌표계에서 전압 방정식인 식 (4.41), (4.42)를 얻을 수 있다.

$$v_{dr}^r = R_r i_{dr}^r + p\lambda_{dr}^r - (\omega_e - \omega_e)\lambda_{qr}^r = R_r i_{dr}^r + p\lambda_{dr}^r = 0 \tag{4.41}$$

$$v_{qr}^r = R_r i_{qr}^r + p\lambda_{qr}^r + (\omega_e - \omega_e)\lambda_{dr}^r = R_r i_{qr}^r + p\lambda_{qr}^r = 0 \tag{4.42}$$

식 (4.41), (4.42)에서 회전자의 전류 i^r_{dr}, i^r_{qr}은 측정할 수 없으므로 식 (4.43)을 이용하여 고정자 전류로 변환하면 구할 수 있다.

$$i^r_{dr} = \frac{\lambda^r_{dr} - M'_{sr} i^r_{ds}}{L'_r}$$
$$i^r_{qr} = \frac{\lambda^r_{qr} - M'_{sr} i^r_{qs}}{L'_r} \tag{4.43}$$

식 (4.43)을 식 (4.41), (4.42)에 대입하면 식 (4.44)를 얻을 수 있다.

$$\frac{d\lambda^r_{dr}}{dt} = -\frac{R_r}{L'_r}\lambda^r_{dr} + R_r \frac{M'_{sr}}{L'_r} i^r_{ds}$$
$$\frac{d\lambda^r_{qr}}{dt} = -\frac{R_r}{L'_r}\lambda^r_{qr} + R_r \frac{M'_{sr}}{L'_r} i^r_{qs} \tag{4.44}$$

그림 4.14를 이용하여 식 (4.44)의 회전자 속도 좌표계에서의 전류 i^r_{ds}, i^r_{qs}은 다음 식 (4.45)으로부터 구할 수 있다.

$$i^r_{ds} = i^s_{ds}\cos\theta_r + i^s_{qs}\sin\theta_r$$
$$i^r_{qs} = -i^s_{ds}\sin\theta_r + i^s_{qs}\cos\theta_r \tag{4.45}$$

여기서 회전자의 위치 θ_r은 속도센서로부터 얻은 속도를 식 (4.46)과 같이 적분하면 얻을 수 있다.

$$\theta_r = \int \omega_e dt \tag{4.46}$$

식 (4.45)를 식 (4.44)에 대입하면 λ^r_{dr}, λ^r_{qr}을 구할 수 있고 정지좌표계에서 회전자의 쇄교자속 λ^s_{dr}과 λ^s_{qr}은 식 (4.47)로 얻을 수 있다.

$$\lambda^s_{dr} = \lambda^r_{dr}\cos\theta_r - \lambda^r_{qr}\sin\theta_r$$
$$\lambda^s_{qr} = \lambda^r_{dr}\sin\theta_r + \lambda^r_{qr}\cos\theta_r \tag{4.47}$$

이와 같은 계산 순서를 블록선도로 나타내면 그림 4.15와 같이 된다. 이와 같은 방법은 정지좌표계의 전류로부터 직접 회전자 속도 회전좌표계의 전류를 구해내어 λ^s_{dr}, λ^s_{qr}를 구해내므로 전류 모델이라고 한다. 식 (4.47)의 λ^s_{dr}, λ^s_{qr}는 식 (4.35)에 대입하면 θ_e를 구할 수 있다.

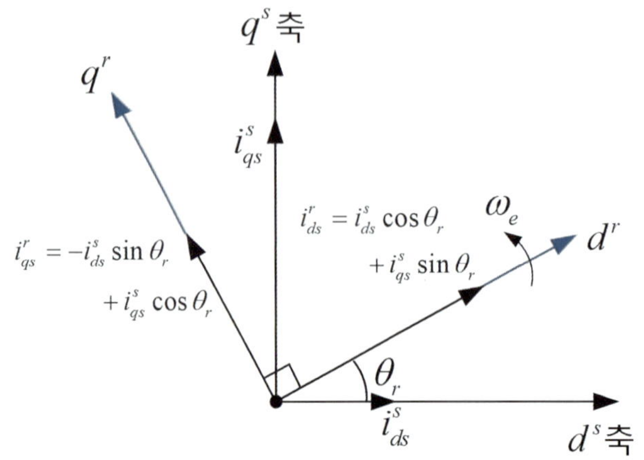

그림 4.14 회전자 속도 좌표계

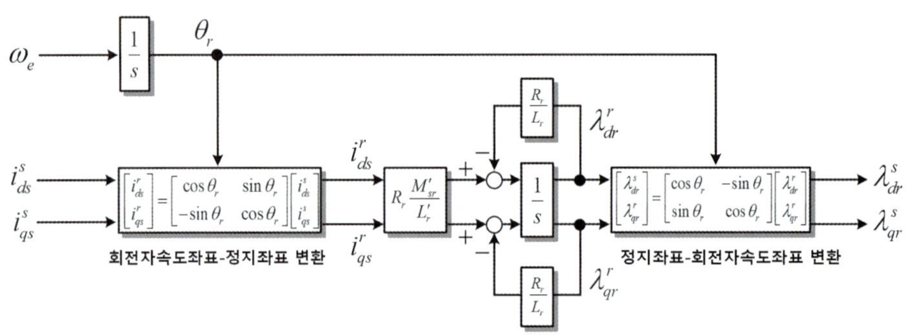

그림 4.15 전류 모델에서의 회전자 쇄교자속 추정기 블록도

4.6 전압제한과 전류제한을 고려한 유도전동기의 최대 출력제어

4.6.1 전압제한과 전류제한을 고려한 제어

벡터제어에 의한 교류전동기의 속도제어는 직류전동기의 속도제어와 마찬가지로 속도제어기 및 전류제어기에 PI제어기를 많이 사용한다. 속도제어기의 전류지령은 기동초기에 매우 큰 전류지령이 나오므로 그대로 전류지령으로 사용하지 않고 리미터에 의해 전류를 제한하게 된다. 또한 같은 전류를 출력하려고 해도 속도가 증가됨에 따라 역기전력이 커지고 이러한 역기전력을 극복하고 일정 전류를 흐르게 하려면 큰 전압이 필요하게 된다. 그러나 전압은 인버터의 DC링크 전압이나 전동기의 정격전압에 의해서 제한된다. 따라서 속도제어 시스템에서는 어느 정도 속도까지는 전류제한에 의해 전류가 제한되는

특성을 갖고 또한 어느 속도 이상에서는 전압의 크기에 제한이 걸리는 특성을 갖는다. 이와 같이 전류제한과 전압제한에 의해 속도제어계는 그림 4.16과 같은 속도-토크 능력곡선을 갖는다. 그림 4.16에서 속도 ω_b를 기저속도라고 하고 속도가 ω_b에 도달하기 까지는 전류의 제한에 의해 속도-토크 특성이 결정된다. ω_b까지는 전류제어기의 전류 지령치가 커도 전류치를 어떤 값 이하로 제한하므로 일정한 전류가 흐르고 따라서 그림 4.16과 같이 일정한 토크를 발생시킨다. 이 속도구간을 정토크 제어구간 또는 정전류 제어구간이라고 한다.

기저속도 ω_b이상에서 동일한 전류를 흘리기 위해서는 속도에 비례하는 전압이 필요하지만 전압에 제한이 있으므로 전압제한 값 이상에서 전압을 더 이상 크게 할 수 없으므로 일정한 전류를 계속 흘리기 위해서는 자속을 감소시켜 역기전력을 일정하게 유지해야 한다. 직류전동기에서는 계자전류 i_f가 자속을 제어하는 전류이고 벡터제어에서는 d축 전류 i_d가 자속을 제어하는 전류가 된다. 이 속도구간을 약계자 제어 구간 또는 정출력 제어 구간이라고 한다. 교류전동기에서는 자속분 전류 i_d와 토크분 전류 i_q가 고정자 전원으로부터 함께 입력되므로 특성영역이라는 영역이 생길 수 있는데 유도전동기에서는 반드시 특성영역이 존재하지만 영구자석 전동기에서는 전압제한과 전류제한의 조건에 따라 특성영역의 존재가 결정된다. 특성영역에서는 전류제한은 무시하고 전압제한 만을 고려하여 제어하는 구간으로 약계자로 제어 할 때 보다 발생하는 속도 영역이 커지는 장점을 가지고 있다. 이와 관련된 내용은 다음 장에서 논하도록 한다.

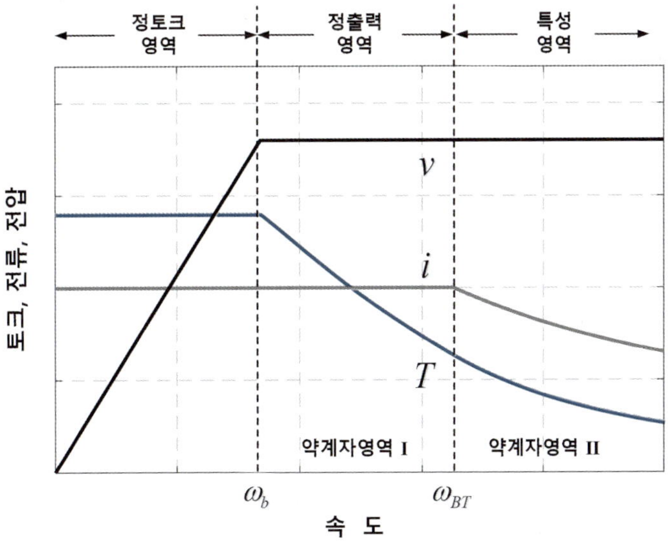

그림 4.16 유도전동기의 속도-토크 특성 곡선

4.6.2 전류제한과 전압제한

[1] 전류제한

유도전동기의 벡터제어를 할 때 직류전동기와 다른 점은 실제로 자속분 전류 i_{ds}^e와 토크분 전류 i_{qs}^e가 고정자 전원으로부터 함께 입력된다는 것이다. 따라서 자속분 전류 i_{ds}^e와 토크분 전류 i_{qs}^e의 벡터 합의 크기에 의해 전류가 제한되므로 식 (4.48)이 성립된다.

$$i_{qs}^{e\,2} + i_{ds}^{e\,2} \le I_{am}^{\,2} \tag{4.48}$$

여기서 최대전류 I_{am}은 3장에서 알아 본 봐와 같이 좌표변환을 상대변환으로 했을 경우 상전류의 최대치를 나타내고 좌표변환을 절대 변환으로 했을 경우는 선전류의 실효치를 나타낸다. 이 전류제한을 I_{ds}^{e*}, I_{qs}^{e*} 좌표상에 나타내면 그림 4.17과 같다.

[2] 전압제한

전압제한이란 전압이 일정한 값 일때 최대로 흐릴 수 있는 전류의 제한을 나타내는 것이다. 전동기의 속도가 증가되면 속도기전력이 증가되므로 속도 증가에 따라 일정전압으로 흘릴 수 있는 전류의 크기는 제한된다는 의미이다. 입력 전압의 크기와 입력 전류의 관계를 나타내는 특성식을 구해보면 이러한 특성을 알 수 있다.

식 (4.49)는 동기회전좌표계에서 고정자 권선의 dq축 전압방정식을 나타내고 있다.

$$\begin{aligned} v_{ds}^e &= R_s i_{ds}^e + p\lambda_{ds}^e - \omega\lambda_{qs}^e \\ v_{qs}^e &= R_s i_{qs}^e + p\lambda_{qs}^e + \omega\lambda_{ds}^e \end{aligned} \tag{4.49}$$

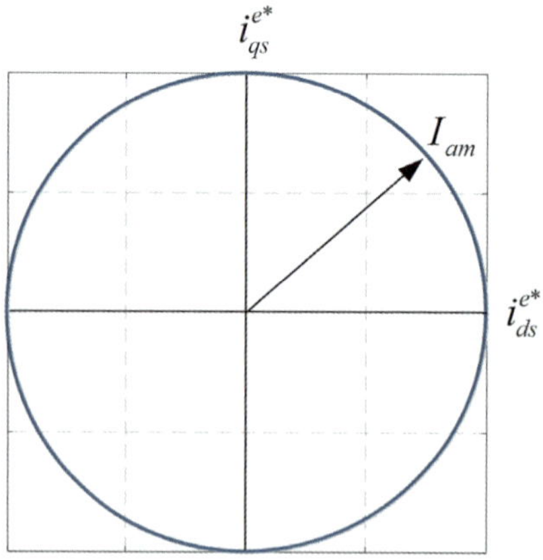

그림 4.17 최대 상전류에서의 d-q축 전류 영역

식 (4.49)에서 동기회전좌표계에서 고정자의 쇄교자속 λ_{ds}^{e} , λ_{qs}^{e} 는 각각 식 (4.50), (4.51)와 같다.

$$\lambda_{ds}^{e} = L'_{s} i_{ds}^{e} + M'_{sr} i_{dr}^{e} \tag{4.50}$$

$$\lambda_{qs}^{e} = L'_{s} i_{qs}^{e} + M'_{sr} i_{qr}^{e} \tag{4.51}$$

식 (4.50), (4.51)에서 회전자의 전류 (i_{dr}^{e}, i_{qr}^{e})는 구할 수 없으므로 측정 가능한 물리량으로 치환하기 위해서 식 (4.52), 식 (4.53)을 이용한다.

$$\lambda_{dr}^{e} = L'_{r} i_{dr}^{e} + M'_{sr} i_{ds}^{e} \tag{4.52}$$

$$\lambda_{qr}^{e} = L'_{r} i_{qr}^{e} + M'_{sr} i_{qs}^{e} \tag{4.53}$$

식 (4.52), (4.53)의 회전자의 쇄교자속으로부터 회전자의 dq전류를 구하면 식 (4.54), (4.55)과 같이 된다.

$$i_{dr}^{e} = \frac{\lambda_{dr}^{e} - M'_{sr} i_{ds}^{e}}{L'_{r}} \tag{4.54}$$

$$i_{qr}^{e} = \frac{\lambda_{qr}^{e} - M'_{sr} i_{qs}^{e}}{L'_{r}} \tag{4.55}$$

식 (4.54)와 (4.55)를 각각 식(4.50)과 식(4.51)의 고정자의 쇄교자속식에 대입하면 식 (4.56), (4.57)을 얻을 수 있다.

$$\lambda_{ds}^{e} = L'_{s} i_{ds}^{e} + M'_{sr} i_{dr}^{e} = L'_{s} i_{ds}^{e} + M'_{sr}\left(\frac{\lambda_{dr}^{e} - M'_{sr} i_{ds}^{e}}{L'_{r}}\right) = \sigma L'_{s} i_{ds}^{e} + \frac{M'_{sr}}{L'_{r}} \lambda_{dr}^{e} \tag{4.56}$$

$$\lambda_{qs}^{e} = L'_{s} i_{qs}^{e} + M'_{sr} i_{qr}^{e} = L'_{s} i_{qs}^{e} + M'_{sr}\left(\frac{\lambda_{qr}^{e} - M'_{sr} i_{qs}^{e}}{L'_{r}}\right) = \sigma L'_{s} i_{qs}^{e} + \frac{M'_{sr}}{L'_{r}} \lambda_{qr}^{e} \tag{4.57}$$

여기서 σ는 누설계수로 식 (4.58)과 같이 정의 된다.

$$\sigma = 1 - \frac{M'^{2}_{sr}}{L'_{s} L'_{r}} \tag{4.58}$$

또한 d축을 자속축으로 한 동기회전좌표계에서 $\lambda_{qr}^{e} = 0$ 이므로 식 (4.57)의 우변 두 번째 항은 0이 된다. 식 (4.56), (4.57)을 식 (4.49)에 대입하면 식 (4.59), (4.60)을 얻을 수 있다.

$$v_{ds}^e = R_s i_{ds}^e + p\left(\sigma L'_s i_{ds}^e + \frac{M'_{sr}}{L'_r}\lambda_{dr}^e\right) - \omega\sigma L'_s i_{qs}^e \quad (4.59)$$

$$v_{qs}^e = R_s i_{qs}^e + p\sigma L'_s i_{qs}^e + \omega\left(\sigma L'_s i_{ds}^e + \frac{M'_{sr}}{L'_r}\lambda_{dr}^e\right) \quad (4.60)$$

식 (4.59)와 식 (4.60)에서 정상적인 상태를 고려하면 우변 두 번째 시간 미분항은 0이 되고 저항 전압강하도 0이라고 가정하면 식 (4.59), (4.60)은 각각 식 (4.61), (4.62)와 같이 간략화 된다.

$$v_{ds}^e \approx -\omega\sigma L'_s i_{qs}^e \quad (4.61)$$

$$v_{qs}^e \approx \omega\sigma L'_s i_{ds}^e + \omega\frac{M'_{sr}}{L'_r}\lambda_{dr}^e = \omega L'_s i_{ds}^e \quad (4.62)$$

식 (4.62)는 정상적인 상태를 가정하여 식 (4.63)을 적용하여 유도된 식이다.

$$\lambda_{dr}^e = M'_{sr} i_{ds}^e \quad (4.63)$$

식 (4.61)과 식 (4.62)로부터 전류제한에 의한 전압제한 식을 구해보면 식 (4.64)와 같다.

$$\left(\omega\sigma L'_s i_{qs}^e\right)^2 + \left(\omega L'_s i_{ds}^e\right)^2 \le V_{am}^2 \quad (4.64)$$

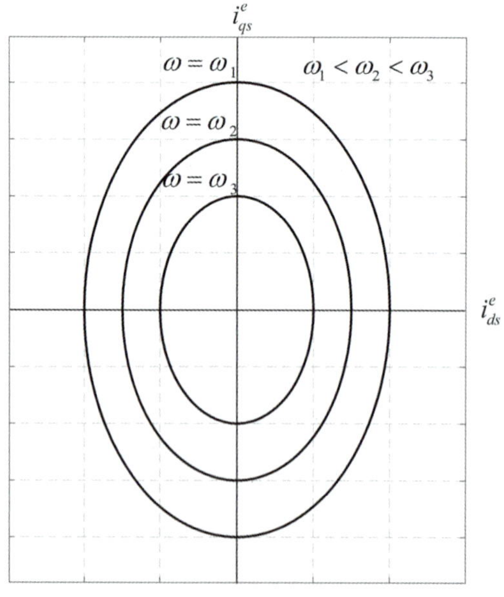

그림 4.18 속도에 따른 전압제한원 및 *d-q*축 전류의 변화

식 (4.64)는 타원을 나타내는 식으로 도식적으로 표현하면 그림 4.18과 같이 된다. 여기서 알 수 있는 바와 같이 전압의 제한에 따라 전류가 제한되고 전류제한의 크기는 속도의 함수되어 속도가 증가할수록 흘려줄 수 있는 전류의 양이 제한된다.

전류제한과 전압제한을 dq축 상에 그리면 그림 4.19와 같다. 그림 4.19에서 전류제한은 속도와 관계가 없으나 전압제한은 속도에 따라서 작아지고 전류제한과 전압제한을 동시에 만족하는 구간의 전류만을 흘려줄 수 있다.

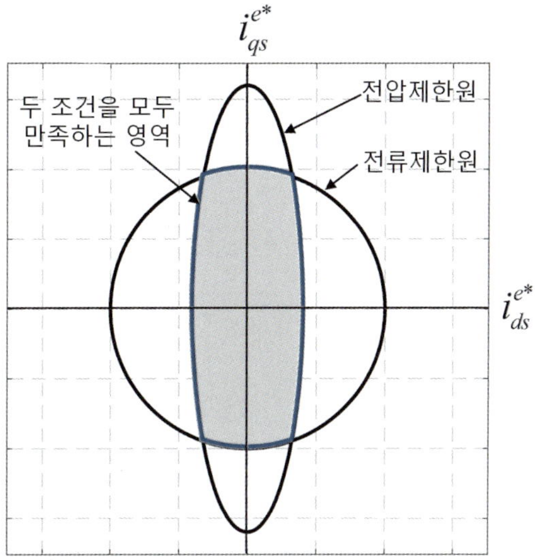

그림 4.19 전압제한원과 전류제한원의 관계에 따른 전류 영역

4.6.3 최대 출력제어

전압제한과 전류제한을 고려하여 전동기가 출력할 수 있는 최대의 출력이 나오도록 제어하는 것을 최대 출력제어라고 한다. 유도전동기의 최대 출력제어는 "정토크 제어", "약계자 제어", "특성영역 제어"로 전동기의 속도에 따라 순차적으로 제어하면 최대 출력을 얻을 수 있다.

[1] 정토크 제어

동기회전좌표계에서 유도전동기에서 발생하는 토크는 앞에서 유도한 식 (4.20)을 다시 쓰면 식 (4.65)으로 표현된다.

$$T = \frac{3}{2}\frac{P}{2}\frac{M'_{sr}}{L'_r}\left(\lambda_{dr}^e i_{qs}^e\right) = K i_{ds}^e i_{qs}^e \tag{4.65}$$

정토크 제어는 속도가 기저속도에 도달하기 전까지 전류의 제한만을 고려하여 제어하는 방법이다. 저속에서는 전압제한에 의해 전류가 제한되지 않으므로 전류제한만을 고려하여 최대 토크를 발생시킬 수 있는 전류벡터 (i_d와 i_q)로 제어하는 것이 저속에서 최대출력 제어가 된다. 전류제한원, 일정토크를 발생하는 토크 선을 함께 그리면 그림 4.20과 같이 되어 Q점이 최대토크를 발생시키는 전류벡터가 된다. 그러나 그림 4.20에서 Q점의 d축 전류가 정격자속을 발생시키는 식 (4.24)의 I_{ds_r}보다 크면 철심이 포화되어 철손이 커져 전동기가 과열될 수 있다. 따라서 기저속도까지는 d축 전류를 I_{ds_r}로 하면 최대 토크를 발생시키는 전류벡터는 Q'점이 된다. 그림 4.20과 같이 기저속도까지 d축 전류는 I_{ds_r}로 하고 q축 전류는 I^e_{qs1}로 하면 정격자속을 고려한 최대토크 제어가 된다. 이때 전동기에 흐르는 d축 전류, 정격자속, q축 전류의 값은 식 (4.66)~(4.68)이 된다.

$$i^e_{ds1} = I_{ds\_r} \tag{4.66}$$

$$\lambda^{e^*}_{dr} = M'_{sr} I_{ds\_r} \tag{4.67}$$

$$i^e_{qs1} = \sqrt{I^2_{am} - i^{e\,2}_{ds1}} \tag{4.68}$$

[2] 약계자 영역제어

4.6.2절에서 알아본 바와 같이 속도가 증가되면 전압제한에 의한 전류영역이 줄어든다. 그림 4.21에서와 같이 속도가 상승되어 속도가 ω_b가 되면 전압제한원이 전류제한원과 Q'점에서 교차되고 그 이상의 속도에서는 전압제한원이 작아지므로 Q'점에서 운전할 수 없게 된다. 이때 전압제한원이 Q'점과 교차하는 속도를 기저속도 ω_b라 하고 전압제

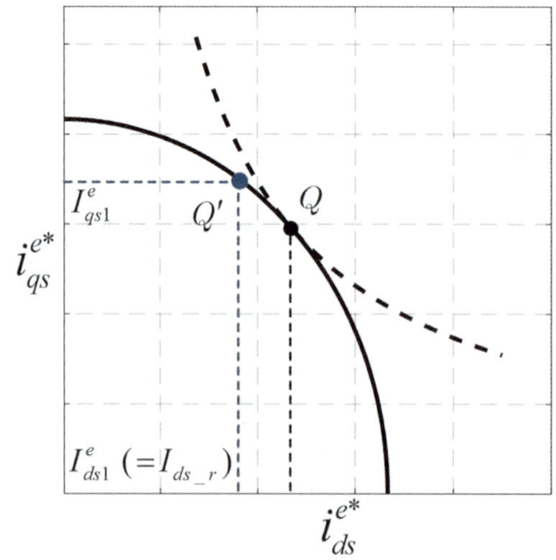

그림 4.20 기저속도 이하에서의 정격 자속을 고려한 최대 토크 발생점의 이동

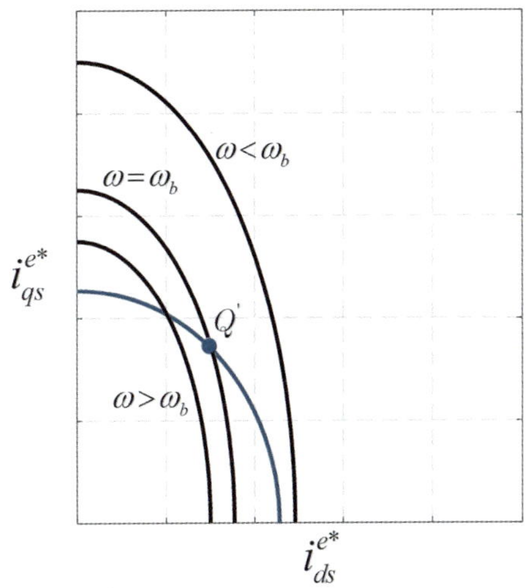

그림 4.21 속도 증가에 따른 전압제한원 및 운전점

한원의 식 (4.64)와 전류제한원의 식 (4.68)로부터 권선저항을 무시하고 구해보면 식 (4.69)와 같이 된다.

$$\omega_b = \frac{\sqrt{(V_{am})^2\left[(L_s i_{ds1}^e)^2 + (\sigma L_s i_{qs1}^e)^2\right]}}{(L_s i_{ds1}^e)^2 + (\sigma L_s i_{qs1}^e)^2} = \frac{V_{am}}{\sqrt{(L_s i_{ds1}^e)^2 + (\sigma L_s i_{qs1}^e)^2}} \tag{4.69}$$

그림 4.22에서 $\omega > \omega_b$인 속도에서 Q'점으로 계속 운전하면 전류가 급격하게 줄어들어 이 속도영역에서 속도-토크 곡선은 그림 4.22(b)에서와 같이 ①번의 모양으로 변한다. 그러나 그림 4.22에서 $\omega > \omega_b$인 속도에서는 전류제한원과 전압제한원의 교점을 따라서 전류를 흘려주면 전류는 최대전류를 유지하고 속도 토크는 그림 4.22(b)의 ②의 궤적을 그리게 된다. 그림 4.22(a)에서 알 수 있는 바와 같이 ω_b 속도 이상에서는 속도가 증가함에 따라 전류제한원을 따라 d축 전류를 감소되고 q축 전류를 증가된다. 따라서 d축 전류가 감소하면 자속이 약해지므로 이 영역을 약계자 영역 또는 약계자영역 I 이라고 한다. 약계자 영역에서의 전류벡터 i_{ds2}^e, i_{qs2}^e는 전류제한원과 전압제한원의 교점으로 식 (4.70) ~ (4.71)이 된다.

$$i_{ds2}^e = \sqrt{\frac{(V_{am}/\omega)^2 - (\sigma L_s I_{am})^2}{L_s^2 - \sigma L_s^2}} \tag{4.70}$$

$$i_{qs2}^e = \sqrt{I_{am}^2 - i_{ds}^{e\,2}} \tag{4.71}$$

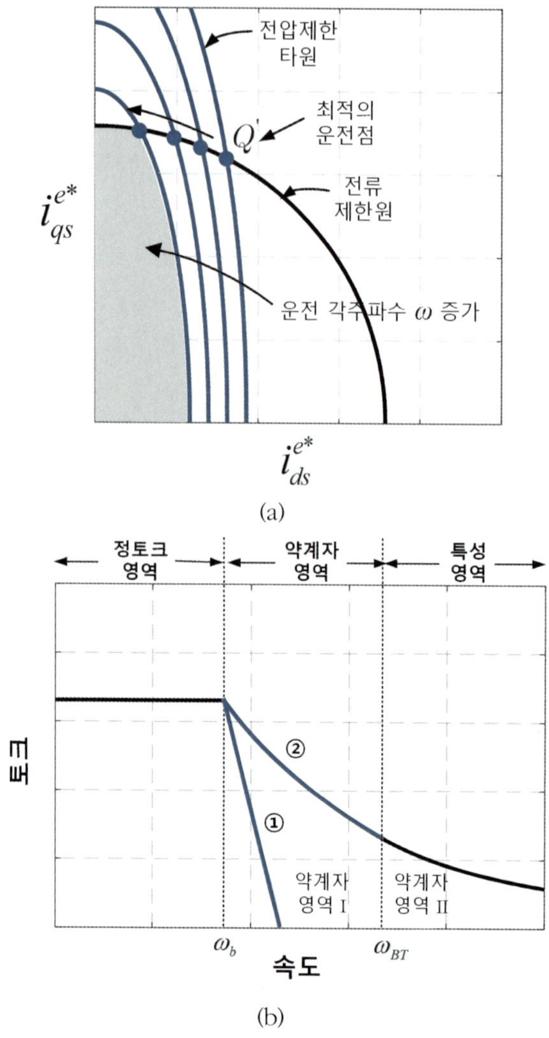

그림 4.22 약계자 영역에서의 제어 방법 (a) 약계자영역 I의 운전점 (b) 약계자 운전점의 속도-토크 곡선

[3] 특성영역

특성영역이란 전류를 최대로 흘리는 약계자 제어와 달리 전압당 최대 토크 (MTPV: Maximum Torque Per Voltage)의 전류벡터를 이용하는 방법으로 특정속도 이상에서는 약계자 제어에 비해 큰 출력을 낼 수 있는 제어법이다. MTPV 제어의 전류벡터를 구하기 위해 전압제한 식을 식 (4.72)와 같이 나타내자.

$$i_{qs} = \frac{1}{\sigma L_s}\sqrt{\left(\frac{V_{om}}{\omega}\right)^2 - (L_s i_{ds})^2} \tag{4.72}$$

식 (4.72)를 유도전동기의 토크식에 대입하여 $dT/di_{ds}^{e}=0$을 만족하는 전류벡터를 구하면 식 (4.73), (4.74)와 같이 된다.

$$i_{ds3}^{e^*} = \frac{V_{am}}{\sqrt{2}\,\omega L_s} \tag{4.73}$$

$$i_{qs3}^{e^*} = \frac{V_{am}}{\sqrt{2}\,\omega\sigma L_s} \tag{4.74}$$

그림 4.23(a)에서 알 수 있는 바와 같이 $\omega < \omega_{BT}$ 인 속도에서는 전류제한 내에서 MTPV 전류벡터는 존재하지 않는다. 속도가 증가하여 $\omega = \omega_{BT}$가 되면 MTPV 전류벡터로 제어하는 것이 가능하다. MTPV 전류벡터와 전류제한원과 만나는 속도를 구해 보면 식 (4.75)와 같이 된다.

$$\omega_{BT} = \sqrt{\frac{L_s^2 + (\sigma L_s)^2}{2(L_s \cdot \sigma L_s)^2}}\left(\frac{V_{am}}{I_{am}}\right) \tag{4.75}$$

식 (4.75)의 속도 ω_{BT} 이상에서는 약계자 선을 따라서 제어하는 것 보다는 MTPV 전류벡터로 운전하는 것이 출력이 커진다. 그림 4.23에서 속도 ω_{BT} 이상인 $\omega = \omega_1$일 때 약계자 전류벡터로 운전을 하면 그림에서 D점이 되고 이 점에서는 토크가 0이 되어 속도 토크 곡선은 그림 4.23(b)와 같이 궤적 ①과 같이 된다. 그러나 MTPV 전류벡터인 B점의 전류벡터를 인가하면 토크가 발생되고 속도 증가에 따라서 MTPV선의 전류벡터를 인가하면 무한대의 속도까지 운전이 가능하고 그림 4.23(b)와 같이 속도 토크 곡선은 ②의 궤적이 된다. 따라서 그림 4.23과 같이 ω_{BT} 이상의 속도에서는 MTPV제어를 하면 최대 출력이 가능하고 이러한 제어영역은 특성영역이라 하고 약계자영역 II라고도 한다. 특성영역은 직류전동기에서는 나타나지 않는 영역이다.

유도전동기에서는 최대출력제어를 정리하면 다음과 같다. 그림 4.23(b)와 같이 속도가 $\omega \le \omega_b$의 속도영역에서는 i_{d1}, i_{q1}의 전류벡터로 제어하고 정토크 제어라고 한다. 속도가 $\omega_b \le \omega \le \omega_{BT}$ 까지는 i_{d2}, i_{q2}의 전류벡터로 제어하는데 이를 약계자 제어라고 한다. 속도가 $\omega \ge \omega_{BT}$ 인 영역에서는 전압제한만을 고려하여 MTPV 전류벡터인 i_{d3}, i_{q3}로 제어하고 특성영역제어라고 한다.

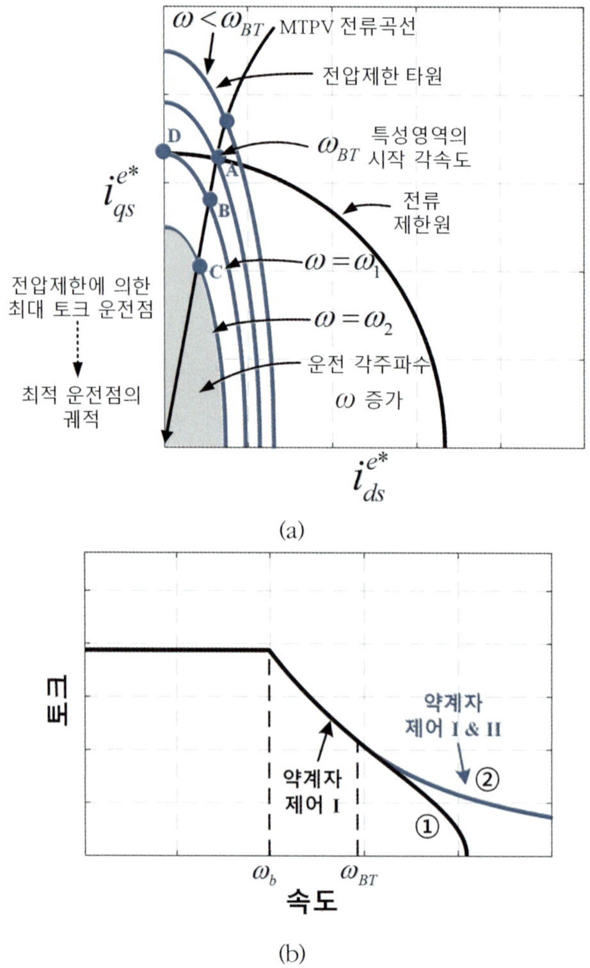

그림 4.23 특성영역에서의 제어 방법 (a) 특성영역에서의 운전점 (b) 특성영역의 속도-토크 곡선

제05장

영구자석 전동기의 벡터제어 원리

5.1 영구자석 전동기의 종류와 특성
5.2 동기회전 좌표계에서 영구자석 전동기의 특성식
5.3 영구자석 전동기의 벡터제어에서 전류벡터 제어법
5.4 전압제한과 전류제한을 고려한 출력 제어법
5.5 전류제한과 전압제한을 고려한 최대 출력 제어법

5.1 영구자석 전동기의 종류와 특성

5.1.1 영구자석 전동기의 구조

영구자석을 회전자로 구성하는 전동기는 BLDC(Brushless DC) 전동기와 BLAC(Brushless AC) 전동기가 있다. BLAC 전동기는 영구자석 동기전동기(PMSM : Permanent Magnet Synchronous Motor)라고도 한다. BLDC 전동기는 6-Step 통전으로 점핑자계를 발생시켜 구동하고 BLAC 전동기는 회전자계를 발생시켜 구동한다. BLDC 전동기는 BLAC 전동기에 비해 소음진동이 크고 일반적으로 약자속 제어를 하지 못하므로 속도제어 영역이 한정되어 팬 모터 등 저가격의 응용에 많이 사용된다. 반면 BLAC 전동기는 소음진동이 작고 약자속 제어가 가능하여 속도제어 영역이 광범위하므로 고급의 응용분야에 많이 사용된다. BLAC 전동기는 영구자석의 부착 모양에 따라 표면부착형 영구자석 동기전동기(SPMSM : Surface Permanent Magnet Synchronous Motor)와 매입형 영구자석 동기전동기(IPMSM : Interior Permanent Magnet Synchronous Motor)로 나눌 수 있다.

그림 5.1은 SPMSM과 IPMSM의 형상을 보여주고 있다. SPMSM은 표면에 영구자석을 부착한 방식이고 IPMSM는 회전자 철심 내부에 영구자석을 삽입한 것이다. SPMSM과 IPMSM을 구분하는 가장 큰 특징은 돌극성 유무에 따른 릴럭턴스 토크의 발생이다. SPMSM은 릴럭턴스 토크가 발생하지 않고 IPMSM은 릴럭턴스 토크가 발생한다. 영구자석 전동기에서 발생하는 토크의 성질은 동기회전 좌표계(동기회전 dq좌표계)에서 검토하면 물리적으로 이해하기 쉽다. 동기회전 좌표계에서 영구자석 전동기의 토크는 식 (5.1)과 같고 이와 관련된 유도와 물리적 의미는 다음 장 5.2장에서 자세히 다룬다.

$$T = \frac{3}{2}\frac{P}{2}\left[\Psi_f i_q + (L_d - L_q) i_d i_q\right] \tag{5.1}$$

여기서 P, Ψ_f, i_d, i_q는 각각 극수, 영구자석의 전기자 쇄교자속, d축의 전류, q축의 전류를 나타낸다. 또한 L_d, L_q는 d축 인덕턴스, q축 인덕턴스를 나타내고 $L_d - L_q$는 돌극차라고 한다.

식 (5.1)의 우변 첫째 항은 영구자석에 작용하는 마그네틱 토크를 나타내고 우변 둘째 항은 릴럭턴스 토크를 나타낸다. 릴럭턴스 토크는 돌극차 $L_d - L_q$에 비례하여 발생하고 SPMSM에서는 $L_d = L_q$이므로 릴럭턴스 토크가 발생하지 않는다. 따라서 SPMSM은 돌극차가 0인 IPMSM의 특수한 경우라고 할 수 있다.

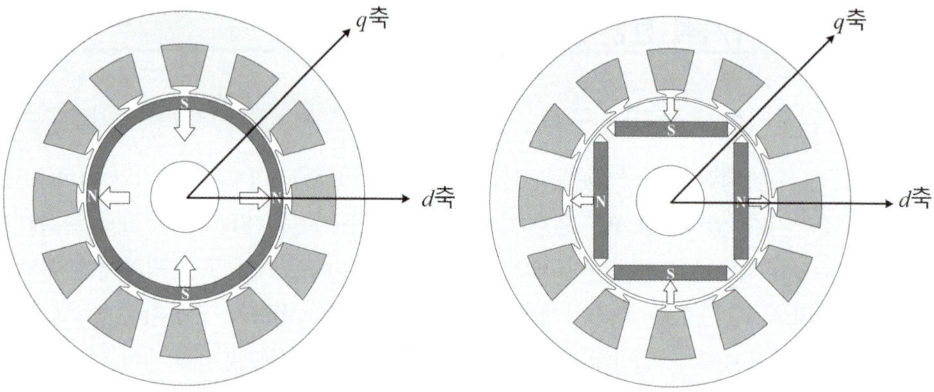

그림 5.1 영구자석 동기전동기의 단면 (a) SPMSM (b) IPMSM

IPMSM에서 릴럭턴스 토크를 크게 하기 위해서는 돌극차 $L_q - L_d$를 크게 하여야 하는데 특히 자극과 자극사이의 d축 자로의 릴럭턴스를 크게 하기 위해(d축 인덕턴스를 작게 하기 위해) 그림 5.2와 같은 자기 장벽(Barrier)을 설치한다. 자기장벽은 자성체인 회전자 철심에 영구자석이 삽입되어 있기 때문에, 영구자석에서 발생한 자속이 공극 경유 없이 바로 인접한 영구자석으로 들어가는 누석 자속이 크게 발생한다. 누설 자속은 출력에 기여하지 못하므로, 이를 최소화하는데도 효과적이다. 이때 자기 장벽을 회전자 반경 끝까지 할 경우는 자극이 회전자에서 분리되므로 이것을 방지하기 위해서는 반드시 자극과 자극사이가 연결되어야 한다. 이러한 구조를 브릿지(Bridge) 또는 립(Rib)이라고 한다. 브릿지의 두께는 작을수록 d축 자속을 작게 할 수 있으나 회전 원심력으로 인해 브릿지가 파손될 수 있다. 따라서 브릿지의 두께는 전기적인 성능과 구조강도라는 기계적인 성능을 모두 고려하여 적절한 크기로 설계되어야 한다. 그리고 만약 해당 모터가 프레스 금형을 이용한 타발로 코어가 대량 생산된다면, 브릿지의 최소 두께는 전기강판의 두께 이상이 되어야한다. 이와 같이 자기 장벽과 브릿지를 어떻게 설계하는가는 IPMSM의 설계에서 매우 중요한 설계요소가 된다. 자기 장벽의 구조로 인하여 IPMSM의 회전자 구조는 그림 5.2와 같이 크게 여섯 부분으로 나누어 볼 수 있다. 우선 영구자석과 백요크는 SPMSM과 동일한 구조이고, 그 외 영구자석이 철심 내부에 삽입됨으로써 부가적으로 베리어(Barrier), 립(Rib), 웹(Web) 그리고 폴피스(Pole Piece)가 존재하게 된다. 특히 웹은 회전자 백요크와 립 그리고 폴피스를 하나로 이어준다. 영구자석은 제작 및 비용 등의 이유로 인해 직사각형 형태가 일반적이고 여러 개의 직사각형 영구자석으로 V형태 등 다양한 형태를 갖는 경우도 있다.

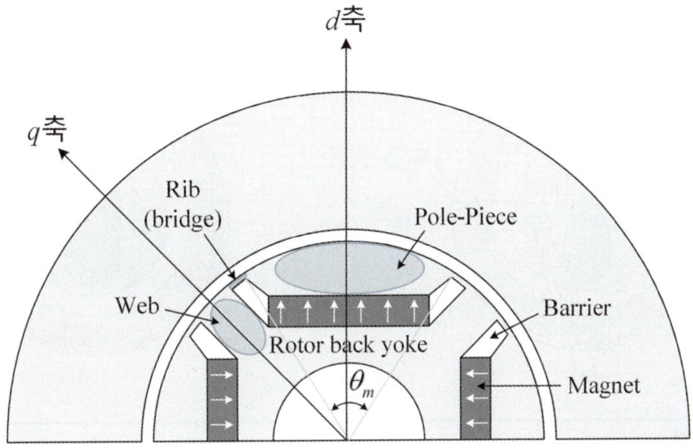

그림 5.2 매입형 영구자석 동기전동기

5.1.2 IPMSM의 돌극성과 토크

그림 5.3은 dq좌표상에서 2극의 매입형 영구자석 동기전동기를 나타내고 있다. 그림 5.3에서와 같이 영구자석의 N극 방향을 d축으로 잡으면 d축 권선에 90° 되는 위치에 q축 권선을 가지므로 그림 5.3과 같은 권선이 배치된다. 그림 5.3에서 d축 권선을 여자하면 d축 자속은 영구자석 부분(비투자율=1)을 지나가므로 릴럭턴스가 크고(인덕턴스가 작고) q축 권선을 여자하면 q축 자속은 영구자석 부분을 지나지 않고 철을 통과하므로 릴럭턴스가 작다(인덕턴스가 크다). 따라서 돌극형 권선형 동기전동기와 달리 d축 인덕턴스가 q축 인덕턴스보다 작아 역돌극성 기기라고 한다.

2극기의 IPMSM의 경우 영구자석을 그림 5.3과 같이 배치하게 되면 회전자 중간에 축(샤프트)을 배치하기 어려우므로 IPMSM은 4극기 이상이 일반적이다. 그림 5.4는 4극기의 IPMSM의 d축 자로와 q축 자로를 나타내고 있다. 2극기와 마찬가지로 d축 인덕턴스가 q축 인덕턴스에 비해서 작은 역돌극성을 가지고 있다.

그림 5.4에서 d축의 자로는 이상적인 경우를 나타내고 있으나 실제로 자속은 영구자석 부분을 통과하지 않고 그림 5.5와 같이 철 부분을 통과하는 자속이 존재한다. 따라서 d축 인덕턴스가 커지게 되고 d축 인덕턴스와 q축 인덕턴스의 차가 작으므로 릴럭턴스 토크가 거의 발생하지 않는다. 하지만 그림 5.5와 같이 자기 장벽 구조를 두게 되면 철 부분으로 흐르는 d축 자속이 자기 장벽을 지나게 되고 또한 철 부분으로 흐르는 자속은 포화되어 릴럭턴스가 크게 된다. 따라서 d축 인덕턴스가 작아져 d축 인덕턴스와 q축 인덕턴스의 차가 커지게 되므로 돌극성이 커진다. 이에 따라 릴럭턴스 토크가 크게 발생하므로 IPMSM은 구조적인 최적의 설계를 해야 한다.

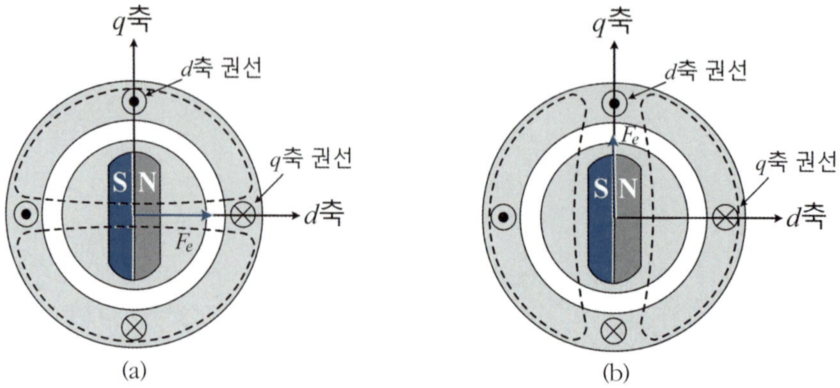

그림 5.3 2극기 IPMSM의 d축, q축 자로 (a) d축 자로 (b) q축 자로

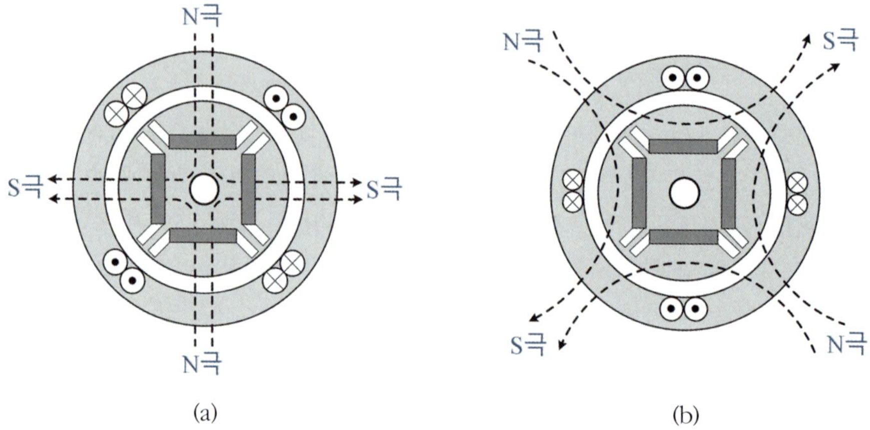

그림 5.4 4극기 IPMSM의 d축, q축 자로 (a) d축 자로 (b) q축 자로

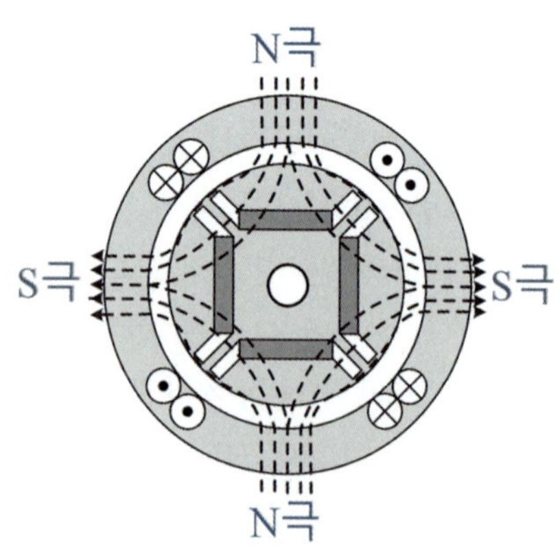

그림 5.5 4극기 IPMSM의 d축 자로의 구체적인 예

식 (5.1)의 토크식에서 우변 첫 번째 항은 마그네틱 토크를 나타내는 항이고, 우변 두 번째 항은 릴럭턴스 토크를 나타내는 항으로 IPMSM에서 토크는 그림 5.6과 같이 된다. 릴럭턴스 토크는 돌극성에 의해서 발생되는 토크로 계자자속이 0 (영구자석의 자속이 0)인 경우에도 발생되는 토크를 나타낸다. IPMSM은 돌극형 권선형 동기전동기와 반대로 q축의 인덕턴스가 크므로 그림 5.6(a)와 같이 q축에 돌극성을 갖는 구조가 되고 토크는 그림 5.6(b)와 같이 된다. 그림 5.6(b)에서 δ는 부하각을 나타내고 영구자석의 자속벡터와 고정자 전류에서 발생하는 자속벡터의 각도를 나타내며 그림 5.6(a)에서 전류벡터각 β와는 $\delta = 90^\circ + \beta$의 관계가 있다. 그림 5.6(b)에서 알 수 있는 바와 같이 릴럭턴스 토크는 부하각 90° ($\beta = 0^\circ$)이하에서 음의 토크가 발생되고 부하각 90° 이상에서는 양의 토크가 발생하므로 부하각은 90° ($\beta \geq 0^\circ$)이상에서 최대 토크가 발생됨을 알 수 있다. 이러한 관계는 식 (5.1)에서도 확인 할 수 있다. 즉 IPMSM에서는 $L_d - L_q$는 음의 값을 가지므로 $\beta \geq 0^\circ$ 에서 양의 토크가 발생하고 $\beta \leq 0^\circ$ 에서 음의 토크가 발생한다. 반면 돌극형 권선형 동기전동기에서 $L_d - L_q$는 양의 값을 가지므로 $\beta \leq 0^\circ$ 에서 양의 토크가 발생하고 $\beta \geq 0^\circ$ 에서 음의 토크를 발생한다.

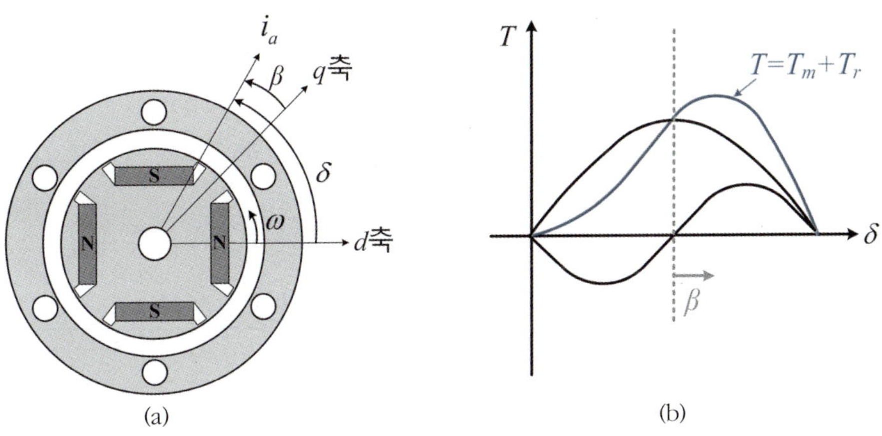

그림 5.6 돌극성의 개념 (a) IPMSM (b) 부하각에 따른 토크

5.1.3 영구자석 동기전동기의 종류

영구자석 전동기와 릴럭턴스 전동기는 자석의 배치에 따라 그림 5.7과 같이 분류할 수 있다. 그림 5.7(a)는 표면부착형 영구자석 동기전동기를 나타내며 이 전동기는 d축 인덕턴스와 q축 인덕턴스가 동일하므로 릴럭턴스 토크는 발생하지 않고 마그네틱 토크만 발생된다. 따라서 $\beta = 0^\circ$ ($\delta = 90^\circ$)에서 최대 토크가 발생된다. 그림 5.7(b), (c)와 그림 5.7(d), (e)는 각각 표면삽입형 영구자석 동기전동기, 매입형 영구자석 동기전동기, 영구

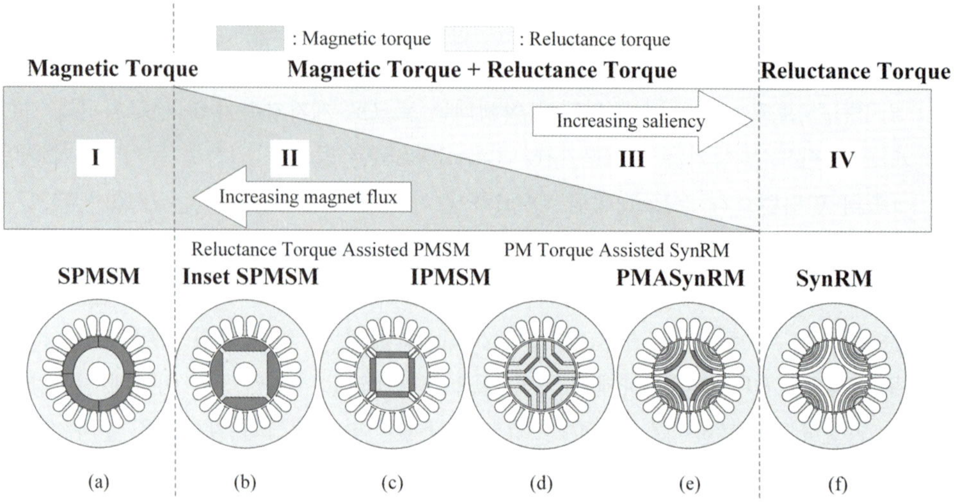

그림 5.7 마그네틱 토크와 릴럭턴스 토크의 이용률에 따른 전동기 분류

자석 보조형 릴럭턴스 동기전동기를 나타내며 이 전동기들은 마그네틱 토크와 릴럭턴스 토크가 동시에 발생된다.

그림 5.7(f)는 동기형 릴럭턴스 전동기를 나타내고 있다. 동기형 릴럭턴스 전동기는 영구자석 구조가 없으므로 토크 식 (5.1)에서 마그네틱 토크는 0이 되고 릴럭턴스 토크만 존재하는 전기기기로 포화를 무시한 이상적인 경우 $\beta = 45^\circ$ 에서 최대 토크가 발생된다.

5.2 동기회전 좌표계에서 영구자석 전동기의 특성식

5.2.1 동기회전좌표 dq 변환

3상 IPMSM은 회전자가 영구자석으로 구성되어 있으므로 전압방정식은 3개의 전압방정식이 된다. 먼저 a상의 전압방정식을 구해보면 식 (5.2)와 같이 된다.

$$\begin{aligned} v_a &= R_a i_a + \frac{d\lambda_a}{dt} + \frac{d}{dt}\Psi_{fa} \\ &= R_a i_a + \frac{d}{dt}\left[L_{aa} i_a + M_{ab} i_b + M_{ac} i_c\right] + \frac{d}{dt}\Psi_{fa} \end{aligned} \tag{5.2}$$

여기서 Ψ_{fa} 는 영구자석의 자속이 a상 권선에 쇄교하는 자속으로 a상의 권선축과 영구자석의 자속축이 일치할 때 최대 쇄교자속 Ψ_f 가 발생된다. a상의 권선축과 영구자석의 자속축 사이의 각을 θ 라고 하면 쇄교자속 Ψ_{fa}, Ψ_{fb}, Ψ_{fc}는 식 (5.3)과 같이 cos 함수로 근사화 시킬 수 있다.

$$\Psi_{fa} = \Psi_f \cos(\theta),\ \ \Psi_{fb} = \Psi_f \cos\left(\theta - \frac{2}{3}\pi\right),\ \ \Psi_{fc} = \Psi_f \cos\left(\theta + \frac{2}{3}\pi\right) \tag{5.3}$$

식 (5.3)을 식 (5.2)에 대입하고 3상의 전압방정식을 유도하면 식 (5.4)와 같이 된다.

$$\begin{bmatrix} v_a \\ v_b \\ v_c \end{bmatrix} = \begin{bmatrix} R_s + pL_{aa} & pM_{ab} & pM_{ac} \\ pM_{ab} & R_a + pL_{bb} & pM_{bc} \\ pM_{ac} & pM_{bc} & R_a + pL_{cc} \end{bmatrix} \begin{bmatrix} i_a \\ i_b \\ i_c \end{bmatrix} - \begin{bmatrix} \omega\Psi_f \sin(\theta) \\ \omega\Psi_f \sin\left(\theta - \frac{2}{3}\pi\right) \\ \omega\Psi_f \sin\left(\theta + \frac{2}{3}\pi\right) \end{bmatrix} \tag{5.4}$$

여기서 p는 미분연산자이고 L_{aa}, L_{bb}, L_{cc}는 각 상의 자기인덕턴스, M_{ab}, M_{bc}, M_{ca}는 상간의 상호인덕턴스를 나타낸다.

IPMSM는 역돌극성을 가지고 있으므로 3장의 돌극형 동기전동기에서 구한 자기인덕턴스, 상호인덕턴스의 크기를 나타내는 식 (3.86)에서 $L_{A0} = (L_q - L_d)/2$로 정의하면 식 (5.5), (5.6)과 같은 인덕턴스를 구할 수 있다. 또한, abc상 권선의 자기인덕턴스와 상호인덕턴스는 각각 식 (5.5), (5.6)과 같이 위치의 함수가 된다.

$$L_{aa} = L_A - L_{A0}\cos 2\theta,\ \ L_{bb} = L_A - L_{A0}\cos\left(2\theta + \frac{2}{3}\pi\right),\ \ L_{cc} = L_A - L_{A0}\cos\left(2\theta - \frac{2}{3}\pi\right) \tag{5.5}$$

$$\begin{aligned} M_{ab} &= -\frac{1}{2}L_A - L_{A0}\cos\left(2\theta - \frac{2}{3}\pi\right), \\ M_{bc} &= -\frac{1}{2}L_A - L_{A0}\cos 2\theta, \\ M_{ca} &= -\frac{1}{2}L_A - L_{A0}\cos\left(2\theta + \frac{2}{3}\pi\right) \end{aligned} \tag{5.6}$$

여기서 L_A와 L_{A0}는 각각 자기인덕턴스 평균값과 자기인덕턴스의 진폭을 나타낸다.

그림 5.8은 a상 권선의 자기 인덕턴스 L_{aa}의 위치에 대한 변화를 나타내고 있다. 그림 5.8에서와 같이 IPMSM은 돌극형 권선형 전동기와 달리 역돌극성이므로 0° 일 때 가장 작은 L_d가 되고 90° 일 때 가장 큰 L_q가 된다.

5.8에서 θ는 고정자 a상 권선축과 자속축 사이의 각을 나타내고 회전자의 속도가 ω일 때 $\theta = \omega t$가 된다. 따라서 IPMSM의 전압방정식, 식 (5.4)의 계수행렬이 시간함수가 되므로 비선형 미분방정식이 된다. 전압방정식이 비선형 미분방정식이므로 3장의 좌표변환에서 언급한 바와 같이 dq변환을 이용하여 선형미분방정식으로 변환할 수 있다. dq변환은 dq좌표의 성질에 따라 정지좌표계, 회전자 속도 좌표계, 임의의 회전속도 좌표계

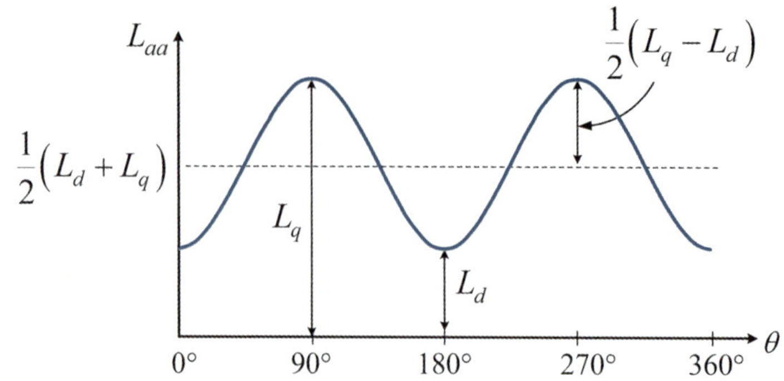

그림 5.8 위치에 따른 자기인덕턴스 변화

및 동기회전 좌표계가 있다. 특히 d축 또는 q축을 자속축에 일치시킨 동기회전 좌표계를 사용하면 ① 전압, 전류가 직류가 되고, ② 전류가 자속분 전류와 토크분 전류로 분리되어 벡터제어에 이용할 수 있다.

벡터제어에 사용하기 위한 동기회전 좌표계의 개념은 그림 5.9와 같이 동기속도 ω로 회전하는 회전좌표계의 d축을 영구자석의 자속축으로 잡고 abc권선축의 물리량(전압, 전류)을 dq축으로 변환한다. 여기서 3상의 물리량을 동기회전 좌표계로 변환하는 변환행렬은 식 (5.7)과 같다.

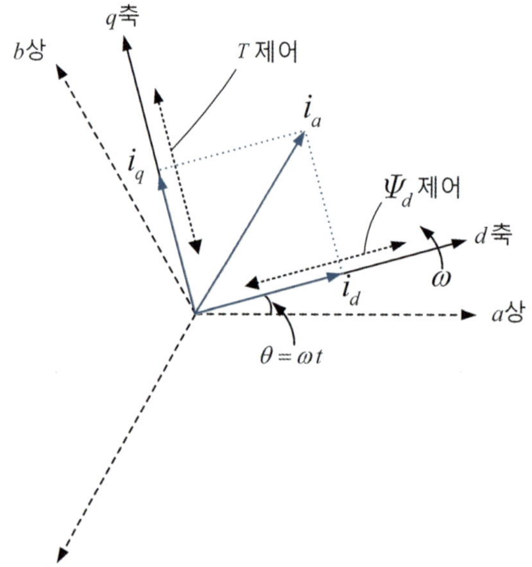

그림 5.9 벡터제어를 위한 동기회전 좌표계의 개념

$$\left[C_{dq0}^{abc}\right]=\frac{2}{3}\begin{bmatrix}\cos\theta & \cos\left(\theta-\frac{2}{3}\pi\right) & \cos\left(\theta+\frac{2}{3}\pi\right)\\ -\sin\theta & -\sin\left(\theta-\frac{2}{3}\pi\right) & -\sin\left(\theta+\frac{2}{3}\pi\right)\\ 1/\sqrt{2} & 1/\sqrt{2} & 1/\sqrt{2}\end{bmatrix} \tag{5.7}$$

식 (5.7)에서 $\left[C_{dq0}^{abc}\right]$의 의미는 abc좌표계에서 $dq0$좌표계로의 좌표변환 행렬을 의미한다. 0축 좌표는 3상의 합을 나타내는 것으로 평형 3상에서는 0이 된다.

$dq0$좌표계에서 abc좌표계로의 변환행렬은 식 (5.7)의 역행렬로 식 (5.8)과 같다.

$$\left[C_{abc}^{dq0}\right]=\left[C_{dq0}^{abc}\right]^{-1}=\begin{bmatrix}\cos\theta & -\sin\theta & 1/\sqrt{2}\\ \cos\left(\theta-\frac{2}{3}\pi\right) & -\sin\left(\theta-\frac{2}{3}\pi\right) & 1/\sqrt{2}\\ \cos\left(\theta+\frac{2}{3}\pi\right) & -\sin\left(\theta+\frac{2}{3}\pi\right) & 1/\sqrt{2}\end{bmatrix} \tag{5.8}$$

동기회전 좌표계에서 abc좌표계로의 변환에서 전압과 전류의 변환은 식 (5.9)와 같이 된다.

$$[v_{abc}]=[C_{abc}^{dq0}][v_{dq0}],\ \ [i_{abc}]=[C_{abc}^{dq0}][i_{dq0}] \tag{5.9}$$

abc좌표계에서의 전압방정식인 식 (5.4)를 식 (5.10)과 같이 나타내자.

$$[v_{abc}]=[Z_{abc}(\theta)]\,[i_{abc}]-\omega\,[\varPsi_{abc}(\theta)] \tag{5.10}$$

식 (5.10)에 식 (5.9)를 대입하면 식 (5.11)과 같이 된다.

$$\left[C_{abc}^{dq0}\right][v_{dq0}]=[Z_{abc}(\theta)]\left[C_{abc}^{dq0}\right][i_{dq0}]-\omega[\varPsi_{abc}(\theta)] \tag{5.11}$$

식 (5.11)의 양변에 $\left[C_{abc}^{dq0}\right]^{-1}$을 곱하면 다음 식 (5.12)가 얻어진다.

$$\begin{aligned}\left[C_{abc}^{dq0}\right]^{-1}\left[C_{abc}^{dq0}\right][v_{dq0}]&=\left[C_{abc}^{dq0}\right]^{-1}[Z_{abc}(\theta)]\left[C_{abc}^{dq0}\right][i_{dq0}]-\omega\left[C_{abc}^{dq0}\right]^{-1}[\varPsi_{abc}(\theta)]\\ [v_{dq0}]&=\left[C_{abc}^{dq0}\right]^{-1}[Z_{abc}(\theta)]\left[C_{abc}^{dq0}\right][i_{dq0}]-\omega\left[C_{abc}^{dq0}\right]^{-1}[\varPsi_{abc}(\theta)]\end{aligned} \tag{5.12}$$

식 (5.12)를 계산하고 0상분은 0인 것을 고려하면 식 (5.13)과 같은 동기회전 좌표계에서의 전압방정식을 얻을 수 있다.

$$\begin{bmatrix}v_d\\ v_q\end{bmatrix}=\begin{bmatrix}R_a+pL_d & -\omega L_q\\ \omega L_d & R_a+pL_q\end{bmatrix}\begin{bmatrix}i_d\\ i_q\end{bmatrix}+\begin{bmatrix}0\\ \omega\varPsi_f\end{bmatrix} \tag{5.13}$$

여기서 사용된 기호의 의미는 식 (5.14)와 같이 된다.

$$\begin{aligned}&\Psi_f \ : \text{영구자석의 전기자 쇄교자속의 최대치}\\ &v_d,\ v_q \ : \text{전기자 전압의 } d,\ q\text{축 성분}\\ &i_d,\ i_q \ : \text{전기자 전류의 } d,\ q\text{축 성분}\\ &L_d = \frac{3}{2}(L_A - L_{A0}) \ : d\text{축 인덕턴스}\\ &L_q = \frac{3}{2}(L_A + L_{A0}) \ : q\text{축 인덕턴스}\end{aligned} \tag{5.14}$$

동기회전 좌표계에서 d축과 q축의 전류를 구해 보면 식 (5.15)와 같이 계산할 수 있다.

$$\begin{bmatrix} i_d \\ i_q \\ i_0 \end{bmatrix} = \frac{2}{3}\begin{bmatrix} \cos\theta & \cos\left(\theta - \frac{2}{3}\pi\right) & \cos\left(\theta + \frac{2}{3}\pi\right) \\ -\sin\theta & -\sin\left(\theta - \frac{2}{3}\pi\right) & -\sin\left(\theta + \frac{2}{3}\pi\right) \\ 1/\sqrt{2} & 1/\sqrt{2} & 1/\sqrt{2} \end{bmatrix}\begin{bmatrix} I_m\cos(\zeta + \omega t) \\ I_m\cos\left(\zeta + \omega t - \frac{2}{3}\pi\right) \\ I_m\cos\left(\zeta + \omega t + \frac{2}{3}\pi\right) \end{bmatrix} \tag{5.15}$$

여기서 ζ는 전류 위상의 초기치를 나타낸다.

식 (5.15)를 계산하면 식 (5.16)과 같이 i_d, i_q을 얻을 수 있다.

$$i_d = I_m\cos\zeta,\ \ i_q = I_m\sin\zeta,\ \ i_0 = 0 \tag{5.16}$$

식 (5.16)으로부터 동기회전좌표에서 전압, 전류는 직류가 되고 전압, 전류의 최대치는 abc좌표계에서 전압, 전류의 최대값과 동일함을 알 수 있다.

5.2.2 동기회전 좌표계에서 IPMSM의 등가회로와 벡터도

식 (5.13)으로 표현된 동기회전 좌표계에서의 영구자석 전동기의 전압방정식을 다시 나타내면 식 (5.17)과 같다.

$$\begin{aligned} v_d &= R_a i_d + pL_d i_d - \omega L_q i_q \\ v_q &= \omega(L_d i_d + \Psi_f) + R_a i_q + pL_q i_q \end{aligned} \tag{5.17}$$

식 (5.17)의 전압방정식으로부터 그림 5.10과 같은 d축과 q축이 독립된 회로를 구성할 수 있다. 그림 5.10에서와 같이 동기회전 좌표계에서 IPMSM의 d축 전류에 의한 자속 $L_d i_d$와 영구자석의 자속 Ψ_f는 q축 권선에 전원전압과 반대방향으로 속도기전력 $(\omega L_d i_d + \omega\Psi_f)$을 유기하고 q축 전류에 의한 자속 $L_q i_q$은 d축 권선에 전원전압과 같은 방향으로 속도기전력($\omega L_q i_q$)을 유기한다.

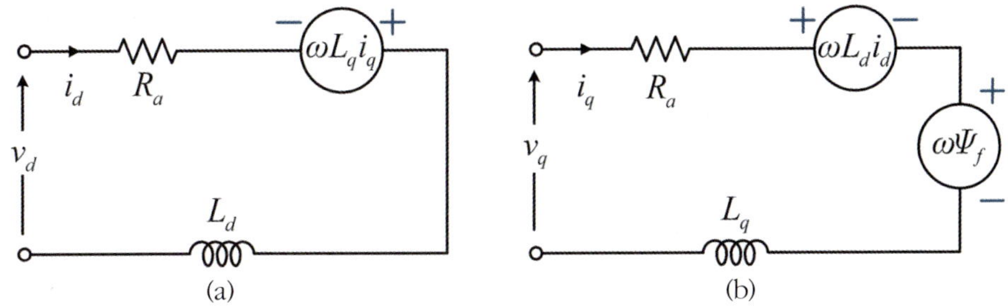

그림 5.10 회전자자속기준 동기좌표계에서의 영구자석형 동기전동기 과도상태 등가회로
(a) d축 등가회로 (b) q축 등가회로

동기회전 좌표계에서 전류는 정상상태에서 직류가 되어 $pL_d i_d = pL_q i_q = 0$인 조건을 고려하면 전압방정식은 식 (5.18)이 된다.

$$\begin{aligned} v_d &= R_a i_d - \omega L_q i_q \\ v_q &= \omega(L_d i_d + \Psi_f) + R_a i_q \end{aligned} \tag{5.18}$$

식 (5.18)을 벡터도로 나타내면 그림 5.11과 같다.

또한 입력전압 V_a는 식 (5.19)와 같이 된다.

$$V_a = \sqrt{v_d^2 + v_q^2} = \sqrt{(R_a i_d - \omega L_q i_q)^2 + (R_a i_q + \omega L_d i_d + \omega \Psi_f)^2} \tag{5.19}$$

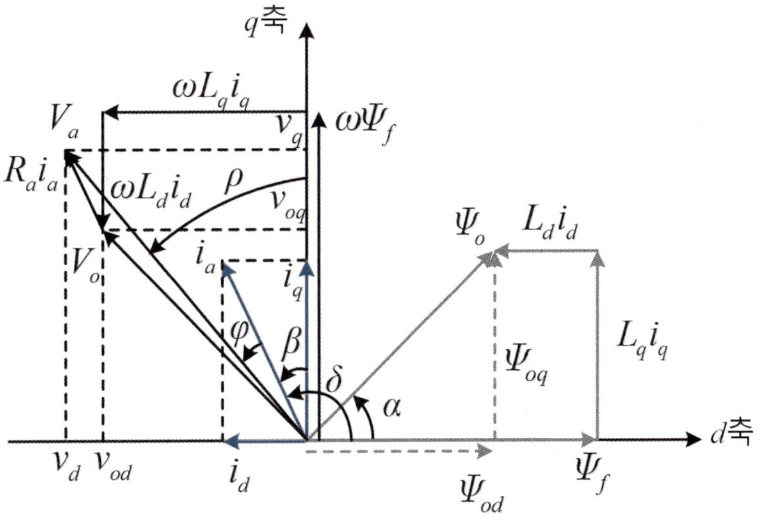

그림 5.11 정상상태에서 IPMSM의 벡터도

여기서 v_d, v_q는 각각 전원전압의 d축 성분과 q축 성분을 나타내고 q축을 기준으로 하는 각도 ρ를 이용하여 표현하면 식 (5.20)이 성립된다.

$$v_d = -V_a \sin\rho, \quad v_q = V_a \cos\rho \tag{5.20}$$

그림 5.11에서 $L_d i_d$와 Ψ_f는 d축 자속 Ψ_{od}을 발생시키고 $L_q i_q$는 q축 자속 Ψ_{oq}를 발생시키므로 공극의 합성자속벡터 $\dot{\Psi}_o$는 두 자속의 벡터 합이고 크기는 식 (5.21)과 같다.

$$\Psi_o = \sqrt{\Psi_{od}^2 + \Psi_{oq}^2} = \sqrt{(L_d i_d + \Psi_f)^2 + (L_q i_q)^2} \tag{5.21}$$

합성자속벡터 $\dot{\Psi}_o$에 의한 속도기전력벡터 $\dot{V}_o$는 합성자속 $\dot{\Psi}_o$에 비해 90° 앞서고 크기는 식 (5.22)와 같이 된다.

$$V_o = \sqrt{v_{od}^2 + v_{oq}^2} = \omega \Psi_o = \omega \sqrt{(L_q i_q)^2 + (L_d i_d + \Psi_f)^2} \tag{5.22}$$

식 (5.22)에서 v_{od}, v_{oq}는 각각 d축 방향과 q축 방향의 속도기전력을 나타내고 식 (5.23)과 같이 정의된다.

$$\begin{bmatrix} v_{od} \\ v_{oq} \end{bmatrix} = \begin{bmatrix} 0 & -\omega L_q \\ \omega L_d & 0 \end{bmatrix} \begin{bmatrix} i_d \\ i_q \end{bmatrix} + \begin{bmatrix} 0 \\ \omega \Psi_f \end{bmatrix} \tag{5.23}$$

그림 5.11에서 q축과 i_a축과의 각도를 β라고 할 때 i_d와 i_q는 식 (5.24)와 같다.

$$i_d = -i_a \sin\beta, \quad i_q = i_a \cos\beta \tag{5.24}$$

여기서 β는 전류벡터각이라고 정의한다.

그림 5.11과 같이 전류 i_a가 뒤진 역률각인 φ로 흐르고 있다고 가정하면 역률각은 $\rho - \beta$이며 역률은 식 (5.25)와 같다.

$$\cos\varphi = \cos(\rho - \beta) \tag{5.25}$$

식 (5.24)를 식 (5.1)에 대입하면 식 (5.26)과 같이 되어 토크를 β의 함수로 나타낼 수 있다.

$$\begin{aligned} T &= \frac{3}{2}\frac{P}{2}\{\Psi_f i_q + (L_d - L_q) i_d i_q\} = \frac{3}{2}\frac{P}{2}\left\{\Psi_f i_a \cos\beta + \frac{1}{2}(L_q - L_d) i_a^2 \sin 2\beta\right\} \\ &= T_m + T_r \end{aligned} \tag{5.26}$$

여기서 T_m, T_r은 각각 마그네틱 토크와 릴럭턴스 토크를 나타내며 P는 극수를 나타낸다.

식 (5.25)에서 계수 $3/2$는 식 (5.7)의 변환행렬 계수 $2/3$에 의해 좌표 변환 시 전력과 토크가 원래의 3상 좌표계와 다르므로 이를 보정하기 위해 사용되는 계수이다(3.2절의 [참조] 참고). 식 (5.16)과 식 (5.24)로부터 알 수 있는 바와 같이 d축을 자속축으로 한 동기회전 좌표계를 사용하면 전원이 직류가 되고 토크 식이 직류전동기의 토크 식과 동일하게 된다. 식 (5.26)에서 자속분 전류(i_d)는 직류전동기에서 계자전류(i_f)에 해당하고 토크분 전류(i_q)는 직류기에서는 전기자전류(i_a)에 해당한다. 이와 같이 새로운 좌표계에서 전원이 직류가 되고 자속분 전류와 토크분 전류로 나눌 수 있으면 직류전동기와 동일한 특성을 가지므로 "영구자석 동기전동기를 직류전동기와 동일하게 제어"(벡터제어의 정의) 할 수 있다. 영구자석 동기전동기를 직류기와 동일한 성능으로 제어한다는 것은 속도제어 또는 위치제어를 위하여 토크를 직접제어 할 수 있다는 것을 의미한다.

5.3 영구자석 전동기의 벡터제어에서 전류벡터 제어법

5.3.1 전류벡터제어의 특성

영구자석 전동기를 동기회전 좌표계로 변환하면 직류전동기와 동일하게 되어 벡터제어가 가능하므로 그림 5.12와 같이 토크(전류)를 직접제어하는 벡터제어 시스템을 구성할 수 있다. 그림 5.12에서 전동기의 회전자 위치는 홀센서, 엔코더, 레졸버 등의 위치 센서를 통해 측정하여 좌표 변환 및 전동기 속도 측정치를 계산하는데 이용한다. 그림 5.12에서와 같이 속도 지령치와 현재 속도의 오차가 비례 적분(PI) 제어기를 거쳐 전류 지령치 I_a^*를 결정한다. 속도제어기의 지령치에서 d축 전류 지령치 i_d^*와 q축 전류 지령치 i_q^*를 결정하는 알고리즘은 제어목적(출력, 효율, 역률 등)에 의해서 결정되는 전류벡터 제어법(또는 전류 위상제어법이라고도 함)으로 5.4절에서 자세히 다루도록 한다. 어떠한 제어법을 사용할 것인지에 따라 d, q축 전류 지령치가 정해지고, i_d^*, i_q^*의 지령치와 측정된 i_d, i_q의 오차가 0이 되도록 비례 적분(PI) 제어기에 의해 지령 V_d^*, V_q^*를 발생한다. 직류인 i_d, i_q는 d, q축 전류이므로 실제로 측정된 i_a, i_b, i_c로부터 변환행렬로 변환하여 구한다. i_a, i_b, i_c는 저항, 변류기 등을 통해 2상을 측정하여 나머지 한상은 계산에 의해 구하는 것이 일반적이다. 전류 제어기의 d, q축 전압 지령치 V_d^*, V_q^*는 전압형 인버터 (VSI : Voltage Source Inverter)에 의해 구현되어 전동기에 인가된다.

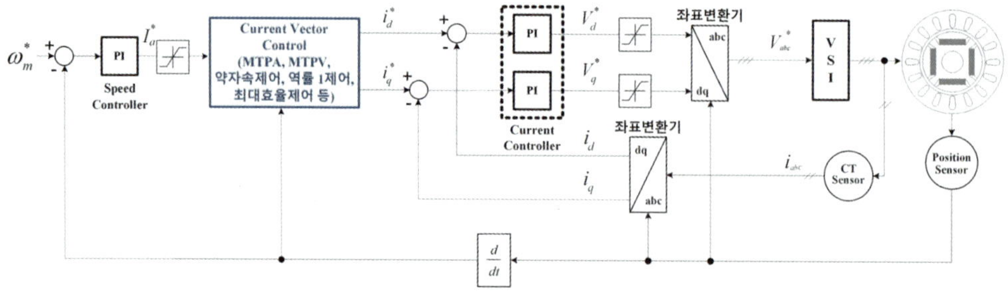

그림 5.12 영구자석 동기전동기에서 전류벡터제어 알고리즘을 고려한 제어 시스템

그림 5.12의 자속분 전류 i_d^*와 토크분 전류 i_q^*는 전류제한과 전압제한을 고려하여 다양하게 입력할 수 있으며 d축 전류(i_d)와 q축 전류(i_q)의 조합은 그림 5.11의 전류벡터각 β에 의해 결정되고 이것을 전류벡터라고 한다. IPMSM 전류벡터각의 제어에 따라 제어성능(토크, 효율, 역률, 역기전력 등)이 상이하고 목표특성을 만족하기 위해 최적의 전류벡터각 β로 제어해야 한다. 그림 5.12의 좌표변환기에서는 유도전동기의 벡터제어에서와 마찬가지로 회전자의 자속 위치 θ를 알아야하는데 동기전동기에서는 회전자의 위치를 측정하면 그것이 회전자 자속의 위치가 되기 때문에 유도전동기에서와 같이 복잡한 수식 전개에 의한 계산이 불필요하다.

IPMSM에서 최대 토크를 발생할 수 있는 전류벡터각에 대하여 살펴보자. 브러시형 직류전동기에서는 릴럭턴스 토크가 없으므로 회전자의 자속벡터와 전기자의 자속벡터가 90°인 위치에 브러시가 위치할 때 최대 토크가 발생한다. 또한 SPMSM에서도 릴럭턴스 토크가 없으므로 영구자석의 자속벡터와 고정자의 자속벡터가 90°를 유지하도록 하면 최대 토크가 발생하고 이를 $i_d = 0$ 제어라고 한다. 5.1.2절에서 살펴본 바와 같이 IPMSM과 같이 역돌극성이 있는 전동기는 전류벡터각이 $\beta \geq 0^\circ$에서 최대 토크가 발생하고 전류벡터각 β에 따라서 효율, 역률 등이 달라지므로 전류벡터각 β을 조절하면 목적에 맞는 제어를 할 수 있다. 따라서 IPMSM에서는 d축 전류(i_d)와 q축 전류(i_q)의 크기를 적절하게 조절하여 최대의 성능이 나오도록 전류벡터각을 제어한다. 영구자석 동기전동기의 그림 5.13에서와 같이 정지상태에서 지령속도 ω_m에 도달하기 위해 최대 토크를 발생시키는 전류벡터각 $\beta = \beta_1$으로 제어하다가 약계자로 제어하면 경로 A를 따라 지령속도에 도달한다. 반면 $\beta = 0^\circ$로 제어하다가 약계자 제어를 하면 경로 B를 따라 지령속도에 도달한다. 따라서 $\beta = \beta_1$으로 제어하는 것이 $\beta = 0^\circ$로 제어하는 것에 비해서 가속성능이 매우 우수함을 알 수 있다. 이와 같이 전류벡터에 의해 제어성능이 크게 영향을 받으므로 시스템의 속도와 토크의 지령의 범위가 넓고 제어기의 응답성이 중요한 분야에서는 최적의 전류벡터를 선택해야 한다.

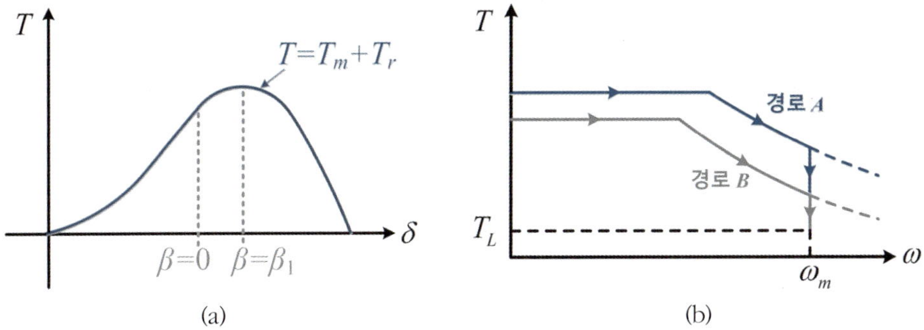

그림 5.13 전류벡터각에 따른 특성 (a) 토크 (b)속도-토크 특성

5.3.2 전류벡터각과 토크의 관계

식 (5.26)에서 알 수 있는 바와 같이 IPMSM에서 토크는 마그네틱 토크와 릴럭턴스 토크의 합으로 일정한 전류에서 전류벡터각 β에 의해서 토크의 크기를 제어할 수 있다. 표 5.1의 제원을 갖는 IPMSM에 대해서 $i_a = 12$[A]일 때 전류벡터각 β에 대해서 T, T_m, T_r를 구하면 그림 5.14와 같이 된다. 마그네틱 토크는 전류벡터각(β)이 0° (부하각 $\delta = 90^\circ$)에서 양으로 최대가 되고 180° (부하각 $\delta = -90^\circ$)에서 음으로 최대가 된다. 마그네틱 토크는 전류의 크기와 관계없이 항상 $\beta = 0^\circ$ 에서 발생하고 전류의 크기에 비례함을 알 수 있다. 릴럭턴스 토크는 d축과 q축의 인덕턴스가 일정하면 식 (5.26)에 의해 전류벡터각이 45° 에서 최대 토크가 발생한다. IPMSM은 L_q가 L_d보다 큰 역돌극성이기 때문에, 릴럭턴스 토크는 전류벡터각 $\beta = 45^\circ$ ($\delta = 135^\circ$), $\beta = -135^\circ$ ($\delta = -45^\circ$)에서 양으로 최대가 되고 $\beta = -45^\circ$ ($\delta = 45^\circ$), $\beta = 135^\circ$ ($\delta = -135^\circ$)에서 음으로 최대가 된다. 따라서 전류벡터가 2사분면에 존재해야 IPMSM의 양의 최대 토크가 발생한다는 것을 알 수 있다. 표 5.1의 IPMSM에 대해서 $i_a = 12$[A]인 경우에 해석해 보면 그림 5.14와 같이 전류벡터각이 24° 일 때 최대 토크가 발생한다. SPMSM은 L_d와 L_q가 같기 때문에 릴럭턴스 토크가 존재 하지 않고 전류벡터각이 0° 에서 최대 토크가 발생한다. 또한 동기형 릴럭턴스 전동기(SynRM)은 회전자에 영구 자석이 삽입되지 않았기 때문에 마그네틱 토크가 존재 하지 않으므로 이상적인 경우 $\beta = 45^\circ$ 에서 최대 토크가 발생한다.

표 5.1 IPMSM의 제원

변수	설명	값	단위
N_P	극수	8	
V_{dc}	DC link 전압	311.13	V
V_{am}	출력상전압	179.63	V
I_{am}	상전류 최대치	50	A
R_a	상저항	0.32	Ohm
V_{om}	출력 상전압 (저항고려)	163.63	V
ω_b	기저속도	1384	rpm
Ψ_f	쇄교자속 최대치	0.085	Wb
L_d	d축 인덕턴스	0.0027	H
L_q	q축 인덕턴스	0.007	H

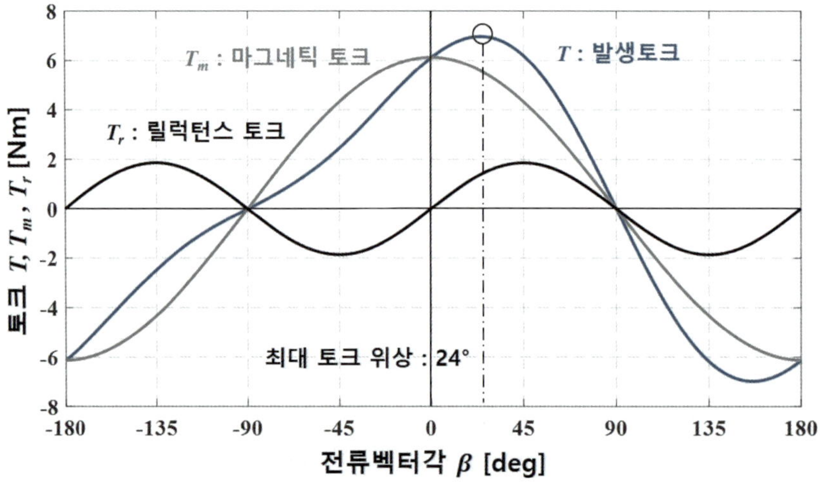

그림 5.14 전류벡터각에 따른 IPMSM의 토크 곡선 ($i_a = 12[\mathrm{A}]$)

그림 5.15는 전류의 크기에 따른 IPMSM의 발생 토크를 나타내고 있으며 전류의 크기가 커질수록 최대 토크가 발생하는 전류벡터각이 증가하게 된다. 마그네틱 토크는 전류의 크기에 비례하지만, 릴럭턴스 토크는 전류의 제곱에 비례하기 때문에 전류의 크기가 커짐에 따라 릴럭턴스 토크가 전체 토크에서 차지하는 비율이 커지므로 최대 토크 발생

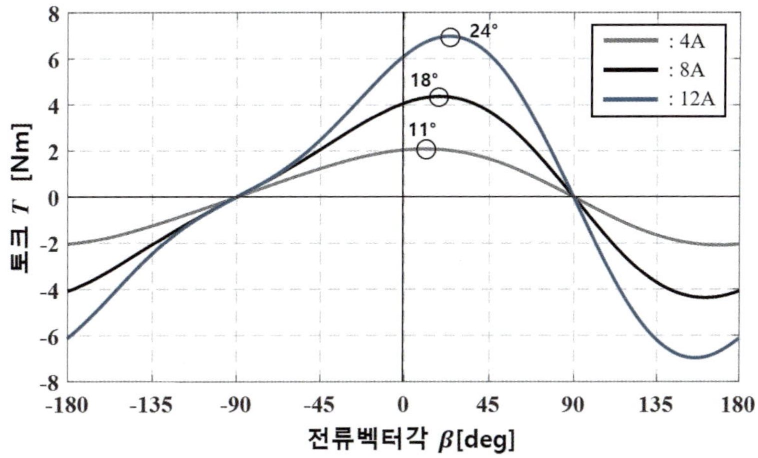

그림 5.15 전류의 크기에 따른 IPMSM의 토크 곡선

전류벡터각이 릴럭턴스토크가 최대가 되는 45° 쪽으로 이동하게 된다. 또한 발생 토크가 음으로 최대인 전류벡터각은 전류의 크기가 클수록 릴럭턴스 토크가 최소인 135° 쪽으로 이동한다는 사실을 확인 할 수 있다.

이와 같이 일정한 토크를 발생시키는 여러 조합 중에서 최소의 전류로 원하는 토크를 발생하는 전류벡터각을 찾아 그 전류벡터각으로 운전하면 전류 당 가장 큰 토크를 낼 수 있으며 이러한 제어법을 전류 당 최대 토크 제어(MTPA : Maximum Torque per Ampere)라고 한다.

5.3.3 전류벡터각과 역기전력의 관계

총 쇄교자속은 식 (5.22)에서 알 수 있는 바와 같이 속도기전력을 결정짓는 중요한 양이다. 그림 5.16과 같이 전류의 크기를 일정하게 하고 전류벡터각 β를 증가시키면 d축 전류의 크기가 음의 방향으로 증가하고, 양방향의 q축 전류는 감소한다. 이때 d축 전류는 영구자석의 자속(Ψ_f)의 방향과 반대 방향으로 쇄교자속($L_d i_d$)을 발생시키므로 d축의 자속은 $\Psi_{od} = \Psi_f + L_d i_d$로 작아지고 q축 쇄교자속($L_q i_q$)도 i_q가 줄어들기 때문에 감소한다. 음의 d축 전류를 통해 영구 자석이 만드는 자속을 감소시키는 것을 약자속이라 하며 계자 전류의 크기를 통해 계자 자속을 줄이는 약계자와 구분되는 용어다. 그림 5.16에서와 같이 d축의 자속은 q축으로 전압을 유기하고 q축의 자속은 d축으로 전압을 유기한다. dq축 좌표계에서 정상상태의 경우 i_d, i_q의 시간에 따른 변화율은 0이 되므로 누설자속을 무시하고 식 (5.17)의 회로방정식을 다시 쓰면 식 (5.27)과 같이 된다.

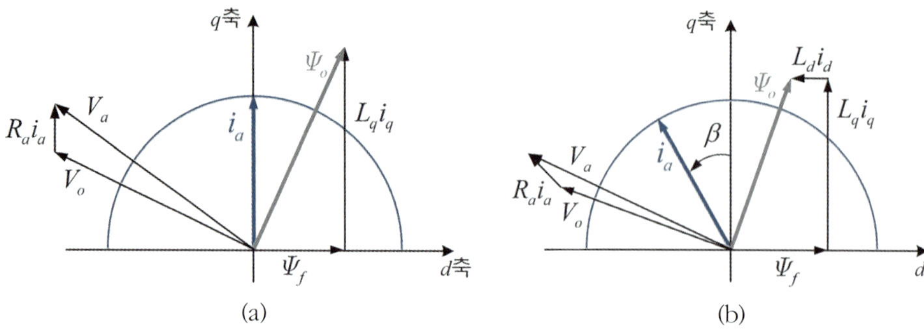

그림 5.16 전류벡터각에 따른 벡터도 (a) $\beta = 0°$ (b) $\beta = 30°$

$$
\begin{aligned}
v_d - R_a i_d &= -\omega L_q i_q = v_{od} \\
v_q - R_a i_q &= \omega (L_d i_d + \Psi_f) = v_{oq}
\end{aligned} \tag{5.27}
$$

따라서 저항 전압강하를 고려한 d축과 q축의 속도기전력 v_{od}, v_{oq}으로부터 자속에 의한 총 유도기전력의 크기는 식 (5.22)와 같다.

속도기전력의 크기는 최대 입력전압 V_{am}에서 최대전류 I_{am}이 흐를 때 저항 강하를 빼준 값 (V_{om})보다 작아야 하므로 식 (5.28)이 성립하고 이와 같은 관계를 그림 5.16에 나타내었다.

$$
V_o = \omega \Psi_o = \omega \sqrt{(L_d i_d + \Psi_f)^2 + (L_q i_q)^2} \le V_{am} - R_a I_{am} = V_{om} \tag{5.28}
$$

식 (5.28)에서와 같이 속도기전력의 크기는 V_{om}보다 작아야 외부의 전압으로부터 전류를 흘릴 수 있다는 것을 나타낸다. 따라서 $\omega =$ 일정, $T =$ 일정 일 때 쇄교자속 Ψ_o가 작으면 속도기전력이 작아지고 전류가 일정할 경우 입력전압도 작아진다. 따라서 특정 속도와 토크에서 역기전력이 최소가 되는 전류벡터를 선택하면 그 속도와 토크에서 가장 작은 전압으로 구현할 수 있는 전류벡터가 된다. 그림 5.17은 토크 $T = 10$[Nm]를 발생시키는 전류벡터각 β를 변경하였을 때의 전류벡터 조합에 따른 전기자전류의 크기와 총 쇄교자속(역기전력)의 특성을 나타내고 있다.

그림 5.17에서 알 수 있는 바와 같이 일정 토크를 발생시키는 전류의 크기는 전류벡터각에 따라 다르다. 전류벡터각이 커질수록 마그네틱 토크는 작아지고 릴럭턴스 토크는 45° 까지 커지지만 그 이후는 작아지게 된다. 따라서 일정토크를 발생하는 전기자 전류는 점차 작아지다가 최소가 되는 전류벡터각을 거친 후 상승하게 된다. 이는 앞서 살펴보았던 같은 전류에서 최대 토크가 되는 조건과 동일하다. 이와 같이 일정 토크를 발생시킬 때 최소의 전류가 입력되는 전류벡터각이 존재하며 이 전류벡터각에서 운전하는 제

어법을 전류당 최대 토크 제어(MTPA : Maximum Torque per Ampere)라고 한다. 표 5.1의 제원을 갖는 전동기에서 $T = 10$[Nm]를 출력하는 MTPA 제어의 전류크기는 약 15[A]이고 전류벡터각 β는 28°가 된다.

그림 5.17에서와 같이 28° 이상에서는 전류가 점점 커지고 이때 위상도 점점 커지므로 i_d도 음의 방향으로 커진다. 따라서 총 쇄교자속이 작아지며 80° 일 때 최소가 되어 이 특정 속도와 토크에서 인가되는 전압이 가장 작은 전류벡터가 된다. 그림 5.17에서 80° 일 때의 전류의 크기는 최소전류에 비해서 약 2.4배의 전류가 흐르게 되는데 이렇게 전류가 증가되어도 역기전력이 작아지는 이유는 그림 5.18에서와 같이 d축 전류가 (-)로 증가하여 d축 자속이 작아지고 q축 전류에 의한 자속도 작아져서 총 쇄교자속이 작아지기 때문이다. 반면, 전류벡터각 80° 이후에는 전류벡터각이 증가하면서 동일 토크를 발생하기 위한 전기자 전류가 계속 증가하고 총 쇄교자속이 증가되는데 이러한 현상은 d축 쇄교자속 $(L_d i_d + \Psi_f)$이 (-)값으로 급격히 커져 총 쇄교자속은 증가하기 때문이다.

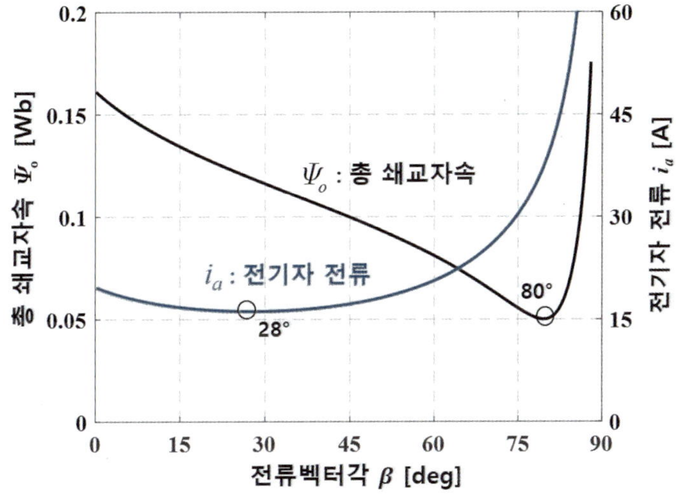

그림 5.17 발생 토크 일정 시 전류벡터각에 따른 전류 ($T = 10$[Nm])

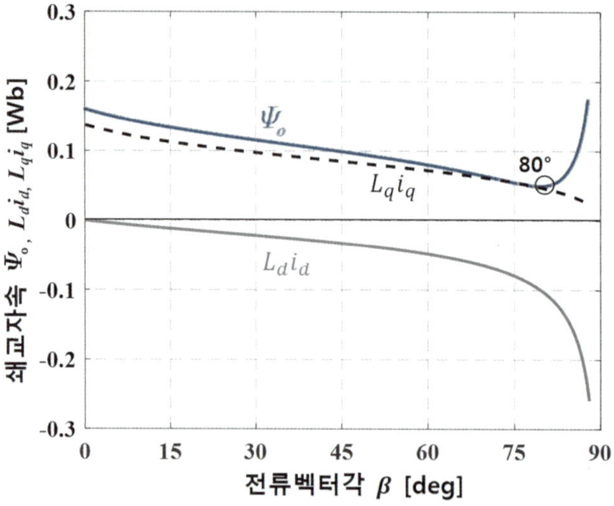

그림 5.18 발생 토크 일정 시 전류벡터각에 따른 쇄교자속 ($T = 10$[Nm])

5.4 전압제한과 전류제한을 고려한 출력 제어법

5.4.1 전압제한과 전류제한을 고려한 제어법의 개요

그림 5.19는 전압제한과 전류제한을 고려한 일반적인 IPMSM의 속도-토크 제어 특성 곡선을 나타내고 있다. 그림 5.19에서 ω_b는 기저속도이며 이는 전압의 제한에 의해서 결정되는 값이고 ω_b까지의 제어법을 정토크제어라고 한다. 정토크제어에서 전류는 일정한 정격전류가 흐르고 전류가 일정해도 전류벡터에 따라 토크의 크기가 다르다. 정토크제어에서 일정전류가 흐를 때 최대의 토크가 발생하는 전류벡터로 제어하여야 하는데 이 제어법을 전류 당 최대 토크 제어(MTPA : Maximum Torque per Ampere)라고 한다. 속도가 $\omega_b < \omega \le \omega_{BT}$의 속도에서의 제어법은 전압과 전류를 정격으로 가해주면서 최대의 토크를 출력할 수 있는 제어법으로 약자속 제어라고 한다. 또한 ω_{BT}이상의 속도영역을 특성영역(약자속제어 III)이라고 하고 ω_{BT}이상에서는 전압 당 최대 토크로 제어하는 영역이다. 특성영역의 제어는 브러시형 직류전동기에서는 발생하지 않는 영역으로 유도기 또는 IPMSM에서 나타나는 영역이다.

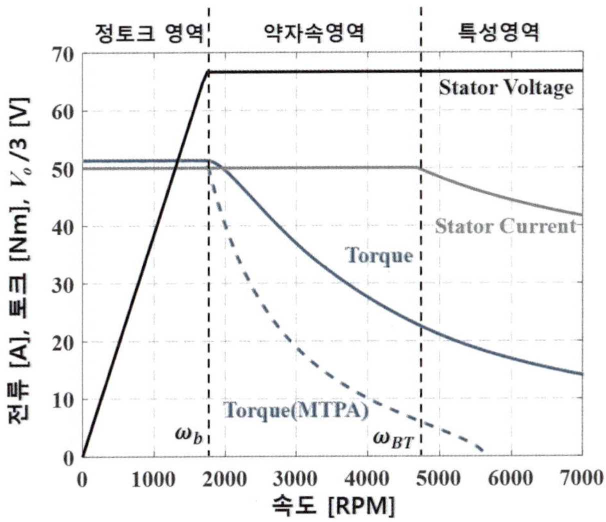

그림 5.19 전압제한, 전류제한을 고려한 특성 곡선

5.4.2 전류제한을 고려한 MTPA 제어법

전기기기는 전류와 전압을 무한대로 입력할 수 없고 연속운전을 하는 경우 정격전류 이하로 구동해야한다. 따라서 전류와 전압의 크기에 제한을 고려하여 목적하는 성능을 출력할 수 있는 최적의 전류벡터를 구해 제어하는 것은 전기기기가 가지고 있는 성능을 최대로 구현하는 방법이다. 전류제한이란 영구자석기기에 입력하는 전류의 한계치를 나타내며 d축 전류(i_d)와 q축 전류(i_q)의 벡터합이 입력전류의 최대치(I_{am})에 비해서 작아야 한다는 조건으로 식 (5.29)와 같이 정의된다.

$$i_d^2 + i_q^2 \le I_{am}^2 \tag{5.29}$$

전기자 전류의 최대치 크기 I_{am}이 일정하다고 하면, 식 (5.29)의 등식은 원의 방정식이 된다. 따라서 식 (5.29)의 등식을 i_d, i_q를 변수로 d, q축 상에 표현하면 그림 5.20과 같은 원이 된다. 식 (5.29)의 등식에서 전기자 전류의 크기 I_{am}은 원의 반지름을 의미하기 때문에, 그림 5.20과 같이 전기자 전류가 커질수록 원의 크기가 커지고 정전류원 중에 전기자 전류의 크기가 전류의 최대값으로 표현된 원을 전류제한원이라고 한다.

5.3절에서 알아 본 바와 같이 동일한 크기의 전류를 흘려도 전류의 위상인 i_d, i_q의 크기비에 따라서 발생하는 토크의 크기가 변하고 토크가 최대가 되는 전류 위상이 존재하게 된다. 일정한 전류에 대하여 최대 토크가 발생하는 전류벡터각에서 운전 하는 것을 전류 당 최대 토크(MTPA : Maximum Torque per Ampere) 제어 혹은 최대 토크/전류 제어라고 한다.

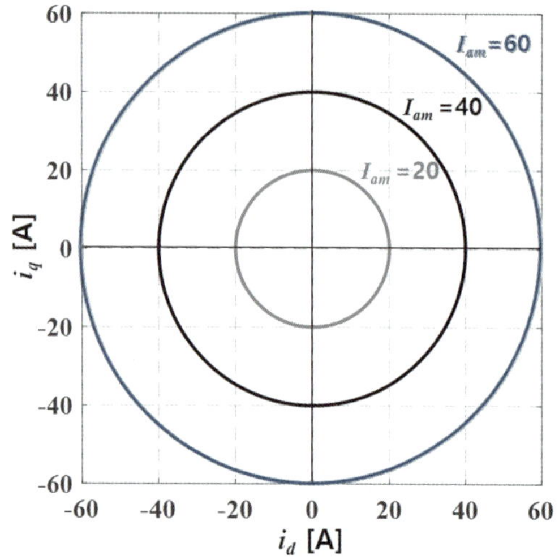

그림 5.20 정전류원

MTPA 제어 운전점은 전기자 전류의 크기 i_a와 전류벡터각 β의 함수로 표현된 식 (5.26)을 β에 대해서 편미분한 값이 0인 조건(극점)으로부터 구할 수 있다. 식 (5.30)과 같이 IPMSM의 토크 방정식을 전류벡터각으로 편미분이 0(극점)으로 되는 β는 토크가 양 또는 음의 최대값이 되는 전류벡터각이 된다.

$$\begin{aligned}\frac{\partial T}{\partial \beta} &= \frac{3}{2}\frac{P}{2}\left\{-\Psi_f I_{am}\sin\beta + (L_q - L_d)I_{am}^2\cos 2\beta\right\} \\ &= \frac{3}{2}\frac{P}{2}\left\{-\Psi_f I_{am}\sin\beta + (L_q - L_d)I_{am}^2(1 - 2\sin^2\beta)\right\}\end{aligned} \tag{5.30}$$

식 (5.30)을 만족하는 β를 구하면 식 (5.31)과 같이 된다.

$$\beta_1 = \sin^{-1}\left(\frac{-\Psi_f \pm \sqrt{\Psi_f^2 + 8(L_q - L_d)^2 I_{am}^2}}{4(L_q - L_d)I_{am}}\right) \tag{5.31}$$

식 (5.31)을 살펴보면 영구자석에 의한 쇄교자속(Ψ_f)과 인덕턴스(L_d, L_q)가 일정하다고 하면 전류 당 최대 토크를 발생시키는 전류벡터각 β는 전기자 전류 I_{am}만의 함수임을 알 수 있다. 따라서 전기자 전류의 크기가 정해지면 최대 토크를 발생시키는 전류벡터각이 정해지므로 이때의 운전 포인트는 최대 토크/전류 곡선과 전류제한원의 교점이 되고 d, q축 전류의 값 i_{d1}, i_{q1}은 각각 식 (5.32), (5.33)과 같이 된다.

$$i_{d1} = -I_{am} \times \left(\frac{-\Psi_f \pm \sqrt{\Psi_f^2 + 8(L_q - L_d)^2 I_{am}^2}}{4(L_q - L_d)I_{am}}\right) = \frac{\Psi_f}{4(L_q - L_d)} \pm \sqrt{\frac{\Psi_f^2}{16(L_q - L_d)^2} + \frac{I_{am}^2}{2}} \tag{5.32}$$

$$i_{q1} = \sqrt{I_{am}^2 - i_{d1}^2} \tag{5.33}$$

MTPA 전류궤적을 나타내는 궤적의 식인 식 (5.32), (5.33)을 전류 I_{am}에 대해서 dq축 상에 그리면 그림 5.21과 같은 그래프를 얻을 수 있다. 그림 5.21에서 알 수 있는바와 같이 최대 토크/전류 곡선은 2상한, 3상한에 위치하고 2상한(전류벡터각 $0^\circ \le \beta \le 90^\circ$)에서는 양의 토크를 발생하고 3상한(전류벡터각 $90^\circ \le \beta \le 180^\circ$)에서는 음의 토크를 발생한다. 또한 음의 최대 토크를 발생시키는 전류벡터각을 β_2라고하면 β_2는 β_1과 d축에 대해서 대칭이므로 $\beta_2 = 180^\circ - \beta_1$을 만족한다. 따라서 두 전류벡터각의 대칭성을 고려하여 이후에는 양의 토크를 나타내는 β_1에 대해서만 논하도록 한다.

IPMSM의 토크 방정식과 전류제한원의 관계로부터 MTPA 제어의 물리적인 특성을 자세히 살펴보도록 하자. 식 (5.26)의 IPMSM의 토크 방정식을 변형하면 식 (5.34)와 같다.

$$i_q = \frac{T}{\left[\frac{3}{2}\frac{P}{2}\{\Psi_f + (L_d - L_q)i_d\}\right]} \tag{5.34}$$

식 (5.34)에서 발생 토크 T가 일정할 경우 d, q축 상에 i_d, i_q를 나타내면 정토크 특성곡선이 이라고 하며, 식 (5.34)에서 알 수 있는 바와 같이 i_d, i_q는 반비례 관계가 있고 그림 5.22와 같은 반비례 그래프가 된다.

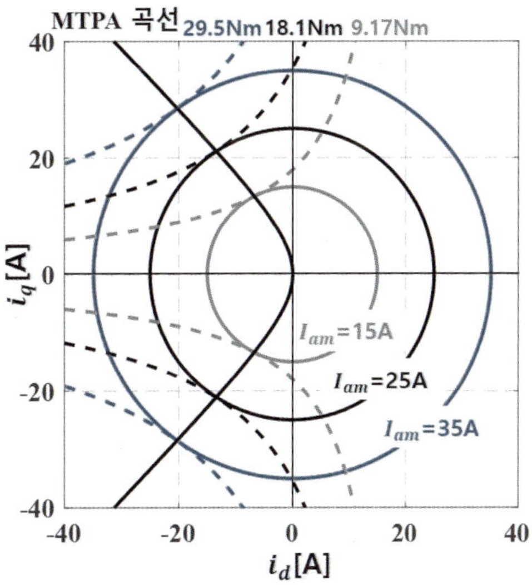

그림 5.21 최대 토크/전류 제어의 전류벡터 궤적

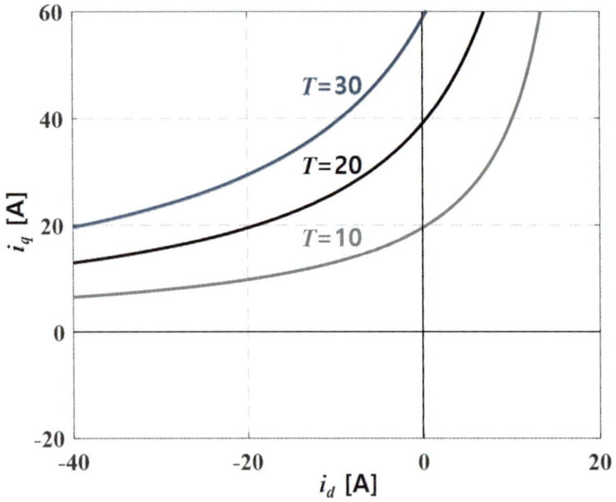

그림 5.22 정토크 곡선

그림 5.23은 전류제한과 정토크 곡선을 같이 나타낸 것으로 전류벡터로 만들 수 있는 토크는 무수히 많이 존재한다. 그림 5.23에서 전류제한이 25[A]일 때 정토크 곡선이 전류제한원과 접하는 점 B가 18.1[Nm]를 발생시키는 전류제한이 25[A]로 출력할 수 있는 최대 토크가 되고 이때의 전류벡터는 점 B가 된다. 또한 그림 5.23에서 전류제한이 15[A]일 때 전류제한원과 9.17[Nm]의 정토크 곡선의 접하는 점 A가 15[A]로 출력할 수 있는

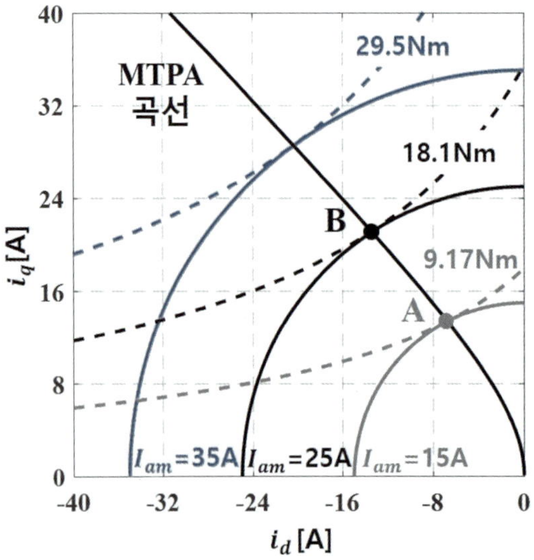

그림 5.23 최대 토크/전류 제어의 전류벡터 궤적

최대의 토크가 된다. 따라서 최대 토크/전류 곡선은 정전류원과 정토크 곡선이 접하는 점을 이은 곡선이 되고 그림 5.23에 최대 토크/전류 제어 운전점의 전류벡터각을 나타내고 있다. 최대 토크/전류 제어를 위한 전류벡터각은 식 (5.32), (5.33)에 의해 구하기도 하지만, 제어의 간편화를 위해 전류벡터각을 속도에 관계없이 일정하게 하는 경우가 일반적이다.

SPMSM의 경우는 IPMSM의 특수한 경우로 $L_d = L_q$를 만족하므로 식 (5.32)의 i_{d1}은 0이 되고 식 (5.33)의 $i_{q1} = I_{am}$ 되어 $\beta = 0^\circ$ 이 MTPA 전류궤적이 된다. 따라서 SPMSM의 최대 토크/전류 제어는 $i_d = 0$ 제어라고도 한다.

5.4.3 전압제한과 약자속 제어

[1] 전압제한타원

전동기에 가해지는 전압에 제한이 없으면 전압제한에 의한 전류의 제한이 없으므로 전동기 제어에서는 정격전류를 고려한 전류제한만을 고려하면 된다. 그러나 전동기에 가해지는 전압은 전동기의 정격전압, 인버터의 최대 출력전압에 의해 제한되므로 흘릴 수 있는 전류가 제한된다. 전압제한타원이란 전류제한원과 관계없이 전압제한에 의해 인가되는 전류가 제한되는 것을 나타낸다. dq동기회전 좌표계에서 전압제한이 입력 전류에 미치는 영향을 알아보자. dq동기회전 좌표계의 정상상태에서는 전류가 직류이고 전류의 변화가 없으므로 변압기 기전력은 존재하지 않고 역기전력은 속도기전력만 있으므로 전압방정식은 앞의 식 (5.28)과 같은 관계가 성립된다. 식 (5.28)을 다시 고쳐 쓰면 다음 식 (5.35)와 같다.

$$(L_d i_d + \Psi_f)^2 + (L_q i_q)^2 = \Psi_o^2 \leq \left(\frac{V_{om}}{\omega} \right)^2 \qquad (5.35)$$

식 (5.35)는 그림 5.24와 같이 속도가 증가할수록 크기가 작아지는 타원의 식을 나타낸다. 또한 그림 5.24에서 정전압 타원의 중심은 $(-\Psi_f / L_d,\ 0)$이 되는데 이 중심은 IPMSM의 속도 영역을 결정하는 중요한 변수가 된다. 최대 역기전력은 식 (5.35)와 같이 전원전압의 최대치와 전류의 최대치에 의해 결정되고 속도에 반비례해서 타원의 지름이 줄어든다. 또한 식 (5.35)에서 우측 항은 유기 전압과 속도의 비로 총 쇄교자속과 같기 때문에 정전압타원을 정쇄교자속타원이라고도 한다. 쇄교자속의 관점에서 살펴보면 속도가 증가할수록 쇄교자속을 작게 해야 최대 역기전력 값을 넘지 않음을 나타낸다. 그림 5.24의 타원의 궤적은 전압제한을 고려했을 때 인가할 수 있는 최대의 전류 값이므로 그 궤적보다 작은 전류벡터 i_d, i_q는 가능하지만 이 궤적보다 큰 전류벡터 i_d, i_q는 불가능함을 나타낸다.

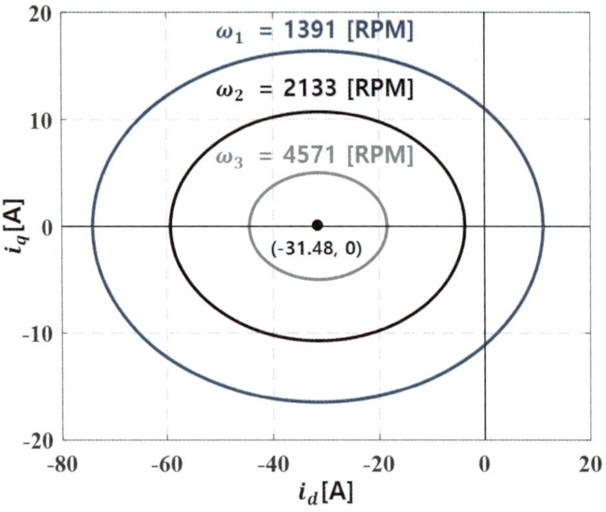

그림 5.24 정전압타원

[2] 전류제한과 전압제한을 고려한 전류벡터 가능범위

전압제한과 전류제한을 모두 고려할 경우 전류벡터의 선택은 전압제한타원과 전류제한원의 교집합부분이 선택할 수 있는 전류의 범위다. 전압제한에 의한 전류의 선택 범위는 속도가 0이면 전압제한에 따른 전류의 제한이 없고 속도가 증가하면 전류의 선택 범위가 작아진다. 따라서 그림 5.25에서 저속영역 $\omega \ll \omega_1$의 경우에는 전류제한원이 전압

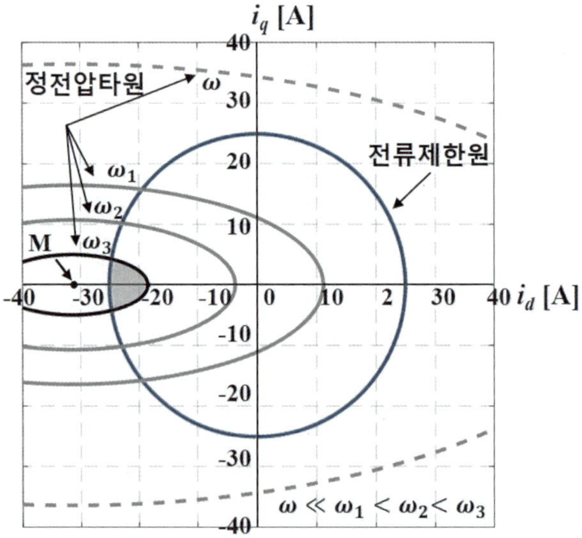

그림 5.25 전압, 전류제한을 고려한 전류벡터의 선택 가능 범위

제한타원의 속 집합이므로 전류제한만을 고려하여 전류벡터를 선택하면 된다. 그러나 고속 ω_1, ω_2, ω_3에서는 전압제한과 전류제한의 교집합 부분만이 전류제한과 전압제한을 고려하여 가할 수 있는 전류벡터가 된다. 그림 5.25에서 알 수 있는 바와 같이 속도가 증가되면 가할 수 있는 전류벡터의 영역이 줄어드는 것을 알 수 있다.

[3] 약자속 제어의 원리

넓은 의미에서 약자속 제어는 음의 d축 전류에 의해 합성 d축 자속($L_d i_d + \Psi_f$)을 작게 만들어 주는 것을 의미한다. 이것은 회전자를 전자석으로 한 타여자 직류전동기, 권선형 동기전동기에서는 계자에 흐르는 계자 전류를 감소시키는 것과 같이 자속을 감소시키는 특징이 있다. 영구자석 동기전동기에서는 회전자에 권선이 없으므로 계자전류에 해당하는 고정자의 d축 전류를 (-)로 흘려 자속을 약하게 하는 것을 말한다. 이때 전류제한이 존재할 경우 d축 전류를 크게 하면 q축 전류가 감소하는 특징이 있다. 그림 5.26에서와 같이 속도가 증가하면 MTPA 곡선상의 전류벡터와 전압제한타원이 만나는 속도가 존재한다. IPMSM을 MTPA 제어하는 경우 d축 전류(i_{d1})와 q축 전류(i_{q1})는 각각 식 (5.32), (5.33)로 정의된다. i_{d1}, i_{q1}는 MTPA 곡선과 전류제한원의 교점이 되는 전류벡터를 나타내는 것으로 전류제한을 고려한 최대 토크 발생(MTPA) 전류벡터이다. 식 (5.32), (5.33)과 같은 전류가 흐를 때 전기자 총 쇄교자속은 식 (5.36)과 같이 된다.

$$\Psi_{o1} = \sqrt{(\Psi_f + L_d i_{d1})^2 + (L_q i_{q1})^2} \tag{5.36}$$

유기전압 $V_o (= \omega \Psi_{o1})$이 식 (5.28)의 제한 값 V_{om}에 도달하는 전기각속도는 식 (5.37)과 같이 된다.

$$\omega_b = \frac{V_{om}}{\Psi_{o1}} \tag{5.37}$$

MTPA 제어는 속도 ω_b까지 가능하고 그림 5.26에서 알 수 있는 바와 같이 속도 ω_b이상에서는 전압제한타원이 작아지게 되므로 MTPA 곡선상 A점의 전류벡터각으로 운전할 수 없게 된다. 따라서 그림 5.26과 같이 전류벡터를 선택할 때 몇 가지 방법이 존재한다.

첫 번째 방법은 MTPA 제어를 유지 하는 방법으로 전압제한타원과 MTPA 곡선과의 교점을 전류벡터로 선택하는 방법이다. 그림 5.26에서 속도 ω_1일 때 B점의 전류벡터로 운전이 가능하지만 속도 ω_2에 도달하기 전에 인가할 수 있는 전류벡터가 존재하지 못한다. 따라서 운전할 수 있는 최대 속도는 ω_1과 ω_2사이의 속도가 된다.

두 번째 방법은 최대 전압제한타원과 최대 전류제한원의 교점에서 전류를 인가하는 방법으로 그림 5.26에서 속도 ω_1일 때 전류벡터를 B'으로 가해주는 방법이다. 그림

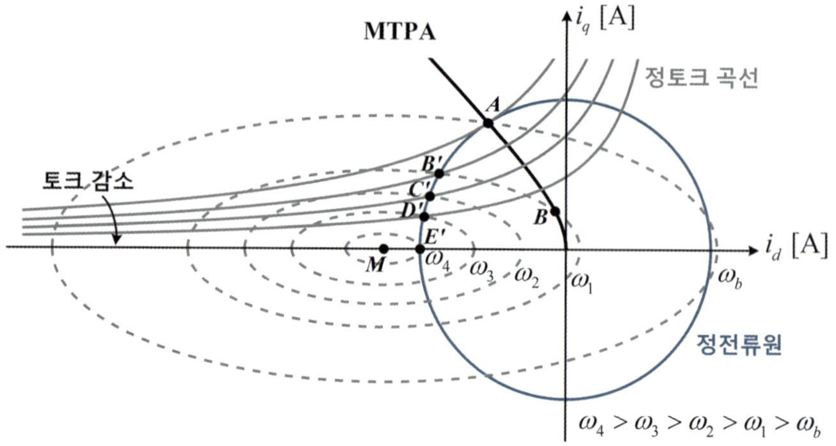

그림 5.26 제어법에 따른 전류벡터 궤적

5.27에서 알 수 있는 바와 같이 첫 번째 방법에 비해서 두 번째 방법으로 제어하는 것이 발생하는 토크가 월등히 크고 한계속도가 큼을 알 수 있다. 첫 번째 방법은 MTPA 제어를 하지만 전압제한으로 인해 가할 수 있는 전류의 크기가 작기 때문에 두 번째 방법에 비해 토크가 작아진다. 또한 속도가 증가하여 속도가 ω_2가 되면 첫 번째 방법의 MTPA 제어법으로 가해줄 수 있는 전류벡터가 존재하지 않으므로 토크는 0이 된다. 반면 속도 ω_2에서 두 번째 방법을 사용하면 그림 5.27과 같이 토크를 발생할 수 있고 속도가 계속해서 증가하여 속도가 ω_4가 되면 전류제한원과 전압제한타원의 교점인 E'점에서 $i_q = 0$이 되므로 토크가 0이 되고 이 속도를 한계속도라고 한다.

이와 같이 MTPA 운전을 하다가 기저속도 ω_b이상의 속도에서는 전압제한타원과 전류제한원의 교점에서 전류벡터로 운전하는 것이 가장 큰 토크(출력)를 발생시키는 제어법이다. 두 번째 방법의 전류벡터제어는 속도가 증가함에 따라 d축 전류를 음의 방향으로 증가시키고 q축 전류를 감소시키는 제어법이며 음의 d축 전류성분은 영구자석의 자속과 반대방향이 되므로 자속을 약하게 하는 작용을 한다는 의미에서 약자속 제어라고 한다. 약자속 제어의 전류벡터는 전류제한원과 전압제한타원의 교점이므로 식 (5.29)와 식 (5.35)을 연립해서 풀면 식 (5.38)과 식 (5.39)의 전류벡터식을 얻을 수 있다.

$$i_{d2} = \frac{\Psi_f L_d - \sqrt{(\Psi_f L_d)^2 + (L_q^2 - L_d^2)\left\{\Psi_f^2 + (L_q I_{am})^2 - \left(\frac{V_{om}}{\omega}\right)^2\right\}}}{L_q^2 - L_d^2} \tag{5.38}$$

$$i_{q2} = \sqrt{I_{am}^2 - i_{d2}^2} \tag{5.39}$$

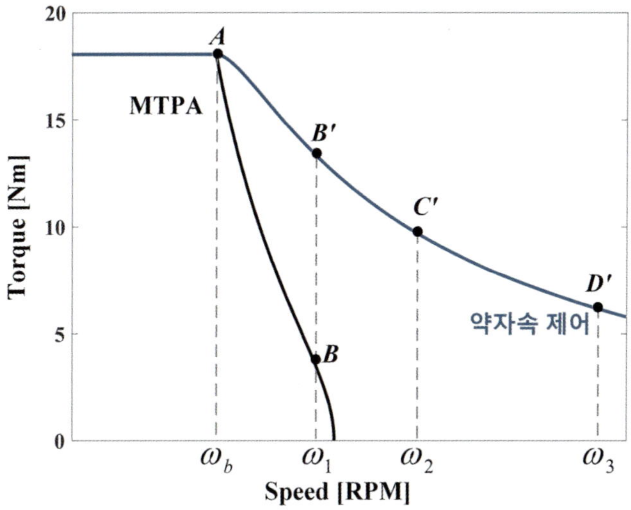

그림 5.27 M점이 전류제한원 밖에 존재할 경우 속도-토크 특성

기저속도이상에서도 MTPA 제어를 계속하는 경우와 MTPA 제어와 약자속 제어를 하는 경우에 속도-토크 특성은 그림 5.27과 같다. 그림 5.27에서 알 수 있는 바와 같이 MTPA 제어와 약자속 제어를 하는 것이 출력이 크고 한계속도가 큼을 알 수 있다. 약자속 제어가 가능한 한계속도는 $i_d = -I_{am}$, $i_q = 0$일 때 역기전력으로부터 식 (5.40)과 같이 구해진다.

$$\Psi_f - L_d I_{am} = \frac{V_{om}}{\omega_c} \quad \text{또는} \quad \omega_c = \frac{V_{om}}{\Psi_f - L_d I_{am}} \tag{5.40}$$

또한 $L_d = L_q = L_s$인 SPMSM에서 MTPA 전류벡터는 $i_d = 0$ 제어라고 하며 $i_d = 0$ 제어를 하는 SPMSM의 기저속도 $\omega_{b-spmsm}$은 식 (5.41)과 같이 된다.

$$\omega_{b-spmsm} = \frac{V_{om}}{\Psi_{o1}} = \frac{V_{om}}{\sqrt{\Psi_f^2 + (L_s I_{am})^2}} \tag{5.41}$$

5.4.4에서 다룰 MTPV 제어가 가능한 전동기에서 영구자석 전동기를 MTPV 제어하면 한계속도는 식 (5.40)이 아닌 무한대가 된다.

5.4.4 전압제한을 고려한 MTPV 제어법

5.3절에서 살펴 본 바와 같이 일정한 토크를 발생하는 전류벡터 중에 총 쇄교자속이 최소가 되는 전류벡터각이 존재하는데 이것은 동일 쇄교자속에 대해 발생하는 토크가 최

대가 되는 전류벡터가 존재한다는 것과 같다. 그림 5.11의 벡터도에서 알 수 있는 바와 같이 총 쇄교자속 (Ψ_o)이 작다는 것은 속도기전력(v_o)이 작다는 것으로 필요한 전류를 흘려주기 위한 인가전압 (v_a)이 작다는 것을 의미한다. 따라서 쇄교자속 당 최대 토크제어는 전압 당 최대 토크제어를 의미한다. 이를 전압(자속) 당 최대 토크 제어 혹은 최대 토크/전압(자속) (MTPV : Maximum Torque per Voltage)제어라고 한다.

최대 토크/전압 제어의 운전점은 총 쇄교자속을 나타내는 식 (5.21)과 i_d, i_q로 표현 된 IPMSM의 토크 방정식 (5.26)을 연립하여 $\frac{\partial T}{\partial i_d}=0$ 인 조건에 의해 구하게 되면 식 (5.42), (5.43)의 전류벡터식을 얻을 수 있다.

$$i_{d3} = -\frac{\Psi_f + \Delta\Psi_d}{L_d} \tag{5.42}$$

$$i_{q3} = \frac{\sqrt{\Psi_o^2 - \Delta\Psi_d^2}}{L_q} \tag{5.43}$$

여기서 $\Delta\Psi_d$은 식 (5.44)를 의미한다.

$$\Delta\Psi_d = \frac{-L_q\Psi_f + \sqrt{(L_q\Psi_f)^2 + 8(L_q - L_d)^2\Psi_f^2}}{4(L_q - L_d)} \tag{5.44}$$

그림 5.28은 MTPV 제어의 전류벡터, 전류제한, 전압제한을 함께 나타내고 있다. 그림 5.28에서 알 수 있는 바와 같이 전류제한을 고려하여 최대 토크/전압 제어를 하기 위해서는 정전압 타원과 정토크 곡선의 접점을 전류벡터로 제어해야 한다. 최대 전압이 일정할 때, 속도의 증가에 따라 전압제한타원의 반지름이 작아지기 때문에 전류벡터는 타원의 중심을 향해 이동하고 타원의 중심이 이론적으로는 무한대의 속도에서 전압제한타원이 되므로 한계속도는 무한대다. 그림 5.28에서 알 수 있는 바와 같이 MTPV 전류벡터는 d 축에 대해서 대칭이고 3상한에서의 토크 곡선은 음의 토크를 발생하는 MTPV곡선이다.

그림 5.28에서 최대 전류가 $I_{am} = I_1$인 경우, 전류제한원안에 전압제한타원의 중심이 없으므로 전류제한원내에서 MTPV 제어가 가능한 전류벡터는 존재하지 않는다. 그러나 $I_{am} = I_2$와 같이 전류제한원 안에 전압제한타원의 중심이 있는 경우는 MTPV 제어가 가능한 전류벡터가 존재한다. 따라서 MTPV 제어가 가능하기 위해서는 전류제한원 안에 전압제한타원의 중심이 존재하여야하므로 식 (5.45)을 만족해야 한다.

$$\Psi_f/L_d < I_{am} \quad \text{또는} \quad \Psi_{dmin} = \Psi_f - L_dI_{am} < 0 \tag{5.45}$$

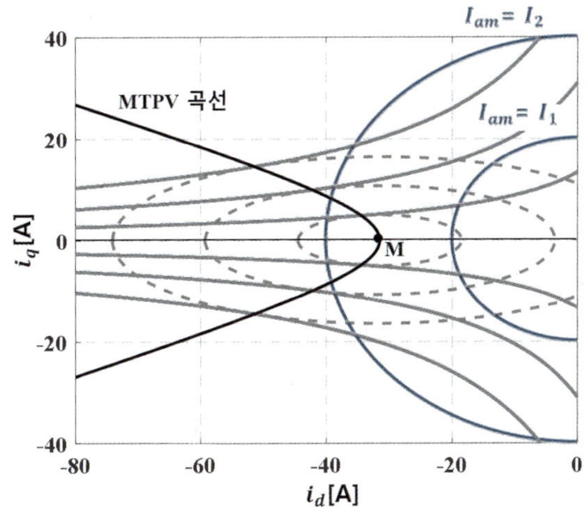

그림 5.28 최대 토크/전압 제어의 전류벡터 궤적

MTPV 제어가 가능한(전압제한타원의 중심이 전류제한원 안에 있는 경우) IPMSM의 MTPV 제어와 약자속 제어의 출력특성을 비교하여 보자. 그림 5.29와 같이 IPMSM은 기동부터 $\omega = \omega_b$ 속도까지는 MTPA 전류벡터인 A점에서 구동되고 속도가 ω_b에 도달하면 그때부터는 전압제한타원과 전류제한원의 교점을 따라 전류를 최대한으로 흘리면서 약자속 제어를 수행한다. 이후 MTPV 곡선을 만나는 속도 ω_2부터는 MTPV 선을 따라 전류벡터를 제어한다.

$\omega \geq \omega_2$의 속도에서 MTPV 제어를 하지 않고 약자속 제어를 하는 경우와 MTPV 제어를 하는 경우의 출력특성에 대해서 살펴보자. 그림 5.29, 그림 5.30에서 MTPV 제어가 가능한 속도 $\omega \geq \omega_2$에서 약자속 제어를 계속하게 되면 속도 ω_3에서 약자속 전류벡터는

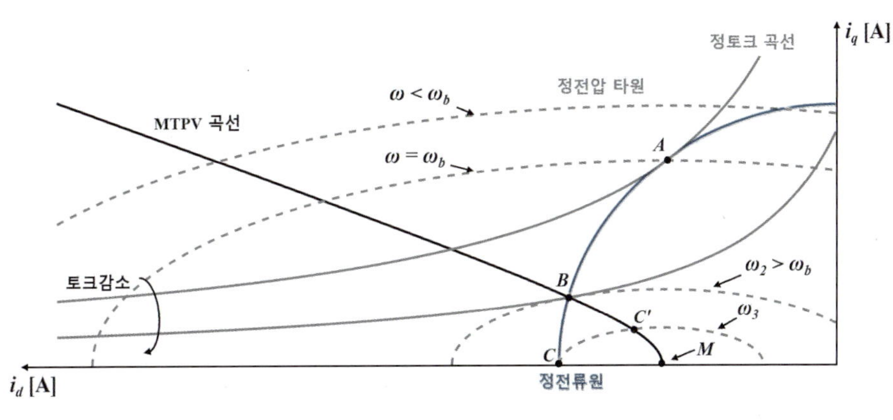

그림 5.29 기저속도이상에서 제어법에 따른 전류벡터 궤적

C점이 되므로 $i_q = 0$이 되고 토크가 0이 되어 그 속도가 한계 속도가 된다. 그러나 $\omega \geq \omega_2$에서 MTPV 제어를 하면 $\omega = \omega_3$의 속도에서 C'의 전류벡터를 인가하게 되고 그림 5.29, 그림 5.30에서 알 수 있는 바와 같이 0보다 큰 토크를 발생하게 된다.

따라서 $\omega = \omega_2$이상에서 MTPV 전류벡터로 제어하게 되면 거의 무한의 속도까지 양의 토크가 발생된다. 따라서 이론적으로는 MTPV 제어는 무한대의 속도까지 운전할 수 있으므로 MTPV 제어가 가능한 속도부터는 MTPV 제어를 하는 것이 출력을 최대화하는 제어법이라는 것을 알 수 있다.

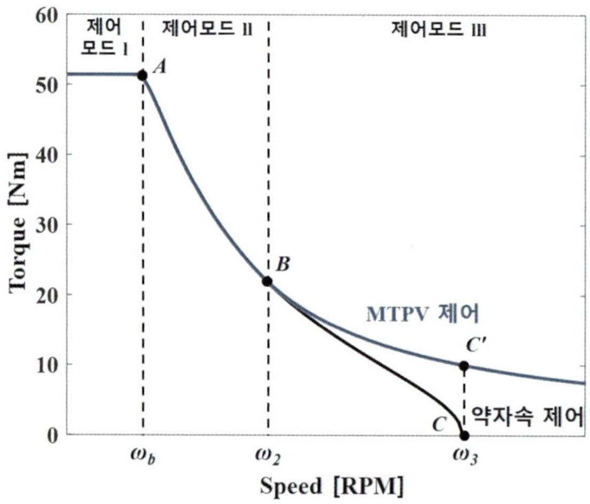

그림 5.30 M점이 전류제한원 안에 존재할 경우 속도-토크 특성

5.5 전류제한과 전압제한을 고려한 최대 출력 제어법의 성능 비교

5.5.1 전류벡터의 선택 가능범위와 MTPV 제어 가능조건

[1] MTPV 제어 가능조건

IPMSM의 최대 출력 제어란 전압제한과 전류제한을 고려하여 출력할 수 있는 최대의 출력을 내는 제어법을 나타내며 MTPV 제어가 가능하면 ω_{BT}이상에서는 MTPV 제어를 해야 한다. 5.4절에서 알아본 바와 같이 MTPV 제어의 가능여부는 전압제한타원의 중심 $(-\Psi_f/L_d,\ 0)$이 전류제한원 내부에 있는지 외부에 있는지 따라 결정된다. 그림 5.31(a)와 같이 전압제한타원의 원점이 전류제한원 외부에 존재하면 전류제한을 만족하는 MTPV 전류벡터가 존재하지 않는다. 그러나 그림 5.31(b)와 같이 전압제한타원의 원점이 전류제한원 내부에 존재하면 전류제한을 만족하는 MTPV 전류벡터가 존재한다.

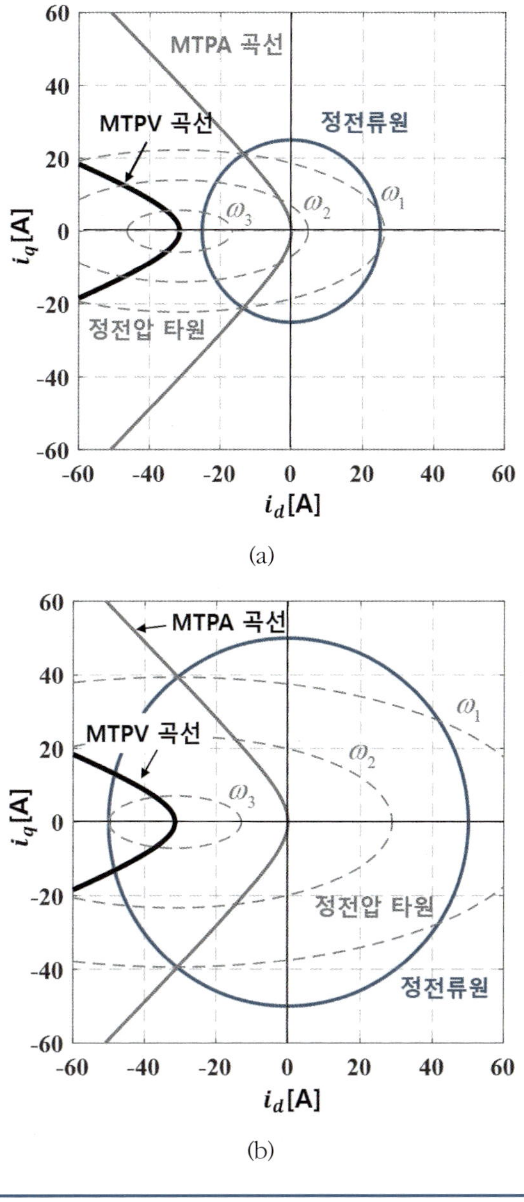

그림 5.31 MTPV제어의 가능조건
(a) $I_{am}=25[\mathrm{A}]$ $(\Psi_{dmin}>0)$ (b) $I_{am}=50[\mathrm{A}]$ $(\Psi_{dmin}<0)$

[2] 성능지표와 각제어법의 전류벡터 요약

영구자석전동기의 특성을 결정하는 중요한 지표는 여러 가지가 있으나 특히 표 5.2와 같이 정토크, 기저속도, 한계속도 및 최저 d축 쇄교자속이 중요한 성능지표가 된다. 특히 최소 d축 쇄교자속 Ψ_{dmin}은 MTPV 제어의 가능 여부를 결정하는 성능지표로써 식 (5.45)을 만족하면 MTPV 제어가 가능하다. MTPV 제어의 불가능한 전동기의 한계속도는 식

(5.40)과 같이 되고 MTPV가 가능하면 한계속도는 무한대가 된다. MTPV 제어가 가능한 전동기의 출력특성은 일반적으로 고속영역에서 거의 비슷한 출력특성을 나타낸다.

5.4절에서 다룬 MTPA 제어, 약자속 제어, MTPV 제어, $i_d = 0$ 제어의 전류벡터 특성을 그림 5.32에 나타내고 있다. 그림 5.32에서 A점의 전류벡터는 MTPA 전류벡터이고 기저속도 ω_b까지의 제어법으로 사용된다. 또한 $L_d = L_q = L_s$인 SPMSM에서 MTPA 전류벡터는 $i_d = 0$ 제어로 그림 5.32의 B점을 나타낸다.

표 5.2 영구자석 전동기의 성능 지표

항목	특성식	식 번호
정토크 제어 시 토크의 크기	$T = \frac{3}{2}\frac{P}{2}[\Psi_f i_q + (L_d - L_q) i_d i_q]$	(5.26)
기저속도	$\omega_b = \frac{V_{om}}{\Psi_{o1}}$ (여기서 $\Psi_{o1} = \sqrt{(\Psi_f + L_d i_{d1})^2 + (L_q i_{q1})^2}$)	(5.37)
한계속도	$\omega_c = \frac{V_{om}}{\Psi_f - L_d I_{am}}$	(5.40)
최소 d축 쇄교자속	$\Psi_{dmin} = \Psi_f - L_d I_{am}$	(5.45)

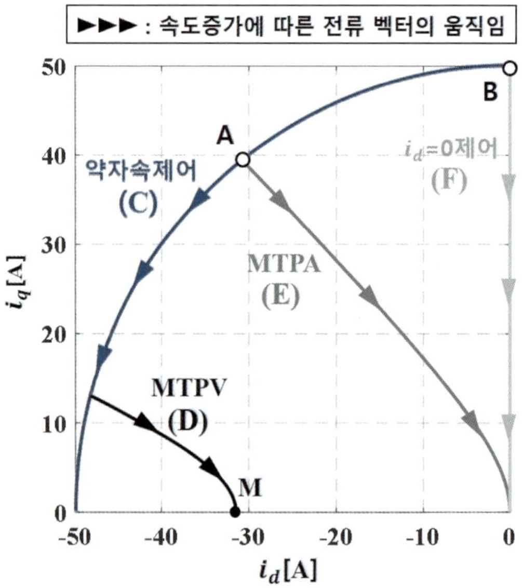

그림 5.32 속도 증가에 따른 전류벡터 궤적

그림 5.32에서 약자속 제어는 속도의 증가에 따라 전류제한 내에서 음의 d축 전류를 크게 하고 양의 q축 전류를 작게 하는 제어법으로 경로 C를 따라 제어한다. 또한 전류제한원과 MTPV 제어곡선이 만나는 속도 ω_{BT}부터는 MTPV 제어를 수행하게 되며 이때 전류벡터는 그림에서 D의 경로를 따라서 수행하게 된다. 그림 5.32에서 경로 E는 기저속도 이상에서 속도증가에 따라 약자속 제어를 하지 않고 MTPA 제어를 하는 제어경로를 나타내며 경로 F는 기저속도이상에서도 $i_d = 0$ 제어를 하는 경우의 전류벡터를 나타낸다. 표 5.3은 각 제어법의 전류벡터를 수식으로 나타내고 있다.

5.5.2 MTPV 제어가 불가능한 경우 최대 출력 제어

5.4절에서 알아본 바와 같이 속도에 따라서 최대출력으로 제어하는 전류벡터가 존재하고, 특히 MTPV 제어는 전압제한타원 중심의 위치에 따라서 MTPV 제어가 가능한 전류벡터의 존재 유무가 결정된다. MTPV 제어가 불가능한 전동기에서 최대 출력 제어는 기저속도 이하에서는 MTPA 제어를 하고 기저속도이상에서는 약자속 제어를 수행하는 것이다.

표 5.3 제어법에 따른 i_d와 i_q

제어법	i_d와 i_q	식 번호
MTPA	$i_{d1} = -I_{am} \times \left(\dfrac{-\Psi_f \pm \sqrt{\Psi_f^2 + 8(L_q - L_d)^2 I_{am}^2}}{4(L_q - L_d) I_{am}} \right) = \dfrac{\Psi_f}{4(L_q - L_d)} \pm \sqrt{\dfrac{\Psi_f^2}{16(L_q - L_d)^2} + \dfrac{I_{am}^2}{2}}$	(5.32)
	$i_{q1} = \sqrt{I_{am}^2 - i_{d1}^2}$	(5.33)
약자속	$i_{d2} = \dfrac{\Psi_f L_d - \sqrt{(\Psi_f L_d)^2 + (L_q^2 - L_d^2)\left\{\Psi_f^2 + (L_q I_{am})^2 - \left(\dfrac{V_{om}}{\omega}\right)^2\right\}}}{L_q^2 - L_d^2}$	(5.38)
	$i_{q2} = \sqrt{I_{am}^2 - i_{d2}^2}$	(5.39)
MTPV	$i_{d3} = -\dfrac{\Psi_f + \Delta\Psi_d}{L_d}$	(5.42)
	$i_{q3} = \dfrac{\sqrt{\Psi_o^2 - \Delta\Psi_d^2}}{L_q}$	(5.43)
	$\Delta\Psi_d = \dfrac{-L_q\Psi_f + \sqrt{(L_q\Psi_f)^2 + 8(L_q - L_d)^2\Psi_f^2}}{4(L_q - L_d)}$	(5.44)

속도가 $0 \le \omega \le \omega_b$ 범위에 있을 때 MTPA 제어를 하면 가장 큰 토크를 발생할 수 있으며 전류제한을 고려하면 그림 5.32의 운전점 $A(i_{d1},\ i_{q1})$가 MTPA 전류벡터가 된다. MTPA 제어를 하고 있을 때 속도가 증가하면 속도기전력 $V_o(=\omega\Psi_{o1})$가 증가하여 속도가 식 (5.37)의 기저속도 ω_b에 도달하고 그 이상의 속도에서는 MTPA 제어를 할 수 없다. 식 (5.37)과 같이 기저속도 ω_b는 인덕턴스 ($L_d,\ L_q$), 전류 ($i_{d1},\ i_{q1}$), 최대 역기전력 (V_{om})에 의해 결정된다. 이와 같이 MTPA 제어로 운전할 수 있는 속도 ω_b까지 일정한 전류벡터가 가해지므로 일정한 토크가 발생하고 이 영역을 정토크 운전 영역이라고 한다. 정토크 운전 영역에서 전류는 최대치 $i_a = I_{am}$이고 $i_{d1},\ i_{q1}$은 그림 5.32와 같이 일정하고 전압은 속도기전력이 $V_o < V_{om}$이 되는 속도 영역이다.

속도 ω_b이상에서 약자속 제어를 수행하면 최대 출력 제어가 가능하다. 약자속 제어는 전류제한원과 전압제한타원의 교점 $B(i_{d2},\ i_{q2})$를 전류벡터로 제어해야 하는데 이때 d축 전류가 영구자석의 자속 방향과 반대 방향으로 발생하여 자속이 작아지므로 이 영역을 약자속 제어영역라고 한다. 약자속 제어를 위한 전류벡터 $i_{d2},\ i_{q2}$는 식 (5.38), (5.39)와 같고 약자속 제어영역에서 전류와 전압 값은 항상 최대값인 $i_a = I_{am},\ V_o = V_{om}$이 된다.

전압제한타원 원점이 전류제한원의 내부에 존재하지 않는 $\Psi_f/L_d > I_{am}$의 경우는 MTPV 제어가 불가능하므로 속도의 한계가 존재하는데 한계속도는 전압제한타원이 전류제한원과 접하는 점 ($i_d = -I_{am},\ i_q = 0$)에 도달할 때의 속도로 식 (5.40)로 정의되는 한계속도 ω_c이고 이때 출력은 0이 된다.

MTPV가 불가능한 전동기에서 최대 출력 제어는 기저속도까지는 MTPA 제어를 하고 그 이상의 속도에서는 약자속 제어를 하는 것이다. 그림 5.33(a)는 최대 출력 제어를 했을 때 속도-속도기전력, 속도-토크의 특성을 나타내고 있다. 그림에서와 같이 기저속도까지 속도기전력은 증가하고 토크는 일정하게 됨을 알 수 있다. 그림 5.33(b)는 최대 출력 제어에서 속도에 따른 전류벡터의 변화를 나타내고 있다. 그림에서와 같이 기저속도이하에서는 MTPA 전류벡터로 일정하게 제어되고 있으나 기저속도 이상에서는 i_d는 음의 방향으로 커지므로 약자속이 되고 i_q는 양의 방향으로 작아지므로 전체 토크가 감소하는 것을 나타낸다. 그림 5.34는 최대 출력제어를 하는 경우, MTPA 제어만 하는 경우, $i_d = 0$ 제어만하는 경우의 속도-토크 특성과 전류와 전류벡터각의 관계를 나타내고 있다. 그림 5.34에서와 같이 돌극성을 갖는 IPMSM을 $i_d = 0$로 제어하면 정토크 영역에서 작은 토크가 발생하고 또한 기저속도가 작게 되는 것을 알 수 있다. 또한 기저 속도 이상에서 계속 $i_d = 0$ 제어를 하면 작은 한계속도를 가지므로 운전영역이 대폭 줄어든다. 또한, IPMSM을 MTPA로 제어하면 릴럭턴스 토크를 이용하기 때문에 $i_d = 0$ 제어에 비해서 정토크 영역에서 토크의 크기가 크고 기저속도가 높으므로 성능이 좋다. 그러나 기저

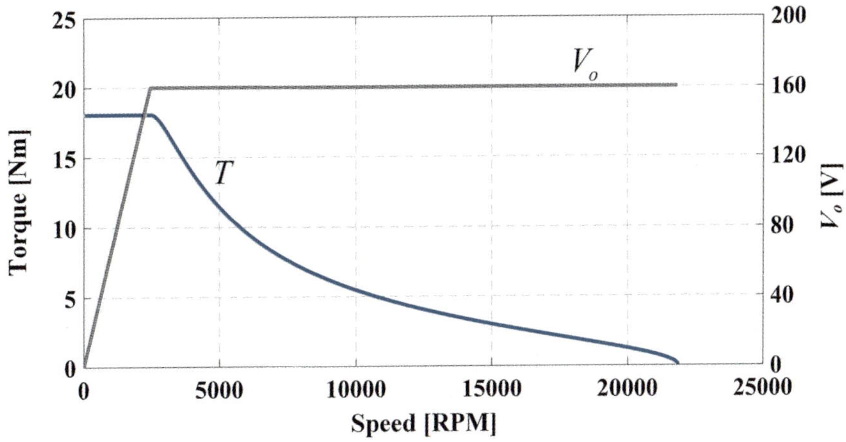

(a)

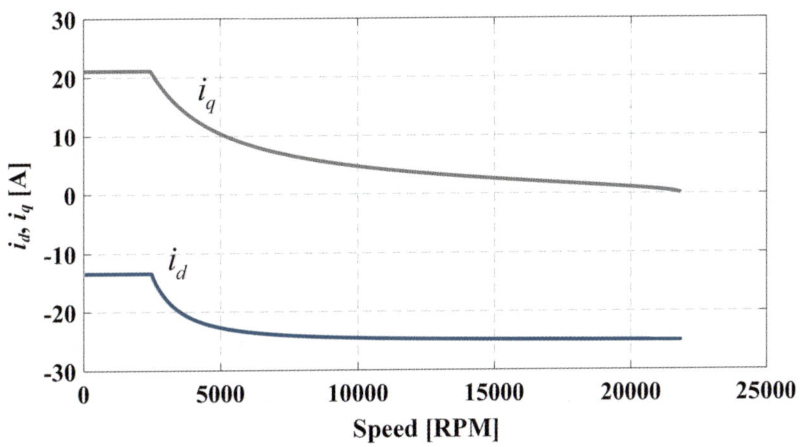

(b)

그림 5.33 $\Psi_{d\min} > 0$의 경우 전동기 응답 특성 (a) 토크, 속도기전력 (b) dq축 전류

속도이상에서 약자속 제어을 하지 않고 MTPA 제어를 하면 $i_d = 0$ 제어와 같은 한계속도를 갖는 것을 확인할 수 있다. 반면, 최대 출력 제어로써 기저속도까지는 MTPA 제어를 수행하고 그 이상의 속도에서는 약자속 제어를 하면 속도-토크 특성은 대폭적으로 성능이 좋아진다. 그림 5.34(a)에서와 같이 최대 출력 제어에서는 MTPA 제어만 했을 때와 기저속도는 동일하지만 한계속도는 크게 됨을 알 수 있다. 그림 5.34(b)는 각 제어법에서 속도에 따른 전류의 크기와 전류벡터각의 변화를 나타내고 있다. 그림에서와 같이 기저속도이하에서는 모든 제어법의 전류의 크기는 동일하지만 전류벡터각은 $i_d = 0$ 제어인 경우는 $\beta = 0^\circ$ 로 제어하고 MTPA 제어에서는 MTPA가 되는 전류벡터각으로 제어되고 있다. $i_d = 0$ 제어만을 하는 경우 기저속도이상에서 전류의 크기가 속도에 따라서 줄어들고 전류벡터각은 계속 $\beta = 0^\circ$ 로 제어된다. 반면 MTPA 제어만 하는 경우 전류의

크기가 속도에 따라서 줄어들고 전류벡터각은 서서히 줄어들다가 한계속도 근처에 도달하면 급격하게 줄어드는 것을 알 수 있다. 최대 출력 제어에서는 기저속도 이상에서 약자속 제어를 수행하므로 전류의 크기는 일정하고 전류벡터각이 커지는 것을 확인 할 수 있다. 이상의 결과로부터 최대 출력 제어는 다른 제어법에 비해서 IPMSM의 성능을 극대화 할 수 있는 제어법이라는 것을 알 수 있다.

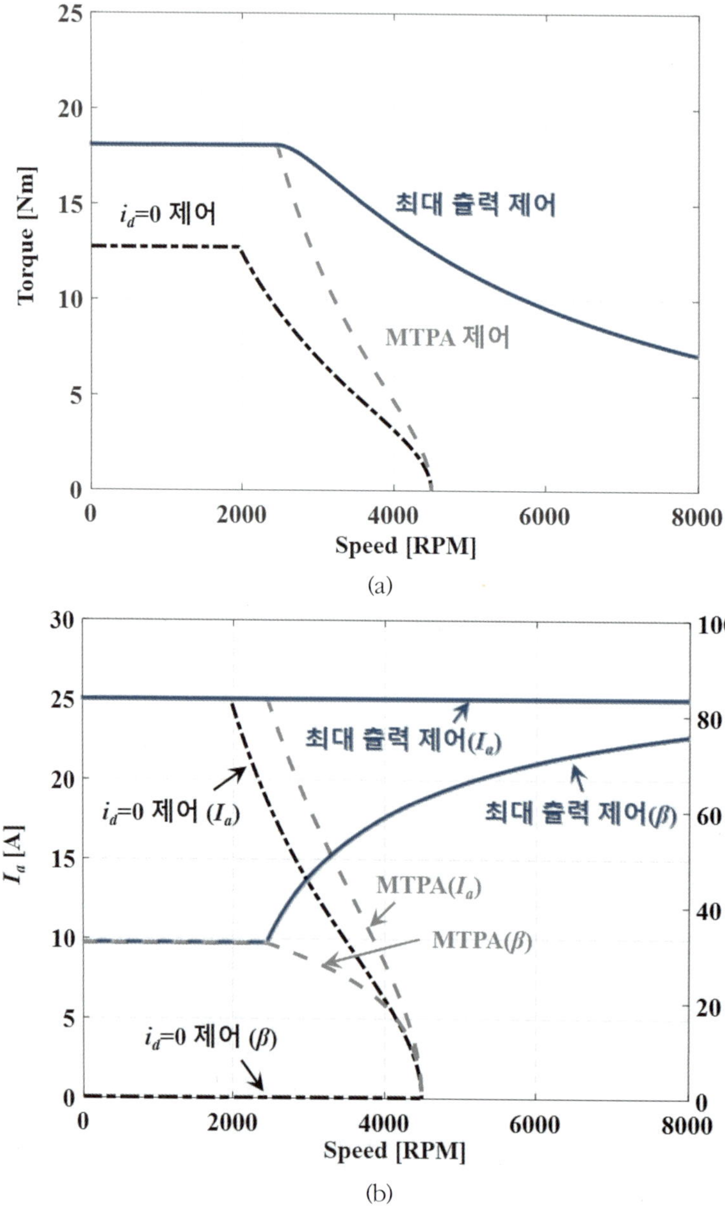

그림 5.34 제어법에 따른 성능비교 (a) 속도-토크 특성 (b) 속도-전류, 벡터각 특성

5.5.3 MTPV 제어가 가능한 경우 최대 출력 제어

표 5.1의 제원을 갖고 단지 IPMSM에 대하여 전류제한 값을 $I_{am}=50[\mathrm{A}]$로 하면 그림 5.31(b)와 같이 $\Psi_{dmin}=\Psi_f-L_dI_{am}<0$이 되므로 고속영역에서 MTPV 제어가 가능하다. 따라서 최대 출력 제어는 3단계로 나누어 이루어진다.

속도 $0 \le \omega \le \omega_b$에서는 MTPA 제어를 하고 $\omega_b < \omega \le \omega_{BT}$에서는 약자속 제어를 수행한다. MTPV 제어는 MTPV 전류벡터궤적과 정전류원, 정전압타원이 만나는 속도 ω_{BT}에서부터 수행된다. 5.4절에서 알아 본바와 같이 MTPV 제어가 가능한 영역에서는 MTPV 제어를 하여야 전동기의 속도영역이 늘어나고 성능이 우수해 진다. 이때 MTPV 제어 시 전류벡터 i_{d3}, i_{q3}는 각각 식 (5.42), (5.43)과 같고 이 전류벡터와 전압제한타원의 교점에서 운전을 해야 하므로 그림 5.32에서와 같이 속도의 증가에 따라서 운전점은 MTPV 전류벡터선(D)을 따라서 이루어진다. 최대 출력 제어의 속도-토크 특성을 나타내는 그림 5.35(a)에서 알 수 있는 바와 같이 MTPV 제어가 가능해짐에 따라 한계속도가 크게 늘어남을 알 수 있다. 그림 5.35(b)에서 기저속도까지는 MTPA 제어를 하므로 전류벡터 i_d, i_q가 일정하고 $\omega_b \le \omega \le \omega_{BT}$의 속도영역에서는 약자속 제어를 수행한다. MTPV 제어는 속도 ω_{BT}이상에서 가능하고 그림에서와 같이 i_d, i_q의 절대값이 동시에 작아지고 고속이 될수록 i_d, i_q의 변화가 작음을 알 수 있다.

MTPV 제어가 가능한 속도영역에서는 MTPV 제어를 이용하여 출력을 최대로 할 수 있는 것을 알아보기 위해 그림 5.36에 제어모드 I, II만을 사용한 경우와 제어모드 I, II, III을 모두 사용한 경우의 전류벡터와 속도-출력 특성을 나타내고 있다. 여기서 그림 5.33은 전류제한이 25[A]일 때이고 그림 5.36은 전류제한이 50[A]일 때이므로 한계속도가 다른것에 주의하기 바란다. 그림 5.36에서와 같이 제어모드 I, II만을 사용한 경우에 비해서 제어모드 I, II, III을 모두 사용하면 한계속도가 대폭적으로 증가됨을 알 수 있다. 그림 5.36에 MTPV 제어 성능을 알아보기 위해서 $\omega \ge \omega_{BT}$인 고속영역에서 제어모드 III (MTPV 제어)로 제어하지 않고 제어모드 II (약자속 제어)로 제어할 경우의 출력특성을 나타내고 있으며 제어모드 III (MTPV 제어)에 비해서 출력특성이 나빠짐을 알 수 있다.

그림 5.36에서 알 수 있는 바와 같이 속도 ω_b(약 1384rpm)에서 제어모드 I로부터 제어모드 II로 변경되며 전압 및 전류를 제한 값에 유지한 상태에서 토크가 최대가 되도록 전류벡터를 속도에 따라 제어하고 있다. 전류제한원과 MTPV 전류벡터 곡선이 만나는 속도 ω_{BT}(제어모드 II부터 III으로의 변경속도, 약 3748rpm)이상의 속도에서는 제어모드 II로 계속 운전하는 경우와 제어모드 III으로 변경하는 경우로 제어할 수 있다. 그림 5.36에서 알 수 있는 바와 같이 속도 ω_{BT}이상에서 제어모드 III으로 전류벡터를 변경하면 출력이 거의 일정하게 유지되고 운전 한계속도가 거의 무한대가 됨을 알 수 있다. 한편, 제어모

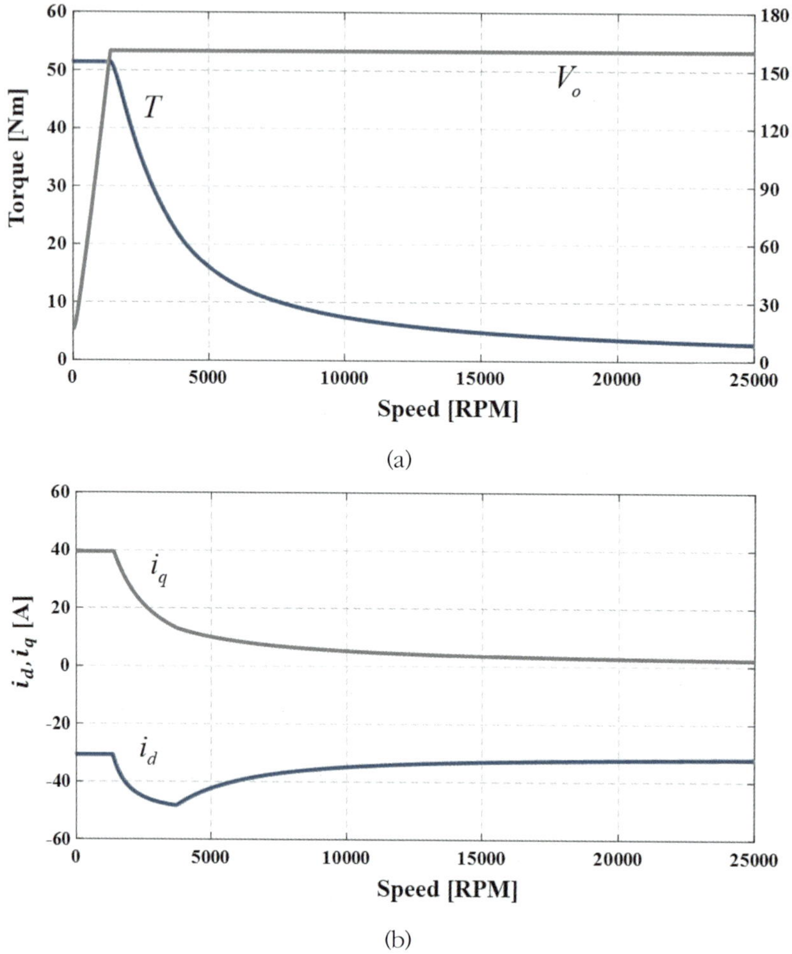

그림 5.35 $\Psi_{d\min} < 0$의 경우 전동기 응답 특성 (a) 토크, 속도기전력 (b) dq축 전류

드 III으로 변경되지 않는 경우 전류 값은 최대전류가 계속 흐르지만 출력이 감소하여 식 (5.40)에서 정의된 속도에서 토크가 0이 되고 출력한계에 도달한다. 반면 최대 출력 제어를 하면 속도 ω_{BT}이상에서 MTPV로 제어하므로 속도가 증가함에 따른 토크의 감소율이 약자속 제어에 비해 작고 고속 운전이 가능하며 이론상으로 한계속도는 무한대가 된다.

이와 같이 영구자석전동기의 기기 정수 및 운전속도에 따라 적절하게 제어모드를 변경하면 전압 및 전류의 제한을 고려한 조건에서 영구자석 전동기가 발생할 수 있는 최대 출력을 얻을 수 있다. 그림 5.36(b)에서 약자속 영역에서 출력이 커지는 구간은 전류와 전압이 일정하다고 해도 역률이 좋아지므로 출력이 커지고 있는 것을 나타내고 있다. 또한 MTPV 제어 구간에서도 전류가 줄어들지만 역률이 좋아지기 때문에 출력의 변화가 거의 없다. 이와 같은 특성은 직류전동기의 출력곡선과는 다른 특성이다.

또한 그림 5.36(a)에서 속도 ω_{BT}이상일 때 제어모드 III을 사용하면 전류의 크기가 줄어들고 전류벡터각 β의 변화는 거의 변하지 않는 것을 알 수 있다. 따라서 속도 ω_{BT}이상에서 제어모드 III을 사용하는 것은 출력영역을 크게 할 뿐 아니라 효율면에서도 우수할 수 있음을 알 수 있다.

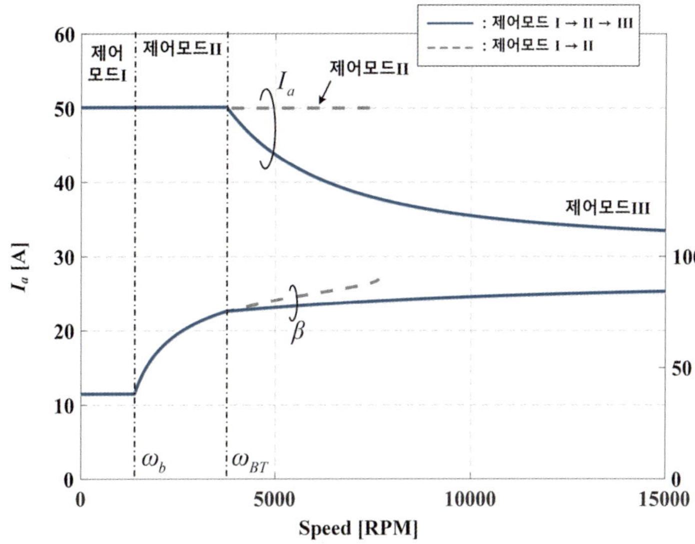

(a)

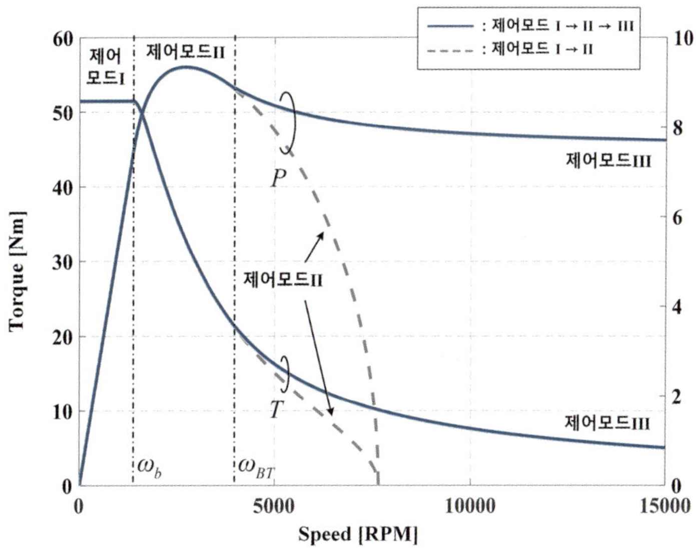

(b)

그림 5.36 $\Psi_{d\min} < 0$의 경우 제어모드에 따른 운전특성
(a) 전류와 벡터각 (b) 출력과 토크

제 06 장

전력전자의 기초

6.1 전력전자 개요

6.1.1 개요

일반적으로 전자공학이라고 하면 정보, 통신등에 사용되는 마이크로프로세스와 트랜지스터 등에 의한 소형 전자회로를 연상하게 되고 전자공학에서는 주로 통신 등에서 신호의 전달을 위해 정보를 가공하는 역할을 한다. 그러나 전력전자에서는 전력공학에 전자공학의 기술을 도입한 것으로 전력용 반도체 소자를 이용하여 전력에너지를 직접 제어하는 분야를 말한다. 전력전자공학은 수십[V], 수[A]에서 수[kV], 수[kA]까지 사용 가능한 전력용 반도체를 수천 사이클로 제어하여 원하는 전력을 얻어내는 분야다. 전력전자 분야는 상위의 제어기로부터 지령을 받아 필요한 전원을 발생시키거나 전기기기 제어를 위한 전력을 발생시킨다. 전력전자에서의 응용분야와 응용장치를 요약하면 표 6.1과 같다. 이러한 응용분야에서 전력변환기가 하는 역할은 부하가 요구하는 전력을 만들어 내는 것으로 이때 입력과 출력의 형태에 따라서 다음과 같은 종류로 나눌 수 있다.

전력변환장치는 입력과 출력 전압의 관계에 따라서 그림 6.1과 같이 정류기, DC-DC 컨버터, 인버터, AC-AC 컨버터 등 4가지로 분류할 수 있다.

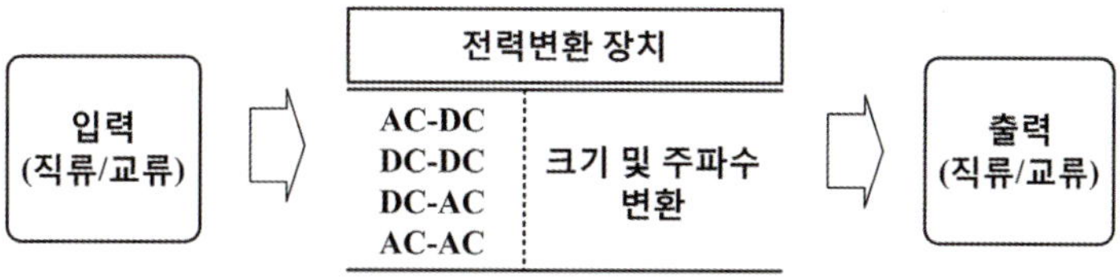

입력	AC	DC	DC	AC
기본 명칭	정류기	DC-DC 컨버터	인버터	AC-AC 컨버터
종류	다이오드 정류기 위상제어 정류기	DC 쵸퍼 Buck 컨버터 Forward 컨버터 Boost 컨버터 Buck-Boost 컨버터 Flyback 컨버터 Cuk 컨버터 Full-Bridge 컨버터	전류형 인버터 - PWM - 위상제어 전압형 인버터 - 6-Step - SPWM - SVPWM	변압기 사이클로 컨버터
출력	DC		AC	

그림 6.1 전력변환 장치의 종류

표 6.1 전력전자의 응용분야와 장치

응용분야	응용장치
전원장치	직류전원장치
	무정전 전원장치와 주파수 변환장치
	스위칭 레귤레이터
	고주파 전원
전동기의 가변속제어	직류전동기의 가변속제어
	유도전동기의 가변속제어
	영구자석기기 등의 동기전동기제어
	소형전동기 제어(BLDC전동기, 스테핑 모터)
수송시스템	전동차제어
	전기자동차
	엘리베이터, 에스컬레이터
가전용기기	에어컨, 냉장고에 사용되는 압축기 모터 제어
	조리기(유도가열 조리기(IH(induction heating)))
	형광램프
전력계통	직류전송, 교류계통 연계
	무효전력 제어 – FACT(Flexible AC Transmission System) – SVC(Static Var Compensator) – STATCOM(Static Synchronous Compensator)
	철도용 변전설비(직류급전설비, 교류급전설비)
	발전기 제어(정류여자기, 사이리스터 시동기, 가변속제어)
	신재생에너지(태양광 발전, 풍력발전), 연료전지, 플라이 휠 전력저장장치, BMS(Battery Management System)

6.1.2 스위칭의 기본 원리

전력변환 장치를 구성하기 위해서는 RLC 수동소자 외에도 다이오드(Diode), 사이리스터(Thyristor), GTO, BJT, FET, IGBT 등의 반도체 소자를 목적에 맞게 사용해야 한다. 다이오드는 ON/OFF 제어가 불가능한 소자이므로 전압 가변이 필요하지 않은 정류기에서 주로 사용하며 나머지 소자들의 경우 제어신호를 이용하여 회로를 ON 또는 OFF를 할 수 있는 전기적인 스위치 역할을 한다.

그림 6.2와 같은 단상 H-Bridge 회로를 이용하여 스위칭의 원리를 알아보자. H-Bridge 에서는 부하의 같은 단자에 있는(암이라고 함) 스위치 (T_1, T_1'과 T_2, T_2')가 동시에

ON이 되면 단락회로가 되고 큰 전류가 흘러 스위치가 손상되므로 같은 암의 스위치는 반드시 서로 상보적인 스위칭(한 스위치가 ON되면 다른 스위치는 반드시 OFF)을 한다. 따라서 스위칭은 그림6.2와 같이 4가지가 가능하다. (a)의 스위칭에서는 $V_{out} = V_{dc}$, (b)의 스위칭에서는 $V_{out} = -V_{dc}$의 전압이 걸리게 된다. (c)와 (d)의 스위칭에서는 $V_{out} = 0$이 된다. 따라서 스위칭에 의해 부하에 출력하는 출력전압은 V_{dc}, $-V_{dc}$, 0 중에 하나가 된다.

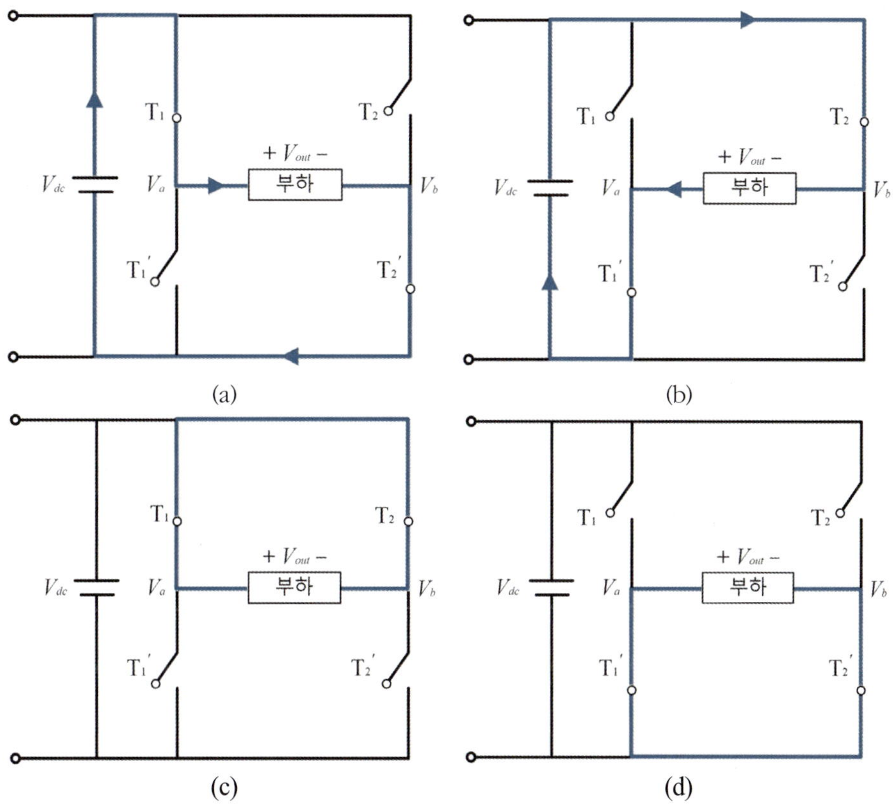

그림 6.2 단상 H-Bridge 회로의 스위칭 원리
(a) $V_{out} = V_{dc}$ (b) $V_{out} = -V_{dc}$ (c) $V_{out} = 0\,[\mathrm{V}]$ (d) $V_{out} = 0\,[\mathrm{V}]$

참고 기준점에 대한 극전압의 정의와 부하전압

그림 A1 에서 부하에 걸리는 전압은 부하의 단자에 걸리는 전압 V_H, V_L(극전압)을 정의하면 쉽게 알 수 있다. 이때 기준 전압을 잡는 방법은 여러 가지가 있을 수 있으나 일반적으로는 그림 A1(a), (b)와 같이 2가지를 많이 사용한다.

그림 A1(a)와 같이 전원의 (-)단자를 기준전압 0으로 하는 방법과 그림 A1(b)와 같이 전원사이에 가상의 중성점을 기준전압 0으로 잡는 방법이 있다. 두 경우 모두 부하에 걸리는 전압은 식 (1)과 같이 된다.

$$V_{out} = V_H - V_L \tag{1}$$

그림 A1(a)와 같이 기준전압을 잡을 때 T_1, T_2'가 ON되는 경우 $V_H = V_{dc}$, $V_L = 0$가 되므로 부하에 걸리는 전압은 식 (2)와 같이 되고 T_1', T_2이 ON되는 경우는 $V_H = 0$, $V_L = V_{dc}$가 되어 부하에 걸리는 전압은 식 (3)과 같이 된다.

$$V_{out} = V_H - V_L = V_{dc} \tag{2}$$

$$V_{out} = V_H - V_L = -V_{dc} \tag{3}$$

그림 A1(b)와 같이 기준전압을 잡으면 T_1, T_2'가 ON되는 경우 $V_H = +V_{dc}/2$, $V_L = -V_{dc}/2$가 되므로 부하에 걸리는 전압은 식 (4)와 같이 되고 또한 T_1', T_2이 ON되는 경우는 $V_H = -V_{dc}/2$, $V_L = +V_{dc}/2$가 되어 부하에 걸리는 전압은 식 (5)와 같이 된다.

$$V_{out} = V_H - V_L = V_{dc} \tag{4}$$

$$V_{out} = V_H - V_L = -V_{dc} \tag{5}$$

따라서 그림 A1(a), (b) 모두 T_1, T_2'가 ON 될 때는 부하전압은 $V_{out} = V_{dc}$가 되고 T_1', T_2가 ON 될 때의 부하전압은 $V_{out} = -V_{dc}$가 되어 기준전압을 잡는 방법과는 상관없이 부하에 걸리는 전압은 동일함을 알 수 있다.

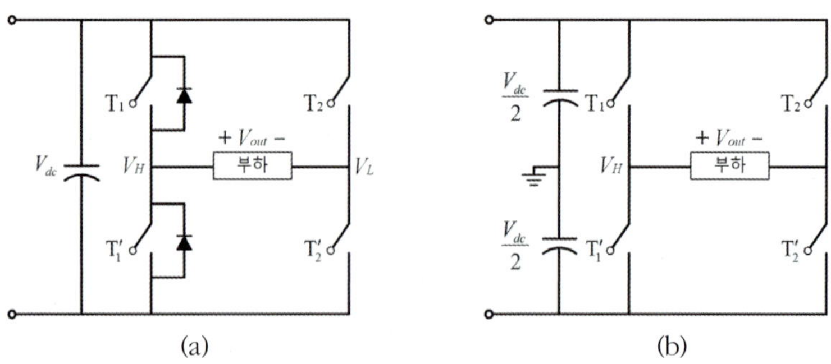

그림 A1 기준 전압에 따른 단상 H-Bridge 회로
(a) (-)단자를 기준전압으로 잡을 때 (b) 중성점을 기준전압으로 잡을 때

6.1.3 AC/DC변환

AC/DC변환기는 정류기 또는 컨버터라고 하고 AC로부터 가변의 직류를 얻는 전력변환기를 나타낸다. 그림 6.2의 H-Bridge 회로에서 입력 전원이 V_{in}라고 할 때 그림 6.3(b)와 같이 입력전압이 (+)일 때 스위치 T_1과 T_2'를 ON하면 전압은 전원전압과 같은 극성이 되고 입력전압이 (-)일 때는 T_2과 T_1'를 ON하면 부하에 걸리는 전압은 전압전원과 반대가 된다. 따라서 이러한 스위칭에 의해 부하에 걸리는 전압은 그림 6.3(c)와 같이 직류가 된다. 또한 스위치의 ON 시간을 조절하면 그림 6.3의 ③과 같이 전압의 평균치를 조절할 수도 있다. 이때 발생하는 직류에는 고조파가 다수 포함되므로 부하와 병렬로 캐패시터를 두어 저역통과 필터로 사용하면 전압을 평활하게 할 수 있다. 여기서 전원의 주파수가 60[Hz]라고 하면 최소한 1초에 120번의 스위칭이 일어나야 되므로 고속 스위치가 필요하고 대용량 전력에 사용되는 이러한 스위치를 전력용 반도체 소자라고 하며 자세한 내용은 6.2절에서 다루도록 한다.

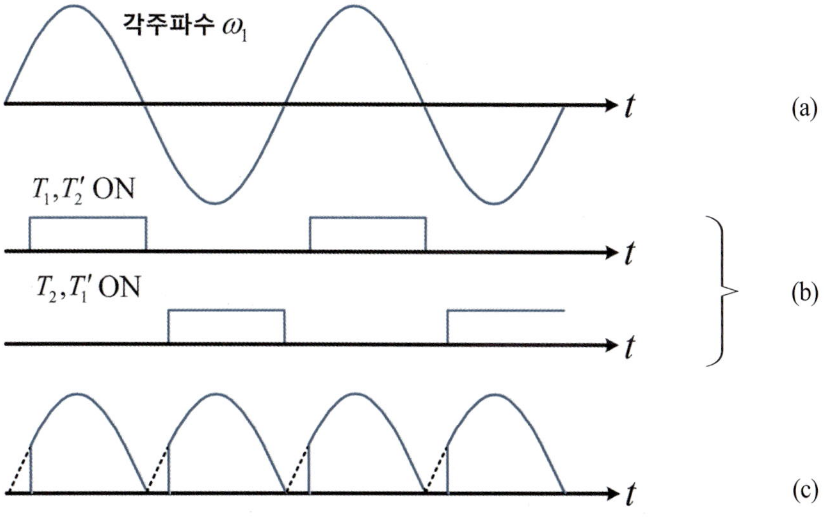

그림 6.3 AC/DC H-Bridge 회로의 출력전압 (a) 전원전압 v_{in} (b) 스위치의 온, 오프 (c) 출력전압 v_{out}

6.1.4 DC/DC변환

DC/DC변환기는 직류로부터 원하는 직류를 얻기 위한 전력변환 장치로 DC to DC 컨버터라고 한다. 컨버터는 기본적으로 스위치의 ON/OFF에 의해 평균전력을 제어하는 방법으로 입력 전원의 크기에 비해서 큰 전압을 얻는 방법과 작은 전압을 얻는 방법에 따라 강압컨버터(Buck Converter), 승압컨버터(Boost Converter), 승강압컨버터(Buck-Boost Converter)등 다양한 타입의 컨버터로 나눌 수 있다.

DC/DC 변환은 그림 6.2의 H-Bridge 회로에서 입력전원이 DC라고 할 때 부하에 전달되는 DC의 전압을 원하는 DC로 변환하고자 하는 경우에 사용된다. 그림 6.4(b), (c)와 같이 스위치 T_1과 T_2'를 ON하는 구간에는 부하에 (+)의 전압이 걸리고 T_2와 T_1'를 ON 하면 부하에는 (-)의 전압이 걸리게 되며 스위칭의 ON/OFF비에 따라서 부하에 전달되는 전압의 크기가 달라진다. 그림 6.4는 이러한 스위칭으로 인해 부하에 걸리는 전압 변화에 대한 한 예로 그림과 같이 전압의 크기와 극성을 제어할 수 있음을 알 수 있다.

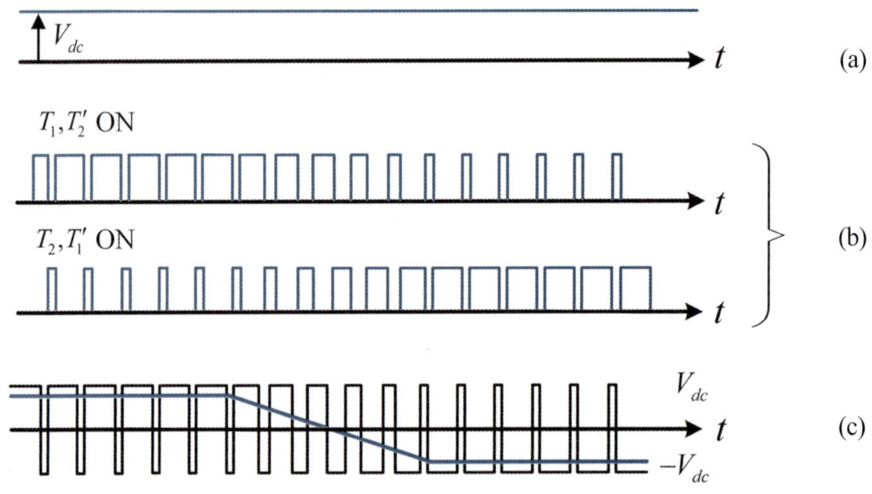

그림 6.4 DC/DC 쵸퍼 (바이폴라 스위칭 방식에서의 출력전압) (a) 전원전압 V_{dc} (b) 스위치의 온오프 (c) 출력전압 v_{out}

6.1.5 DC/AC변환

DC/AC 변환은 직류를 교류로 변환하는 것으로 이러한 전력변환 장치를 인버터라고 한다. 인버터를 이용하면 교류의 크기와 주파수를 동시에 변환할 수 있는데 이러한 인버터를 VVVF (Variable Voltage Variable Frequency) 인버터라고 한다. 인버터는 앞에서 알아 본 스위칭 원리를 이용하여 직류에서 교류로 변환할 수 있다. 그림 6.5(b), (c)와 같이 T_1과 T_2'을 ON하면 전원의 극성과 같은 극성이 부하에 걸리고 T_2과 T_1'를 ON하면 부하에 걸리는 전압의 극성은 전원의 극성과 반대가 된다. 이러한 원리에 의해 직류의 전원전압으로부터 그림 6.5(c)와 같이 교류가 얻어진다. 이 교류는 구형파가 되므로 사인파가 되기 위해서는 DC/DC 쵸퍼를 이용하여 PWM을 해주면 그림 6.5(d)와 같은 파형을 얻고 여기에 저주파 통과 필터를 삽입하면 그림 6.5(e)와 같은 교류를 얻을 수 있다.

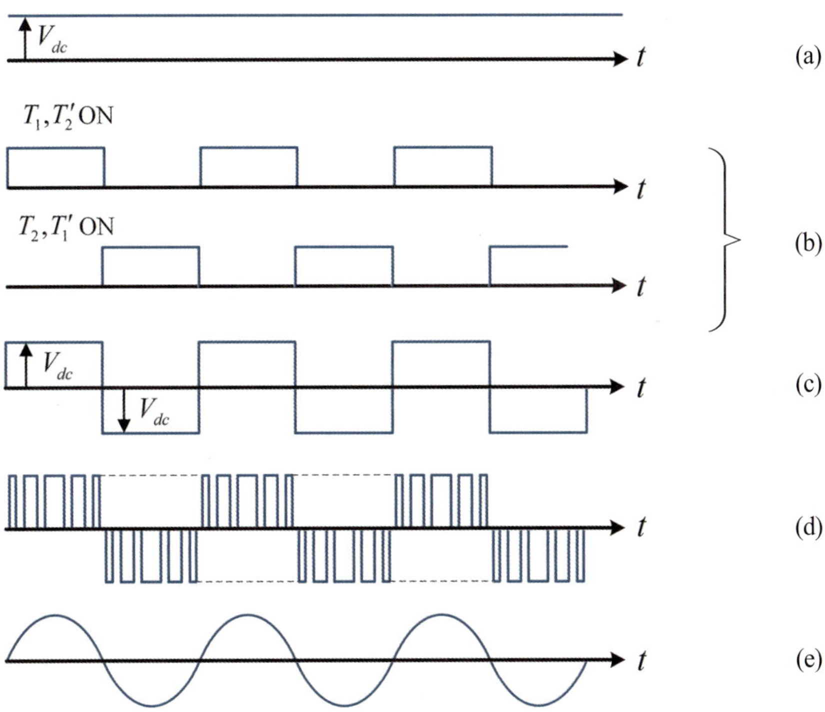

그림 6.5 DC/AC 인버터(PWM 방식에서의 출력전압) (a) 전원전압 V_{dc} (b) 스위치의 온, 오프 (c) 출력전압 v_{out} (d) 출력전압 v_{out}(PWM파형) (e) 필터출력 v_{out}

6.1.6 AC/AC변환

AC/AC변환은 교류의 주파수를 변환하는 방법으로 이러한 기능을 하는 전력변환기를 사이클로 컨버터라고 한다. 그림 6.6에서 전원전압에 비해서 주파수가 작은 교류를 얻기 위해 그림 6.6(b)와 같이 스위칭을 해주면 변환된 교류의 기본파가 그림 6.6(c)와 같이 1/5의 주파수가 되는 교류를 얻을 수 있다. 이때 출력전압에서는 많은 고조파를 포함하고 있으므로 이를 해결하기 위해서는 필터 등의 설계가 필요하다. AC/AC변환은 주파수를 크게 할 수는 없고 주파수를 낮추는 응용분야에 사용된다.

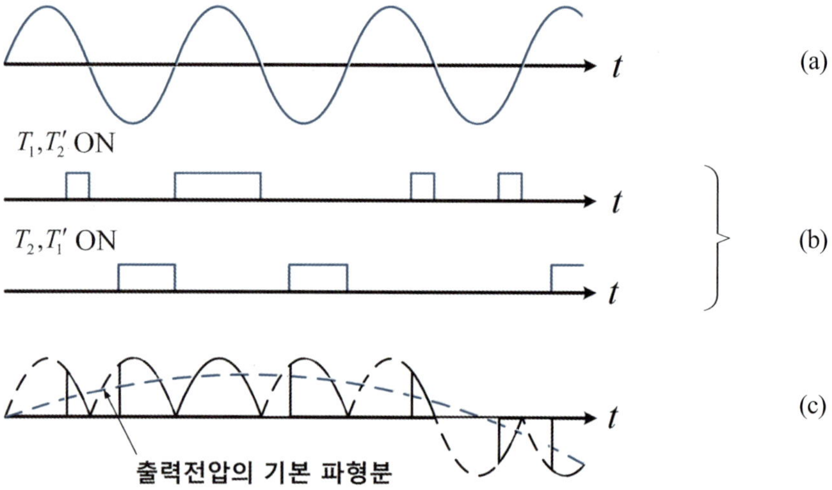

그림 6.6 AC/AC 사이클로 컨버터 출력전압 (a) 전원전압 v_{in} (b) 스위치의 온, 오프 (c) 출력전압 v_{out}

6.2 반도체 소자

6.1절에서 알아본 바와 같이 전력변환기에 사용되는 스위치는 고속 스위칭 동작이 가능하고 전력용으로 사용되기 때문에 전압과 전류의 용량이 커야 한다. 이러한 스위칭 소자는 트랜지스터 등의 반도체 소자로 구성할 수 있으며 저압, 저전력의 반도체 소자와 구별하여 전력용 반도체(파워 반도체)소자라고도 한다. 전력용 반도체 소자는 스위칭의 ON/OFF가 제어 가능한가?, 제어 신호로 전압 또는 전류를 사용하는가? 에 따라 다음과 같은 소자로 나눌 수 있다.

(1) 다이오드 (Diode)

(2) 사이리스터 (Thyristor)

(3) TRIAC (Triode for alternating current)

(4) GTO (Gate turn-off thyristor)

(5) BJT (Bipolar junction transistor)

(6) MOSFET (Metal-oxide-semiconductor field-effect transistor)

(7) IGBT (Insulated gate bipolar transistor)

(8) IGCT (Integrated gate-commutated thyristor)

6.2.1 다이오드(Diode)

다이오드는 가장 먼저 개발된 PN 접합 전력용 반도체 소자로 그림 6.7(a)와 같이 A로 표시된 Anode, K로 표시된 Cathode로 구성된다. 다이오드는 A핀과 K핀 사이에 걸리는 전압 v_{AK} 에 일정 전압 이상의 (+)전압이 걸리면 양의 i_A가 흘러 다이오드가 ON 상태가 된다. 다이오드는 이상적인 경우는 그림 6.7(b)와 같이 v_{AK}에 정방향의 전압이 걸리

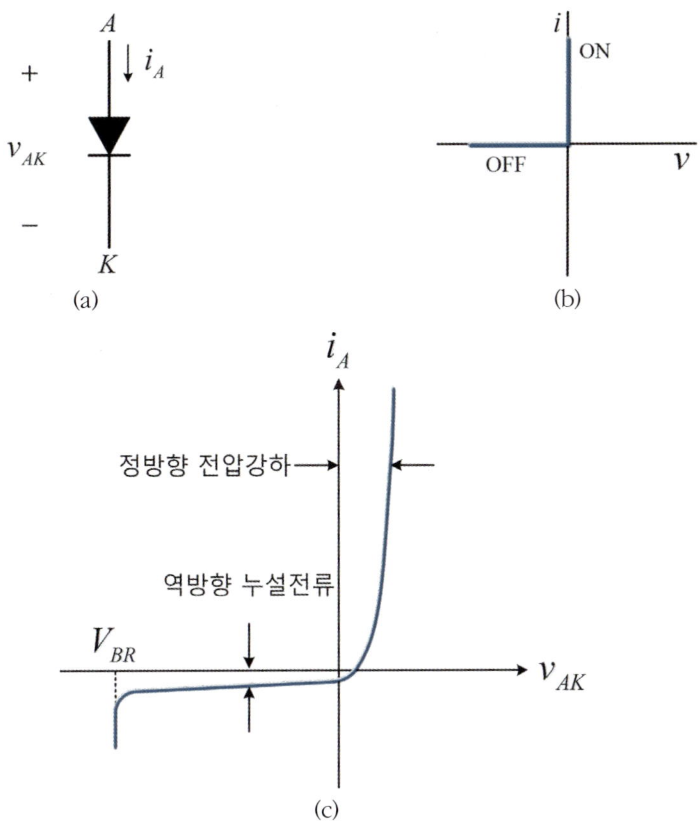

그림 6.7 다이오드의 특성 (a) 기호 (b) 이상적인 $v-i$ 특성 (c) 일반적인 $v-i$ 특성

면 v_{AK}가 0이 되어야 하지만 실제로는 그림 6.7(c)와 같이 작은 v_{AK}가 걸리게 되면 그 값은 약 1[V]이내의 값이 된다. 이와 같이 다이오드가 도통될 때 다이오드 양단에 걸리는 전압과 전류의 곱으로 도통손실(on loss)이 발생한다. 또한 역방향의 전압 v_{AK}가 걸리면 그림 6.7(c)와 같이 음의 i_A는 0이 되어야 하지만 실제로는 그림 6.7(c)와 같이 i_A가 수[mA]이내의 역방향 누설전류가 흐르게 되므로 이때 소비되는 전력은 차단손실(off loss)이 된다. 음의 v_{AK}가 특정치 이상이 되면 소자가 파괴되어 소자에는 큰 역방향 전류가 흐르게 된다. 이와 같이 소자를 파괴시키는 전압 값을 역방향 항복전압 V_{BR}이라고 한다.

6.2.2 사이리스터(Thyristor)

그림 6.8(a)와 같이 사이리스터는 다이오드의 2핀(Anode, Cathode) 이외에 Turn-ON 제어를 위한 Gate용 G핀이 추가된 3핀 구조를 갖는다. 사이리스터는 게이트 전류 i_G에 의해서 Turn-ON을 제어하는 소자이다. 이상적인 사이리스터는 그림 6.8(b)와 같은 특성을 갖는다. 사이리스터의 역방향 특성은 다이오드와 동일하며, 정방향 특성은 문턱전압(Threshold voltage) V_{TH}이상의 v_{AK}가 인가되어야 Turn-ON 되는데 V_{TH}는 Gate 전류 펄스 i_G에 따라 조절할 수 있다. 예를 들면 $i_G = 0\,[A]$인 상태의 V_{TH}가 가장 크며 $I_{G1} < I_{G2} < I_{G3}$일 때 V_{TH}는 점점 작아져 V_{TH}가 $V_{TH1} > V_{TH2} > V_{TH3}$으로 감소하고 $i_G = I_L$일 때는 다이오드와 거의 같은 특성을 가지게 된다. 사이리스터가 ON 상태에 들어서면 작은 래치 전류 I_L로도 ON 상태를 유지할 수 있으며 이때 사이리스터 소자에서 발생하는 ON 상태의 전압강하는 1~3[V]이다.

ON 상태에서 i_G를 0[A]로 하면 전류 i_A가 감소하여 홀딩전류 I_H보다 낮아지면 v_{AK}가 V_{TH}로 갑자기 증가하며 OFF 상태가 되고 다시 Turn-ON하기 위해서는 $i_G = I_L$를 인가하여 ON시켜야 한다. 실질적인 사이리스터는 그림 6.8(c)의 특성을 가지며 전압과 전류의 용량이 크기 때문에 대용량 시스템에 많이 사용된다.

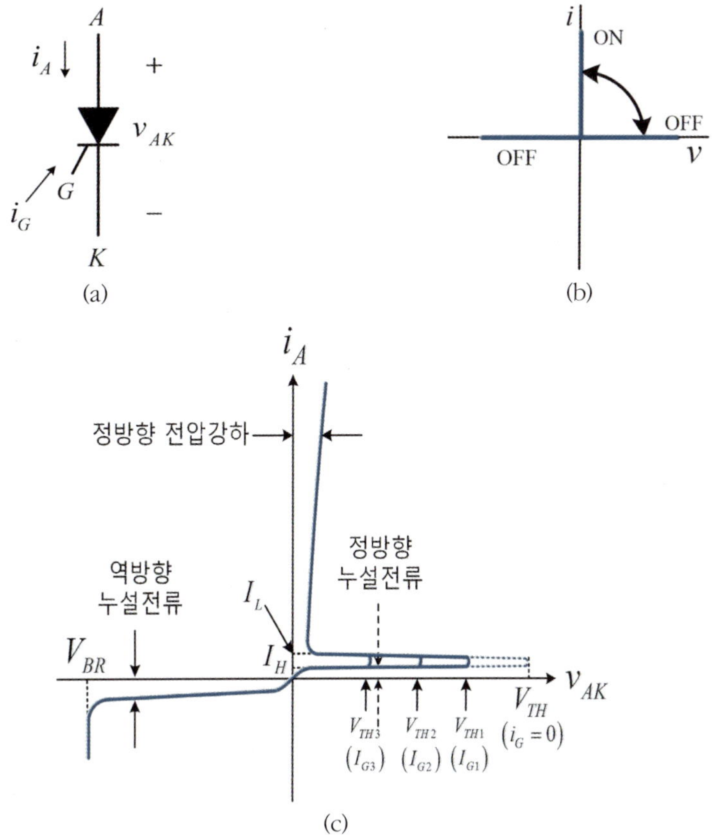

그림 6.8 사이리스터의 특성 (a) 기호, (b) 이상적인 $v-i$ 특성($i_G = 0$[A])
(c) 일반적인 $v-i$ 특성

6.2.3 TRIAC(Triode for alternating current)

TRIAC는 그림 6.9(a)와 같이 단방향 전류 특성을 갖는 사이리스터 2개를 서로 반대방향으로 병렬 연결한 소자이다. G핀에 흐르는 전류 i_G를 정/역방향으로 흘려주면 양 방향으로 Turn-ON 제어가 가능하다. TRIAC은 사이리스터 2개를 조합하는 것보다 경제적이지만 i_G에 대한 정밀도가 낮아서 Turn-OFF 시간이 사이리스터 보다 길며, 급격한 전압변동에 취약하여 유도성 부하에 적용하기 어렵다. 주로 전구의 밝기나 온도 제어용으로 많이 사용되며 특수한 2방향성 다이오드인 TRIAC을 G핀에 연결하여 사용하기도 한다. 그림 6.9(b), (c)는 각각 TRIAC의 이상적인 TRIAC의 v-i 특성과 실질적인 v-i 특성을 나타내고 있다.

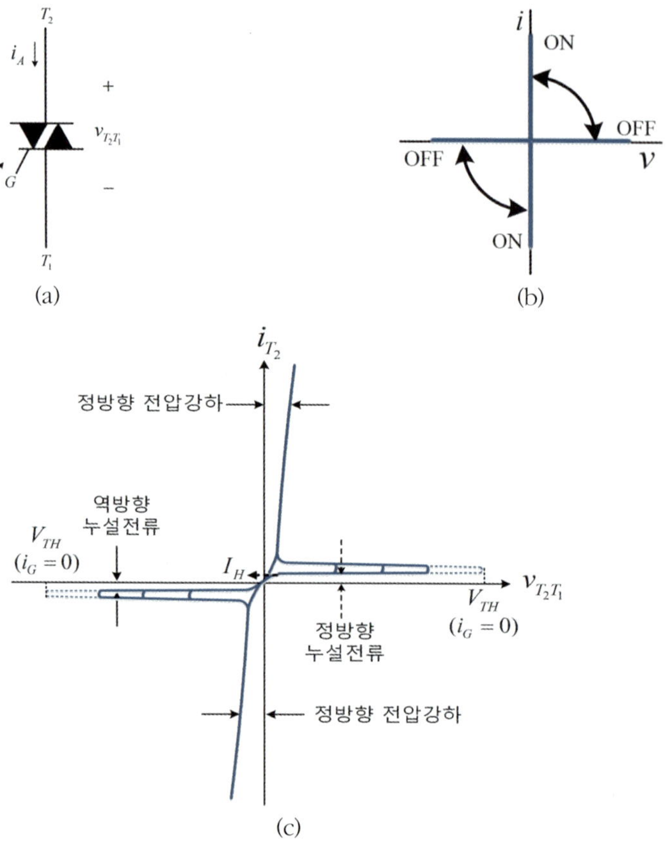

그림 6.9 TRIAC의 특성 (a) 기호 (b) 이상적인 $v-i$ 특성 (c) i_G에 따른 $v-i$ 특성

6.2.4 GTO(Gate turn-off thyristor)

그림 6.10은 GTO의 기호와 v-i 특성을 나타내고 있다. GTO는 사이리스터와 동일한 ON/OFF 시 v-i 특성을 갖는다. 다만 강제적인 Turn-OFF가 불가능한 사이리스터에 비하여 GTO는 Turn-ON, Turn-OFF 모두 i_G에 의해 제어할 수 있다는 장점이 있다. 사이리스터에 비해서 유리한 것은 ON 상태를 유지하는 동안 V_{TH}를 감소시키기 위하여 지속적으로 i_G를 인가할 필요가 없으며 음의 i_G를 흘리면 Turn-OFF 동작이 수행된다. GTO 소자에서 발생하는 ON 상태의 전압강하는 사이리스터보다 약간 높은 2~3[V]이며 사이리스터보다는 높은 스위칭 주파수가 요구되는 영역에서 사용이 가능하다. 주로 수[kHz]이내의 영역에서 사용되며 대용량의 전력제어용으로 사용된다.

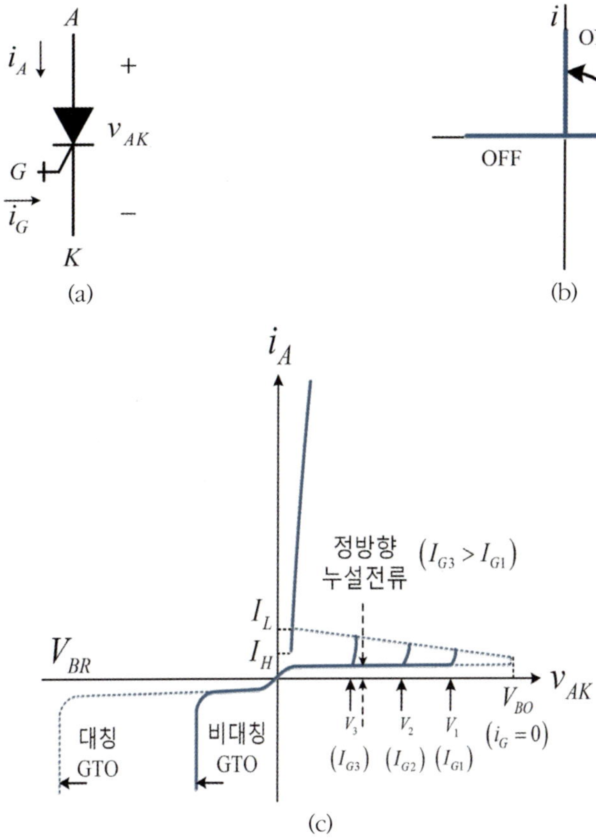

그림 6.10 GTO의 특성 (a) 기호 (b) 이상적인 $v-i$ 특성 (c) i_G에 따른 $v-i$ 특성

6.2.5 BJT(Bipolar junction transistor)

BJT 소자는 그림 6.11(a)와 같이 B, C, E 3핀으로 구성되며 각각 Base, Collector, Emitter를 의미한다. i_B가 증가할수록 i_C의 최대치가 증가하므로 i_B에 의하여 i_C를 제어할 수 있고 i_C를 제한할 수 있으므로 과전류를 방지할 수 있다. i_B가 증가해도 i_C가 거의 증가하지 않는 포화영역(Saturation region)이 있으며 일반적으로 BJT는 포화영역에서 동작한다. 그림 6.11에 NPN 타입 BJT의 기호와 i_B의 증가에 따른 v-i특성을 나타내고 있다. 그림 6.11(c)에서와 같이 $I_{B1} < I_{B2} < I_{B3} < I_{B4} < I_{B5}$일 때 Collector에 흐르는 전류는 비례서 증가 된다. ON 상태에서도 지속적인 i_B를 인가해야하기 때문에 전력소모가 큰 편이다.

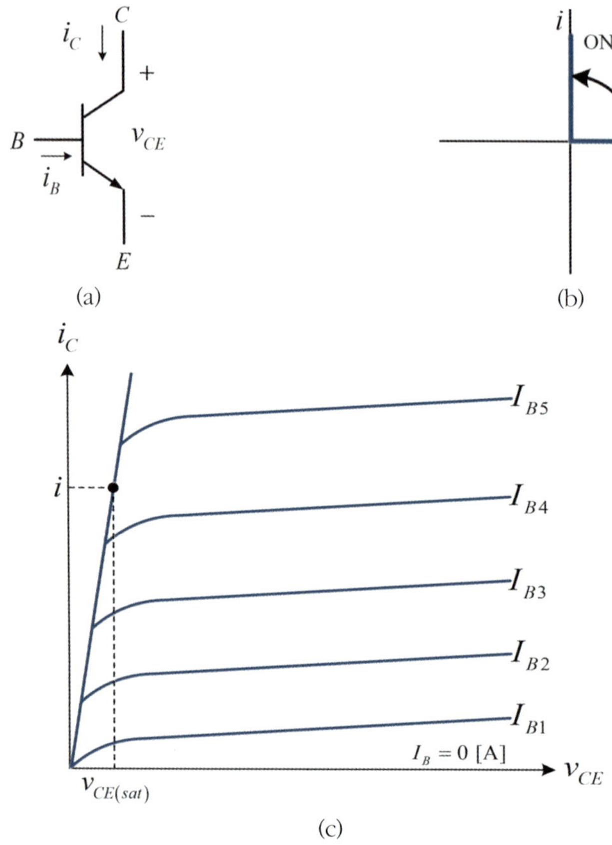

그림 6.11 BJT의 특성(NPN타입) (a) 기호 (b) 이상적인 $v-i$ 특성 (c) 일반적인 $v-i$ 특성 ($i_B = I_{B1}, I_{B2}, I_{B3}, I_{B4}, I_{B5}$)

6.2.6 MOSFET(Metal-oxide-semiconductor field-effect transistor)

MOSFET 소자는 그림 6.12(a)와 같이 D, S, G 3핀을 가지고 있고 각각 Drain, Source, Gate를 의미한다. MOSFET은 전압에 의해서 제어되는 소자로 G핀과 S핀 사이에 v_{GS}를 이용하여 i_D를 제어한다. 앞에 소개된 소자들과 달리 회로의 ON/OFF는 전압 신호 v_{GS}에 의해 결정되고 제어 시 요구되는 전력 소모가 작으며 반응성이 좋아서 고속 스위칭 동작이 요구되는 곳에 적용가능하다. 다만 ON 상태에서도 정방향 항복전압 V_{BF}가 있으며 V_{BF}보다 큰 전압이 V_{DS}에 걸리게 되면 소자가 파괴될 수 있다. v_{GS}의 크기에 따라서 i_D의 최대치가 결정되고 저항성분이 크므로 용량이 작은 분야에 사용된다.

MOSFET이 제작되면 D와 S 사이의 거리가 고정되므로 v_{GS}의 크기에 상관없이 항복전압 V_{BF}는 거의 일정하다. v_{GS}를 MOSFET이 ON 될 수 있는 전압 이하로 인가하게 되면 Turn-OFF 동작이 수행된다. Power MOSFET은 전력용 MOSFET를 말하며 역방향으로 병렬 연결된 다이오드가 내장된 형태이므로 역방향 전류를 저지하고, 단방향 전압을 저지하는 특성을 갖는다. 일반적인 N채널 MOSFET의 v_{GS}에 따른 i_D-v_{DS} 특성은 그림 6.12(c)와 같이 v_{GS}의 증가에 따라 최대 i_D가 증가한다. MOSFET과 BJT는 v-i 특성이 유사하지만 MOSFET은 제어신호로 전압을 사용하고 BJT는 제어신호로 전류를 사용하는 것이 차이점이며 구조에서도 차이가 있다.

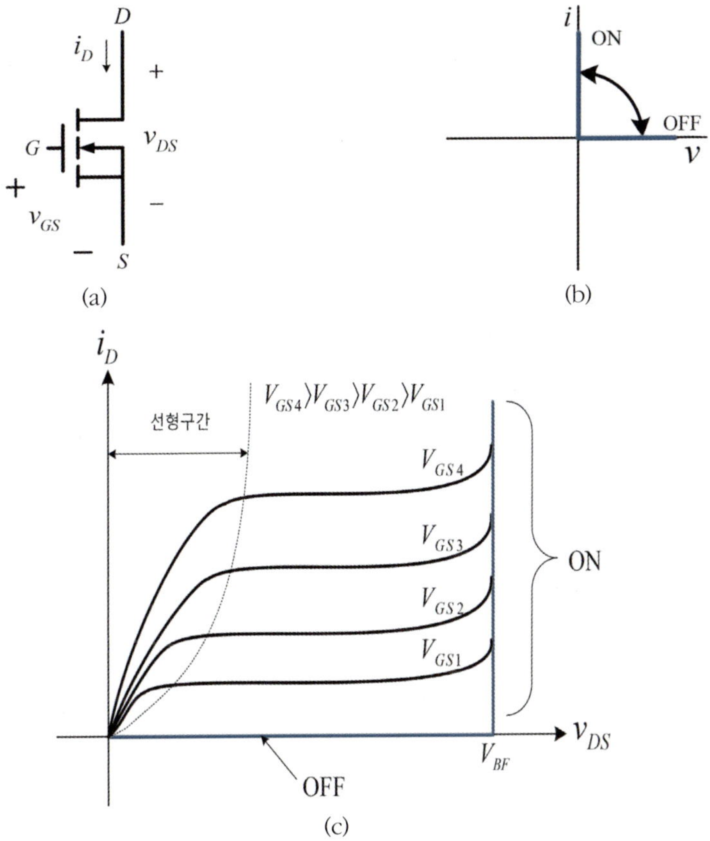

그림 6.12 MOSFET의 특성 (a) 기호 (b) 이상적인 $v-i$ 특성 (c) 일반적인 $v-i$ 특성 ($v_{GS} = V_{GS1},\ V_{GS2},\ V_{GS3},\ V_{GS4}$)

6.2.7 IGBT(Insulated gate bipolar transistor)

IGBT는 전압 제어신호를 이용하므로 ON시 전력 손실이 적고 높은 전압저지(Voltage blocking) 특성을 갖는 BJT의 특성을 가진다. 또한 MOSFET과 같이 고속스위칭이 가능하고 역방향 전압저지가 가능한 GTO의 특성도 갖추고 있다. 그림 6.13(a)과 같이 C, E, G의 3핀으로 이루어지며 각각 Collector, Emitter, Gate를 의미한다. v_{GE}를 이용하여 ON/OFF를 결정하며 v_{GE}의 크기에 따라서 최대 도통전류 i_C가 결정된다. 그림 6.13(b)는 이상적인 IGBT의 v-i특성을 나타내고 있다. 그림 6.13(c)는 실질적인 IGBT의 v-i 특성으로 ON 상태의 단방향 전류 특성과 OFF 상태의 역방향 전압저지 특성이 나타남을 알 수 있다.

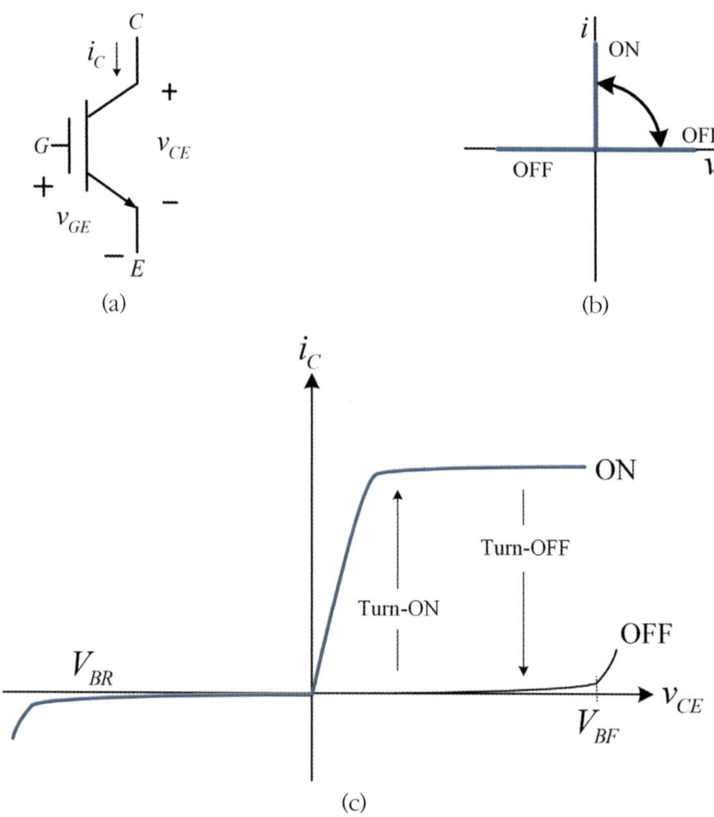

그림 6.13 IGBT의 특성 (a) 기호 (b) 이상적인 $v-i$ 특성 (c) 일반적인 $v-i$ 특성

6.2.8 IGCT(Integrated gate-commutated thyristor)

그림 6.14(a), (b)는 IGCT 기호와 이상적인 동작특성을 나타내고 있다. IGCT는 전류구동형 소자이나 IGBT보다 ON시 발생하는 전압강하가 낮은 특성을 가지고 있다. 다만 OFF시키기 위해서는 도통전류와 크기는 같지만 음의 전류가 Gate에 인가되어야 하므로 이를 고려해야 한다. GTO와 비슷한 용도로 사용된다.

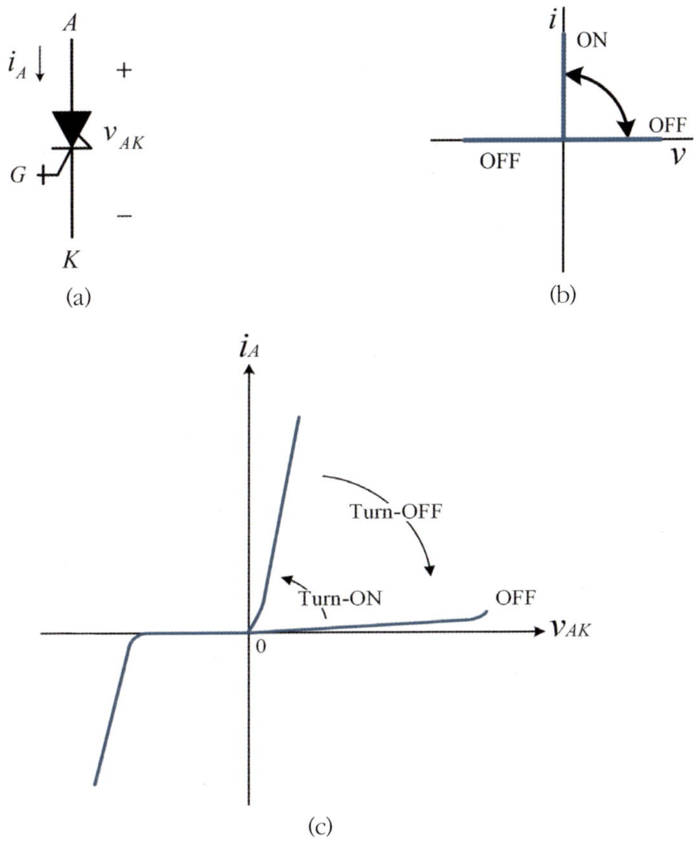

그림 6.14 IGCT의 특성 (a) 기호 (b) 이상적인 $v-i$ 특성 (c) 일반적인 $v-i$ 특성

참고 **반도체 소자의 손실**

스위칭 소자는 주기 T로 ON/OFF를 반복하는데 이상적인 스위치는 ON일 때 전압이 0, OFF일 때 전류가 0이 되어야 하지만 그림 A2와 같이 스위칭소자가 ON일 때 ON전압이 흐르고 스위치가 OFF일 때 누설전류가 흐르게 되어 스위칭 소자에서 손실이 발생한다. 그림 A2와 같은 소자의 ON/OFF 특성에서 1주기에 발생하는 평균 손실 $\overline{P}$는 식 (1)과 같이 된다.

$$\overline{P}=\frac{t_{ON}}{T}v_{ON}I_L+\frac{t_{OFF}}{T}E_s i_{OFF}+\overline{P_{s1}}+\overline{P_{s2}} \tag{1}$$

v_{ON} : ON 시 내부전압강하(포화전압), i_{OFF} : OFF시 누설전류(Cutoff 전류)

t_{s1} : ON에서 OFF 되는 시간, t_{s2} : OFF에서 ON 되는 시간

$\overline{P_{s1}}, \overline{P_{s2}}$: t_{s1}, t_{s2}시간 내에 발생하는 과도손실의 평균치

식 (1)에서 과도손실은 과도적인 전류의 변화에 따라 달라지지만 전압과 전류가 그림 A.2와 같이 직선적으로 변한다고 가정하면 과도적인 전압은 다음식과 같이 된다.

$$v=E_s\frac{t}{t_s}, i=I_L(1-\frac{t}{t_s}) \tag{2}$$

따라서 과도 시 내부손실 p_s와 그 평균치 $\overline{p_s}$는 각각 식 (3), (4)가 된다.

$$p_s=E_sI_L(1-\frac{t}{t_s})\frac{t}{t_s} \tag{3}$$

$$\overline{p_s}=\frac{1}{T}\int_0^{t_s}p_s dt=\frac{1}{6}E_sI_L\frac{t_s}{T} \tag{4}$$

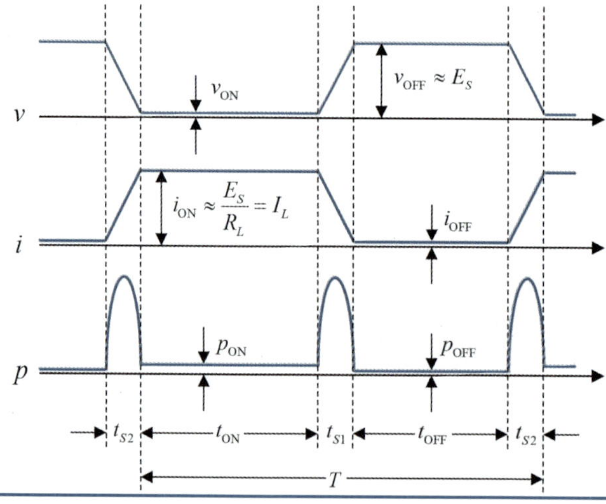

그림 A2 반도체 소자의 손실

6.2.9 전력용 반도체 소자의 특성 및 응용분야

[1] 제어형/비제어형, 전류구동형/전압구동형, 래치형/비래치형

전력용 반도체소자는 다양하여 ON/OFF제어 가능성, 제어신호의 형태, ON시 제어신호의 지속여부에 따라 나눌 수 있다. 파워소자는 외부에서 제어할 수 없는 비제어형과 외부에서 제어할 수 있는 제어형으로 나뉜다. 또한 제어단자에 가해지는 ON/OFF 제어신호에 대한 응답성에 따라 ON 제어형, ON/OFF 제어형으로 나뉠 수 있으며 ON 제어만 가능한 것은 사이리스터이다. 그리고 제어신호에 의해 ON이 된 후에 계속해서 ON 신호를 가해야 하는 래치형과 ON 신호를 가하지 않아도 ON 상태를 유지하는 비래치형으로 나눌 수 있는데 트랜지스터는 비래치형, 사이리스터는 래치형이다. 다름으론 제어신호에 따라 전압구동형과 전류구동형으로 나눌 수 있다. 이와 같은 여러 가지 반도체 소자의 분류를 간략하게 나타내면 그림 6.15와 같다.

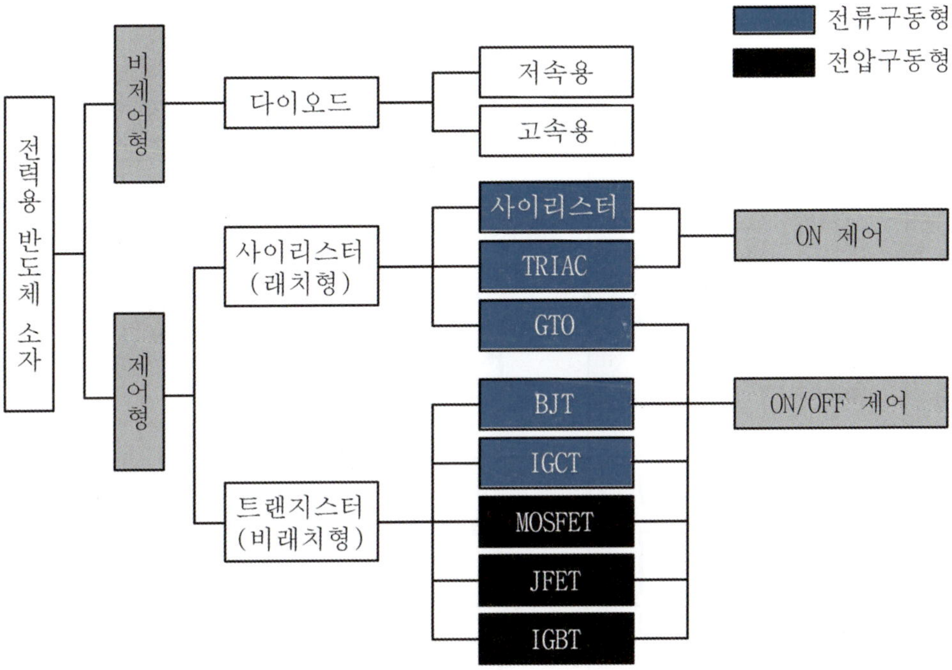

그림 6.15 전력용 반도체 소자 특성에 따른 분류

[2] 반도체 소자 특성 요약

이러한 반도체 소자들의 발전과정과 기호, ON/OFF 상태에 따른 동작극성, 그리고 간단한 특성을 정리하면 그림 6.16과 같다.

명칭	기호	이상적인 동작극성	특성
Diode (1955)		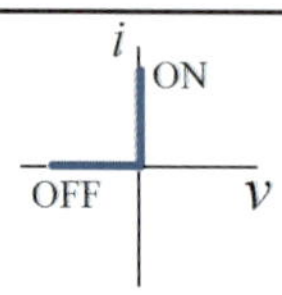	ON/OFF 제어 불가 매우 작은 ON 방향 전압강하 단방향 전압저지, 단방향 전류소자
Thyristor (1958)	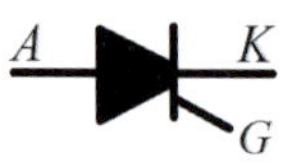	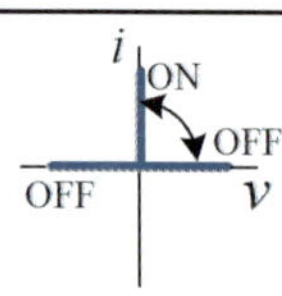	OFF 제어 불가 Gate의 전류펄스에 의하여 ON 제어 양방향 전압저지, 단방향 전류소자
TRIAC (1958)	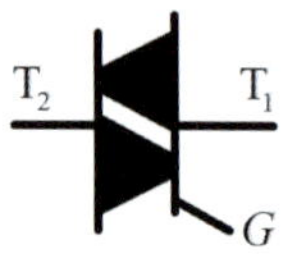	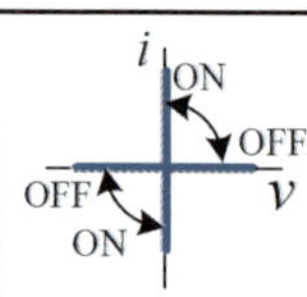	OFF 제어 불가 SCR보다 Gate 전류에 대한 민감도가 떨어져서 OFF 시간이 길다. 양방향 전압저지, 양방향 전류소자
GTO (1980)	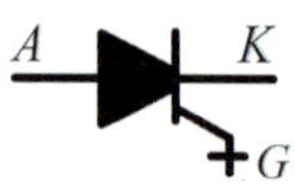	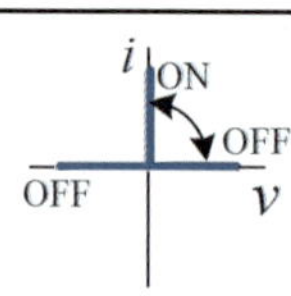	ON/OFF 제어 가능 ON 유지를 위한 Gate 전류가 낮음 음의 Gate 전류로 OFF 가능 양방향 전압저지, 단방향 전류소자
BJT (1975)	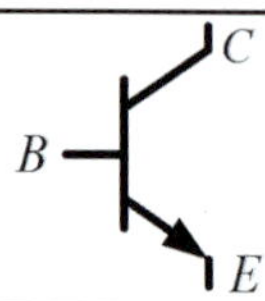	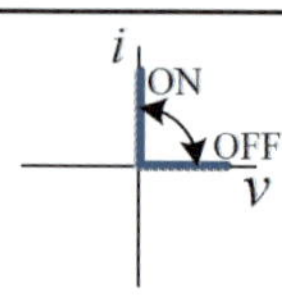	Base 전류에 의하여 ON 결정 Base 전류 크기에 따라 도통 전류 최대치 결정 단방향 전압저지, 단방향 전류소자
MOSFET (1975)	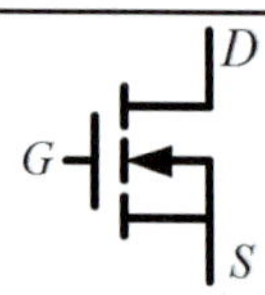	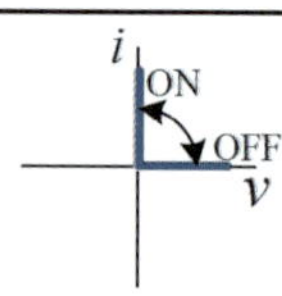	Gate와 Source 사이에 전압을 인가하여 ON/OFF 결정 ON시 도통전류에 따라 전압강하 변동 단방향 전압저지, 단방향 전류소자
IGBT (1985)	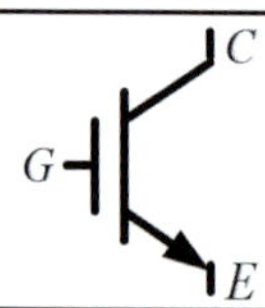	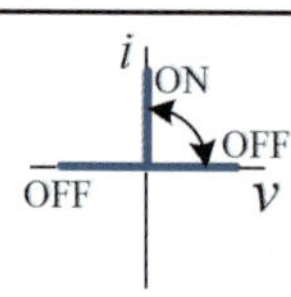	Gate와 Emitter 사이에 전압을 인가하여 구동하는 전압구동형 ON시 전압강하는 거의 일정 양방향 전압저지, 단방향 전류소자
IGCT (1996)	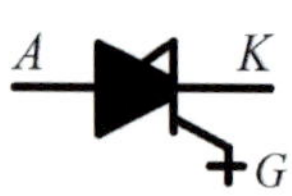	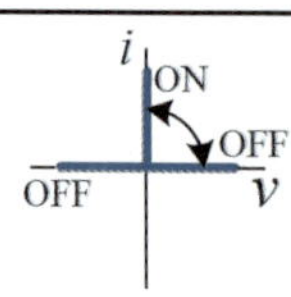	Gate에 도통 전류와 크기가 갖고 음의 전류를 흘려서 빠른 OFF 가능 IGBT보다 도통 시 전압강하가 낮다 양방향 전압저지, 단방향 전류소자

그림 6.16 전력용 반도체 소자의 분류

[3] 반도체 소자의 용량/주파수와 응용분야

파워반도체 소자들의 사용하는 용량과 스위칭 주파수대역을 그림 6.17에 나타내었다. 전동기의 벡터제어 용도로는 보통 수[kHz] ~ 수십[kHz]의 주파수영역이 요구되기 때문에 저전압 구동에는 MOSFET이 사용되며 보다 높은 전압 구동이 요구되는 전동기에서는 IGBT를 주로 이용한다. 또한 IPM(Intelligent Power Module)은 IGBT 소자 6개와 기타 구동회로 등을 패키지 형태로 제작한 소자이다. 이러한 소자들은 기술 발전에 따라서 용량 개선이 지속적으로 이루어지고 있다.

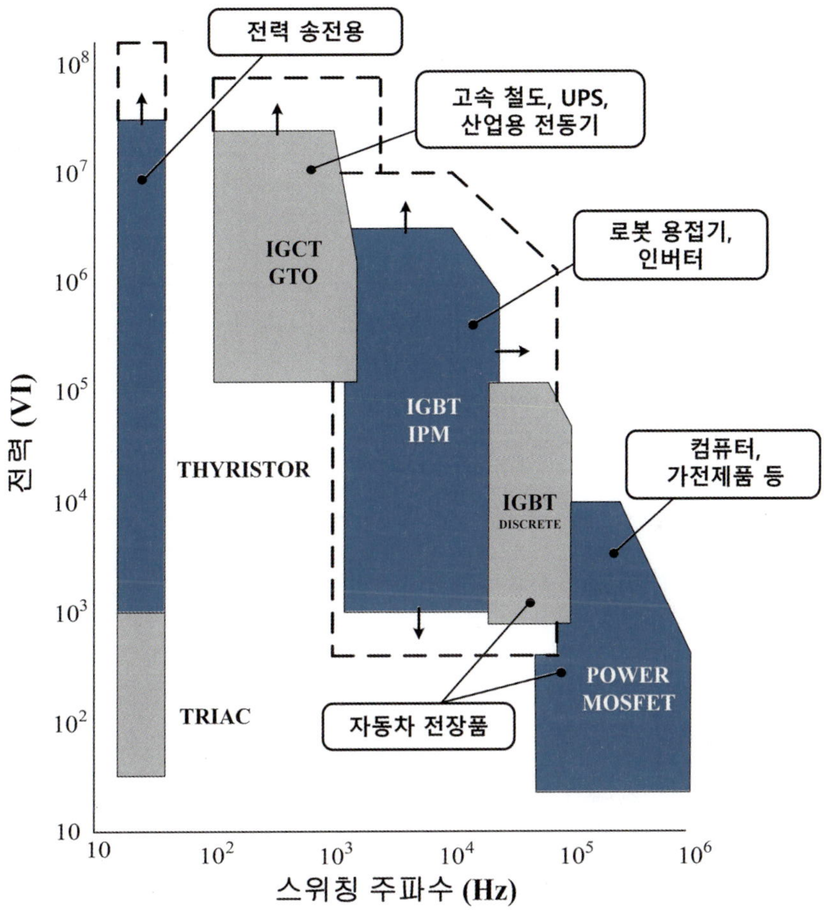

그림 6.17 스위칭 소자들의 주 사용영역

6.3 AC-DC 컨버터(정류기)

AC-DC 컨버터는 일반적으로 정류기라고 부른다. 정류기는 교류전원을 정류하여 직류로 변환하는 컨버터로써 전압의 크기를 제어하지 않는 경우는 보통 다이오드를 사용한다. 다이오드 정류기를 사용하면 전원전압의 최대값으로 출력전압이 결정되어 출력전압을 제어할 수 없으나 사이리스터를 이용하면 지연각을 통한 위상제어가 가능하여 출력전압을 변화시킬 수 있다. 직류전동기를 가변속(Variable speed) 구동할 경우에 사이리스터를 이용하여 위상제어 하면 전압을 제어하여 직류전동기를 제어할 수 있다. 직류전원 발생 이외에 AC-DC 컨버터를 많이 이용하는 응용분야로는 컨버터로 직류 전압을 발생시킨 후 DC-DC 컨버터 또는 DC-AC에 의해 직류와 교류를 가변시키는 간접식 전력변환장치가 있다. AC-DC 컨버터의 종류는 상 수와 회로구성 및 위상제어 가능여부에 따라 표 6.2와 같이 분류할 수 있다.

표 6.2 AC-DC 컨버터의 종류

상수	회로구성	위상제어 가능여부
단상	하프 브리지(반파정류)	(1) 다이오드 정류기 (위상제어 불가) −6.3.1, 6.3.2절 (2) 위상제어 정류기 −6.3.3절
	풀 브리지(전파정류)	
삼상	하프 브리지(반파정류)	
	풀 브리지(전파정류)	

6.3.1 단상 다이오드 정류회로

[1] 개요

단상 다이오드 정류회로는 AC의 한쪽 극성 전압만 통과시키는 반파(Half wave) 다이오드 정류회로와 양쪽 극성 모두 정류하는 전파(Full wave) 다이오드 정류회로로 나눌 수 있다. 단상 반파 및 전파 다이오드 정류회로는 다이오드 각각 1개, 4개를 사용하여 구성하며, 회로 구성과 정류 후 전압 파형은 그림 6.18과 같다.

그림 6.18(a)와 같이 단상 반파 정류회로는 교류가 양일 때만 통전되어 전압의 1/2에서만 부하에 전압이 걸리고 전류가 흐른다. 이로 인해 반파 정류는 전원전압의 반만을 정류하므로 평균전압이 전파정류의 1/2가 된다. 단상 전파 정류회로는 그림 6.18(b)와 같이 교류의 전압이 (-)일 때는 D_1, D_4가 통전되며 부하에는 교류전압과 반대 극성인 (+)전압이 걸리게 되어 교류전압의 파형 전체가 정류된다. 반파정류와 전파정류의 전압은 모두 고조파를 많이 포함하고 있으므로 커패시터를 부하에 병렬로 삽입하여 전압을 평활하게 한다.

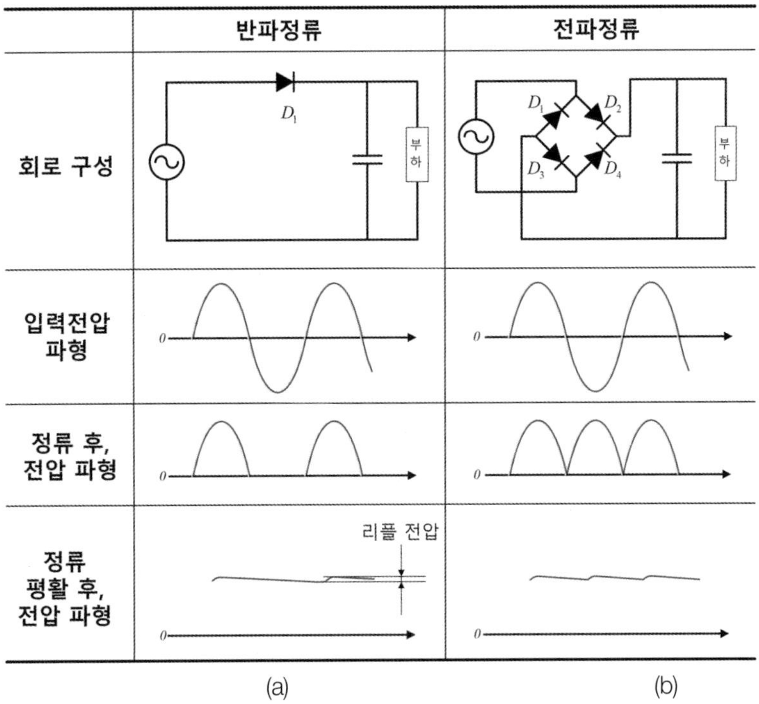

그림 6.18 단상 다이오드 정류 회로 (a) 반파정류, (b) 전파정류

이러한 커패시터를 평활 커패시터라고 하며 평활 커패시터를 사용하면 그림 6.18과 같이 평활한 전압을 얻을 수 있다.

[2] 단상 반파 다이오드 정류회로

그림 6.19(a)는 단상 반파 다이오드 정류회로를 나타내고 있으며 그림 6.19(b)는 환류다이오드를 가진 단상 반파 다이오드 정류회로를 나타내고 있다. 단상 반파 다이오드 정류의 출력전압과 전류는 부하의 종류에 따라 달라진다. 가장 간단한 형태는 부하가 저항 부하인 경우로 전압과 전류의 위상이 동일하고 부하에 걸리는 전압 v_{out}는 정류전압과 동일하게 반파 정류곡선을 가지게 된다. 반면 그림 6.19와 같이 부하가 RL부하인 경우는 전압이 반전되어도 전류가 0이 되지 않기 때문에 전원전압이 반전된 후에도 인덕턴스에 유기되는 전압에 의해 다이오드에는 계속 순방향 바이어스가 걸리게 된다. 부하에 흐르는 전류는 인덕턴스에 유기되는 전압(v_L)과 전원전압(v_{in})이 같아지는 점($v_{in} - v_L = 0$)에서 0이 되고 그 후 다이오드에 역방향 바이어스가 걸려 스위치가 OFF된다. 따라서 순수저항 부하와는 달리 그림 6.20과 같은 특성을 가진다.

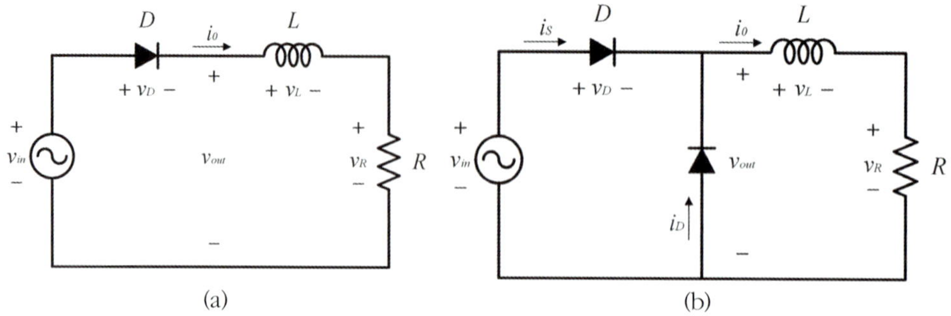

그림 6.19 RL 부하를 갖는 단상 반파정류회로의 기본회로
(a) 환류다이오드가 없는 회로 (b) 환류 다이오드가 있는 회로

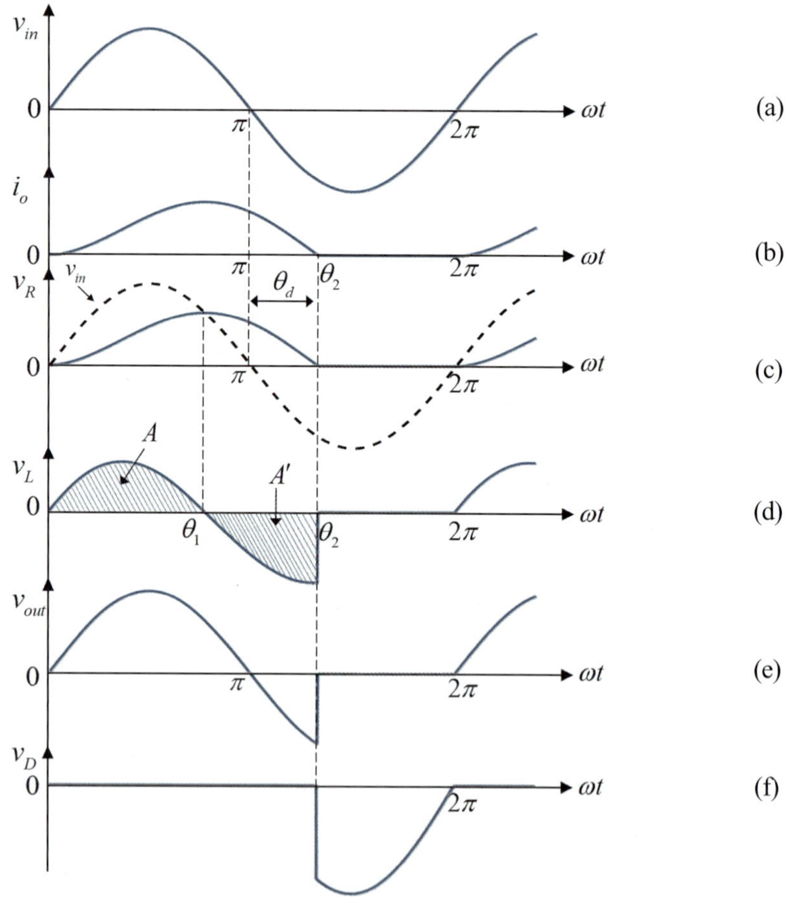

그림 6.20 RL부하에서 환류다이오드가 없는 단상 반파정류회로의 전압, 전류특성
(a) 전원전압 (b) 출력전류 (c) v_R (d) v_L (e) 출력전압 v_{out} (f) v_D

RL부하인 경우에 인덕터의 에너지가 0이 될 때까지 전류의 통로가 되는 환류다이오드가 있는 경우와 환류다이오드가 없는 경우는 서로 다른 출력특성을 가진다. 그림 6.20은 환류다이오드가 없는 경우 전압, 전류 특성이고 그림 6.21은 환류다이오드가 있는 경우 전압, 전류 특성이다. 환류다이오드를 갖는 경우 전원전압이 반전되면 환류 다이오드에는 순방향 바이어스가 걸리므로 도통된다. 이로 인해 인덕터에 저장된 에너지(A의 면적)는 환류다이오드와 저항을 거쳐 소비되고 인덕턴스에 저장된 에너지가 모두 소진(A'의 면적)될 때까지 환류 다이오드를 통해 전류가 도통되며 그림 6.21과 같은 출력특성을 얻게 된다.

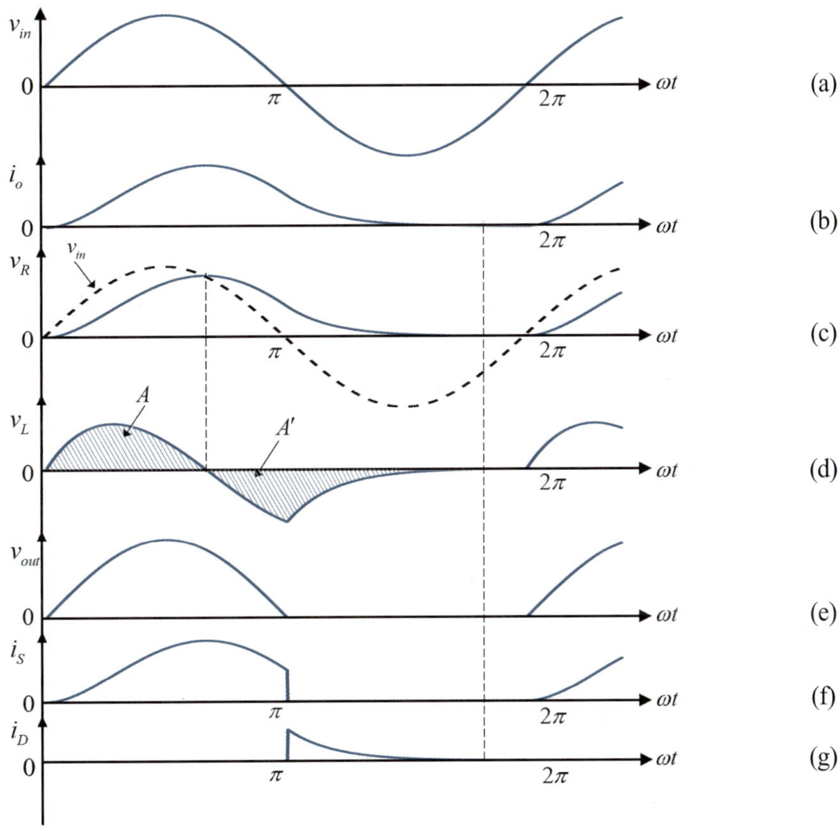

그림 6.21 RL부하에서 환류다이오드가 추가된 단상 반파정류회로의 전압, 전류특성
(a) 전원전압 (b) 출력전류 (c) v_R (d) v_L (e) 출력전압 v_{out} (f) i_s (g) v_D

[3] 단상 전파 다이오드 정류회로

단상 전파 정류회로는 그림 6.22와 같이 변압기를 이용한 전파회로와 H-Bridge 회로를 이용한 전파 정류회로로 나눌 수 있다. 단상 전파 정류회로가 단상 반파 정류회로와 다른 점은 단상정류회로에서는 전류가 0이 될 때까지 스위칭이 일어나지 않으나 단상 전파 다이오드 회로에서는 전압이 반전되면 반전되기 전과 다른 스위치에 순방향 바이어스 전압이 걸리므로 바로 스위칭이 일어난다. 따라서 출력전압은 그림 6.22(c)와 같이 된다.

그림 6.22(a)와 같이 변압기를 갖는 단상 전파 정류회로는 변압기가 필요하지만 다이오드를 2개만 사용하고, 한 번에 도통되는 다이오드는 1개뿐이므로 도통손실이 작다. 변압기를 포함하는 전파회로가 H-Bridge 회로와 같은 크기의 직류를 얻기 위해서는 1:2 변압기를 사용해야 한다. 반면 그림 6.22(b)와 같은 H-Bridge 전파회로는 변압기를 필요로 하지 않으나 도통 시 다이오드 2개가 도통되므로 변압기를 갖는 타입에 비해서 도통손실이 2배가 된다. 변압기를 사용하게 되면 전체적으로 복잡한 회로가 되고 변압기의 손실을 고려해야하지만 H-Bridge 정류회로를 사용하면 다이오드 4개를 사용하는 반면 회로가 간단하고 다이오드의 가격적인 부담이 없으므로 일반적으로 사용되는 전파 정류 정류기는 H-Bridge 정류기다.

R부하일 때는 전파 정류회로에서도 부하에 흐르는 전류는 전압과 동일한 모양으로 흐르지만 RL 부하인 경우 출력파형은 R부하와 다른 형태를 갖는다. L이 R에 비해서 매

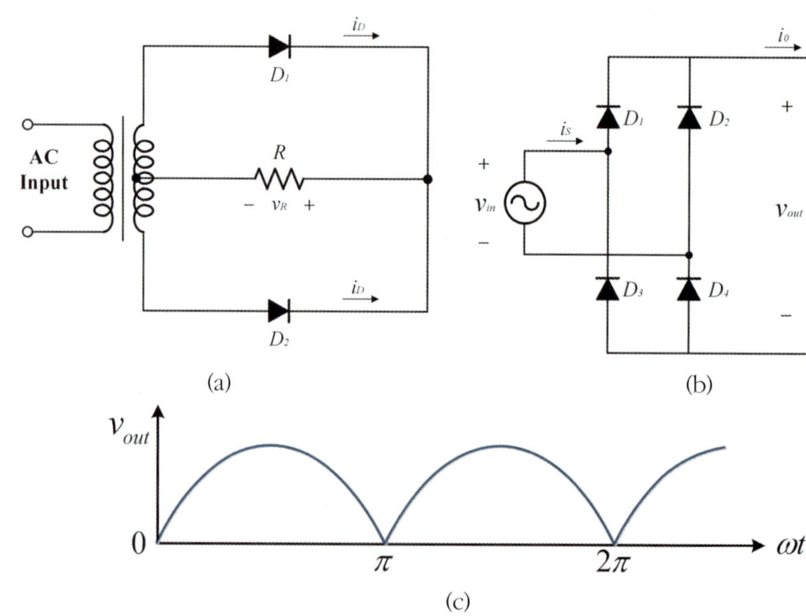

그림 6.22 단상 전파 전류 회로와 출력 전압
(a) 변압기를 갖는 전파 정류기 (b) 브릿지 회로 전파 정류기 (c) 출력전압

우 큰 경우는 시정수가 거의 무한대가 되므로 전류의 변화가 없다고 가정할 때 그림 6.23(b), (e)와 같이 일정전류가 흐른다고 가정할 수 있으나 부하의 인덕턴스가 유한한 값을 가지게 되면 출력전류에는 고조파를 포함하게 된다. 출력전압과 전류의 고조파를 없애주기 위해서는 H-Bridge 회로와 부하사이에 LC필터를 삽입하면 전류의 고조파 성분은 커패시터를 통하여 흐르고 저항에는 일정한 전류가 흐르게 되므로 부하에는 일정한 DC전압이 걸리게 된다.

RL부하일 때 단상 정류회로의 평균전압을 구하면 식 (6.1)과 같이 된다.

$$\langle v_{out} \rangle = \frac{1}{\pi}\int_0^{\pi} v_{out}\, d(\omega t) = \frac{1}{\pi}\int_0^{\pi} V_{in} \sin\omega t\, d(\omega t) = \frac{2}{\pi} V_{in} \quad [\mathrm{V}] \tag{6.1}$$

6.3.2 3상 다이오드 정류 회로

3상 다이오드 정류회로를 이용할 경우 단상에 비하여 정류된 파형의 리플이 작으며 보다 안정적으로 전력을 공급할 수 있다. 3상 다이오드 정류회로는 단상과 마찬가지로 반파 정류회로와 전파 정류회로로 나뉜다.

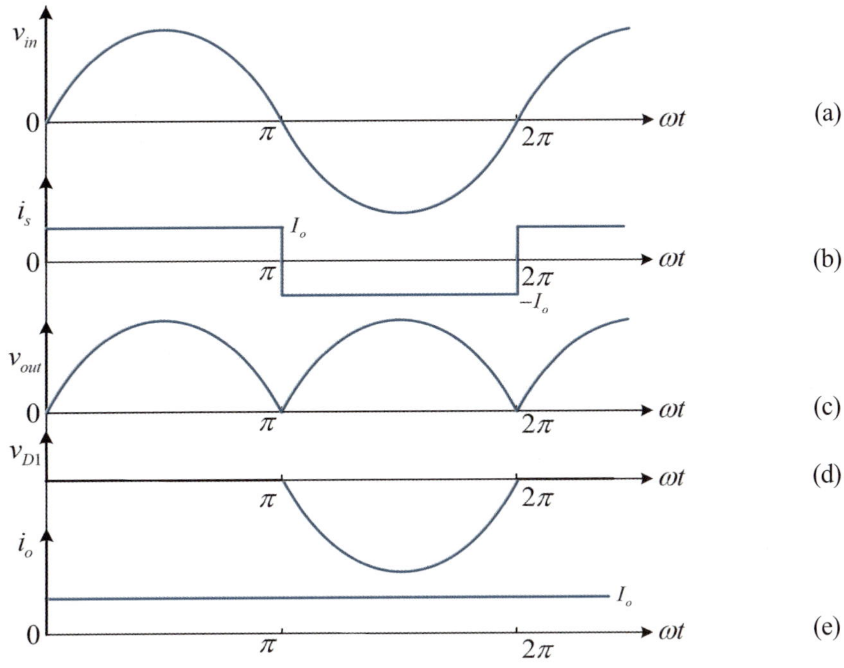

그림 6.23 단상 전파회로의 입력 및 출력 전압, 전류 특성
(a) 전원전압 (b) i_s (c) 출력전압 v_{out} (d) v_{D1} (e) 출력전류

[1] 3상 반파 정류회로

3상 정류회로 중 반파정류회로의 대표적인 파형을 그림 6.24에 나타내고 있다. 그림 6.24(a)에서와 같이 3상 중 가장 큰 상의 전압이 통전되므로 그림 6.24(b-2)와 같은 출력 전압특성을 가지게 된다. 부하가 저항 부하인 경우는 전압파형과 전류 파형이 동일하므로 그림 6.24(b)의 전압파형과 같은 전류가 저항부하에 흐른다.

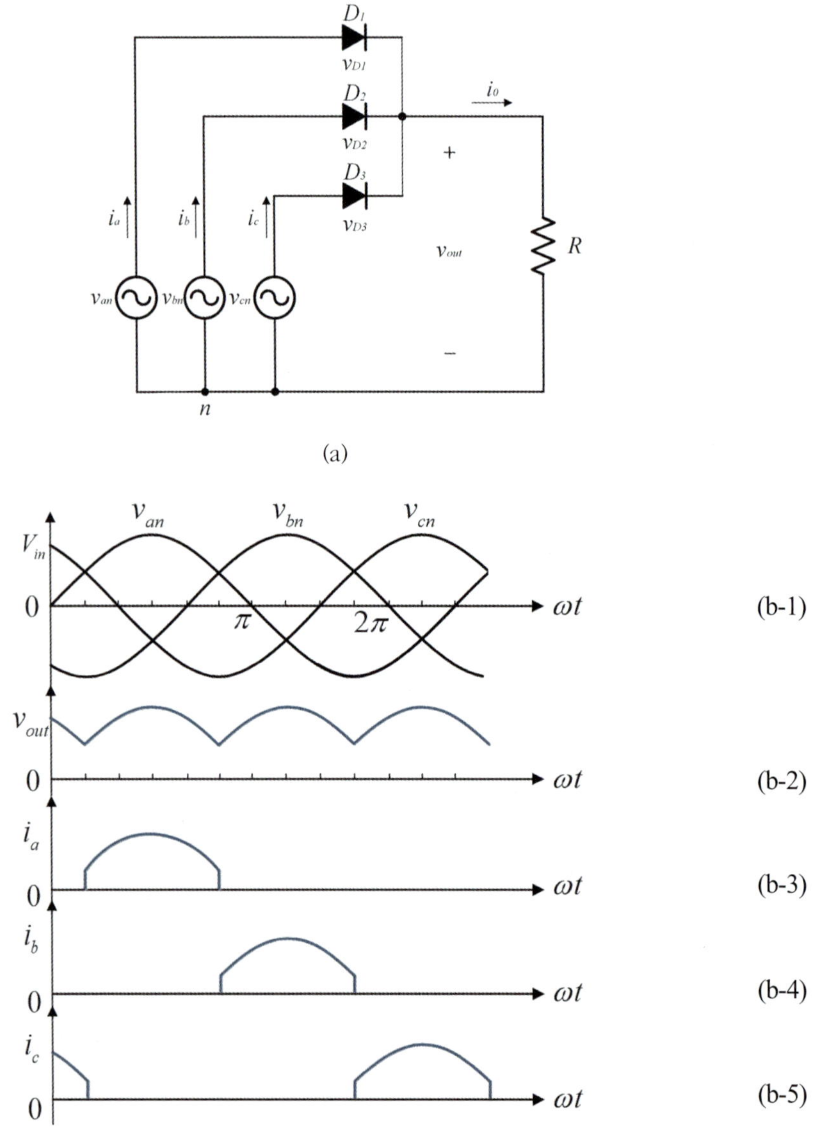

그림 6.24 3상 반파 다이오드 정류회로 (a) 3상 반파 정류회로 (b) 출력파형 (b-1) 입력전압 (b-2) 출력전압 v_{out} (b-3) i_a (b-4) i_b (b-5) i_c

[2] 3상 전파 정류회로

(1) 저항 부하이고 누설인덕턴스를 무시한 경우

그림 6.25는 3상 전파 정류회로와 입력파형 및 출력파형을 나타내고 있다. 입력전압이 그림 6.25(b)와 같이 변할 때 P점의 전압 v_{Pn}과 N점의 전압 v_{Nn}은 그림 6.25(b)의 굵은 선과 같이 된다. 따라서 3상 전파 정류회로의 출력전압은 커패시터를 무시하면 부하에는 그림 6.25(c)와 같은 전압 v_{out}을 출력하게 된다. 그림 6.25(b)와 같은 3상 평형 교류가 인가되면 P점에서는 3상의 상전압 중에서 최대치인 상의 다이오드가 통전되어 P점의 전위 v_{Pn}이 된다.

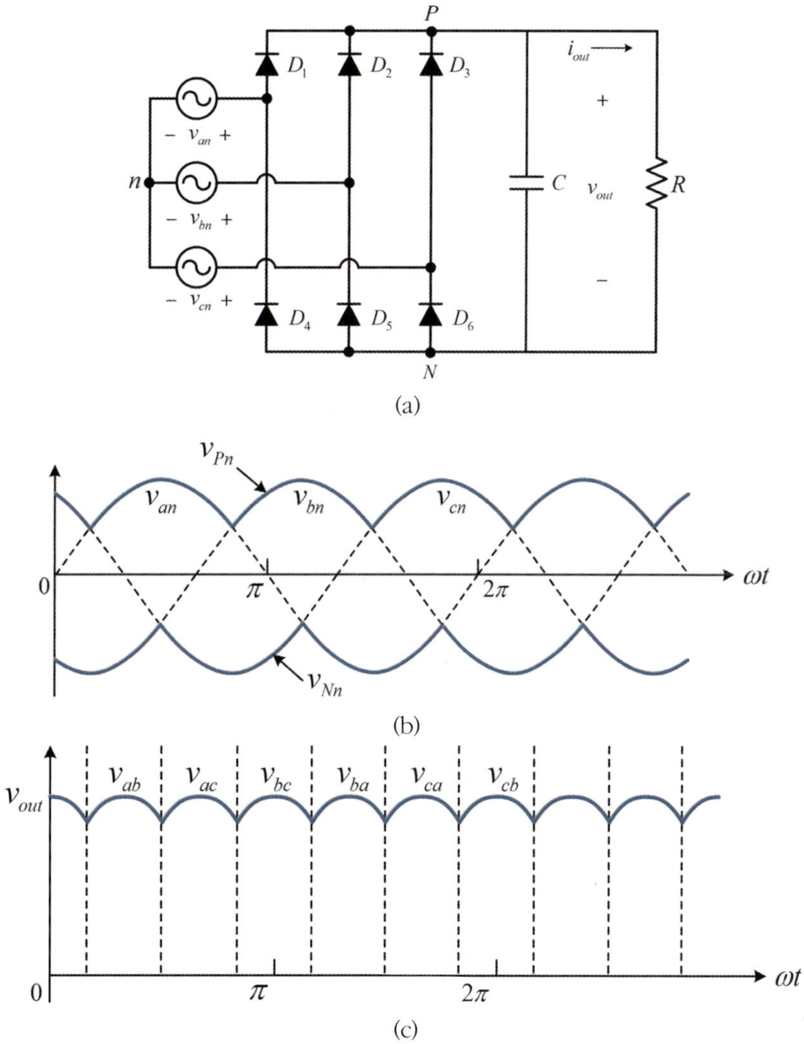

그림 6.25 3상 전파 정류회로 (a) 일반적인 3상 전파 정류회로 (b) 상전압 (c) 출력전압

또한 N점에서는 3상중 음의 최대치인 상의 다이오드가 통전되어 N점의 전압 v_{Nn} 이 걸리게 된다. 따라서 출력전압은 P점과 N점의 전위차이 v_{out}은 그림 6.25(c)와 같이 전원주파수 한 주기 동안에 총 6주기로 선간전압이 출력되고 이때 평균전압을 구해보면 식 (6.2)와 같이 된다.

$$\langle v_{out} \rangle = \frac{3}{\pi}\int_{\pi/6}^{\pi/2} v_{ab} d(\omega t) = \frac{3}{\pi}\int_{\pi/6}^{\pi/2} \sqrt{3}\, V_{in} \sin\left(\omega t + \frac{\pi}{6}\right) d(\omega t) = \frac{3\sqrt{3}}{\pi} V_{in} \quad [\mathrm{V}] \tag{6.2}$$

따라서 단상 정류회로에 비하여 평균전압과 평균전류가 동일한 저항 부하조건에서 모두 $3\sqrt{3}/2$배 만큼 증가하는 것을 알 수 있다. 출력전압은 그림 6.25(c)와 같이 고조파를 포함하고 있으므로 3상 다이오드 정류회로 출력단에 충분한 용량의 DC 링크 커패시터를 삽입하면 출력전압은 평활해지며 일정한 전압을 얻을 수 있다.

(2) RL부하이거나 누설인덕턴스를 고려한 경우 (중복각 발생)

3상 전파 정류회로에서 부하가 RL부하이거나 누설인덕턴스를 고려하면 전류의 상승과 하강이 시정수에 의해서 과도상태를 거치게 되므로 두 상이 동시에 도통되는 현상이 생기고 이때 출력전압은 R부하만 고려했을 때와는 다른 전압을 출력한다. 그림 6.25(a)에서 부하에 인덕터 L_s가 출력단에 직렬 연결되면 전류의 시정수 때문에 일시적으로 다이오드 2개가 동시에 도통하는 그림 6.27과 같은 회로가 구성된다. 이와같이 다이오드 2개가 동시에 도통되는 각을 중복각이라고 한다. 중복구간이 발생하면 각 전압, 전류 파형은 각각 그림 6.26(b), (c)와 같이 된다. 그림 6.26에서 D_1이 도통되고 있다가 0° 에서 D_2가 도통되면 그림 6.26(b)의 전류파형과 같이 a상의 전류가 갑자기 0이 되지 않고 시정수에 의해서 지연되는 전류의 파형이 된다. 또한 b상의 전류도 과도상태를 거친 후 일정한 전류가 되기 때문에 두 상이 동시에 전류가 흐르는 중복각 u가 발생하게 된다.

두 상이 동시에 도통되는 중복각 동안의 회로를 그리면 그림 6.27과 같다. 두 상의 전압의 최대치가 V_{in}으로 동일하다고 가정하면 v_{a0}와 v_{b0}는 식 (6.3)과 같다.

$$\begin{aligned} v_{a0} &= V_{in}\cos\left(\omega t + \frac{\pi}{m}\right) \quad [\mathrm{V}] \\ v_{b0} &= V_{in}\cos\left(\omega t - \frac{\pi}{m}\right) \quad [\mathrm{V}] \end{aligned} \tag{6.3}$$

그림 6.27에서 출력전류 i_{out}은 식 (6.4)과 같다.

$$i_{out} = I_{out} = i_a + i_b \quad [\mathrm{A}] \tag{6.4}$$

v_{a0}와 v_{b0}가 동일한 ωt가 0[rad]인 지점에서의 내부전류 i_s에 따른 폐회로에서 KVL을 적용시키면 식 (6.5)와 같은 전압방정식을 구할 수 있다.

$$v_{a0} - L_l \frac{di_a}{dt} + L_l \frac{di_b}{dt} - v_{b0} = 0 \qquad [\mathrm{V}] \tag{6.5}$$

출력전류의 크기는 I_{out}으로 일정하게 유지되므로 i_a, i_b를 식 (6.6)과 같이 정의할 수 있다.

$$i_a = \frac{I_{out}}{2} - i_s \ [\mathrm{A}], \ i_b = \frac{I_{out}}{2} + i_s \ [\mathrm{A}] \tag{6.6}$$

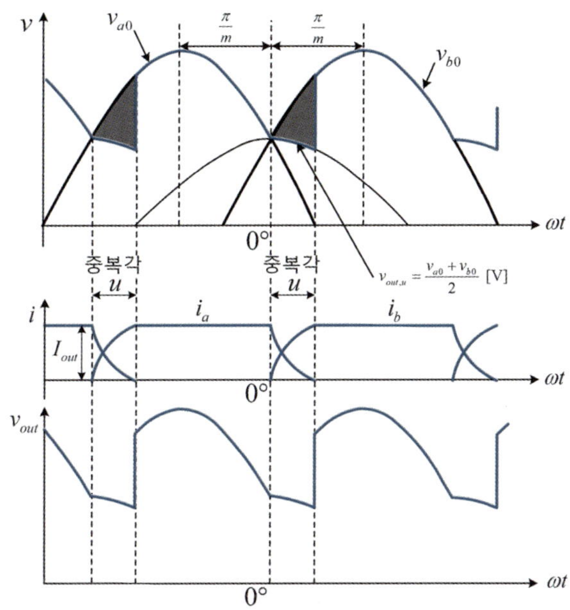

그림 6.26 다상 위상제어 정류회로 파형
(a) 전압 v (b) 전류 i (c) 출력전압 v_a

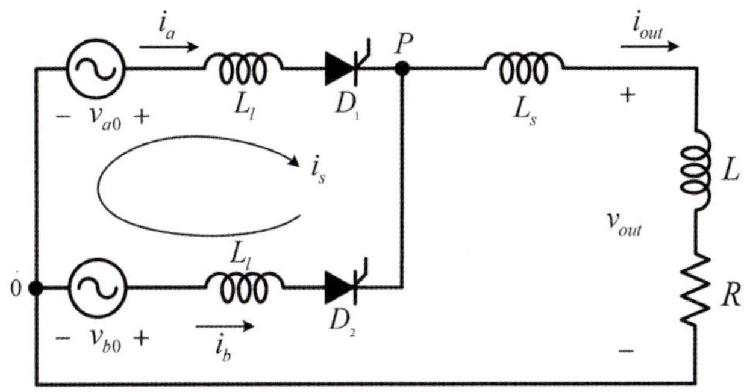

그림 6.27 다상 위상제어 정류회로

식 (6.6)을 이용하여 교차 지점에서의 전압방정식을 식 (6.7)과 같이 풀 수 있다.

$$v_{b0} - v_{a0} = L_l \frac{d}{dt}(i_b - i_a) = 2L_l \frac{di_s}{dt} \qquad [\mathrm{V}] \tag{6.7}$$

식 (6.7)에 (6.3)를 대입하여 i_s를 구할 수 있으며 식 (6.8)과 같다.

$$i_s = \frac{1}{2L_l}\int (v_{b0} - v_{a0})dt = -\frac{V_{in}}{\omega L_l}\sin\frac{\pi}{m}\cos\omega t + K \qquad [\mathrm{A}] \tag{6.8}$$

여기서 K는 적분상수이다.

그림 6.26에서 ωt가 0[rad]인 지점에서 i_s는 $-I_{out}/2$으로 나타나며 그 구간 이후로는 $v_{a0} < v_{b0}$인 상황이 되므로 i_a가 0으로 감소하고 i_b가 I_{out}으로 증가하게 되며 두 사이리스터가 모두 도통(Conduction)되는 상황이 유지되고 이러한 구간은 i_a가 0[A]이 될 때까지 유지된다. 이때의 출력단에 나타나는 전압 v_{out}은 $v_{out,u}$로 정의하며 식 (6.9)와 같이 구할 수 있다.

$$v_{out,u} = v_{a0} - L_l\frac{di_a}{dt} = v_{a0} + L_l\frac{di_s}{dt} = v_{a0} + \frac{v_{b0} - v_{a0}}{2} = \frac{v_{a0} + v_{b0}}{2} \qquad [\mathrm{V}] \tag{6.9}$$

식 (6.9)에서와 같이 출력전압은 두 상의 평균 전압값으로 나타난다. 이러한 출력전압 관계에 따라서 전류의 감소 및 증가가 결정되므로 중복구간의 범위를 구할 수 있다. 인덕턴스의 값이 충분히 크다고 가정하면 식 (6.8)에서 중복각이 발생하는 시점의 i_s의 크기를 일정한 값인 I_s라고 가정할 수 있으므로, $\omega t = 0$ [rad]일 때 $i_a = I_{out}$, $i_b = 0$이 되어 a상 및 b상의 전류를 식 (6.10)과 같이 정의할 수 있다.

$$\begin{aligned} i_a &= I_{out} - I_s(1 - \cos\omega t) \qquad [\mathrm{A}] \\ i_b &= I_s(1 - \cos\omega t) \qquad [\mathrm{A}] \end{aligned} \tag{6.10}$$

위의 경우는 제어 지연각이 0[rad]인 경우로 통전과 동시에 중복구간이 발생한다.

그러나 위상각 제어를 하는 정류회로에서는 제어지연각 α[rad] 전에는 제어지연각이 발생하지 않고 $wt = \alpha$[rad]에서 중복각이 발생한다. 관련 내용은 6.3.4에 기술하였다.

6.3.3 사이리스터를 이용한 단상 위상제어 정류회로

[1] 사이리스터를 이용한 단상 반파 정류

사이리스터는 ON 제어가 가능한 소자이므로 사이리스터 소자의 도통 시점(Conduction point)에 의해 스위치가 ON되고 OFF 시점은 전류에 의해 결정된다. 그림 6.28(a)와 같이

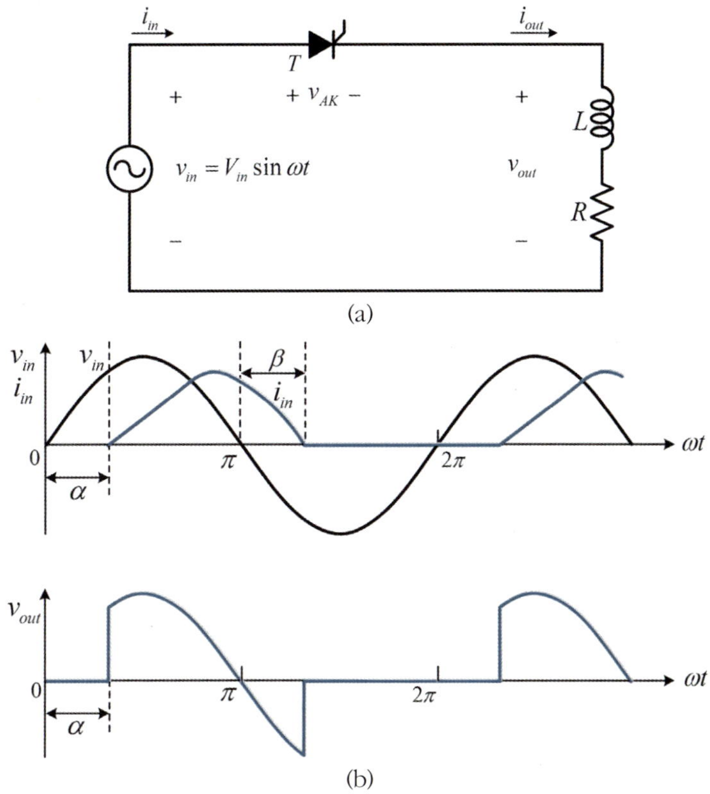

그림 6.28 사이리스터를 이용한 단상 반파 정류 (a) 단상 반파 정류회로 (b) 출력파형

RL부하에서 사이리스터 정류회로의 점호각(Firing angle) α를 조절하면 정류되는 전압의 크기를 조절할 수 있으며 특히 $\alpha = 0^\circ$ 이면 단상 반파 다이오드 정류회로와 동일한 특성을 갖는다. 그림 6.28(b)에서 점호각이 $\alpha = \omega\tau$ [rad]라면, 시간 t가 τ가 될 때까지는 사이리스터가 OFF 상태를 유지하고 $\alpha = \omega\tau$ [rad] 이후 v_{out}은 v_{in}과 같아진다.

저항 부하에서는 전류와 전압이 동상이므로 입력전압이 0이 되면 전류도 0이 되고 사이리스터가 OFF가 되어 출력전압에는 (-)가 나타나지 않는다. 반면 그림 6.28과 같이 RL부하에서는 전압이 0이 되어도 전류가 0이 되지 않고 부하에 흐르는 전류는 인덕터에 유기되는 전압(v_L)과 전원전압(v_{in})이 같아지는 점($v_{in} - v_L = 0$)에서 0이 되고 그 후 다이오드에 역방향 바이어스가 걸려 스위치가 OFF된다. 따라서 사이리스터는 입력 전압이 (-)극성일 때도 ON되므로 출력전압은 그림 6.28(b)와 같이 양극성을 갖게 된다. 사이리스터를 이용한 단상 반파 정류에서도 출력단에 환류 다이오드를 삽입하면 앞에서 언급한 다이오드 회로와 유사한 출력특성을 얻을 수 있다.

[2] 사이리스터를 이용한 단상 전파 정류

사이리스터를 이용한 전파 위상제어 정류회로(Fullwave phase controlled rectifier circuit)는 그림 6.29와 같이 다이오드를 이용한 전파 정류회로의 다이오드를 사이리스터로 대체한 것이다. 전파 다이오드 정류회로와 다른 점은 제어 지연각(Delay angle) α 뒤에 사이리

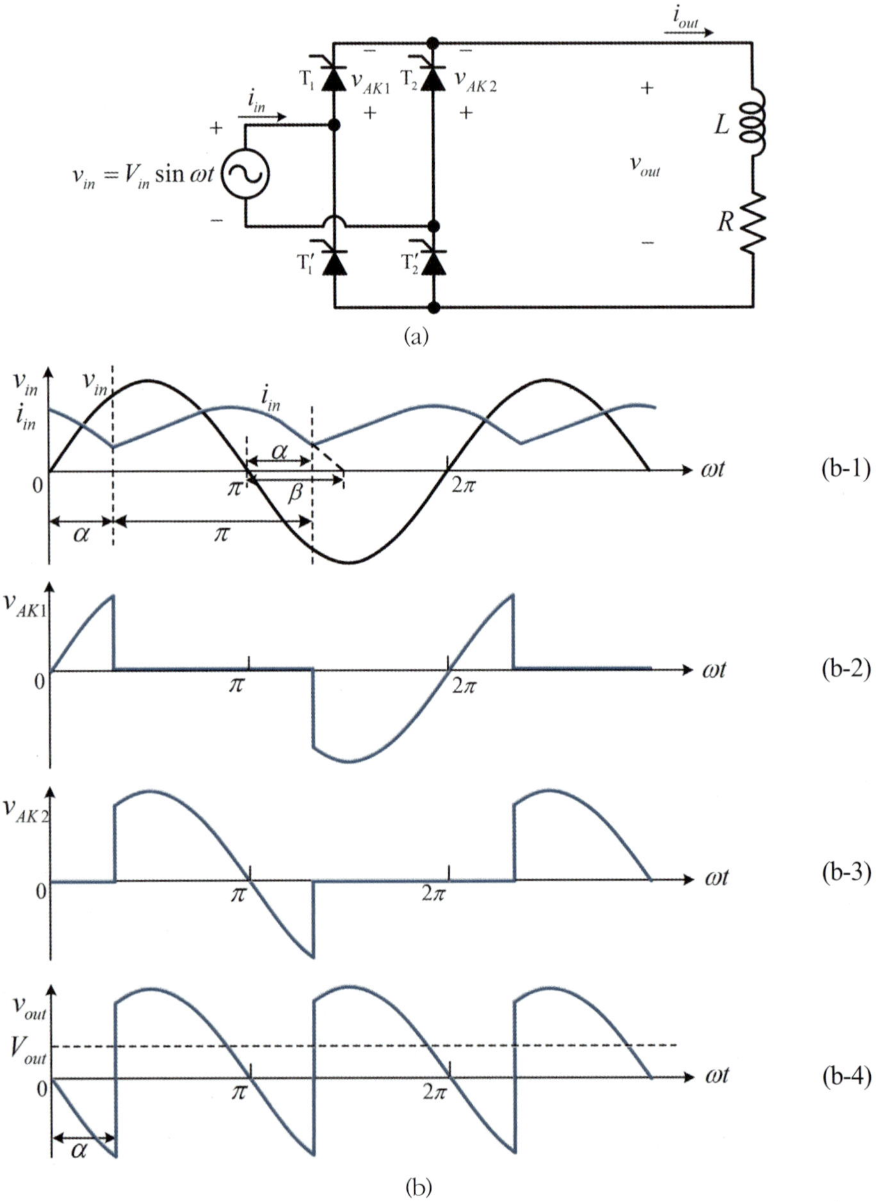

그림 6.29 사이리스터를 이용한 단상 전파 정류 (a) 단상 전파 정류회로 (b) 출력파형 (b-1) 입력전압 (b-2) v_{AK1} (b-3) v_{AK2} (b-4) 출력전압 v_{out}

스터 T_1, $T_2{}'$ 또는 T_2, $T_1{}'$가 동작한다는 것이다. 그림 6.29(b)에서와 같이 제어 지연각 α가 전류가 0이 되는 β (시정수에 의해 결정됨)보다 작을 경우 사이리스터가 ON 되더라도 전류가 0[A]으로 떨어지지 않기 때문에 부하전류가 연속적으로 흐르게 된다. 하지만 β보다 제어 지연각 α가 더 크다면 전류가 불연속이 되는 과도상태가 반복되어 나타난다. 따라서 정상상태에서의 특성을 개선하기 위해서 인덕터를 출력단에 직렬로 연결하게 되면 전류가 연속적이라고 가정할 수 있다. 이때 정류기의 평균 출력전압을 식 (6.11)과 같이 구할 수 있다.

$$\langle v_{out} \rangle = \frac{1}{\pi}\int_{\alpha}^{\pi+\alpha} V_{in}\sin\omega t \; d(\omega t) = \frac{2}{\pi}V_{in}\cos\alpha = V_{out,\max}\cos\alpha \quad [\mathrm{V}] \qquad (6.11)$$

여기서 제어 지연각 α가 0[rad]이라면 다이오드 정류회로와 같은 출력을 발생한다.

6.3.4 사이리스터를 이용한 3상 위상제어 정류기

3상의 전원으로부터 직류전동기를 제어하기 위해 사이리스터를 이용한 3상 위상제어 정류기의 동작에 대해서 살펴보자. 그림 6.30에서 부하는 인덕턴스 L, 저항성분 R, 그리고 역기전력 성분 V_{emf}으로 직류전동기의 부하를 전압제어하기 위한 3상 사이리스터 위상제어 정류회로를 나타내고 있다. 전압을 제어하기 위해 위상제어에 의해 제어 지연각 α를 제어하면 3상 정류기는 다이오드 정류기와 마찬가지로 2상의 스위치가 모두 ON 되어 순환전류가 흐르는 중복각이 존재한다.

위상제어를 수행할 경우 제어 지연각 α와 중복각 u를 모두 포함하는 파형을 나타내면 그림 6.31과 같다. 3상의 상전압은 얇은 실선으로 표시되어 있으며, 위상각 제어를 수행하였으므로 상전압이 중복되는 지점보다 α만큼 기존 출력전압이 유지된다. 기준이 n 점이므로 0[V]로 정의하고 제어 지연각 α 이후 다음 사이리스터가 ON되는데, 기존 사이리스터에 흐르던 전류가 0[A]로 떨어질 때까지 중복각이 발생하게 된다. 이때 도통되는 두 상의 평균 전압은 점선으로 표시한 것과 같이 출력된다. 굵은 실선으로 표시한 부분은 중성점 n 기준으로 P점과 N점의 전위인 v_{Pn}, v_{Nn}을 나타낸다. 제어 지연각 α가 0[rad]이 되면 상전압의 크기가 동일한 지점에서 통전 사이리스터가 바뀌어 중복각 u동안만 평균전압이 출력되고 나머지 구간에서는 최고 전압이 항상 출력된다.

출력되는 부하전압 v_{out}은 P점과 N점에서의 전위 v_{Pn}, v_{Nn}을 이용하여 식 (6.12)와 같이 구할 수 있다.

$$v_{out} = v_{Pn} - v_{Nn} \qquad [\mathrm{V}] \qquad (6.12)$$

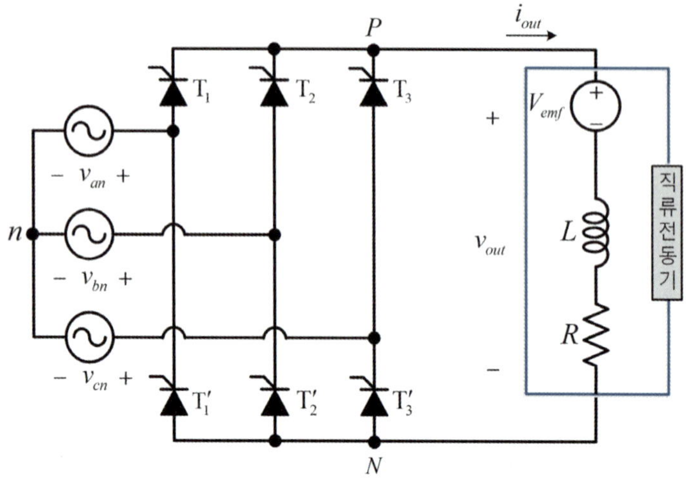

그림 6.30 3상 위상제어 정류회로

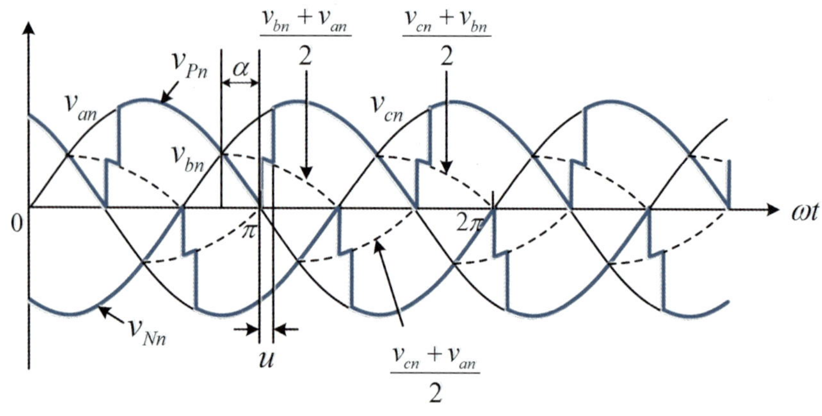

그림 6.31 3상 위상제어 정류회로 파형

이 경우 출력전류 i_{out}은 일정한 직류 I_{out}가 흐르고 이러한 이유로 사이리스터의 통전 위치가 변화하는 동안에 중복각이 발생한다. 출력전류가 직류로 유지되기 위해서는 용량이 큰 인덕터가 필요한데 정류회로의 전체 부피 및 가격적인 문제가 발생할 수 있다. 평활 전류를 만들기 위한 용도로 사용되는 인덕터의 용량이 작다면 이는 출력전류의 리플로 나타나게 된다. 따라서 전류를 연속적으로 흘려야 하는 용도로 사용하기 위해서는 필요한 평활 인덕터(Equalization Inductor)의 용량을 산정하여 해당 수준으로 정류회로를 제작하는 것이 가격적인 부분과 소자의 사용률에서 이점을 갖는다.

6.4 DC-DC 컨버터

6.4.1 DC 쵸퍼

DC-DC 컨버터는 쵸퍼라고도 하며 직류전원의 전압을 반도체 소자를 이용하여 낮추거나 높이는 장치이다. 기본적인 원리는 그림 6.32와 같이 스위칭 소자를 이용하여 ON 상태에서 전력을 전달하고 OFF 상태에서는 전력공급을 끊어주는 형태로 출력을 조절하는 것이다. 부하가 저항 부하인 경우 그림 6.32(a)에서 스위치가 ON 되면 출력전압은 입력전압 V_{in}과 같고, 스위치가 OFF되면 출력전압은 0[V]가 된다. 이러한 ON/OFF가 일정한 주기 T_s마다 반복적으로 일어나며 출력전압은 그림 6.32(b)와 같다. ON 시간이 t_{on}일 경우 t_{on}/T_s를 듀티비 D로 정의하면 출력전압 v_{out}은 식 (6.13)과 같이 된다.

$$V_{out} = \langle v_{out} \rangle = \frac{V_{in} \times DT_s + 0 \times (1 - DT_s)}{T_s} = DV_{in} \quad [\mathrm{V}] \tag{6.13}$$

듀티비 D는 0부터 1까지의 값을 가질 수 있으므로 평균 출력전압 v_{out}은 입력전압보다 같거나 작게 된다. 부하가 순수 저항 성분이면 전류는 전압과 같은 모양으로 변하게 된다. 그러나 회로에는 작지만 인덕턴스 성분을 가지고 있고 또한 부하에 인덕턴스 성분이 존재하면 스위치를 OFF할 때 인덕터에 큰 전압이 유기되고 해당 전압으로 인해 스위치가 손상될 수도 있다. 또한 저항 부하에서는 전류와 전압이 불연속이 되는 단절구간이 생겨 특성이 나쁘다. 따라서 가장 간단한 형태로는 그림 6.32(a)와 같이 환류다이오드를 사용하여 OFF 시에 스위치를 보호하고 또한 부하에 전류가 연속적으로 흐를 수 있도록 한다. 그러나 환류다이오드를 사용해도 부하에 걸리는 전압과 전류에 고조파를 다수 포함하는 단점을 가지고 있다. 그림 6.32와 같은 쵸퍼 회로는 전압의 극성을 바꿀 수 없으므로 전압의 극성을 바꾸기 위해서 그림 6.33과 같은 Full-Bridge 컨버터를 이용해야 한다.

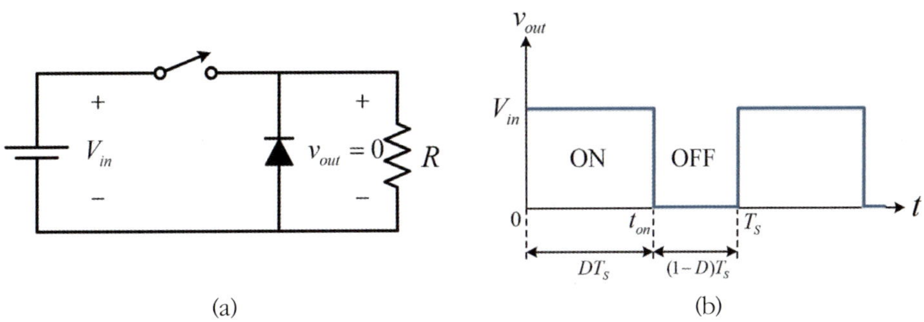

그림 6.32 DC 쵸퍼 회로 동작 (a) 기본회로 (b) 출력파형

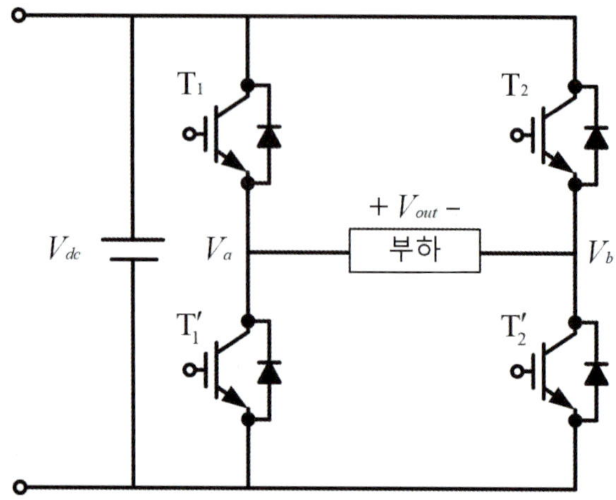

그림 6.33 Full-Bridge 컨버터 회로

Full-Bridge 컨버터는 진폭변조 방식(PWM : pulse width modulation)을 이용하여 원하는 가변전압을 거의 실시간으로 얻을 수 있다. 이와 같이 PWM 기법을 이용한 전력변환회로는 6.5절에서 자세히 다루도록 한다.

그림 6.32와 같은 기본적인 쵸퍼 회로는 직류전압이 단절되는 단점을 가지고 있고 전압을 올릴 수 없으므로 리플이 없는 전압을 출력하거나 전원전압보다 큰 전압을 유기하기 위해서는 다른 형태의 회로 토폴로지가 필요하다. 이와 같이 전원전압보다 크거나 작은 전압을 유기하기 위한 컨버터의 종류로는 출력전압을 낮추는 형태의 Buck 컨버터(강압형 컨버터), 출력전압을 상승시키는 Boost 컨버터(승압형 컨버터), 승강압이 모두 가능한 Buck-Boost 컨버터, Cuk 컨버터가 있다. 또한 Buck 컨버터 회로에 변압기를 추가한 Forward 컨버터와 Buck-Boost 컨버터에 변압기를 추가한 Flyback컨버터 등 다양한 컨버터가 있다. 표 6.3은 대표적인 컨버터의 종류와 컨버터에서 연속모드와 불연속 모드일 때 출력전압 크기를 정리한 표이다. 이와 관련된 사항은 6.4.2절 ~ 6.4.5절에 자세히 설명하도록 한다.

표 6.3 연속모드 불연속 모드에서 출력전압 크기

종류		출력전압 방정식
강압형 컨버터	연속모드	$V_{out} = D V_{in}$
	불연속모드	$V_{out} = \frac{D}{D_0} V_{in}$
승압 컨버터	연속모드	$V_{out} = \frac{1}{1-D} V_{in}$
	불연속모드	$V_{out} = \frac{D_0}{(D_0 - D)} V_{in}$
강압-승압 컨버터	연속모드	$V_{out} = \frac{D}{1-D} V_{in}$
	불연속모드	$V_{out} = \frac{D}{(D_0 - D)} V_{in}$
쿡(Cuk) 컨버터	연속모드 (불연속모드 없음)	$V_{out} = \frac{D}{1-D} V_{in}$

6.4.2 강압형 컨버터 (Buck 컨버터)

Buck 컨버터는 그림 6.34와 같이 입력전원은 V_{in}과 병렬로 역방향 다이오드를 삽입하고 다이오드의 우측에는 LC 저주파 통과 필터(Low pass filter)를 삽입한 구조이다. 스위칭에 의해 제어된 전압은 초기 커패시터가 충전되기 전에는 과도적으로 변동하지만 과도상태를 거친 후에는 일정한 직류 출력전압을 발생한다. 전원전류 i_{in}은 스위칭 소자가 ON일 때 흐르게 되며, OFF일 때는 0[A]가 되지만 인덕터의 전류는 스위칭 소자가 ON일 때 증가하고 스위치가 OFF일 때 환류 다이오드를 통하여 방전된다. 따라서 인덕터에 흐르는 전류 i_L은 증가와 감소 크기가 동일하게 주기적으로 반복되어 스위치의 ON/OFF에 따른 인덕터 전압 및 전류 파형은 그림 6.35와 같이 된다.

인덕터에서 전류의 증감을 결정하는 것은 인가전압의 크기와 시간이다. ON/OFF 구간에서 인덕터 전류의 증가와 감소의 크기가 같은 정상상태라면 ON 구간과 OFF 구간의 인덕터 전압 V_L을 시간에 대하여 적분하면 0이 되고 식 (6.14)와 같이 정의할 수 있다.

$$\frac{1}{L}\int_0^{t_{ON}} V_L(t)dt + \frac{1}{L}\int_{t_{ON}}^{T_S} V_L(t)dt = 0 \qquad [A] \tag{6.14}$$

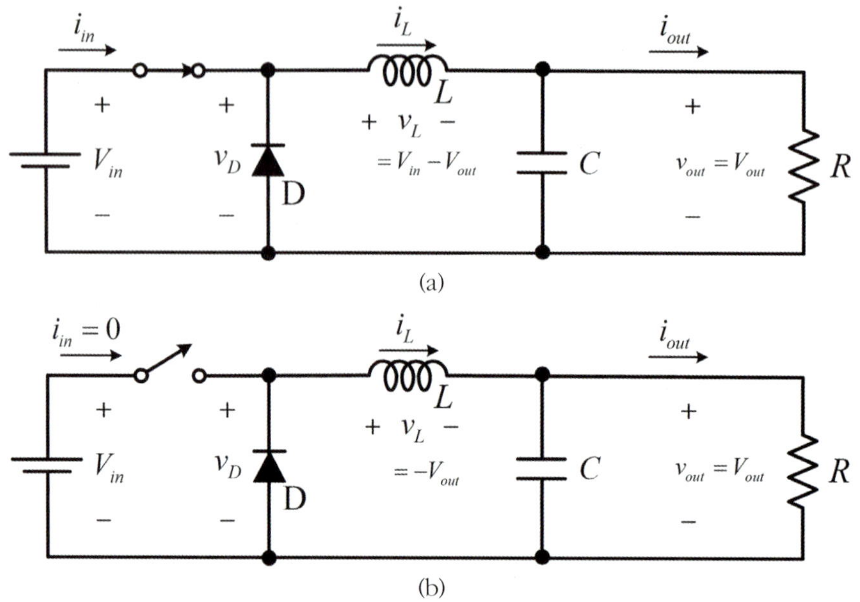

그림 6.34 Buck 컨버터의 기본 회로 동작 (a) ON (b) OFF

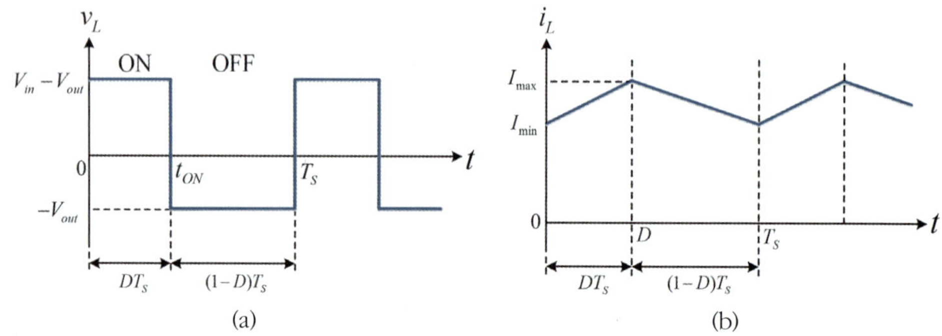

그림 6.35 Buck 컨버터의 인덕터 파형 (a) 전압 (b) 전류

따라서 정상상태에서 전류의 변동은 ON/OFF 구간마다 I_{min}부터 I_{max}까지, I_{max}부터 I_{min}까지 변화하고 ON/OFF 구간별 시간에 따라서 적분한 전압 크기는 정상상태에서 서로 동일하므로 구간별 전류관계를 이용하여 대수식으로 표현하면 식 (6.15), (6.16)과 같다.

$$I_{max} - I_{min} = \frac{1}{L}(V_{in} - V_{out}) \times DT_s \qquad [A] \tag{6.15}$$

$$I_{min} - I_{max} = \frac{1}{L}(-V_{out}) \times (1-D)T_s \qquad [A] \tag{6.16}$$

따라서 식 (6.15)와 식 (6.16)를 연립해서 풀면 입력전압과 출력전압의 관계는 식 (6.17)과 같이 나타난다.

$$V_{out} = D\,V_{in} \qquad [\text{V}] \tag{6.17}$$

식 (6.17)은 듀티비에 따른 입력전압대비 출력전압의 관계로 인덕터 전류 i_L이 항상 연속인 상태에서만 성립하는 식이다. 만약 듀티비가 매우 작아서 OFF 구간 내의 인덕터 전류 i_L가 0 [A]로 떨어진 상태로 일정시간 유지된다면 입출력 관계는 달라진다. 이 경우에는 ON 구간에서 인덕터 전류 i_L의 크기는 0에서 $I_{\max}$까지 상승하고 OFF인 구간에서 0[A]로 떨어져 일정시간 동안 0[A]를 유지한다. 전류가 0[A]로 떨어지는 시점을 D_0으로 정의하면 전류는 그림 6.36과 같은 파형을 가진다. 이때의 출력전압과 입력전압의 관계를 듀티비 D와 불연속 시점 D_0를 이용하여 표현하면 식 (6.18)과 같다.

$$V_{out} = \frac{D}{D_0}\,V_{in} \qquad [\text{V}] \tag{6.18}$$

출력전압은 불연속 시점 D_0와 듀티비 D에 따라 변화하므로 불연속 시점을 찾아야만 계산할 수 있기 때문에 예측하기 복잡하다.

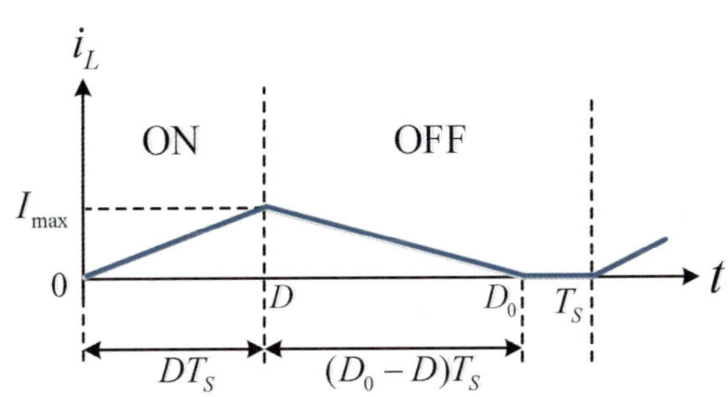

그림 6.36 Buck 컨버터의 불연속 전류 상황에서 인덕터 전류

6.4.3 승압 컨버터 (Boost 컨버터)

승압 컨버터인 Boost 컨버터의 기본 회로는 그림 6.37과 같다. 그림 6.37에서 스위칭 소자가 ON이 되면 입력전원은 인덕터와 직렬 연결되면서 인덕터의 전압 v_L은 입력전압 V_{in}이 되며 전류가 상승하게 된다. 스위칭 소자가 OFF가 되면 인덕터는 부하회로와 연결되면서 전류가 감소하게 되고 인덕터에 저장된 에너지가 전달된다. 이러한 과정이 반복되어 정상상태에 도달하면 부하 저항 R에 걸리는 출력전압 v_{out}은 커패시터 C의 값이 매우 클 때 V_{out}으로 일정한 직류값을 가지게 된다. 출력전압 V_{out}은 듀티비에 의해

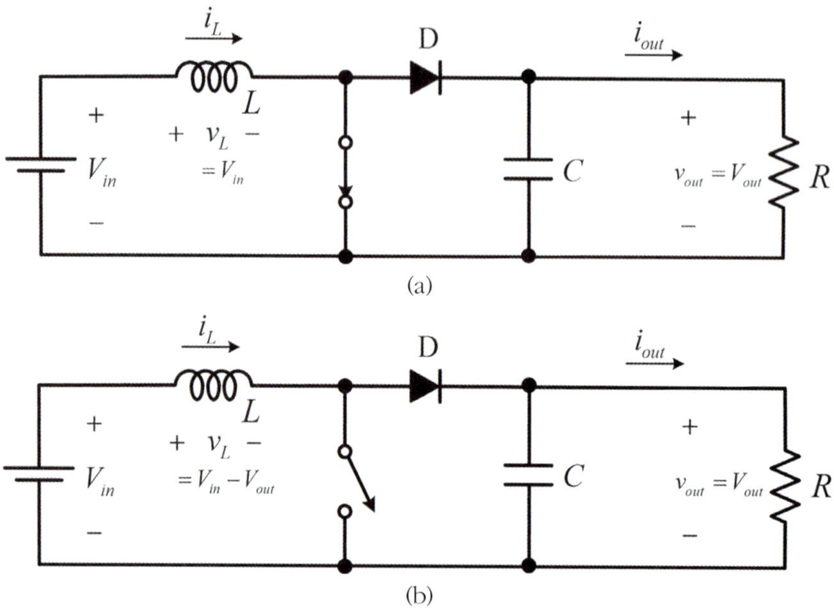

그림 6.37 Boost 컨버터의 기본 회로 및 동작원리 (a) ON (b) OFF

서 결정되며 정상상태에 도달했을 때 스위칭 ON/OFF 상태에 따른 인덕터 전압과 전류 관계를 이용하여 듀티비와 출력전압 및 입력전압의 관계를 정의할 수 있다. 스위칭이 지속되는 동안 인덕터의 전류 i_L이 0[A]로 떨어지지 않는 연속 도통 상태가 유지된다면 정상상태에서 전류의 최소값과 최대값은 동일하게 유지되므로 강압 컨버터와는 완전히 반대인 식 (6.19), (6.20)이 성립된다.

$$I_{\max} - I_{\min} = \frac{1}{L}(V_{in}) \times DT_s \qquad [\mathrm{A}] \tag{6.19}$$

$$I_{\min} - I_{\max} = \frac{1}{L}(V_{in} - V_{out}) \times (1-D)T_s \qquad [\mathrm{A}] \tag{6.20}$$

이때 스위칭에 따른 전류 및 전압 파형은 그림 6.38과 같다. 따라서 듀티비를 이용하여 출력전압을 표현하면 식 (6.21)과 같다.

$$V_{out} = \frac{1}{1-D} V_{in} \qquad [\mathrm{V}] \tag{6.21}$$

출력전압 V_{out}은 듀티비가 0일 때 입력전압 V_{in}과 동일해지며 듀티비가 커질수록 식 (6.21)의 분모항이 작아지면서 증가한다. 이상적으로는 듀티비가 1에 가까워질수록 출력전압이 급격히 증가하지만 듀티비가 커지게 되면 전류의 증감폭이 커져서 인덕터에서 자기포화가 발생할 수 있으므로 실제로 무한대의 출력전압은 발생하지 못한다.

듀티비에 따른 입력전압대비 출력전압의 관계는 인덕터 전류 i_L이 항상 연속인 상태에서만 성립한다. 듀티비가 커질수록 출력전압이 증가하므로 OFF시 전류가 급격히 감소한다. 따라서 전류가 불연속인 구간이 발생하게 되며 입출력 관계는 식 (6.21)이 성립하지 않는다. 전류가 0[A]로 떨어지는 시점을 D_0로 정의하면 전류는 Buck 컨버터에서와 같이 그림 6.36과 같은 파형을 가진다. 이때의 출력전압과 입력전압의 관계를 듀티비 D와 불연속 시점 D_0를 이용하여 표현하면 식 (6.22)와 같다.

$$V_{out} = \frac{D_0}{(D_0 - D)} V_{in} \qquad [\mathrm{V}] \tag{6.22}$$

앞의 Buck 컨버터와 같이 출력전압은 불연속 시점 D_0와 듀티비 D에서 동시에 변하므로 불연속 시점을 찾으면 구할 수 있다.

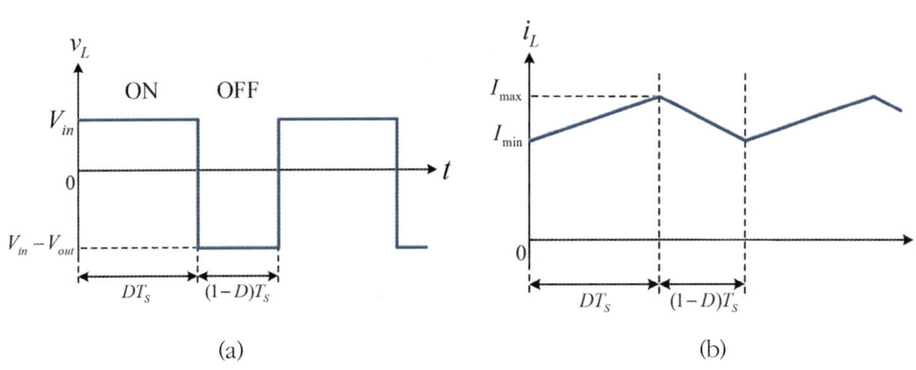

그림 6.38 Boost 컨버터의 인덕터 파형 (a) 전압 (b) 전류

6.4.4 강압-승압 컨버터 (Buck-Boost 컨버터)

Buck 컨버터의 경우는 출력전압이 입력전압보다 높을 수 없으며 Boost 컨버터의 경우는 출력전압이 입력전압보다 낮을 수 없으므로 용도가 고정된 컨버터이다. Buck-Boost 컨버터는 승강압(Step up and step down)이 모두 가능한 컨버터로 출력전압의 극성이 앞의 컨버터들과는 다르게 역방향으로 나타나고 기본 회로는 그림 6.39와 같다.

그림 6.39와 같이 스위칭 소자가 ON일 때 인덕터에 에너지가 축적되고 부하에는 에너지를 전달하지 않는다. 스위칭 소자가 OFF가 되면서 입력측 회로는 끊어지며, 인덕터에 저장된 에너지가 부하로 전달되게 되어 단시간의 전류 변화는 그림 6.40과 같이 선형적

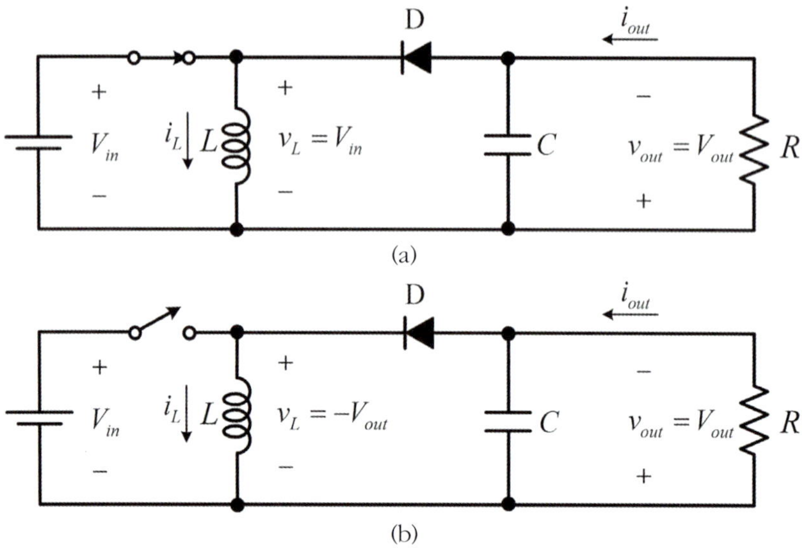

그림 6.39 Buck-Boost 컨버터의 기본 회로 및 동작원리 (a) ON (b) OFF

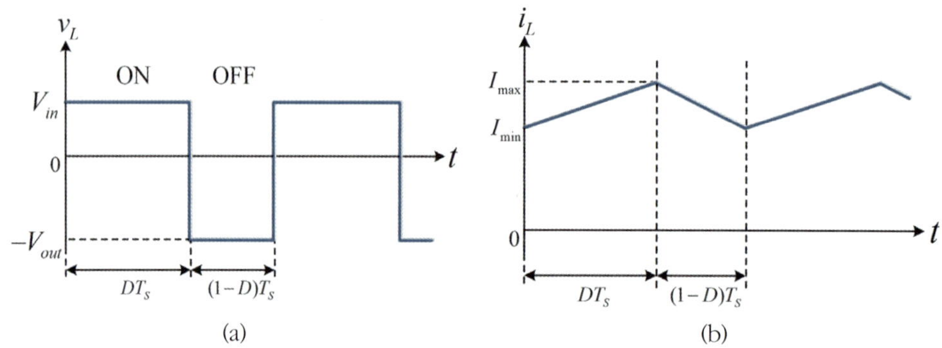

그림 6.40 Buck-Boost 컨버터의 연속 도통 상태에서 인덕터 파형 (a) 전압 (b) 전류

으로 변한다고 할 수 있다. 그림 6.40과 같이 선형적으로 변할 때 전압 관계식을 식 (6.23), (6.24)와 같이 정의할 수 있다.

$$I_{max} - I_{min} = \frac{1}{L}(V_{in}) \times DT_s \qquad [A] \tag{6.23}$$

$$I_{min} - I_{max} = \frac{1}{L}(-V_{out}) \times (1-D)T_s \qquad [A] \tag{6.24}$$

식 (6.23)과 (6.24)로부터 출력전압 V_{out}을 구하면 식 (6.25)와 같이 된다.

$$V_{out} = \frac{D}{1-D} V_{in} \qquad [\mathrm{V}] \tag{6.25}$$

따라서 출력전압 V_{out}은 듀티비가 0.5일 때 입력전압 V_{in}과 동일해지며 듀티비가 커질수록 식 (6.25)의 분모항이 작아지면서 커지게 된다. 앞의 Buck 컨버터, Boost 컨버터와 마찬가지로 인덕터의 전류 i_L이 불연속인 경우가 존재할 수 있으며, 불연속이 되는 시점의 듀티비를 D_0로 정의할 경우 입출력 관계는 식 (6.26)과 같다.

$$V_{out} = \frac{D}{(D_0 - D)} V_{in} \qquad [\mathrm{V}] \tag{6.26}$$

6.4.5 Cuk 컨버터

Cuk 컨버터는 S.Cuk이 개발한 회로로서 앞의 Buck-Boost 컨버터와 마찬가지로 승압과 강압이 가능하지만 전류의 불연속이 일어나지 않는 강승압 컨버터이다. Cuk 컨버터의 기본 회로는 그림 6.41과 같이 인덕터 L_1과 L_2 및 커패시터 C_1, C_2를 사용한다.

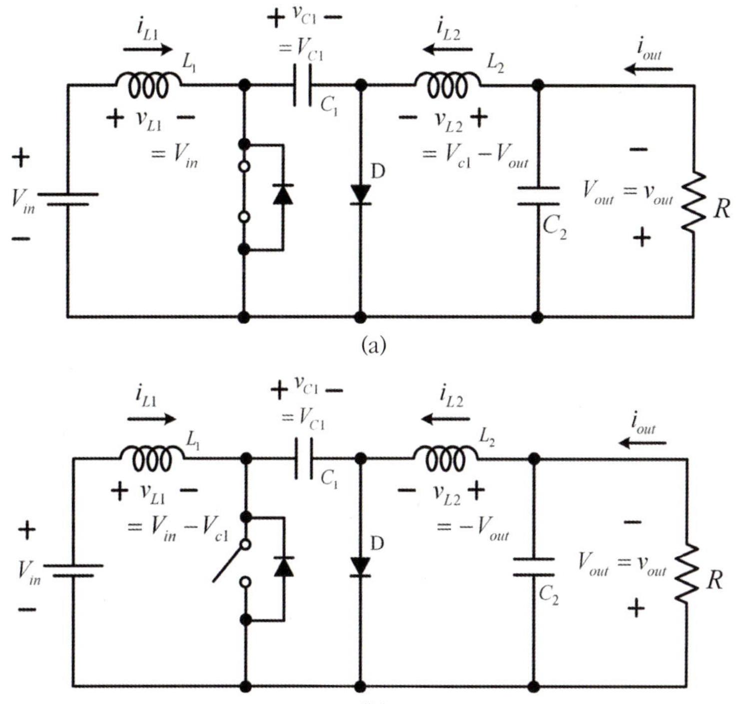

그림 6.41 Cuk 컨버터의 기본 회로 및 동작 원리 (a) ON (b) OFF

인덕터 L_1의 전압 v_{L1}은 입력전원 V_{in}과 커패시터 C_1의 전압 V_{C1}의 영향을 받으며 인덕터 L_2의 전압 v_{L2}는 v_{L1}과 출력전압 V_{out}의 영향을 받는다. 그림 6.41에서와 같이 정상상태에서 스위칭 소자가 ON이 되면 입력전원, 인덕터 L_1의 폐회로가 좌측에 형성되어 인덕터 L_1의 전류 i_{L1}은 상승하게 된다. 커패시터 C_1의 전압 V_{C1}은 입출력 전압보다 큰 상태가 유지되고 인덕터 L_2의 전류 i_{L2}는 V_{C1}과 출력전압 V_{out}의 차이에 의하여 상승하게 된다. 또한 스위칭 소자가 OFF가 되면 입력전원, 인덕터 L_1, 커패시터 C_1 사이에 직렬연결 되어 인덕터 L_1에 저장된 에너지는 커패시터 C_1으로 전달되며 인덕터 전류 i_{L1}은 감소하게 된다. 그리고 인덕터 L_2는 다이오드 D를 통하여 부하와 직렬 연결되고 전류 i_{L2}는 출력전압 $-V_{out}$에 의하여 감소하게 된다.

인덕터 L_1, L_2에서의 전압, 전류 관계는 그림 6.42와 같다. i_{L1}, i_{L2}는 정상상태에서 각각 $I_{\max1}$, $I_{\min1}$과 $I_{\max2}$, $I_{\min2}$사이에서 증감이 이루어지며, L_1의 전류변화 관계식은 식 (6.27), (6.28)에 인덕터 L_2의 전류변화 관계식은 식 (6.29), (6.30)에 나타나 있다.

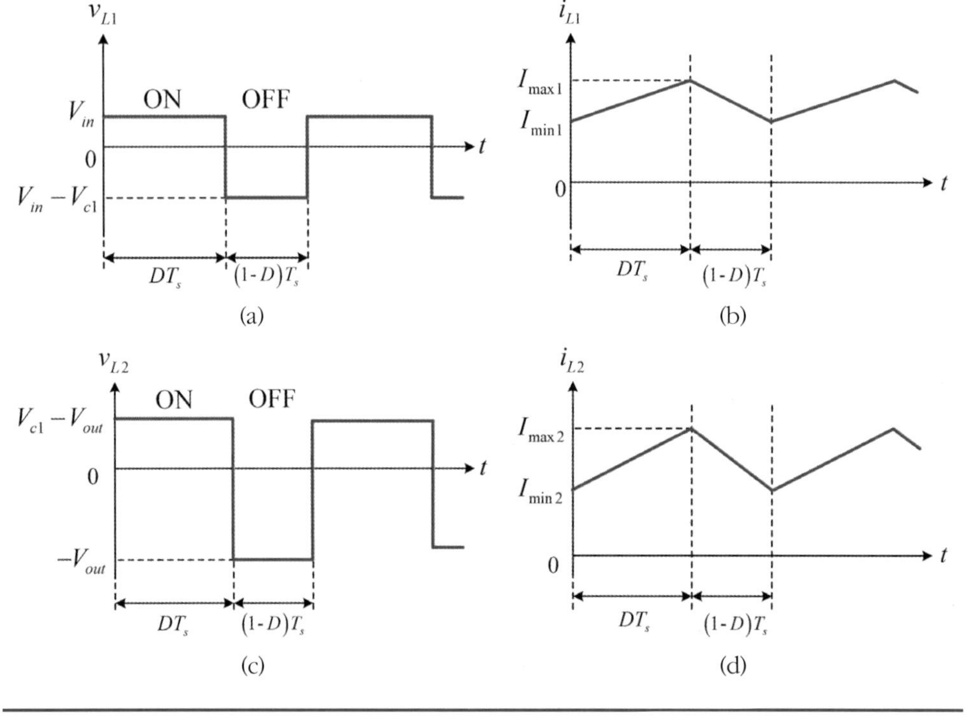

그림 6.42 Cuk 컨버터의 인덕터 파형 (a) L_1전압 (b) L_1전류 (c) L_2전압 (d) L_2전류

$$I_{\max 1} - I_{\min 1} = \frac{1}{L_1}(V_{in}) \times DT_s \quad \text{[A]} \tag{6.27}$$

$$I_{\min 1} - I_{\max 1} = \frac{1}{L_1}(V_{in} - V_{c1}) \times (1-D)T_s \quad \text{[A]} \tag{6.28}$$

$$I_{\max 2} - I_{\min 2} = \frac{1}{L_2}(V_{c1} - V_{out}) \times DT_s \quad \text{[A]} \tag{6.29}$$

$$I_{\min 2} - I_{\max 2} = \frac{1}{L_2}(-V_{out}) \times (1-D)T_s \quad \text{[A]} \tag{6.30}$$

식 (6.27), (6.28)를 이용하여 입력전압 V_{in}과 V_{c1}의 관계를 구하면 식 (6.31)과 같이 된다. 또한 식 (6.29), (6.30)을 이용하여 V_{c1}과 V_{out}의 관계를 구하면 식 (6.32)와 같이 정의되므로 결국 출력과 입력의 관계는 식 (6.33)과 같이 된다.

$$V_{c1} = \frac{1}{1-D} V_{in} \quad \text{[V]} \tag{6.31}$$

$$V_{out} = DV_{c1} \quad \text{[V]} \tag{6.32}$$

$$V_{out} = \frac{D}{1-D} V_{in} \quad \text{[V]} \tag{6.33}$$

따라서 듀티비 D에 따른 입출력 관계는 Buck-Boost 컨버터와 동일하며 승강압이 가능한 형태의 컨버터임을 알 수 있다.

6.5 DC-AC 컨버터(인버터)

6.5.1 개요 및 기본 회로

DC를 AC로 변환하는 전력변환장치를 DC-AC 컨버터 또는 인버터라고 한다. 입력전원인 DC는 배터리전원과 같은 직류전원일 수도 있고 AC전원을 정류한 전원일 수도 있다. 따라서 직류전원의 종류에 따라 다음의 2가지 방식을 고려할 수 있다.

① 그림 6.43(a)와 같이 배터리 또는 태양전지와 같은 DC전원으로부터 필요한 교류전원을 얻는 방법

② 그림 6.43(b)와 같이 전원의 교류전력을 정류하여 얻어진 직류로부터 필요한 교류를 얻는 방법 (간접식)

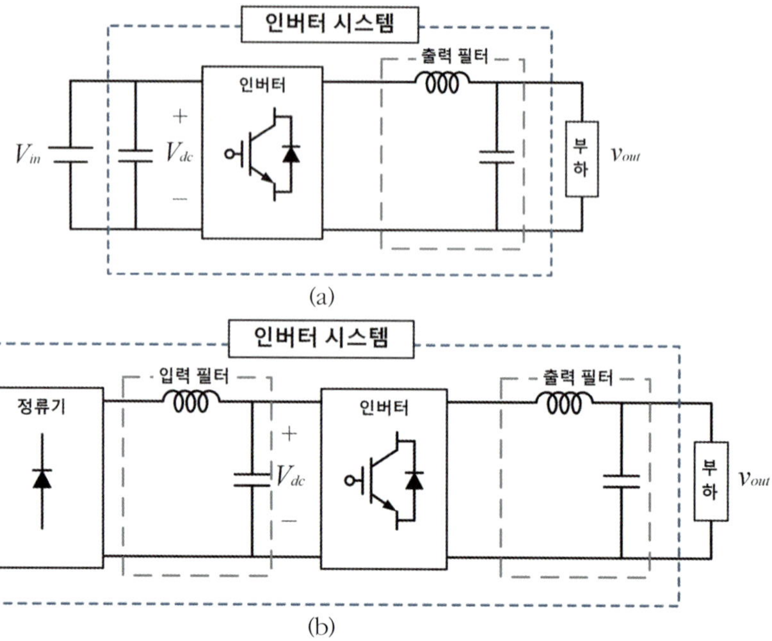

그림 6.43 직류전원의 종류에 따른 DC-AC 인버터 분류
(a) 직류전원을 사용하는 인버터 (b) 교류전원을 사용하는 인버터

②번은 교류전력을 정류하는 컨버터를 포함하게 되어 ①번의 기술을 포함한다고 할 수 있다. 따라서 넓은 의미에서 인버터는 컨버터를 포함한 의미를 갖는다. 교류전원을 정류하여 DC를 얻는 방법으로는 다이오드 정류기 혹은 위상제어 정류기를 사용 DC를 얻어내고 DC 출력전압의 고조파를 없애기 위해서 직류 출력단에 캐패시터를 설치하여 일정한 직류를 얻는다. 이때 캐패시터에 걸리는 전압을 DC 링크 전압이라고 하고 DC 링크 전압으로부터 크기와 주파수를 임의로 조절하여 실시간으로 필요한 교류를 발생시킬 수 있으므로 가변속 구동이 필요한 교류전동기에서 널리 사용된다.

교류의 입력으로부터 필요한 교류전원을 얻기 위해서 정류를 통해 DC전원으로 변환하고 다시 필요 교류를 얻는 방법을 간접식이라고 한다. 간접식 이외에 교류전원으로부터 직접 필요한 교류전원을 얻는 방법도 있는데 이러한 전력변환기를 직접식 인버터 또는 사이클로 컨버터라고 하고 이와 관련된 내용은 6.6절에 별도로 다룬다.

6.5.2 인버터의 종류

인버터의 종류는 분류법에 따라 다음과 같이 여러 가지로 분류할 수 있다.

① 컨버터를 거친 인버터의 전원에 따른 분류 : 전압원, 전류원

② 상수와 회로 구성에 의한 분류 : 단상 Half-bridge, 단상 Full-bridge, 2상 Full-bridge,

3상 Full-bridge

③ 변조방식에 의한 분류 : 6-step (120°, 180°), PWM, PFM, PAM

④ PWM방법에 의한 분류 : Hysteresis PWM, SPWM, SVPWM

⑤ 발생하는 단자 전압의 수에 의한 분류 : 2-Level , Multi-Level(3-Level 이상)

이러한 인버터의 분류를 응용분야 등을 포함해서 간략하게 나타내면 표 6.4와 같이 되고 각각의 특성을 이하에 설명한다.

표 6.4 인버터의 종류

<table>
<tr><th>전원</th><th>변조방식</th><th>변조기법</th><th>응용</th><th>상수, 회로</th><th>출력전압 수</th></tr>
<tr><td rowspan="6">전압원</td><td rowspan="3">PWM</td><td>SPWM</td><td>냉동, 가전, 범용, 컴프레서</td><td rowspan="7">단상 HB
단상 FB
2상 FB
3상 FB
다상 FB</td><td rowspan="7">2 Level

Multi Level
(3 Level)</td></tr>
<tr><td>SVPWM</td><td>소형팬, 워터펌프, 오일펌프, 공압펌프</td></tr>
<tr><td>Hysteresis PWM</td><td>파워서플라이</td></tr>
<tr><td colspan="2">6-Step</td><td>가전용, 펌프</td></tr>
<tr><td colspan="2">PFM</td><td rowspan="3">초 대용량 인버터(HVDC)</td></tr>
<tr><td colspan="2">PAM</td></tr>
<tr><td>전류원</td><td colspan="2">자려식, 타려식</td></tr>
</table>

* HB : Half Bridge, FB : Full Bridge

[1] 전원의 형태에 따른 분류 (전압형 인버터, 전류형 인버터)

교류전원을 정류 후 인버터에 입력하는 인버터는 정류된 전원의 성질에 따라 전압형 인버터와 전류형 인버터로 분류할 수 있다. 기본적인 전압형 인버터와 전류형 인버터의 회로 구성은 그림 6.44와 같다. 그림 6.44(a)와 같이 전압형 인버터는 교류전원을 정류하고 정류회로와 저주파 LC 필터를 이용하여 일정한 DC 전원을 얻은 후 인버터를 통하여 필요한 교류로 변환한다.

그림 6.44(a)는 전압형 인버터에서 180° 구형파 통전을 할 때의 선간전압으로 120°의 구형파를 발생시킨다(6.5.3절에서 설명). 또한 출력전류는 거의 정현파에 가깝게 출력되지만 전류 리플을 포함할 수 있으므로 부하의 인덕턴스가 작으면 그림 6.44(a)에서와 같이 출력단에 전류를 일정하게하기 위해 인덕터를 삽입한다. 그러나 부하가 전동기인경우는 전동기의 인덕턴스가 인덕터의 역할을 하기 때문에 별도의 인덕터를 설치하지 않는 것이 일반적이다. 전압형 인버터에서 교류 전압을 발생시키기 위해서는 PWM등의 변조기법을 사용한다. 또한 인버터의 스위칭 소자로 양방향 소자를 사용하면 회생제어도 가능하며 주로 가전용 또는 산업용으로 많이 사용된다.

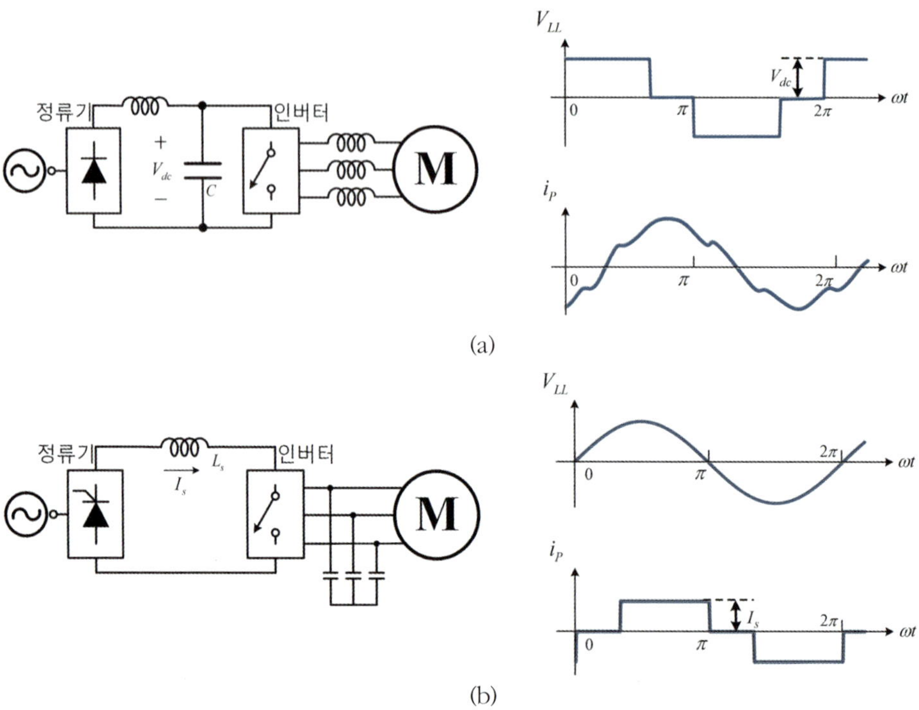

그림 6.44 인버터의 전원에 따른 분류
(a) 전압형 인버터 기본회로, 출력파형(선간전압(V_{LL}), 상전류(I_p))
(b) 전류형 인버터 기본회로, 출력파형(선간전압(V_{LL}), 상전류(I_p))

전압형 인버터는 전류형 인버터에 비해서 제어가 간단하고 부하에 필요한 전압을 PWM으로 간단하게 얻을 수 있는 장점이 있다. 또한 역전압 저지 다이오드가 필요하지 않고 전압강하가 전류형에 비해서 작으므로 전류형 인버터에 비해서 효율이 좋다. 모터 제어와 같이 출력단에 별도의 리액터를 설치할 필요가 없는 응용분야에서는 전류원 인버터에 비해서 작게 만들 수 있는 장점도 갖는다.

전압형 인버터는 대용량에서 큰 캐패시터를 필요로 하기 때문에 가격적인 부담이 있는 경우 그림 6.44(b)와 같은 전류형 인버터가 많이 사용된다. 전류형 인버터는 큰 인덕터 L_s를 정류회로 뒤에 직렬로 삽입하여 일정한 출력전류 I_s를 얻는 구조를 갖는다. 이 때 전압은 고조파를 많이 포함할 수 있으므로 그림 6.44(b)와 같이 출력단의 선간에 캐패시터를 삽입하는 경우가 많다. 이러한 캐패시터와 모터 인덕턴스는 필터역할을 하여 전압원 인버터에 비해 모터의 전류 리플을 줄여 준다. DC전송에서 직류는 리액턴스 전압강하가 없으므로 긴 송전거리를 가지는 장점을 가진다. 직류송전을 위해서는 교류를 고압의 직류 (HVDC : High Voltage DC)로 변환하여 송전하고 수전단에서는 HVDC로부터 교류로 변환하는 인버터가 필요한데 이와 같은 대용량의 송전에는 가격적으로 비싼 캐패시터를 생략할 수 있는 전류형 인버터가 많이 사용된다. 이와 같이 전류형 인버터는 큰 전력에 사용되는 경우가 많으므로 역전압 내력이 높은 사이리스터를 전력용 반도체로 사용하는 경우가 많다.

[2] 변조 방식에 따른 분류

인버터는 6-step 인버터와 변조(Modulation)를 하는 방식으로 나눌 수 있다. 변조를 하는 인버터는 변조 방식에 따라 PWM(Pulse Width Modulation), PFM(Pulse Frequency Modulation), PAM(Pulse Amplitude Modulation) 3가지가 있다. 따라서 6-Step 인버터를 포함하면 인버터는 변조방식에 따라 4가지로 분류할 수 있고 4가지 변조방식을 정리하면 다음과 같다.

(1) 6-step 통전 (120° 통전, 180° 통전) : 120° 또는 180°를 한주기로 통전하 구형의 교류를 만드는 방법 (그림 6.45(a))

(2) PWM : 펄스의 폭(듀티비)을 조정하여 출력전압을 제어하는 방법 (그림 6.45(b))

(3) PFM : 펄스폭은 일정하게 하고 펄스의 수를 조정하여 출력전압을 조정하는 방법 (그림 6.45(c))

(4) PAM : 펄스의 크기를 제어하여 출력전압을 제어하는 방법 (그림 6.45(d))

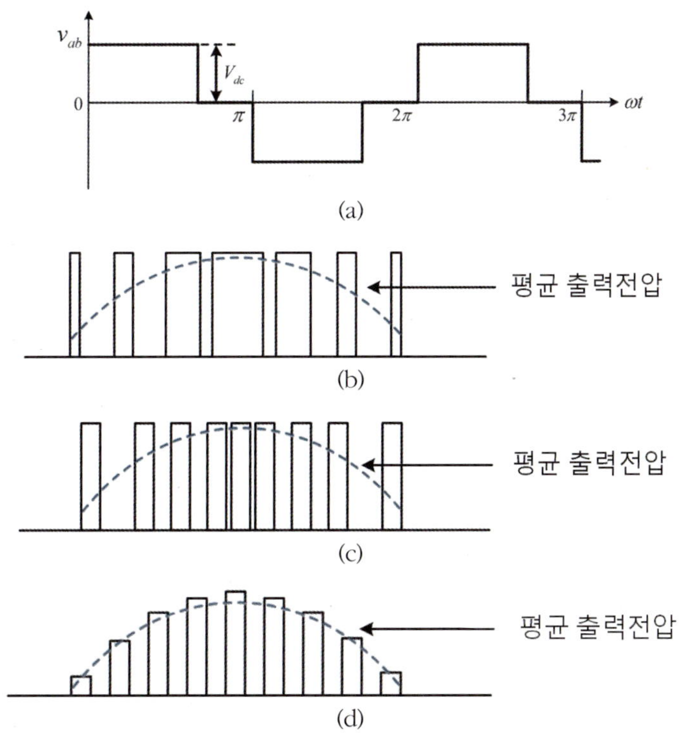

그림 6.45 변조 방식에 따른 파형 (a) 6-step 통전 (b) PWM (c) PFM (d) PAM

4가지 변조방식에서 PWM방식은 쉽게 구현이 가능하므로 교류전동기의 제어에 주로 사용된다. 또한 6-Step 제어는 BLDC 전동기의 구동이나 교류전동기의 제어에서 주파수가 높아 PWM이 어려운 경우 또는 최대전압을 발생시켜야 하는 경우 사용된다.

PFM변조 방식은 Power Supply나 충전기용 DC-DC 컨버터에 사용되는 경우도 있으나 전동기 제어에는 거의 사용되지 않는다. 또한 PAM은 냉공조용으로 사용되는 경우가 있다. 이러한 각 변조 방식을 정리하면 표 6.5와 같다.

표 6.5 변조 방식에 따른 비교

비교 항목	장점	단점	응용(예)
6-Step 인버터	인버터에서 최대전압을 발생시키는 방법이다.	고조파를 많이 포함한다.	- BLDC 구동 - 과변조를 초과하는 최대전압 발생기법
PWM 인버터	스위칭 주파수가 일정하기 때문에 필터 설계가 쉽다.	스위칭 주파수가 일정하기 때문에 경부하에서 스위칭 손실이 클 수 있다.	- 대부분의 중소형 전동기는 PWM방식을 채용한다.
PFM 인버터	경부하에서 스위칭 주파수를 작게하여 효율을 높일 수 있다.	주파수를 변조하기 때문에 필터설계가 어렵다.	- PFM은 무부하와 경부하에서 효율이 좋으므로 파워서플라이에 주로 사용한다.
PAM 인버터	넓은 속도범위에서 효율과 역률이 좋다.	모터에 입력되는 전압을 조절하여야 하므로 정류기는 Booster 회로가 필요하다.	- 에어컨, 냉장고 등의 넓은 속도범위에서 운전하는 부하에서 경부하 시 효율을 높이기 위해서 사용되는 경우가 있다.

[3] 상수와 회로구성에 따른 분류

인버터는 변환하는 상수에 따라 단상, 삼상, 다상으로 나뉠 수 있고 단상 인버터와 삼상 인버터가 가장 많이 사용된다. 단상 인버터는 회로의 구성에 따라 다시 단상 하프브리지 인버터, 단상 풀브리지 인버터로 나눌 수 있다.

(1) 단상 하프브리지 인버터

단상 하프브리지 인버터는 주로 저전력 기기에 사용되는 인버터로 기본적인 회로는 그림 6.46과 같다. 그림 6.46(a)에서와 같이 입력단에는 입력 캐패시터 C_1, C_2를 사용하여 전압을 균일하게 분해하고 두 캐패시터 사이에 중성점과 스위칭 소자 사이에 단자를 내어 부하에 연결한 구조를 하고 있다. 각각의 캐패시터에는 $V_{dc}/2$의 전압이 걸리므로 T_1과 $\mathrm{T}_1{}'$은 데드 타임을 가지고 서로 상보적으로 스위칭하면 순수 저항 부하인 경우 출

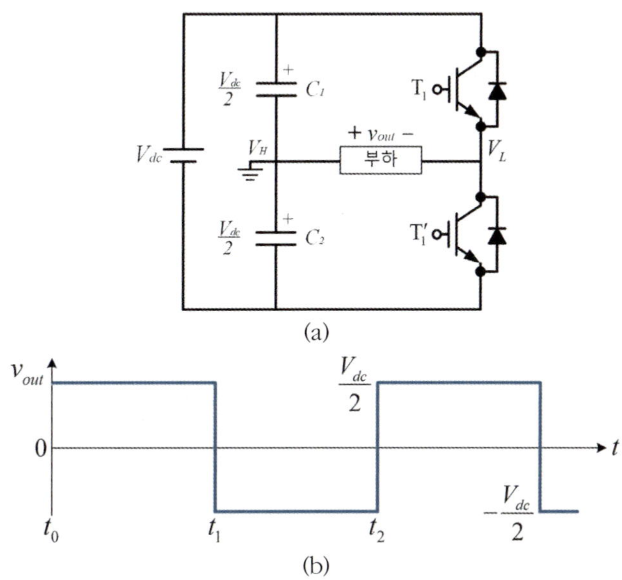

그림 6.46 단상 하프브리지 인버터 (a) 기본회로 (b) 출력 전압

력전압은 그림 6.46(b)와 같이 된다. 단상 하프브리지 인버터는 스위치를 2개만 사용하여 간단하지만 기본파의 최대치는 $2V_{dc}/\pi$가 되어 전압의 이용률이 작아지는 단점이 있다. 단상 하프 브리지 인버터에 PWM 기법을 이용하면 전압의 크기를 가변시킬 수 있고 고조파도 감소시킬 수 있다.

(2) 단상 풀브리지 인버터

단상 하프브리지는 전압의 이용률이 떨어지므로 일반적으로 단상 인버터는 그림 6.47과 같은 풀브리지 회로를 사용한다. PWM기법을 이용하지 않는 경우 단상 풀브리지는 통전방식에 따라서 구형파 제어와 준구형파 제어로 제어할 수 있다. 구형파 제어는 T_1, T_2' 스위치와 T_2, T_1' 스위치를 그림 6.68(a)와 같이 교번하여 스위칭하는 방식이다. 단상 풀브리지 인버터를 구형파 제어하면 출력전압의 파형은 그림 6.48(a)와 같이 되고 하프 브리지 회로에 비해서 2배의 전압이 발생하여 기본파의 최대치는 $4V_{dc}/\pi$가 된다.

구형파 제어는 고조파가 많으므로 고조파를 저감하는 방법으로 준 구형파 제어를 하는 경우가 있다. 준 구형파 제어는 그림 6.47의 인버터 회로에서 T_1, T_2' 와 T_2, T_1' 스위칭 이외에 T_1, T_2와 T_1', T_2'가 스위칭 되는 모드를 갖는다. T_1, T_2와 T_1', T_2'가 스위칭 되는 모드에서는 출력전압이 0이 되어 그림 6.48(b)와 같은 준 구형파의 출력이 발생한다. 준 구형파의 파형은 구형파 파형에 비해서 고조파의 크기가 감소되어 정현파에 가깝게 됨을 알 수 있다.

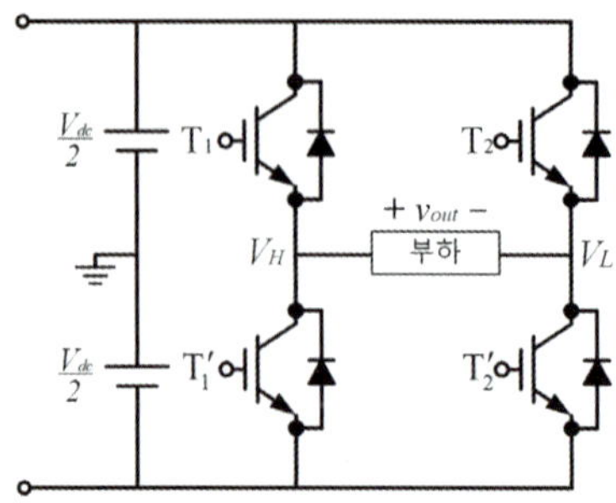

그림 6.47 단상 풀브리지 인버터 기본회로

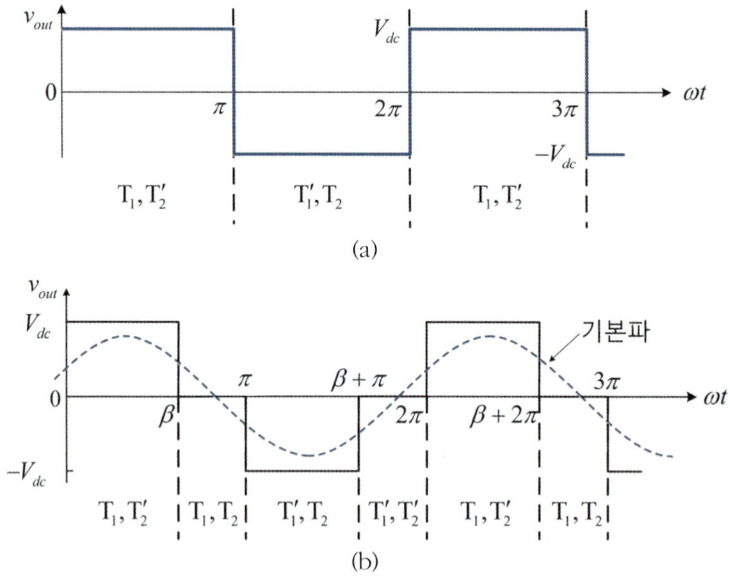

그림 6.48 제어법에 따른 출력 파형 (a) 구형파 제어 출력파형 (b) 준 구형파 제어 출력파형

단상 풀브리지 인버터도 하프브리지 인버터와 마찬가지로 PWM 변조를 하여 가변전압을 얻을 수 있다.

(3) 3상 인버터

그림 6.49는 3상 PWM 인버터의 기본회로를 나타내고 있다. 3상 인버터에서는 출력 상전압, 부하 상전압, 출력 선간전압을 다음과 같이 정의한다.

① 출력 상전압 : 3상 인버터에서 출력 상전압이란 그림 6.49에서 기준점 0점에 대한 a, b, c 점의 전압 (단상에서 극전압)인 v_{a0}, v_{b0}, v_{c0}를 나타낸다.

② 부하 상전압 : 3상 인버터에서 부하 상전압이란 Y결선된 3상 부하의 중성점(n)과 출력상전압 사이의 전압을 나타내고 다음 식으로 정의된다.

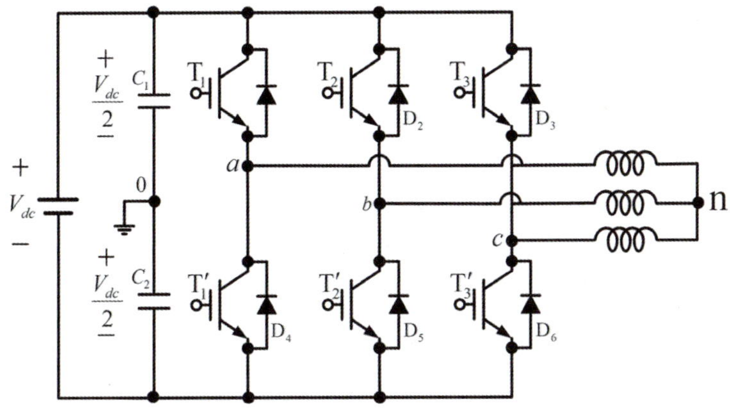

그림 6.49 3상 PWM 인버터의 기본회로

$$v_{an} = v_{a0} - v_{n0},\ v_{bn} = v_{b0} - v_{n0},\ v_{cn} = v_{c0} - v_{n0} \quad [\mathrm{V}] \tag{6.34}$$

③ 출력 선간전압 : 3상 인버터에서 각 상 사이의 전압을 선간전압 (v_{ab}, v_{bc}, v_{ca})이라고 하고 부하가 델타 결선되었을 경우 부하 상전압과 같다.

3상 인버터의 가장 간단한 스위칭 방식은 6-step 제어방식으로 120° 통전방식과 180° 통전방식이 있으며 이와 관련해서 자세한 사항은 6.5.3절에 자세히 다룬다. 6-step 인버터는 전압의 크기를 가변시킬 수 없고 고조파를 많이 포함하게 되므로 단상 인버터와 마찬가지로 PWM 기법을 이용하여 전압의 크기를 가변시키고 고조파도 감소시킨다.

[4] 2-레벨 인버터와 멀티 레벨 인버터

그림 6.49에 보인 3상 인버터 회로는 각 상이 단상 하프브리지 인버터와 같이 동작하여 가상 중성점 0에 대해서 출력 선간전압이 $\pm V_{dc}$ 또는 0을 출력하므로 2-레벨 인버터라고 한다. 그림 6.50(a)에 대표적인 2-레벨 인버터의 1상 회로와 출력되는 선간전압 파형을 나타내고 있다. PFM기법을 사용한 2-레벨 인버터의 선간전압 파형은 그림 6.50(a)에 보인 바와 같이 진폭이 V_{dc}인 구형파 펄스가 되고 많은 고조파를 포함하게 된다. 멀티 레벨 인버터는 3개 이상의 단자 전압을 출력할 수 있는 인버터 회로로 2-레벨 인버터에 비해서 출력전압의 고조파 성분이 작은 특성을 갖는다. 멀티 레벨 인버터 중 가장 일반적인 형태인 3-레벨 인버터는 가상 중성점 0에 대해서 출력 선간전압 값이 $\pm V_{dc}/2$, $\pm V_{dc}$ 또는 0의 3-레벨 전압으로 출력된다. 그림 6.50(b)에 대표적인 2개의 3-레벨 인버터 1상의 회로와 출력되는 선간전압 파형을 나타내고 있다. 3-레벨 인버터는 2-레벨 인버터에 비해서 고조파가 작고 LC 필터의 사이즈를 작게 할 수 있다는 장점이 있으며 스위칭 손실이 작다. 따라서 3-레벨 인버터는 전동기 제어에서 사이즈를 작게 하고

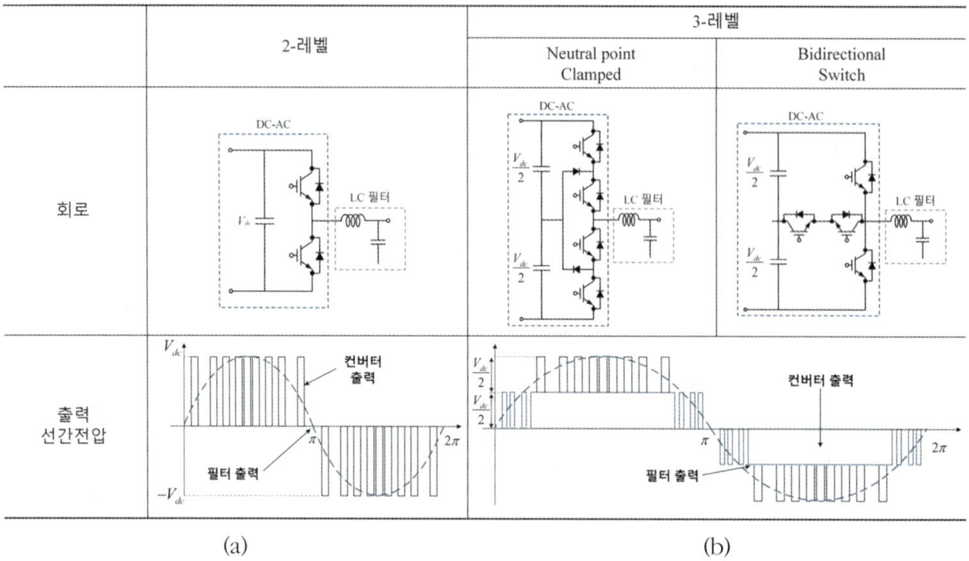

그림 6.50 2-레벨 인버터와 3-레벨 인버터의 회로 및 출력전압
(a) 2-레벨 인버터 회로 및 파형 (b) 3-레벨 인버터 회로 및 파형

효율을 향상시키기 위한 목적으로 많이 사용된다. 3-레벨 인버터 중에서 가장 많이 사용되는 것은 그림 6.50(b)와 같은 NPC (Neutral-point clamped) 인버터와 Bidirectional-switch 인버터가 있다.

6.5.3 6-step 인버터

3상 인버터의 가장 간단한 스위칭 방법은 6-Step 제어로써 120° 통전방식과 180° 통전방식이 일반적인 방식이다. 120° 통전방식은 각 상의 도통시간이 120° 동안 이루어지는 방법이고 180° 통전방식은 도통시간이 180° 동안 이루어지는 방법이다. 120° 통전방식과 180° 통전방식 모두 a, b, c상은 서로 120° 의 위상차를 가지고 도통된다.

120° 통전방식은 180° 통전방식에 비해서 제어가 용이하고 상전압이 일정(직류전압)하기 때문에 일반적으로 BLDC구동에 사용되는 방법이다. BLDC전동기 구동에 사용되는 120° 통전방식에서는 전압을 가변하기 위해 인버터 앞단의 DC 전압을 제어하거나 PWM 기법을 사용한다. 180° 통전방식은 상전압의 파형이 준 구형파가 되고 3상 인버터의 스위칭 방법 중 가장 전압을 크게 발생시킬 수 있는 스위칭 기법이므로 고속의 BLAC 전동기 구동에 많이 이용된다.

[1] 120° 통전방식

그림 6.49의 3상 인터버 회로에서 T_1, T_2, T_3 는 각각 a, b, c상의 상단 스위치를 나타내고 T_1', T_2', T_3' 각각 a, b, c상의 하단 스위치를 나타낸다. 또한 그림 6.51의 스위칭 로직은 모두 6개인 ① ~ ⑥로 제어되고 음영부분은 스위치가 ON되는 부분을 나타내는 것이다. 예를 들면 ①의 스위칭은 a상의 상단 스위치가 ON 되고 b상의 하단 스위치가 ON되면 c상은 모든 스위치가 OFF된 상태를 나타낸다.

120° 통전방식은 주로 BLDC 모터의 구동방식으로 많이 사용된다. 그림 6.51(b)와 같이 각 상은 양의 방향으로 120° 동안 ON하고 60° 동안 OFF한 후 음의 방향으로 120° 통전된다. 120° 통전은 항상 2상이 통전되므로 각 상에는 $V_{DC}/2$ 전압이 걸리게 된다. 그림 6.51(c)는 선간전압 중 V_{ab}를 나타내고 있다.

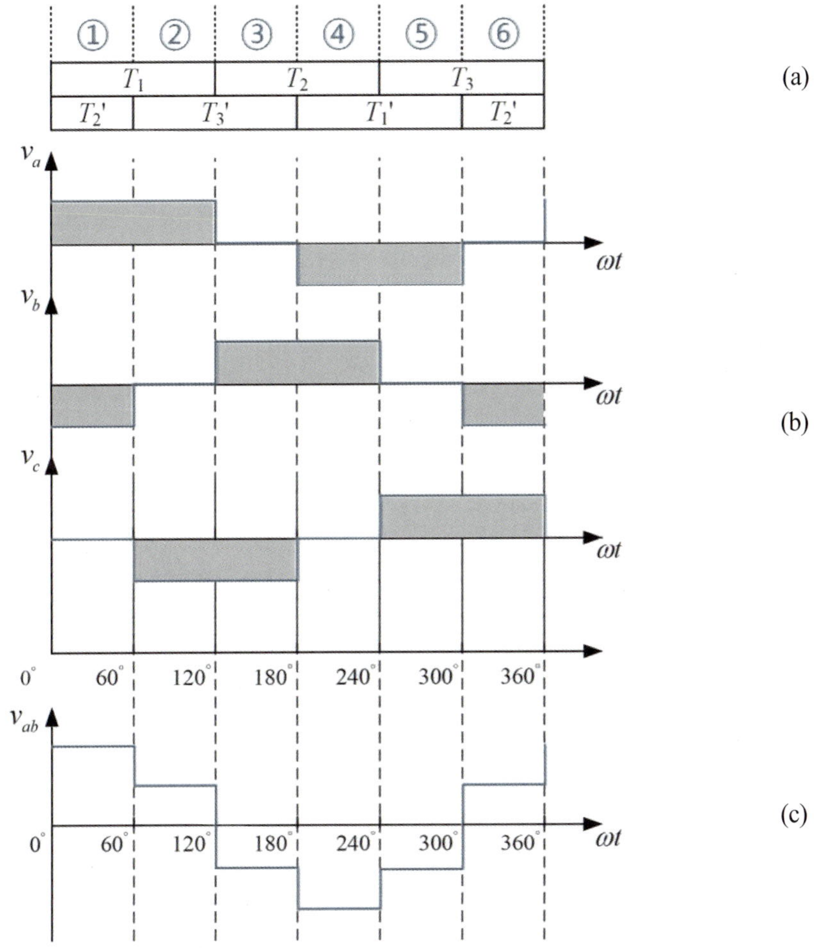

그림 6.51 120° 방식의 스위칭 로직 (a) 스위칭 순서 (b) 상전압 (c) 선간전압 v_{ab}

[2] 180° 통전방식

BLDC에서 역기전력이 정현파에 가까우면 180° 통전방식이 120° 통전방식에 비해서 소음진동이 작고 효율이 약간 높다. 또한 BLAC구동에서 최대 전압을 인가하는 방법으로 6-Step 운전을 사용하기도 한다.

그림 6.52은 180° 통전방식의 스위칭 로직을 나타내고 있다. 그림 6.52에서 알 수 있는 바와 같이 120° 와는 달리 각 상에서 180° 는 상단의 스위치가 180° 는 하단의 스위치가 ON되고 각 상의 스위칭은 120° 위상차를 가지고 일어난다. 따라서 120° 통전방식에서는 2상만 통전이 되었으나 180° 통전에서는 3상이 통전되어 그림 6.52와 같은 2가지 경우 중 하나의 상태가 된다. 이때 폴전압(출력 상전압) v_{b0}의 파형은 그림 6.53(b)와 같고 폴전압 v_{a0}, v_{c0}는 v_{b0}와 각각 $-120°$, $120°$ 위상차를 갖는다. 이와 같은 스위칭 로직에서 출력 상전압, 중성점전압, 부하 상전압, 선간전압은 각각 그림 6.53(b), (c), (d), (e)와 같이 된다.

그림 6.52(a)에서 알 수 있는 바와 같이 상단의 스위치가 1개 ON 되고 하단 스위치 2개가 ON되는 그림 6.52(a)의 경우에 중성점 전압 $v_{n0} = -V_{dc}/6$ 가 되고, 상단 스위치 2개가 ON되고 하단 스위치 1개가 ON되는 그림 6.52(b)의 경우 $v_{n0} = +V_{dc}/6$ 가 되어 v_{n0}는 그림 6.53(c)와 같은 파형이 된다.

출력 상전압 v_{a0}, v_{b0}, v_{c0}와 중성점전압 v_{n0}를 이용하여 부하 상전압은 식 (6.35)와 같은 관계가 성립한다.

$$v_{an} = v_{a0} - v_{n0},\ v_{bn} = v_{b0} - v_{n0},\ v_{cn} = v_{c0} - v_{n0} \quad [\mathrm{V}] \tag{6.35}$$

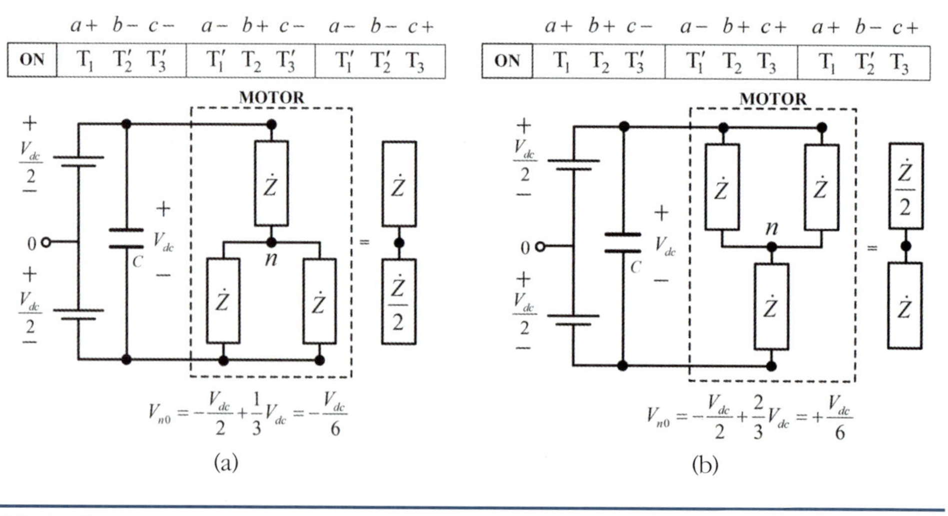

그림 6.52 스위칭에 따른 전동기 중성점 전압의 관계 (a) $-V_{dc}/6$ (b) $V_{dc}/6$

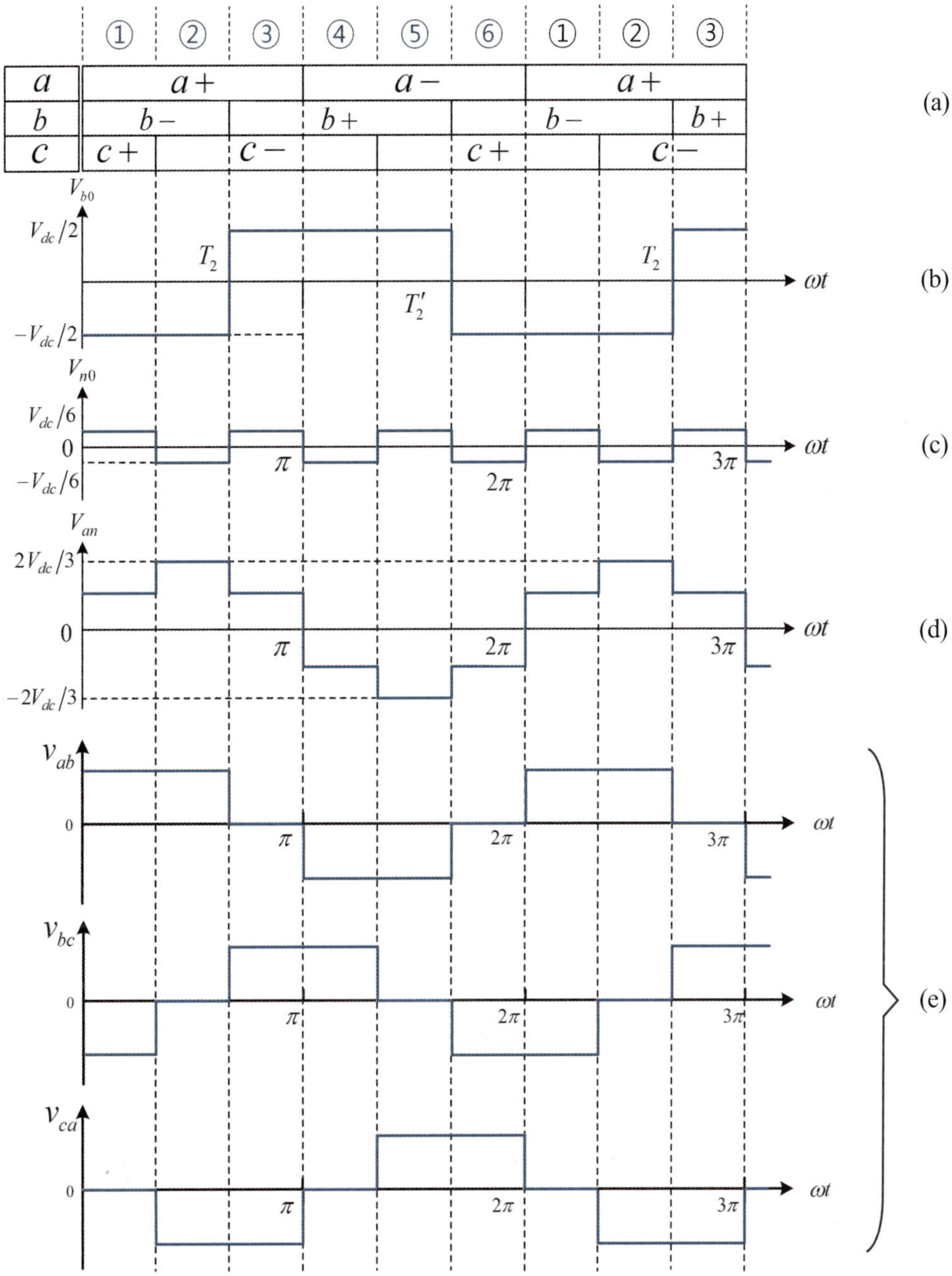

그림 6.53 스위칭에 따른 전동기 전압 파형
(a) 스위칭 순서 (b) 출력 상전압(b상) (c) 중성점 전압 (d) 부하 상전압 (e) 선간전압

따라서 부하 상전압 v_{an}은 그림 6.53(d)와 같이 $\pm 2V_{dc}/3$, $\pm V_{dc}/3$의 4가지 경우가 발생하는 것을 확인할 수 있다.

선간전압 v_{ab}, v_{bc}, v_{ca}는 식 6.36과 같이 출력 상전압 간의 차이에 의하여 구해진다.

$$v_{ab} = -v_{ba} = v_{a0} - v_{b0} \qquad [\text{V}] \tag{6.36}$$

따라서 선간전압은 그림 6.53(e)와 같이 됨을 알 수 있다.

6-Step 기법은 전압의 크기를 제어할 수 없으므로 가변의 교류전원을 얻기 위해서는 PWM기법을 이용하여 가변 전압을 구현한다. 그림 6.54는 180° 통전에서 PWM에 의한 부하 상전압과 선간전압의 전압파형 예를 나타내고 있다.

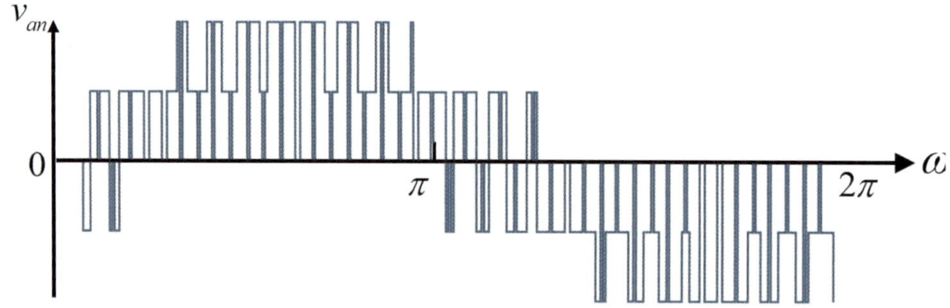

(a)

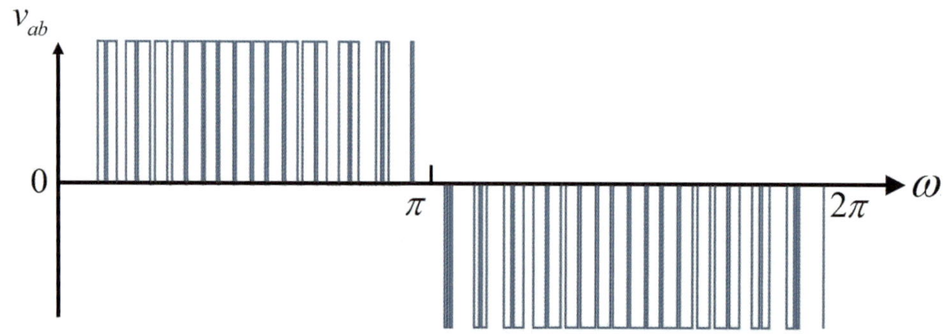

(b)

그림 6.54 180° 통전방식에서의 PWM (a)부하 상전압 (b)선간전압

6.6 PWM 기법

6.6.1 히스테리시스 전류 레귤레이터

그림 6.55는 전기기기의 속도제어 블록도를 나타내고 있다. 속도제어기의 지령 전류는 전류제어기를 통하여 지령전류를 구현하기 위한 전압을 발생하고 이 전압은 전력변환기를 통하여 구현하게 된다. 이때 전력변환기가 교류전동기 구동용이면 인버터가 사용된다. 여기서 사용되는 인버터는 6.5.2에 서술한 여러 가지 형태의 인버터가 사용될 수 있다.

속도제어기의 지령전류를 구현하는 전류제어기와 전력변환기를 합쳐서 전류레귤레이터라고 할 수 있다. 전류레귤레이터의 가장 간단한 형태가 히스테리시스 전류 레귤레이터로 간단하게 지령전류를 구현할 수 있다. 그림 6.56(a)는 히스테리시스 제어기의 동작 원리를 나타내고 있다. 그림 6.56(b)에서와 같이 전류지령과 실제 전류와의 오차를 측정하고 그 오차가 설정된 오차 범위(히스테리시스 폭) h를 초과하는 순간 스위칭 상태를 변환하여 오차를 수정하는 제어를 한다. 예를 들면 지령전류보다 실제전류가 크고 그 오차가 허용오차 h보다 크면 하단 스위치를 통전하여 $-V_{dc}/2$를 발생시키고 지령전압보다 실제전류가 작고 그 오차가 허용오차 h보다 크면 상단 스위치를 통전하여 $V_{dc}/2$를 발생시킨다.

이와 같이 히스테리시스 전류 레귤레이터는 원리가 매우 간단하고 간단하게 구현할 수 있어 소용량으로 제어 정밀도가 크게 높지 않아도 되는 분야에 주로 사용된다. 그러나 히스테리시스 전류제어기는 근본적으로 아날로그 제어기로써 스위칭 주파수가 일정하지 않아 소자에 발열문제가 발생할 수 있고 필터설계가 어려운 단점으로 인하여 제한적으로 사용된다.

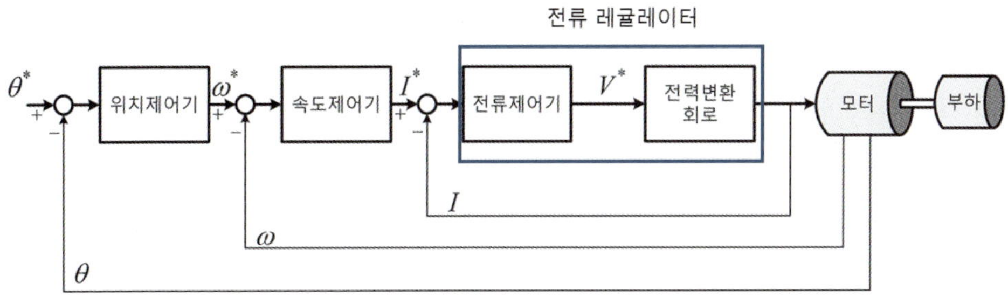

그림 6.55 전기기기의 속도 제어 블록도

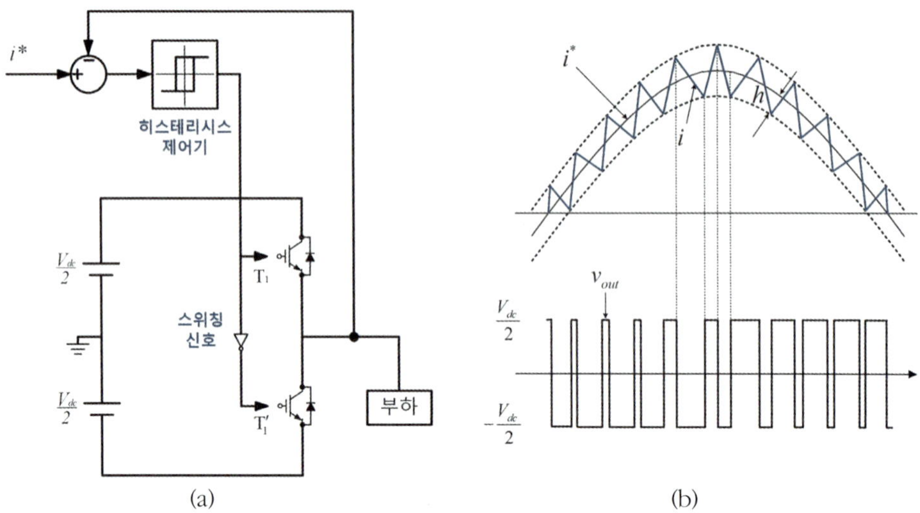

그림 6.56 히스테리시스 제어기의 동작 원리 (a) 기본 회로, (b) 전류 지령에 따른 파형

6.6.2 PWM의 원리

PWM 기법을 이용한 전력변환기는 지령전압을 빠르고 정확하게 발생시킬 수 있는 방법으로 직류전동기와 교류전동기의 제어에 많이 사용된다. PWM 기법으로 직류 또는 교류의 지령전압을 발생시킬 때 부하에 걸리는 전압이 하나의 극성을 가지게 제어하는 방법(유니폴라 방식)과 (+)와 (-)의 양극성을 가지게 제어하는 방법(바이폴라방식)이 있다.

[1] 바이폴라 방식

6.5절의 그림 6.47은 컨버터와 인버터로 사용할 수 있는 회로로 여기서는 직류전동기의 제어를 위한 4상한 쵸퍼에 사용할 때의 특성을 알아본다. 전류제어기에서 지령전압 명령을 반송파와 비교하여 스위치의 ON/OFF를 수행하는 PWM기법을 사용하면 원하는 직류를 얻을 수 있다.

바이폴라 방식은 그림 6.57에서와 같이 반송파와 지령전압을 비교하여 지령전압이 반송파의 크기에 비해서 크면 T_1, T_2'를 ON 하고 지령전압이 반송파의 크기보다 작으면 T_1', T_2를 ON 하게 된다. 이러한 스위칭에 의해서 극전압 V_{dc} V_H, V_L은 각각 그림 6.57과 같이 된다. 따라서 부하에 걸리는 전압은 그림 6.57(d)와 같이 V_{dc}와 $-V_{dc}$가 반복해서 나타나게 된다. 이때 스위칭 주파수는 반송파의 주파수와 같게 된다.

그림 6.57에서 부하에 걸리는 극전압 V_H전압과 V_L전압의 평균치를 구해보면 식 (6.37)과 같다.

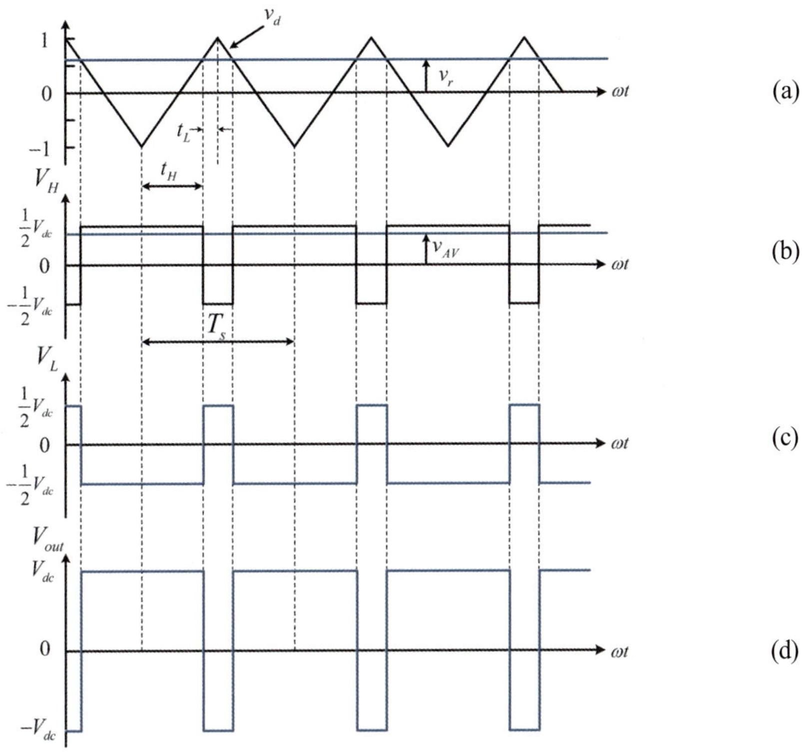

그림 6.57 바이폴라 방식에서의 출력 파형 (a) 반송파와 지령전압 (b) 극전압 V_H (c) 극전압 V_L (d) 출력전압 V_{out}

$$V_{H<AV>}=\frac{2t_H\times\left(\frac{V_{dc}}{2}\right)+2t_L\times\left(-\frac{V_{dc}}{2}\right)}{T_s}=\frac{V_{dc}}{T_s}(t_H-t_L)$$
$$V_{L<AV>}=\frac{2t_H\times\left(-\frac{V_{dc}}{2}\right)+2t_L\times\left(\frac{V_{dc}}{2}\right)}{T_s}=-\frac{V_{dc}}{T_s}(t_H-t_L) \tag{6.37}$$

여기서 T_s, t_H, t_L은 각각 스위칭주기, T_1', T_2가 ON되는 시간, T_1, T_2'가 ON되는 시간을 나타낸다.

그림 6.57에서 반송파의 기울기가 같다는 조건으로부터 다음 식 (6.38)이 성립한다.

$$\frac{v_r+1}{t_H}=\frac{1-v_r}{t_L},\ \ t_H+t_L=\frac{T_s}{2} \tag{6.38}$$

여기서 $v_r=v_r^*/V_{dc}$로 지령전압을 DC링크 전압으로 단위화시킨 것이다.

식 (6.38)을 식 (6.37)에 대입하면 극전압의 평균치는 식 (6.39)와 같이 된다.

$$V_{H<AV>} = \frac{V_{dc}}{2} v_r \ , \quad V_{L<AV>} = -\frac{V_{dc}}{2} v_r \tag{6.39}$$

따라서 부하에 걸리는 출력전압의 평균치는 식 (6.40)과 같다.

$$V_{out<AV>} = V_{H<AV>} - V_{L<AV>} = V_{dc} v_r = v_r^* \tag{6.40}$$

따라서 출력전압의 평균치는 지령전압 v_r^*와 같게 됨을 알 수 있다.

이와 같이 바이폴라 방식은 출력전압이 $+V_{dc}$ 와 $-V_{dc}$로 변동하고 전압이 (+)에서 (-)로 변환 될 때 부드럽게 변동하는 특성은 있으나 전압이 순시적으로 $2V_{dc}$만큼 변동하게 되므로 전류의 리플이 커지는 단점이 있다.

[2] 유니폴라 방식

앞에서 살펴 본 바와 같이 바이폴라 방식은 전압의 변동에 의한 전류의 변동이 클 수 있으므로 이러한 단점을 보완하는 방법으로 유니폴라 방식의 PWM이 있다. 이 방법은 같은 레그에 있는 T_1, T_1' 와 T_2, T_2'를 독립적으로 제어하는 기법이다. 유니폴라 기법을 이용하기 위해서는 그림 6.58(a)와 같이 지령전압과 지령전압의 반대 극성을 지령전압($-V_{ref}$)으로 사용하여 구현하는 방법과 180° 의 위상차를 갖는 2개의 반송파(v_X, v_Y)와 지령전압을 비교하는 방법이 있으며 그림 6.58에서와 같이 두 방법은 완전히 동일한 방법이다.

그림 6.58(a)에서와 같이 한 개의 반송파와 두 개의 지령전압을 사용하는 경우 v_X의 반송파와 지령전압을 비교하여 지령전압이 반송파에 비해서 크면 T_1을 ON하고 지령전압이 반송파에 비해서 작으면 T_1'를 ON 한다. 또한 반전된 지령전압과 반송파를 비교하여 지령전압이 반송파에 비해서 크면 T_2을 ON하고 지령전압이 반송파에 비해서 작으면 T_2'를 ON 한다.

두 개의 반송파(V_r, $-V_r$)를 사용할 경우는 v_X과 지령전압을 비교하여 T_1, T_1'를 제어하고 v_Y과 지령전압을 비교하여 T_2, T_2'를 제어하게 되면 앞에서 설명한 한 개의 반송파와 두 개의 지령전압을 이용하는 방법과 동일하게 된다. 그림 6.47(a)의 회로에서 기준전압을 V_{dc}의 (-)전압을 0으로 하는 경우 극전압 V_H, V_L은 각각 그림 6.58(b), (c)와 같이 되고 부하에 걸리는 전압을 그림 6.58(d)와 같이 된다. 이와 같이 하는 방법을 유니폴라 PWM 기법이라고 한다. 유니폴라 PWM 기법에서는 부하의 전압이 순시적으로 V_{dc} 만큼 변하므로 바이폴라 방식에 비해서 전류의 변동이 작은 장점은 있으나 지령전압의 극성이 바뀌면 전압이 부드럽게 변화하지 못하는 단점을 가진다. 또한 이때의 스위칭 주파수는 반송파 주파수의 2배가 된다. 따라서 이러한 전압변동이나 전압의 역전 등에서 부드러운 변화를 위해서는 두 가지 기법을 혼합해서 사용하는 경우가 있다.

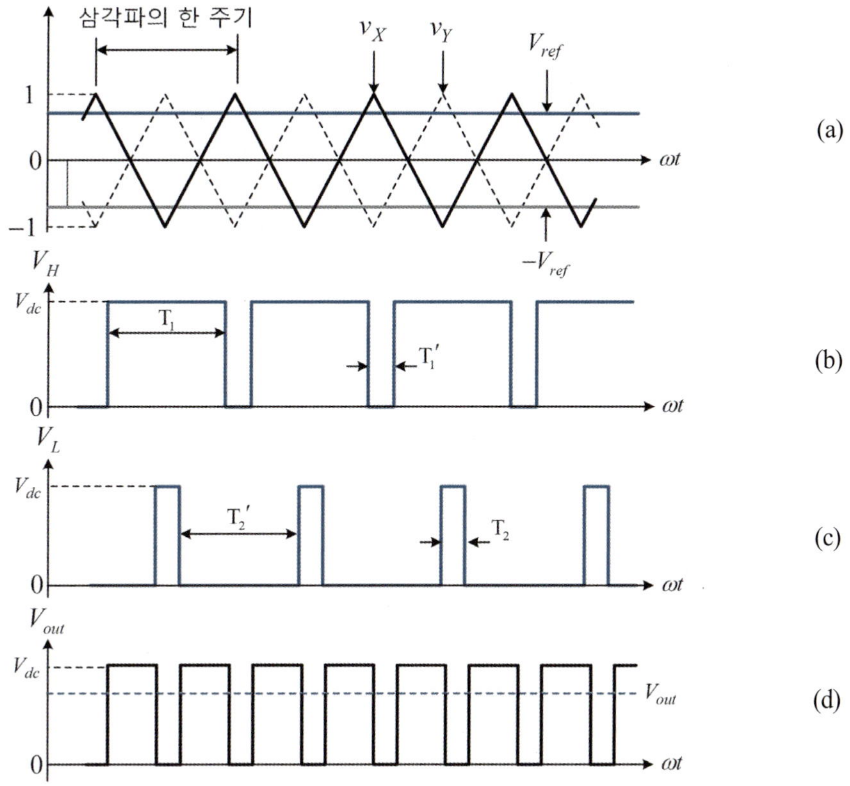

그림 6.58 단상 PWM 인버터의 직류 지령전압에 대한 스위칭 파형 (a) 반송파와 지령전압 (b) 극전압 V_H, (c) 극전압 V_L (d) 출력전압 V_{out}

[3] 교류전압의 발생

PWM으로 교류를 발생시키는 방법은 직류전압을 발생시키는 PWM과 동일한 원리로 스위칭을 하여 교류를 발생시킨다. 그림 6.47과 같은 풀브릿지 회로에서 PWM에 의해 발생된 단상의 교류전압을 발생시킬 때 출력되는 전압의 평균치와 지령전압과의 관계를 알아보도록 하자. 그림 6.59와 같이 지령전압이 상승하고 있을 때 PWM에 의한 극전압 V_H와 V_L의 평균치를 구해보면 각각 식 (6.41),식 (6.42)와 같다.

$$
\begin{aligned}
V_{H(AV)} &= \frac{t_{H1}\times\left(\frac{V_{dc}}{2}\right)+t_{L1}\times\left(-\frac{V_{dc}}{2}\right)+t_{L2}\times\left(-\frac{V_{dc}}{2}\right)+t_{H2}\times\left(\frac{V_{dc}}{2}\right)}{T_s} \\
&= \frac{V_{dc}(t_{H1}-t_{L1})}{2T_s}+\frac{V_{dc}(t_{H2}-t_{L2})}{2T_s}=\frac{V_{dc}}{2}\left(\frac{v_{r1}}{2}\right)+\frac{V_{dc}}{2}\left(\frac{v_{r2}}{2}\right) \\
&= \frac{V_{dc}}{2}\left(\frac{v_{r1}+v_{r2}}{2}\right)=\frac{V_{dc}}{2}v_{r<av>}
\end{aligned}
\tag{6.41}
$$

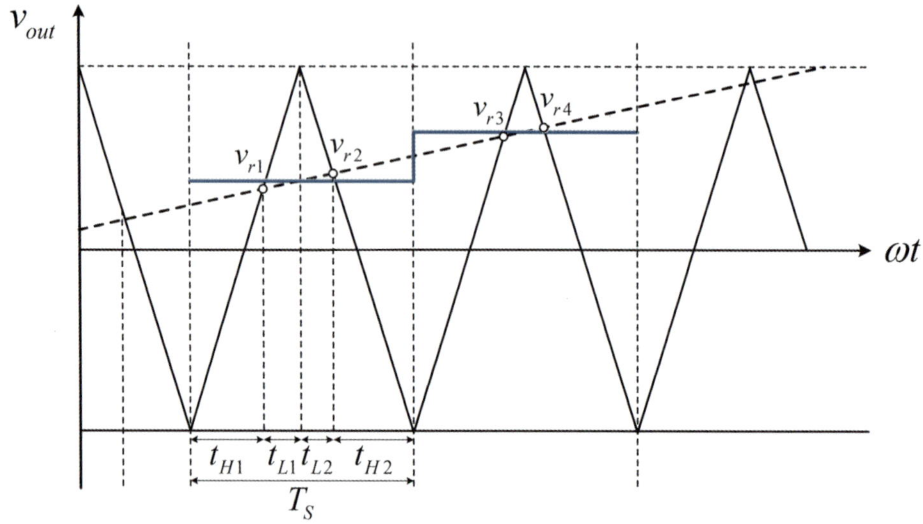

그림 6.59 출력전압의 평균과 지령전압의 관계

$$\begin{aligned} V_{L(AV)} &= \frac{t_{H1}\times\left(-\frac{V_{dc}}{2}\right)+t_{L1}\times\left(\frac{V_{dc}}{2}\right)+t_{L2}\times\left(\frac{V_{dc}}{2}\right)+t_{H2}\times\left(-\frac{V_{dc}}{2}\right)}{T_s} \\ &= -\frac{V_{dc}(t_{H1}-t_{L1})}{2T_s}-\frac{V_{dc}(t_{H2}-t_{L2})}{2T_s} = -\frac{V_{dc}}{2}\left(\frac{v_{r1}}{2}\right)-\frac{V_{dc}}{2}\left(\frac{v_{r2}}{2}\right) \\ &= -\frac{V_{dc}}{2}\left(\frac{v_{r1}+v_{r2}}{2}\right) = -\frac{V_{dc}}{2}v_{r<av>} \end{aligned} \quad (6.42)$$

여기서 v_{r1}, v_{r2}는 단위화된 지령전압으로 다음과 같다.

$$v_{r1}=\frac{v_{r1}^*}{V_{dc}},\ v_{r2}=\frac{v_{r2}^*}{V_{dc}} \quad (6.43)$$

따라서 PWM에 의한 출력전압의 평균치를 구해 보면 다음식과 같다.

$$\begin{aligned} V_{out<AV>} &= V_{H<AV>} - V_{L<AV>} = V_{dc}\left(\frac{v_{r1}+v_{r2}}{2}\right) \\ &= V_{dc}\, v_{r<av>} \quad (\text{단}, -1 \le v_r \le 1) \end{aligned} \quad (6.44)$$

따라서 만일 반송파의 주파수가 지령치의 주파수에 비해 충분히 크다면 출력전압의 기본파 성분은 출력전압의 매시간 간격 T_s 동안의 구간 평균값 변화로 볼 수 있다.

지령전압이 교류인 경우 특정시간 t_0일 때 교류전압은 식 (6.45)와 같고 V_H, V_L은 각각 식 (6.46), (6.47)과 같다.

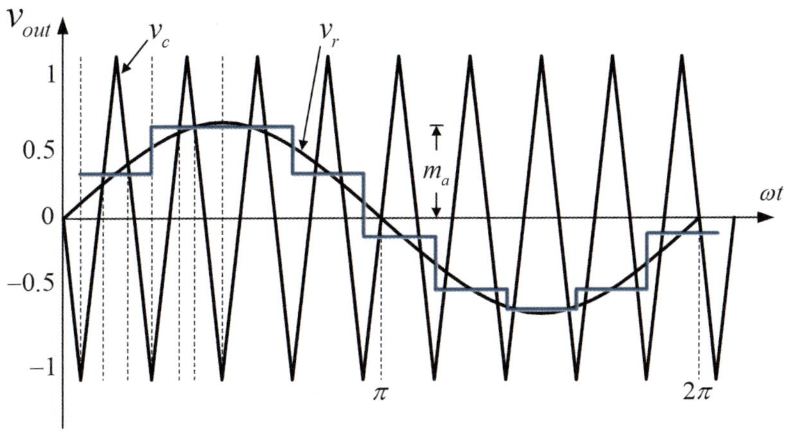

그림 6.60 PWM방식으로 인한 교류 파형

$$v_r = m_a \sin\omega t_0 \ \ (\text{단}, \ 0 \le m_a \le 1) \tag{6.45}$$

$$V_{H<1>} \approx \frac{V_{dc}}{2} m_a \sin\omega t_0 \tag{6.46}$$

$$V_{L<1>} \approx -\frac{V_{dc}}{2} m_a \sin\omega t_0 \tag{6.47}$$

따라서 부하에 걸리는 전압은 식 (6.48)과 같이 된다.

$$\begin{aligned} V_{a<1>} &= V_{H<1>} - V_{L<1>} \\ &= V_{dc}\ m_a \sin\omega t_0 \end{aligned} \qquad \text{여기서 } m_a = \frac{m_a^*}{V_{dc}} \tag{6.48}$$

따라서 단상 풀브릿지 회로에서 PWM에 의한 출력전압의 평균치는 지령전압을 그대로 구현하고 있는 경우 변조비 $m_a \le 1$에서 발생할 수 있는 교류의 최대값은 $m_a = 1$일 때 V_{dc}가 됨을 알 수 있다. 또한 그림 6.46의 하프브리지 회로에서는 풀브리지 회로에 비해서 $1/2$의 출력을 발생시키므로 하프브리지 회로에서 변조비 $m_a \le 1$인 경우 최대로 발생할 수 있는 교류의 최대값은 $m_a = 1$일 때 $V_{dc}/2$가 된다.

6.6.3 SPWM 기법

반도체 소자를 이용하는 전력변환 장치는 최근 대용량화, 설치 대수의 증가와 함께 무효 전력으로인한 전력 계통으로의 영향 때문에 중요한 요소가 되었다. 고조파가 적은 출력전압을 얻는 펄스 폭 변조(PWM) 인버터의 제어법 중에서 정현파 PWM(SPWM: Sinusoidal PWM) 기법을 전압형 인버터에 적용하면 고조파는 작게 되고 평균값은 정현파가 된다. SPWM을 적용한 PWM 인버터는 단상, 3상 모두 가능한 구조이며 전력용 반도체 소자의 대용량화와 특성의 향상, DSP 등의 고속 마이크로컨트롤러(High Speed Microcontroller)를 포함한 IC 소자의 진보에 의하여 각 방면으로 사용되고 있다.

[1] 단상 SPWM인버터

(1) 선형 변조

그림 6.47의 단상 풀브릿지 인버터에서 앞서 살펴본바와 같이 SPWM에 의해서 발생되는 전압은 식 (6.49)와 같다.

$$v_r = V_{dc}\, m_a \sin\omega t \qquad [\mathrm{V}] \tag{6.49}$$

식에서 m_a는 변조비를 나타내고 풀브리지 인버터에서 출력 상전압의 최대치는 V_{dc}이고 단상 하프브리지 인버터에서 출력 상전압의 최대치는 $V_{dc}/2$이므로 변조비는 식 (6.50)과 같이 정의 된다.

$$\text{풀브리지 회로 : } m_a = \frac{v_r^*}{V_{dc}},\ \text{하프브리지 회로 : } m_a = \frac{v_r^*}{V_{dc}/2} \tag{6.50}$$

SPWM은 많은 고조파를 포함하고 있으므로 고조파를 줄이기 위해서 스위칭 주파수는 정현파 주파수의 15배 이상으로 결정하는 것이 일반적이다. SPWM은 직류의 PWM과 마찬가지로 유니폴라 SPWM 기법과 바이폴라 SPWM 기법이 있다. 그림 6.61은 반송파를 2개 사용한 SPWM 기법의 출력 상전압과 부하에 걸리는 전압을 나타내고 있다. 그림 6.61에서와 같이 반송파 1은 극전압 V_H를 결정하는 $\mathrm{T}_1, \mathrm{T}_1'$의 스위칭에 사용되고 반송파 2는 전압 V_L를 결정하는 $\mathrm{T}_2, \mathrm{T}_2'$의 스위칭을 결정한다. 따라서 그림 6.47에서 V_{dc}의 (-)를 기준전압으로 하면 극전압 V_H, V_L 출력전압 V_{out}은 각각 그림 6.61(b), (c), (d)와 같이 되고 부하에 걸리는 전압의 기본파는 지령전압과 동일하게 된다.

(2) 과변조

그림 6.47의 단상 풀브리지 인버터에서 변조비 $m_a \le 1$인 경우에는 지령전압에 비례하여 출력전압을 발생하므로 선형변조라고 하고 선형변조에서 발생할 수 있는 출력 전압의 최대치는 $m_a = 1$일 때 V_{dc}가 된다. 따라서 선형변조에서 최대로 발생할 수 있는 전압의 크기는 구형파로 할 경우의 기본파 성분 $4/\pi$에 비해서 78.5%의 크기를 발생시킬 수 있다. 지령전압의 크기가 V_{dc}보다 큰 변조비가 $m_a > 1$인 경우는 그림 6.62와 같이 기준파의 중간부분에서는 반송파의 교점이 발생하지 않게 된다. 상실된 수만큼 스위칭각의 수 즉, 스위칭 횟수가 감소하고 발생하는 전압의 기본파의 크기는 지령전압과 다르다. 지령전압의 크기가 더욱 커져 스위칭이 1번만 일어나는 경우는 구형파 출력이 발생

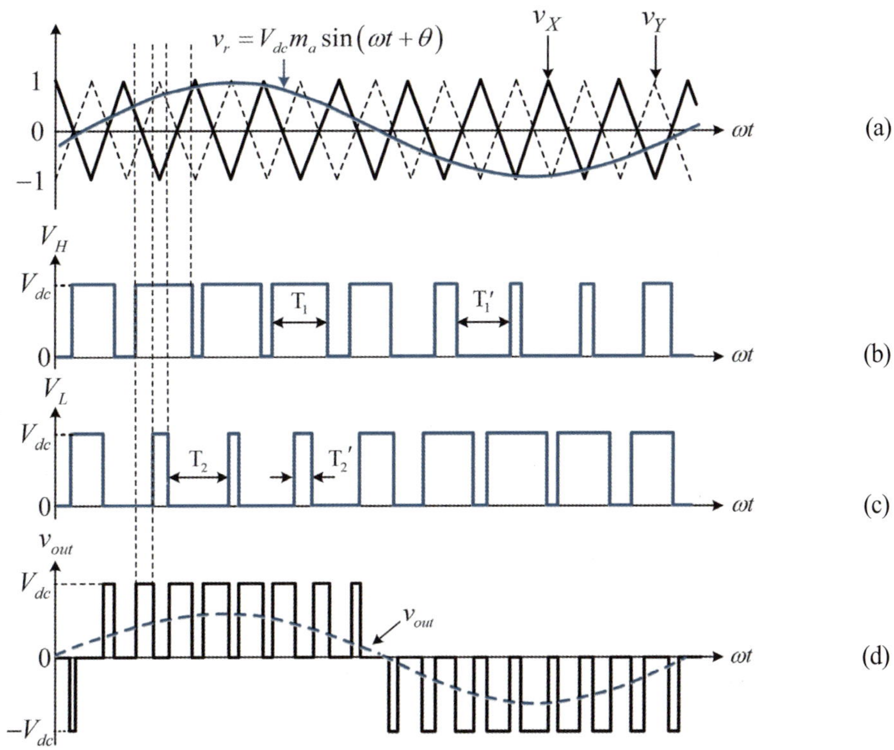

그림 6.61 단상 PWM 인버터의 교류 지령전압에 대한 스위칭 파형 (a) 반송파와 지령전압 (b) 극전압 V_H, (c) 극전압 V_L (d) 출력전압 V_{out}

하고 이때 구형파 출력의 기본파 성분은 $4V_{dc}/\pi$가 된다. 구형파 출력을 내기 시작하는 변조비는 식 (6.50)으로 나타나는 주파수 변조지수에 의해서 결정되며 식 (6.51)과 같이 표현된다.

$$m_{a_{\max}} = 1/\sin\left(\frac{2\pi}{m_f} \times \frac{3}{4}\right) = 1/\sin\theta \tag{6.51}$$

여기서 m_f는 식 (6.52)로 정의되며 주파수 변조지수라고 한다.

$$m_f = \frac{\text{반송파의 주파수}}{\text{지령파의 주파수}} \tag{6.52}$$

예를 들면 변조 주파수가 $m_f = 15$인 경우 $\theta = 18^\circ$이므로 $m_{a_{\max}} = 3.24$ 가 된다. 따라서 이 경우 변조비가 3.24이상에서는 구형파 운전을 하고 기본파가 $4V_{dc}/\pi$인 전압을 발생한다. 이와 같이 선형변조에서 구형파 제어까지의 구간을 과변조 구간이라고 한다. 과변조 구간에서는 고조파가 많이 포함된다.

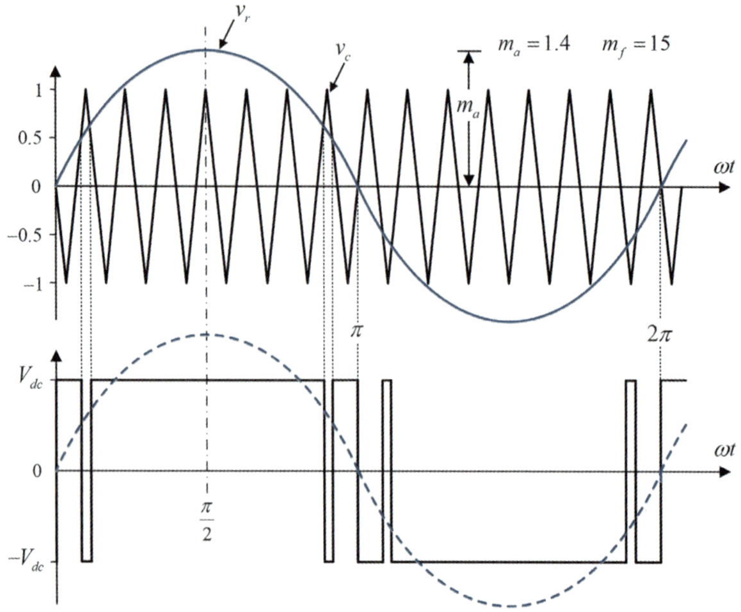

그림 6.62 변조비가 $m_a > 1$인 경우 출력 파형

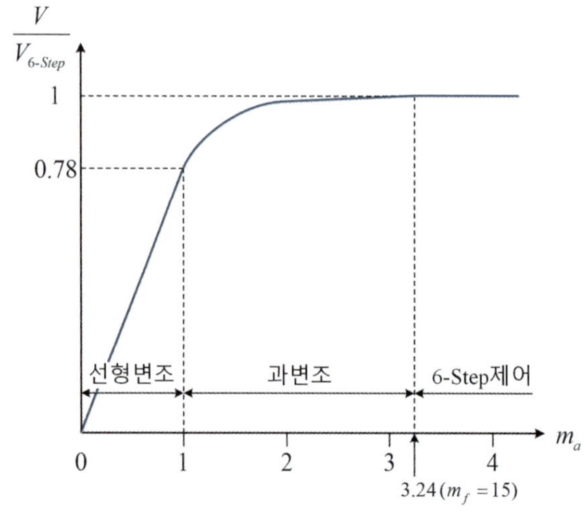

그림 6.63 변조비에 따른 출력 상전압의 크기

(3) 3고조파 주입 기법

단상 풀브릿지 인버터에서 SPWM으로 얻을 수 있는 선형 변조 전압의 최대치는 V_{dc}로 전압이 제한된다. 선형 변조 전압을 증가시키는 방법으로 3고조파 주입 기법이 많이 이용된다. PWM의 지령전압에서 고조파를 포함시켜도 기본파 성분은 변하지 않는다는

것을 이용한 기법으로 고조파를 포함시켜 지령전압의 최대크기를 감소시킬 수 있으면 선형구간을 확대시킬 수 있다. 그림 6.64에서와 같이 3고조파를 기본파에 포함시키게 되면 지령전압의 피크치가 작아지고 주변의 전압이 커지게 된다. 따라서 3고조파를 포함시켜 최대전압이 가장 작은 3고조파 전압의 크기를 구하기 위해서는 다음과 같이 계산하면 된다. 지령전압에 3고조파를 합성한 지령전압은 식 (6.53)과 같이 나타낼 수 있다.

$$V_{am}^{*} = A\cos\theta + B\cos 3\theta \tag{6.53}$$

여기서 지령전압의 최대치를 최소로 하는 3고조파의 최대치 B를 결정하는 것이 목적이다. 식(6.53)의 3고조파가 합성된 전압이 최대가 되는 각도 θ를 구하기 위해 극점은 식 (6.54)와 같이 구할 수 있다.

$$\begin{aligned}\frac{dV_{am}^{*}}{d\theta} &= -A\sin\theta - 3B\sin 3\theta = -A\sin\theta - 3B(3\sin\theta - 4\sin^{3}\theta) \\ &= -\sin\theta\left[(A+9B) - 12B\sin^{2}\theta\right] = 0\end{aligned} \tag{6.54}$$

식 (6.54)의 3차 방정식의 해를 구하면 다음 식 (6.55)과 같다.

$$\sin\theta = 0,\ \sin\theta = \pm\sqrt{\frac{A+9B}{12B}} \rightarrow \cos\theta = \sqrt{\frac{3B-A}{12B}} \tag{6.55}$$

식 (6.55)을 식 (6.53)에 대입하면 식 (6.56)를 얻을 수 있다.

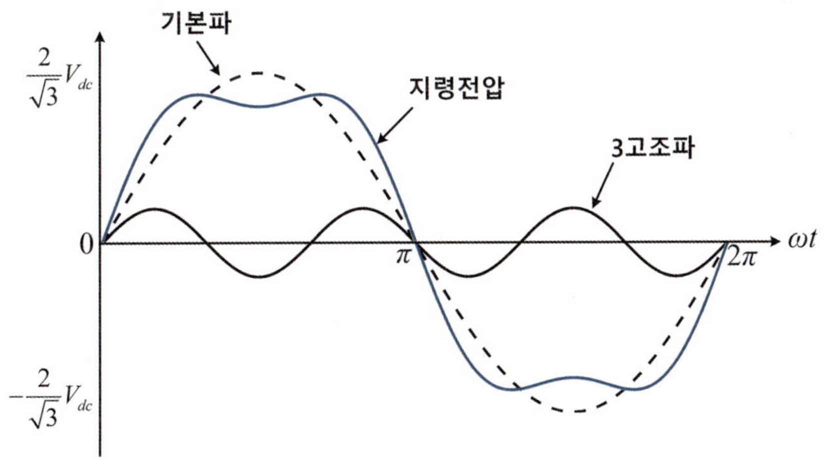

그림 6.64 3고조파 주입에 따른 전압 파형

$$V^*_{am,\,peak} = A\cos\theta + B\cos3\theta = A\cos\theta + B(4\cos^3\theta - 3\cos\theta)$$
$$= \cos\theta\left[(A-3B) + 4B\cos^2\theta\right]$$
$$= \sqrt{\frac{3B-A}{12B}}\left[(A-3B) + 4B\frac{3B-A}{12B}\right] \tag{6.56}$$
$$= -\frac{2}{3}\sqrt{\frac{3B-A}{12B}}(3B-A)$$

따라서 식 (6.56)에서 극점인 B를 구하기 위해서 식 (6.56)의 제곱을 B에 대해 미분하여 구하면 식 (6.57)과 같이 된다.

$$\frac{d{V^*_{am,\,peak}}^2}{dB} = \frac{4}{9}\frac{(3B-A)^2(6B+A)}{12B^2} = 0$$
$$\therefore B = -\frac{A}{6} \tag{6.57}$$

따라서 지령전압의 크기에 비해서 -1/6의 크기를 갖는 3고조파를 가해주면 최대값이 가장 작은 지령전압이 되고 이때 지령전압의 최대치는 식 (6.58)과 같이 지령전압의 크기의 $\sqrt{3}/2$(= 0.866)이 된다.

$${V^*_{am,\,peak}}^2 = \frac{4}{9}\frac{(3B-A)^3}{12B}$$
$$V^*_{am,\,peak} = \frac{\sqrt{3}}{2}A \tag{6.58}$$

이것을 그림으로 나타내면 그림 6.64와 같이 된다. 이와 같이 3고조파 주입 기법을 사용할 경우 지령전압의 최대값 V_{peak}가 V_{dc}일 때까지 선형 변조가 되므로 기본파의 최대값 A는 다음식이 된다.

$$A = V_{dc} \times \frac{2}{\sqrt{3}} = \frac{2}{\sqrt{3}}V_{dc} \tag{6.59}$$

따라서 3고조파 주입 방식은 선형변조 구간을 최대 1.155배 만큼 크게 할 수 있다.

[2] 3상 SPWM 인버터

그림 6.49와 같은 3상 PWM 인버터의 기본회로에서 3상 지령전압이 그림 6.65(a)와 같을 때 각 상의 지령전압과 반송파를 비교하여 각 상에서 지령전압이 크면 상단 스위치를 ON하고, 지령전압이 반송파에 비해서 작으면 하단 스위치를 ON 한다. 이와 같은 스위칭 로직에 의한 3상 인버터에서 출력 상전압(v_{a0}, v_{b0}, v_{c0})은 하프브리지와 같이 동작하므로 $V_{dc}/2$, $-V_{dc}/2$ 를 반복적으로 출력한다. 각 상의 출력 상전압 사이의 차를

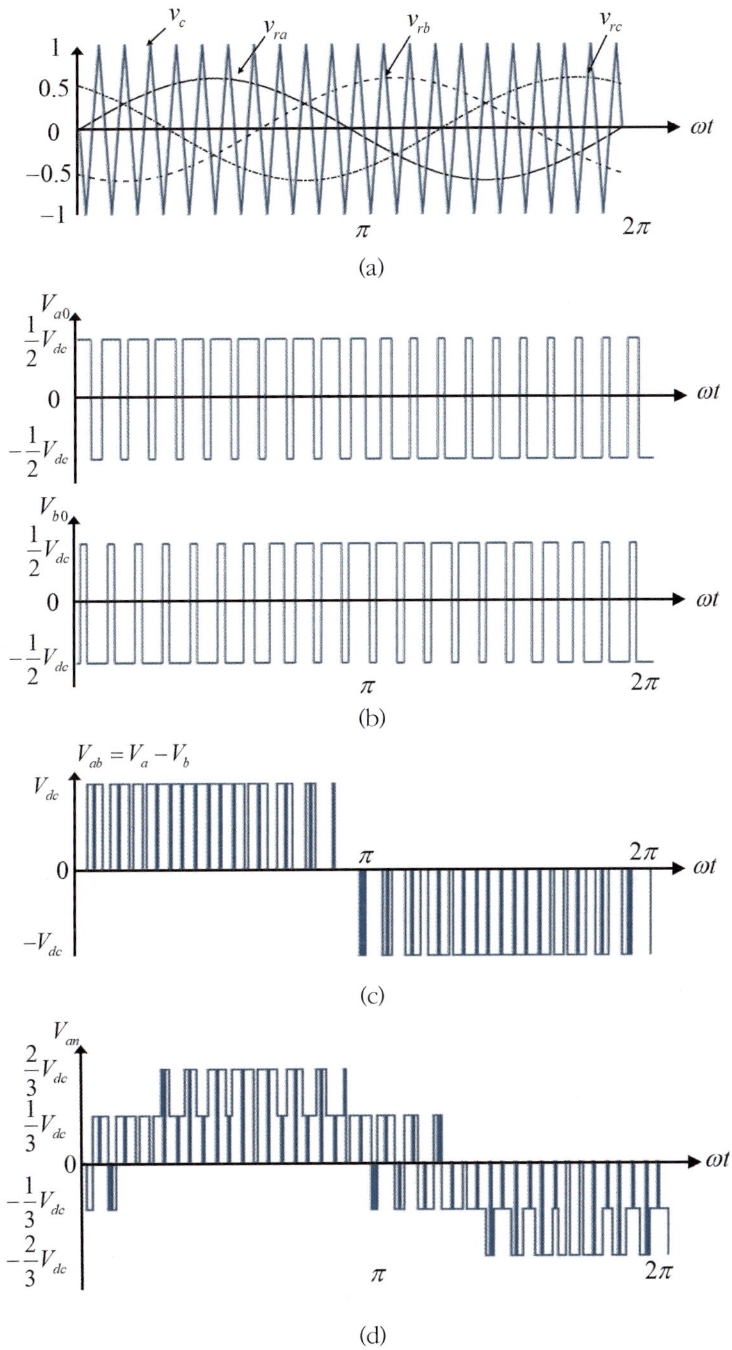

그림 6.65 3상 PWM 인버터의 출력 파형
(a) 지령전압 (b) 출력 상전압 (c) 선간전압 (d) 부하 상전압

선간전압(v_{ab}, v_{bc}, v_{ca})이라고 하고 그림 6.65(c)에서는 a, b상 사이의 선간전압 v_{ab} 파형의 예를 나타내고 있다. 또한 앞 절 6.5.3의 6-Step인버터에서 살펴본 바와 같이 Y결선된 부하의 각 상에 걸리는 전압은 최대 $\pm 2V_{dc}/3$, $\pm V_{dc}/3$가 출력되므로 SPWM에 의한 부하 상전압은 그림 6.65(d)과 같은 파형이 된다.

3상 인버터의 각 상은 단상 하프브리지 인버터와 같이 동작하므로 출력 상전압의 최대 크기는 6-Step 운전을 할 때이고 이때 기본파의 크기는 $2V_{dc}/\pi$가 된다. 따라서 출력 상전압은 선형변조 구간에서 $V_{dc}/2$까지 출력하고 이때부터 $2V_{dc}/\pi$까지 출력 상전압을 발생하는 사이를 과변조 구간이라고 한다. 3상 인버터에서 선형 변조되는 전압의 크기는 상전압을 기준으로 $V_{dc}/2$이고 그 이후는 과변조를 거쳐 6-Step 운전이 되면 $2V_{dc}/\pi$의 크기를 갖는 교류전압을 발생시킨다. 선형구간을 확대하기 위해서 3고조파를 주입하는 방법 또는 SVPWM을 이용하면 선형구간을 증가시킬 수 있으며 이러한 방법을 사용하게 되면 선형변조가 되는 전압의 최대크기는 $\frac{2}{\sqrt{3}}(\fallingdotseq 1.155)$배가 된다.

6.6.4 SVPWM 기법

[1] 공간벡터의 정의

그림 6.49의 3상 인버터 회로에서 3상의 인버터를 SPWM으로 제어할 경우 반송파(Carrier)와 지령전압을 비교하여 각 상의 스위치를 제어하고 평균적으로 지령전압과 동일한 전압을 발생시킨다. 특히 3고조파 주입 기법을 사용하면 지령전압의 선형제어 구간을 최대로 할 수 있다. SPWM으로 스위칭하는 어떠한 경우도 3상 인버터에서 각상의 스위치는 상보적으로 스위칭 된다는 것을 고려하면 스위칭 상태는 표 6.6과 같이 8가지 스위칭 조합 중에 하나가 된다. 표 6.6에서 1은 상단의 스위치가 ON되고 0은 하단의 스위치가 ON되는 것을 나타낼 때 다음과 같은 8가지의 스위칭 상태를 정의 할 수 있다.

상태 ①의 $V_1(1,0,0)$은 그림 6.49의 3상 인버터 회로에서 a, b, c상 순서로 T_1, T_2', T_3' 스위칭 소자가 ON이 되는 상태를 나타낸다. 8가지 스위칭 상태에서 회로를 그려보면 그림 6.66과 같다. 상태 ①, ③, ⑤는 상단의 스위치 1개와 하단의 스위치 2개가 통전된 상태고 상태 ②, ④, ⑥은 상단의 스위치 2개와 하단의 스위치 1개가 통전된 상태가된다. 또한 상태 ⓪, ⑦은 상단 또는 하단의 스위치가 모두 ON된 상태로 부하에 걸리는 전압이 0되는 상태를 나타낸다.

표 6.6 스위칭 상태

상태	⓪	①	②	③	④	⑤	⑥	⑦
스위치 상태	$V_0(0,0,0)$	$V_1(1,0,0)$	$V_2(1,1,0)$	$V_3(0,1,0)$	$V_4(0,1,1)$	$V_5(0,0,1)$	$V_6(1,0,1)$	$V_7(1,1,1)$

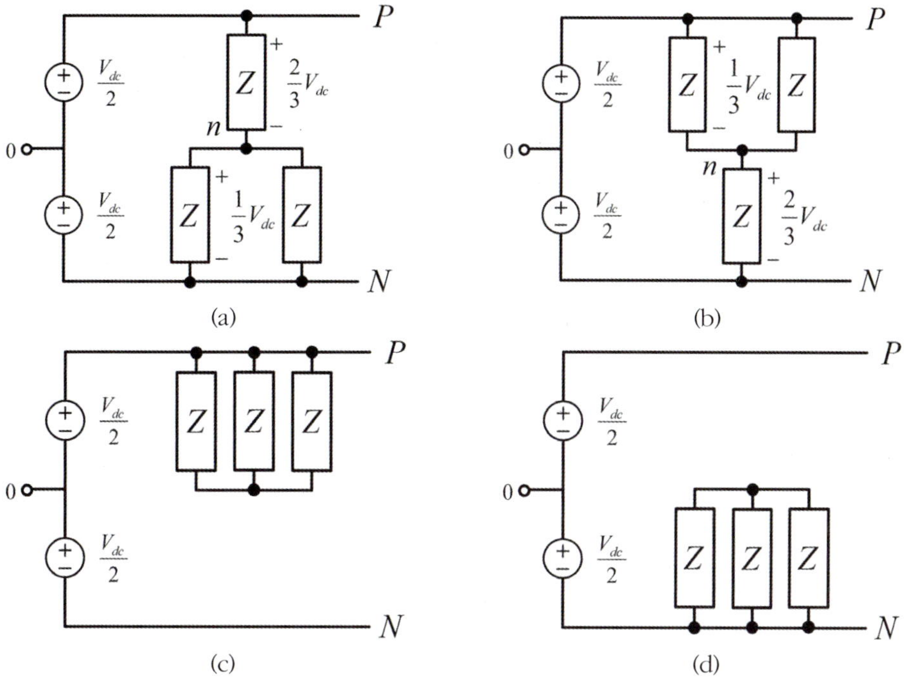

그림 6.66 스위칭 상태 회로 (a) ①, ③, ⑤ (b) ②, ④, ⑥ (c) ⑦ (d) ⓪

상태 ⓪, ⑦를 제외하고 그림 6.67(a)과 같이 ①, ②, ③, ④, ⑤, ⑥ 순서대로 스위칭을 하면 그림 6.67(b)의 예와 같이 6-Step의 출력 상전압을 발생한다. SVPWM운전은 3상 인버터로 발생할 수 있는 가장 큰 상전압을 출력하는 스위칭 방식으로 그림 6.67(b)의 출력 상전압은 $\pm V_{dc}/2$가 반복해서 출력되고 이때 기본파의 크기는 $2V_{dc}/\pi$가 된다. 또한 부하의 상전압은 그림 6.67(d)와 같이 $\pm V_{dc}/3$, $\pm 2V_{dc}/3$ 중 한 값으로 되는 것을 알 수 있다.

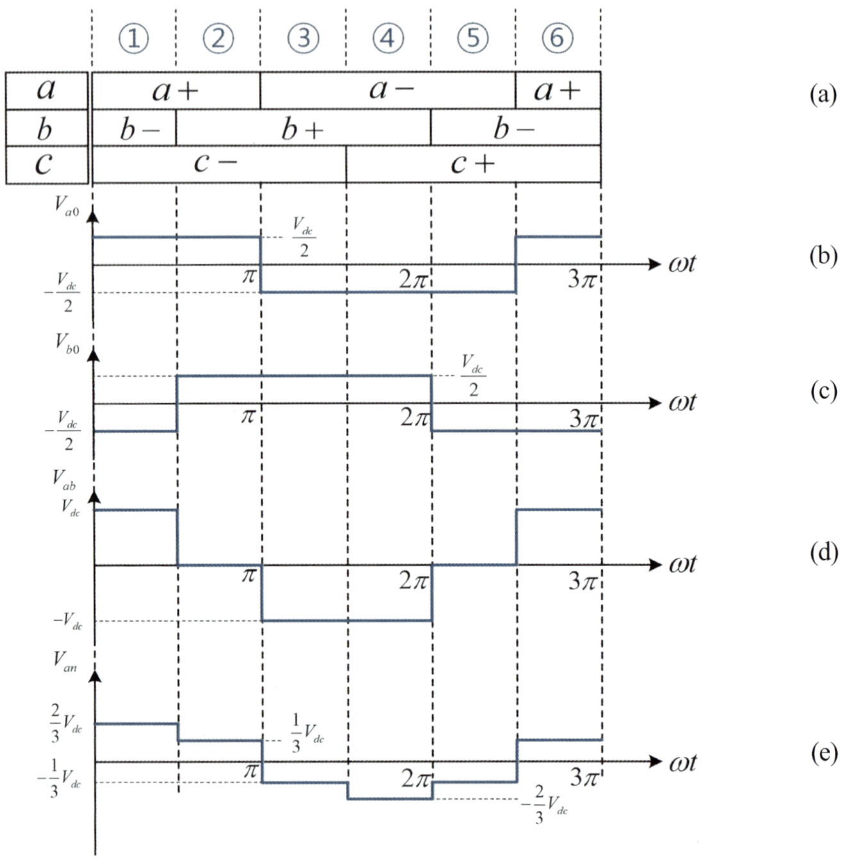

그림 6.67 6-step 운전 시 전압 파형
(a) 스위칭 상태 (b) 상전압 V_{a0} (c) 상전압 V_{b0} (d) 선간 전압 V_{ab} (e) 부하 상전압 V_{an}

공간벡터 변조 방식 (SVPWM : Space Vector PWM)은 SPWM에 비해서 직관적으로 평균 전압을 발생시킬 수 있는 방법으로 지령전압의 순시치와 스위칭 상태를 모두 복소공간에 정의하고 벡터적으로 지령전압을 8개의 스위칭으로 구현하는 방법이다. 따라서 SVPWM의 기본 개념은 3상 지령전압의 합성값과 8개의 스위칭 상태의 값을 복소공간상에 표현하는 것이다.

시간적으로 변화하는 물리량을 가상의 복소공간 또는 dq좌표로 표현하는 방법은 3장에서 배운 좌표변환과 같은 개념이다. 우선 평형 3상 전원을 공간상에 나타내어보자. 우선 a상의 전원을 실수축으로 하면 b상과 c상의 전원은 복소공간에서 단위 공간벡터 $\boldsymbol{a}$를 사용하여 다음과 같이 나타낼 수 있다.

$$V_a = v_{as}\,,\ V_b = \boldsymbol{a}v_{bs}\ ,\ V_c = \boldsymbol{a}^2 v_{cs} \tag{6.60}$$

여기서 $\boldsymbol{a}= e^{j2\pi/3}$, $\boldsymbol{a}^2 = e^{j4\pi/3} = e^{-j2\pi/3}$로 복소공간의 위치를 나타내고 v_{as}, v_{bs}, v_{cs}

는 크기가 V_m 인 3상 평형전압을 나타낸다. 따라서 3상 평형전압이 가해질 때 합성전압을 공간상에 나타내면 식 (6.61)과 같이 된다.

$$\begin{aligned} V_{abc} &= \frac{2}{3}\left(v_{as} + \boldsymbol{a}v_{bs} + \boldsymbol{a}^2 v_{cs}\right) \\ &= \frac{2V_m}{3}\left(\frac{e^{j\omega t}+e^{-j\omega t}}{2} + \boldsymbol{a}\frac{e^{j(\omega t - 2\pi/3)}+e^{-j(\omega t-2\pi/3)}}{2} + \boldsymbol{a}^2\frac{e^{j(\omega t+2\pi/3)}+e^{-j(\omega t+2\pi/3)}}{2}\right) \\ &= \frac{V_m}{3}\left(3e^{j\omega t} + e^{-j\omega t} + e^{-j(\omega t - 4\pi/3)} + e^{-j(\omega t+4\pi/3)}\right) \\ &= \frac{V_m}{3}\left[3e^{j\omega t} + e^{-j\omega t}(1+\boldsymbol{a}+\boldsymbol{a}^2)\right] = V_m e^{j\omega t} = V_m e^{j\theta_e} \end{aligned} \tag{6.61}$$

여기서, $\theta_e = \int \omega(t)dt + \theta_0$ 이다.

식 (6.61)에서 알 수 있는 바와 같이 a, b, c상의 합성 전압은 복소공간에서 일정한 크기 V_m을 갖고 회전하는 벡터가 된다. 여기서 2/3의 계수는 3장의 좌표변환에서 알아본 바와 같이 a, b, c좌표계의 전압과 복소공간에서의 전압 값을 일치시키기 위해서 사용된 계수다. 시간적으로 회전하는 식 (6.61)의 전압을 구현하는 방법은 스위칭이 8가지로 제한되어 있으므로 8가지 스위칭을 이용하여 구현해야 한다. 따라서 8가지 스위칭상태를 복소공간상에 나타내고 시간적으로 회전하는 전압을 구현하는 방법에 대해서 알아보자.

우선 ①번의 스위칭 상태는 표 6.6에서와 같이 $\mathrm{T}_1, \mathrm{T}_2', \mathrm{T}_3'$가 ON 된 상태로 이때 그림 6.67에서의 부하 상전압 $V_{an} = 2V_{dc}/3$이고 $V_{bn} = V_{cn} = -V_{dc}/3$가 된다. 따라서 ①번 스위칭상태를 공간상에 표현하게 되면 식 (6.62)와 같이 되고 이것을 도식적으로 나타내면 그림 6.68와 같다.

$$\begin{aligned} \mathbf{V}_1 &= \frac{2}{3}\left(\frac{2V_{dc}}{3} - \boldsymbol{a}\frac{V_{dc}}{3} - \boldsymbol{a}^2\frac{V_{dc}}{3}\right) \\ &= \frac{2V_{dc}}{3} = \frac{2V_{dc}}{3}\angle 0° \qquad [\mathrm{V}] \end{aligned} \tag{6.62}$$

②번 스위칭을 공간벡터로 나타내 보자. ②번 스위칭상태에서는 T_1, T_2, T_3'이 ON 되고 회로는 상전압 $V_{an} = V_{bn} = V_{dc}/3$이고 $V_{cn} = -2V_{dc}/3$이 된다. 따라서 ②번 스위칭 상태를 공간상에 표현하면 식 (6.63)과 같이 되고 공간상에 도식적으로 나타내면 그림 6.68(a)와 같다.

$$\begin{aligned} \mathbf{V}_2 &= \frac{2}{3}\left(\frac{V_{dc}}{3} + \boldsymbol{a}\frac{V_{dc}}{3} - \boldsymbol{a}^2\frac{2V_{dc}}{3}\right) \\ &= \frac{2}{3}\left(\frac{V_{dc}}{2} + j\frac{\sqrt{3}\,V_{dc}}{2}\right) = \frac{2V_{dc}}{3}\angle 60° \qquad [\mathrm{V}] \end{aligned} \tag{6.63}$$

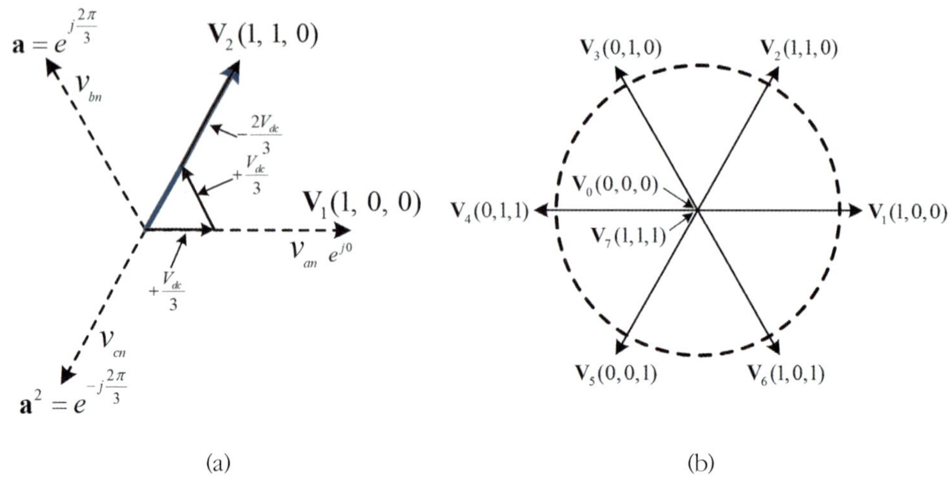

그림 6.68 공간벡터 V_2의 벡터도 (a) 공간벡터 계산 (b) 공간벡터 분포

이와 같이 모든 8가지 경우의 스위칭에 대해서 복소공간에 나타내면 그림 6.68(b)와 같이 된다.

해당 스위칭 조합에 의하여 영벡터인 V_0, V_7만 동일하게 원점 위치를 유지하고 나머지 공간벡터들은 60° 간격으로 배치되며, 그 크기는 $2V_{dc}/3$으로 동일하다. SVPWM에서 최대전압을 발생시킬 수 있는 스위칭은 V_1 ~ V_6까지 순차적으로 스위칭을 하는 것으로 앞에서 설명한 6-Step 인버터의 스위칭을 나타낸다.

6-Step 운전에서 출력되는 기본파의 전압은 $2V_{dc}/\pi$이고 $2V_{dc}/\pi$보다 작은 출력 상전압을 발생시킬 때는 출력 상전압의 공간위치에 따라서 8개의 스위칭을 적절히 하여야 한다. 임의의 순간에 합성전압의 공간벡터 V^*가 그림 6.69(a)와 같이 6각형 내부의 1로 표시된 삼각형 내부에 위치하고 있을 때 V^*는 스위칭이 가능한 8개의 공간벡터를 이용하여 구현한다. 그림 6.69(b)에서와 같이 목표 전압벡터 V^*가 1영역 내부에 있을 경우 그 영역을 구성하는 공간벡터 V_0, V_1, V_2, V_7를 이용하여 벡터 1을 구현한다.

[2] 선형변조

그림 6.69(b)에서와 같이 목표 전압벡터 V^*가 1영역 내부에 있을 경우 먼저 V^*를 V_1성분과 V_2성분으로 분리한다. V_1성분과 V_2성분을 알면 V_1, V_2 공간벡터의 최대 크기를 이용하여 그 비율을 구할 수 있다. 한 주기가 t_c일 때 V_1 공간벡터를 유지하는 시간이 t_a, V_2 공간벡터를 유지하는 시간이 t_b라면 그 비율은 각각 t_a/t_c, t_b/t_c로 정의할 수 있으며 구현되는 V^*를 식으로 표현하면 식 (6.64)와 같다.

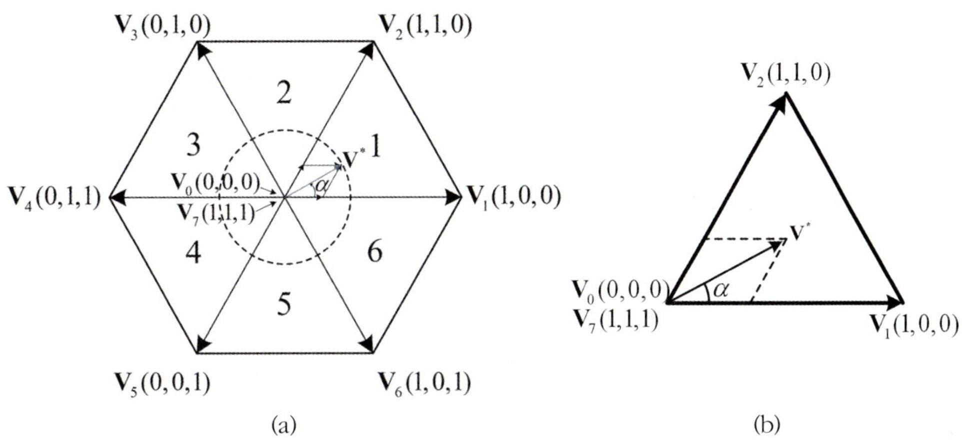

그림 6.69 특정 공간벡터 V*의 구현 (a) 공간벡터 분포 (b) 1영역의 공간벡터 구성

$$\begin{aligned} \mathbf{V}^* &= \frac{t_a}{t_c}\mathbf{V}_1 + \frac{t_b}{t_c}\mathbf{V}_2 \qquad [\mathrm{V}] \\ t_c\mathbf{V}^* &= t_a\mathbf{V}_1 + t_b\mathbf{V}_2 \qquad [\mathrm{V \cdot sec}] \end{aligned} \tag{6.64}$$

앞에서 언급한 바와 같이 $\mathbf{V}_1$ 성분과 $\mathbf{V}_2$ 성분을 직각 좌표계로 나타내면 식 (6.65)와 같이 된다.

$$\begin{aligned} \mathbf{V}_1 &= \frac{2V_{dc}}{3} + j0 \\ \mathbf{V}_2 &= \frac{2}{3}V_{dc}\cos\frac{\pi}{3} + j\frac{2}{3}V_{dc}\sin\frac{\pi}{3} \end{aligned} \tag{6.65}$$

지령전압의 벡터를 구현하기 위해서는 주기 t_c 동안 $\mathbf{V}_1$을 인가할 시간 t_a와 $\mathbf{V}_2$를 인가할 시간 t_b를 구해야 한다. $\mathbf{V}^*$의 크기는 V^*이고 위상각이 α라면 식 (6.66)과 같이 복소수 벡터로 표현할 수 있다.

$$\mathbf{V}^* = V^*\cos\alpha + jV^*\sin\alpha \qquad [\mathrm{V}] \tag{6.66}$$

식 (6.65), (6.66)을 식 (6.64)에 대입하면 식 (6.67)과 같은 복소수 방정식이 성립한다.

$$t_cV^*\cos\alpha + jt_cV^*\sin\alpha = t_a\frac{2V_{dc}}{3} + t_b\frac{2}{3}V_{dc}\cos\frac{\pi}{3} + jt_b\frac{2}{3}V_{dc}\sin\frac{\pi}{3} \qquad [\mathrm{V \cdot sec}] \tag{6.67}$$

실수축과 허수축 성분의 등식을 세워서 t_a, t_b를 t_c에 관한 식으로 정리하여 연립방정식을 풀면 식 (6.68)과 같이 해를 구할 수 있다.

$$t_a = t_c \frac{V^*}{2V_{dc}/3} \frac{\sin(\pi/3-\alpha)}{\sin(\pi/3)} \text{ [sec]} \quad t_b = t_c \frac{V^*}{2V_{dc}/3} \frac{\sin\alpha}{\sin(\pi/3)} \text{ [sec]} \tag{6.68}$$

도통시간 t_a, t_b를 구했으므로 주기 t_c에서 식 (6.69)와 같이 영벡터의 인가시간 t_0를 결정할 수 있다.

$$t_0 = t_c - (t_a + t_b) \quad \text{[sec]} \tag{6.69}$$

V^*를 발생시키기 위해서 스위칭이 가능한 것은 스위칭 시간의 합($t_a + t_b$)이 주기 t_c 보다는 작거나 같을 때이므로 다음식이 성립하다.

$$t_a + t_b \leq t_c \tag{6.70}$$

식 (6.70)에 식 (6.68)를 대입하면 다음식과 같다.

$$\frac{V^*}{2V_{dc}/3}\left[\frac{\sin(\pi/3-\alpha)}{\sin(\pi/3)} + \frac{\sin\alpha}{\sin(\pi/3)}\right] \leq 1 \tag{6.71}$$

이 식을 정리하면 다음식과 같이 된다.

$$V^* \leq \frac{V_{dc}}{\sqrt{3}} \frac{1}{\sin(\pi/3+\alpha)} \tag{6.72}$$

식 (6.72)가 등식일 때는 6각형의 변을 나타내게 된다.

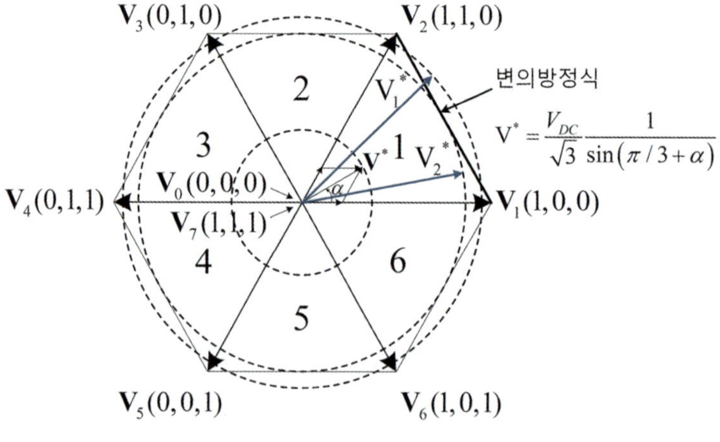

그림 6.70 SVPWM 최대 전압벡터

따라서 SVPWM으로 발생시킬 수 있는 최대의 전압벡터는 6각형의 변이며 만약 목표 공간벡터 V*가 6각형의 변을 벗어나게 될 경우 t_a와 t_b를 더한 시간이 t_c보다 커지기 때문에 인가할 수 있는 방법이 없다. 예를 들면 그림 6.70에서 지령전압 V_2*의 크기를 갖는 회전하는 전압은 6각형의 내접원이 되고 이 지령전압이 SVPWM으로 구현할 수 있는 최대의 전압이다. 또 다른 예로 그림 6.70에서 지령전압이 V_1*의 크기를 갖고 회전하는 전압인 경우는 식 (6.72)가 성립되지 않는 시간이 존재하므로 선형변조에서 구현할 수가 없다. 따라서 지령전압을 선형적으로 구현할 수 있는 최대전압은 6각형 내접원의 반지름인 $V_{dc}/\sqrt{3}$가 된다. 이와 같이 SVPWM으로 발생시킬 수 있는 평균 전압의 크기는 $V_{dc}/\sqrt{3}$이고 이 크기는 3고조파 주입 방법과 같은 크기가 된다.

[3] 과변조

그림 6.71에서 파란 점선의 크기를 갖는 전압벡터가 지령전압으로 주어졌을 경우 이 지령전압이 6각형의 변보다 큰 전압을 발생시키는 시간은 그림 6.72에서 $\theta \sim (60° - \theta)$일 때의 시간으로 이 시간동안은 선형적으로 SVPWM으로 지령전압을 발생시킬 수 없다. 이와 같은 상태를 시간 영역에서 나타내면 그림 6.72와 같이 된다.

회전하는 전압의 크기가 6각형의 변을 초과하는 크기를 가질 때 평균적으로 지령전압을 발생시킬 수 있는 과변조 기법을 사용하게 된다. 공간 전압벡터의 크기가 $2V_{dc}/3$(합성 벡터의 크기를 나타냄)일 때는 6-Step 운전을 하고 그때 출력 상전압의 파형은 그림 6.67과 같이 구형파 전압이 된다. 이 구형파의 출력 상전압 기본파의 크기는 $2V_{dc}/\pi$이다.

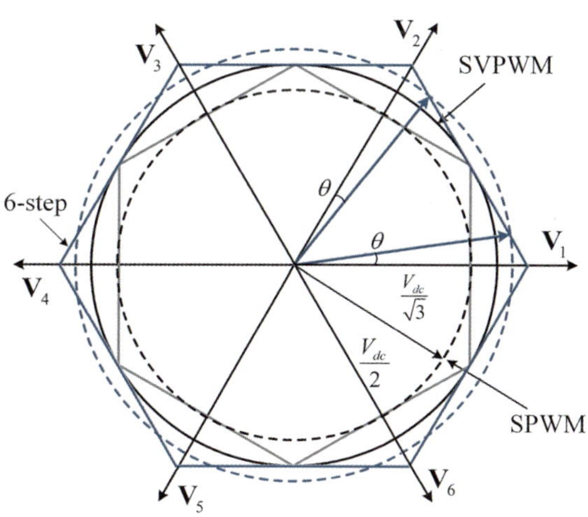

그림 6.71 과변조에서의 공간 벡터

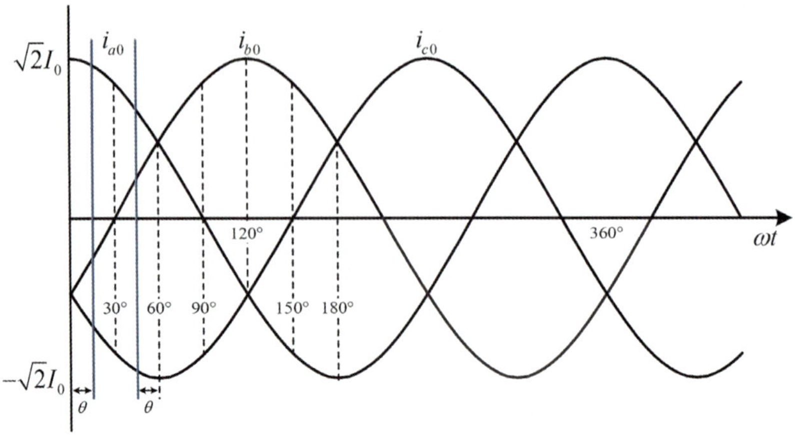

그림 6.72 과변조일 때의 상전류 파형

3상 전압형 인버터에서 6-Step 구동방식이 인버터에서 최대 전압을 출력할 수 있고 이때 기본파 성분의 크기를 기준으로 변조비를 정의하자. 6-Step 구동 시 상전압의 기본파 성분 크기는 $2V_{dc}/\pi$이므로 변조비를 구하면 식 (6.73)과 같다.

$$m = \frac{|\mathrm{V}^*|}{V_{1,6-step}} = \frac{V_{dc}/\sqrt{3}}{2V_{dc}/\pi} = 0.907 \tag{6.73}$$

목표로 하는 V*가 6각형에 내접할 때 변조비인 0.907보다 낮은 영역을 선형 변조영역이라 한다. 선형변조가 가능한 변조비는 0에서 0.907까지 영역에서 지령전압과 같은 기본파를 정현적으로 발생시킬 수 있다. 변조비 0.907이상의 V*의 지령전압은 선형변조구간과 같은 지령전압과 동일한 정현전압을 발생시키지 못하지만 지령전압과 같은 평균전압을 발생시킬 수 있다. 이때의 스위칭을 과변조(overmodulation)라 하고 과변조는 다시 과변조 I과 과변조 II의 2가지 영역으로 분류할 수 있다. 그림 6.73(a)는 선형 변조영역으로 변조비는 0에서 0.907까지이고, 그림 6.73(b)는 과변조 I영역으로 변조비는 0.907에서 0.952까지이다.

그림 6.73(c)는 과변조 II영역에서의 개념도이며 변조비는 0.952부터 6-Step 구동과 동일한 1까지에 해당한다.

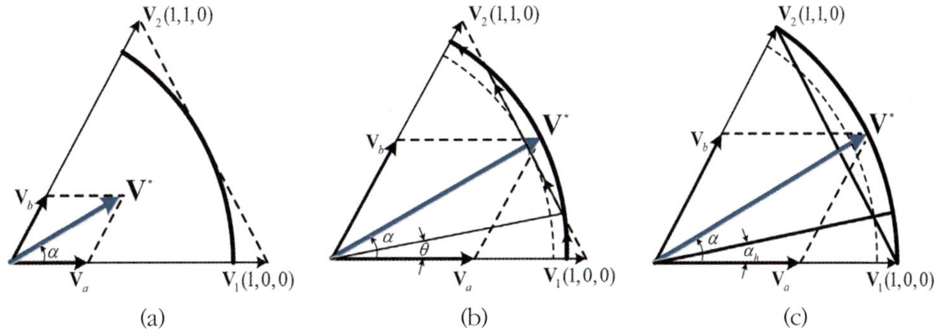

그림 6.73 공간벡터 방식의 변조영역 (a) 선형변조 (b) 과변조 I (c) 과변조 II

(1) 과변조 I

그림 6.73(a)에서와 같이 전압벡터가 회전하면서 6각형의 내접원보다 크지 않을 때는 기본파가 상전압과 같은 정현파를 발생시킬 수 있다. 그러나 V*의 크기가 $V^* \geq V_{dc}/\sqrt{3}$ 일 때 그림 6.73(b)에서와 같이 V*를 연속적으로 구현할 수 없다. 전압의 1주기에서 공간벡터가 360° 회전할 때 V*가 6각형 내부를 지나는 경우와 외부를 지나는 경우가 발생하므로 평균적으로 V*를 발생시키는 기법을 사용한다. 과변조 I 기법은 그림 6.74에서와 같이 지령 전압벡터가 6각형을 벗어날 때 구현할 수 있는 최대의 전압인 6각형의 변으로 구현하고 지령전압에 비해 부족한 부분만큼 지령전압이 6각형 변의 내부를 지날 때 보상해 주는 방법이다. 과변조 I 기법은 정현적인 전압을 발생시키지 못하지만 1주기 동안에 발생하는 전압의 평균치가 지령전압과 같다.

그림 6.74는 지령전압 V*이 6각형의 변을 벗어난 구간의 면적을 계산하고 부족한 면적만큼을 보상할 수 있는 수정된 공간벡터 V_m*을 사용하는 방법이다. 그림 6.74에서 V*을 지령전압으로 했을 때 부족한 전압과 같은 초과전압을 발생시킬 수 있는 V_m*을 정의하여 V_m* 벡터의 6각형 변과 만나는 각도 θ를 구한다. 이렇게 정의된 V_m*가 6각형 내부를 지날 경우에는 V_m*을 지령으로 이용하고 6각형을 벗어나는 구간에서는 6각형 변을 따라서 지령 공간벡터를 변경한다. 그림 6.74(b)는 수정된 지령 전압벡터의 궤적을 굵게 표시한 것이다. V*가 커질수록 V_m*도 크게 되며 이때 각도 θ가 줄어들어 부족한 전압을 보상할 수 없는 경우가 생긴다.

이 시점에서 V*이 공간상에서 회전하며 만드는 원의 면적과 지령전압을 수정하여 최대로 발생시킬 수 있는 변을 따라 움직이는 궤적인 6각형의 면적이 동일하게 되는 조건으로부터 구할 수 있다. 이 조건을 식으로 나타내면 식 (6.74)와 같다.

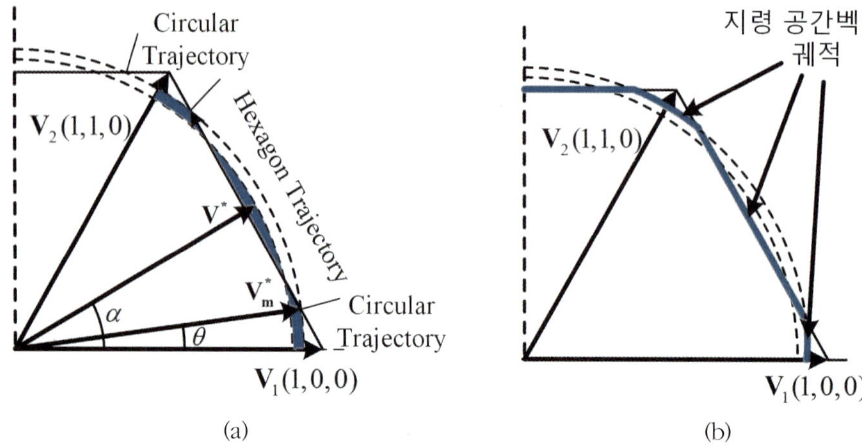

그림 6.74 공간벡터 방식의 과변조 I (a) V_m*의 개념 (b) 수정된 지령 공간벡터의 궤적

$$\pi(\mathrm{V}^*)^2 = 6 \cdot \frac{1}{2} \cdot \frac{2V_{dc}}{3} \cdot \frac{V_{dc}}{\sqrt{3}}$$
$$\mathrm{V}^* = \sqrt{\frac{2}{\sqrt{3}\pi}}\,V_{dc} \quad [\mathrm{V}] \tag{6.74}$$

따라서 이때의 변조비를 계산하면 식 (6.75)와 같다.

$$m = \frac{\mathrm{V}^*}{\mathrm{V}_{1,6-\mathrm{Step}}} = \frac{\sqrt{\frac{2}{\sqrt{3}\pi}}\,V_{dc}}{2V_{dc}/\pi} = 0.952 \tag{6.75}$$

변조비 0.952를 넘어서는 V*에 대해서는 부족한 전압벡터를 보상할 수 없으므로 평균전압이 V* 보다 작게 된다. 따라서 변조비 0.952를 넘는 전압벡터 V*를 구현하기 위해서는 과변조 II 기법을 이용해야 한다.

(2) 과변조 II

변조비가 0.952를 초과하면 전압벡터를 6각형의 변을 따라서 스위칭을 해도 평균전압이 지령전압보다 작게 된다. 부족한 전압을 보상하기 위해서 6각형 변을 따라서 스위칭을 하지 않고 최대 전압을 발생하는 6-Step 지점인 V_1, V_2, ⋯, V_6 공간벡터를 부족한 시간을 보상할 정도로 유지하고 나머지는 변을 따라서 스위칭하는 방법을 과변조 II 기법이라고 한다. 과변조 II 기법은 최대 전압을 발생시키는 공간벡터인 꼭지점의 전압을 부족한 전압만큼 유지함으로 변조비가 0.952를 넘어서는 공간벡터에서 지령전압과 동일한 평균전압을 구현할 수 있다. 과변조 II의 개념과 시간에 따른 상전압 파형은 그림 6.75에 나타내었다.

1영역을 예로 들면, 최대 전압이 발생하는 공간벡터 V_1을 일정한 각도 α_h만큼 유지하고 전압의 벡터각이 그 각도를 벗어나면 6각형의 변을 따라서 스위칭을 한다. 다시 V^*가 V_2보다 α_h이내에 들어서게 되면 V_2를 α_h동안 유지한다. 또한 2영역에서는 V_2를 α_h동안 유지하고 V_3를 α_h만큼 유지하게 된다. 따라서 과변조 II에서는 6-Step 전압인 꼭지점 전압(V_1, V_2, …, V_6)을 $2\alpha_h$를 유지하게 된다. 그림 6.75(b)에는 $\alpha_h = 10°$인 경우에 대한 상전압의 주기별 평균값을 기준으로 파형을 나타낸다. α_h의 최대 증가치는 30° 가 한계이며 각 공간벡터 V_1, …, V_6를 기준으로 ±30° 구간만큼 해당 공간벡터를 유지하기 때문에 총 60° 간격으로 공간벡터의 전환이 발생하며 이는 전압형 인버터에서 다뤘던 6-Step 구동 방식과 동일하다.

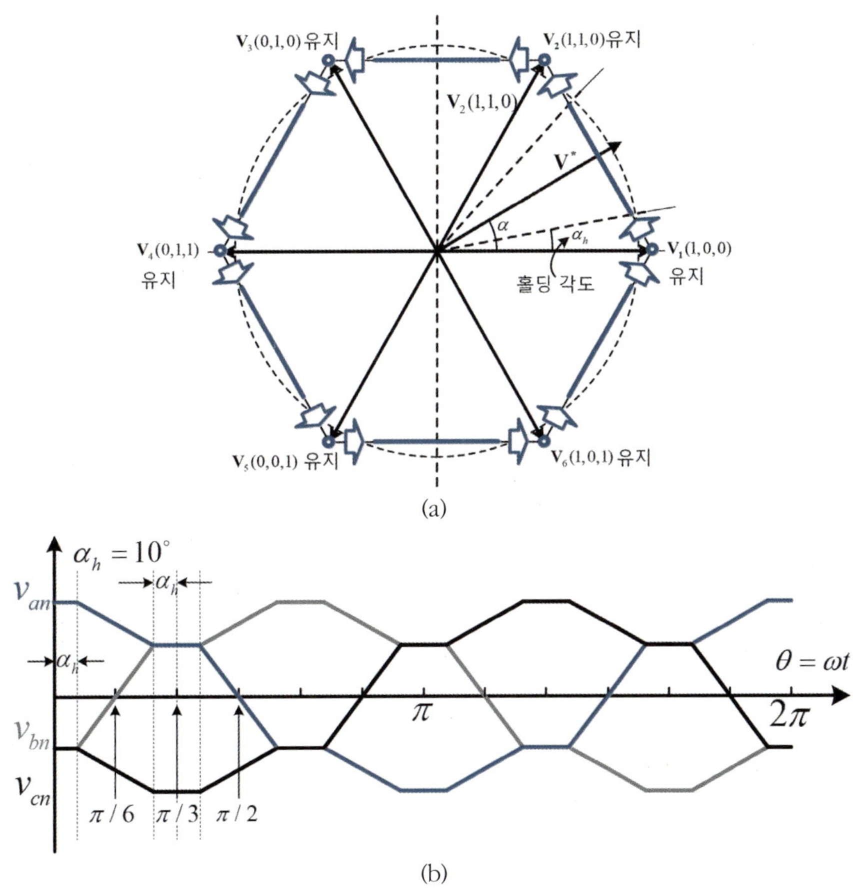

그림 6.75 공간벡터 방식의 과변조 II ($\alpha_h = 10°$)
(a) 수정된 공간벡터의 궤적 (b) 시간에 따른 주기별 평균 전압의 변화

[4] SVPWM에서 스위칭 순서

그림 6.76은 식 (6.68), (6.69)를 이용하여 계산된 스위칭 시간을 스위칭 과정에 따라서 표현한 것이다. 처음에 $\mathbf{V}_0$벡터를 $t_0/4$시간동안 구현하고 $\mathbf{V}_1$벡터를 $t_a/2$ 시간동안 도통, $\mathbf{V}_2$벡터를 $t_b/2$시간동안 도통 후 $\mathbf{V}_7$벡터를 나머지 $t_0/4$ 시간동안 도통하고 다음 주기에

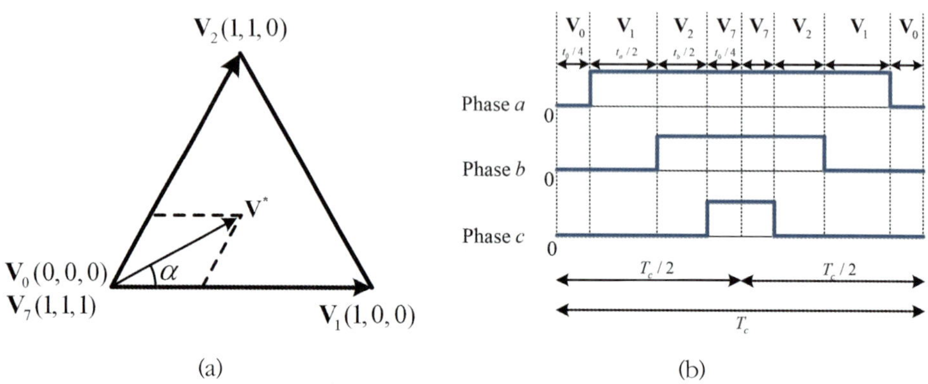

그림 6.76 특정 공간벡터 V*의 구현 (a) 공간벡터 (b) 시간에 따른 스위칭 순서

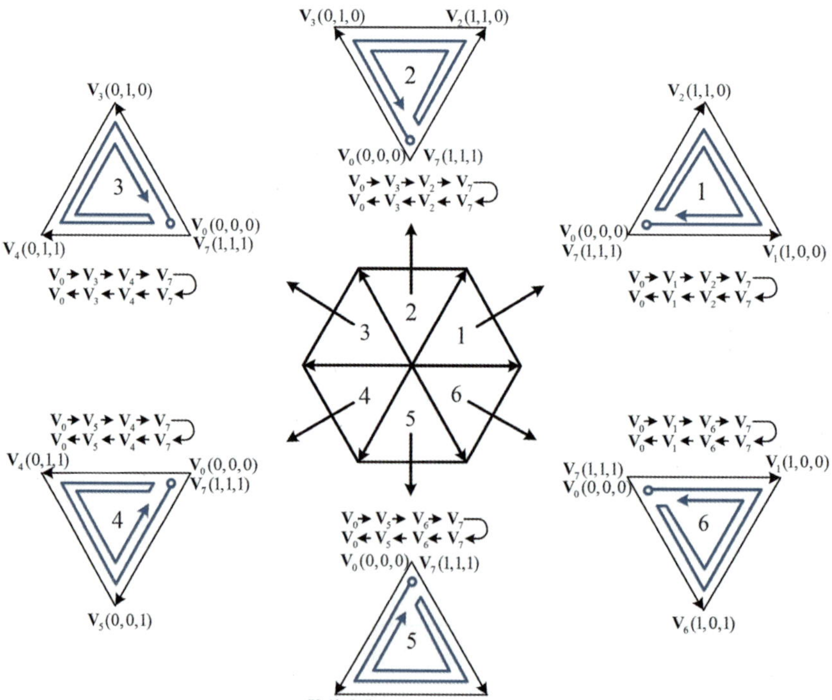

그림 6.77 영역별 공간벡터 순서

서는 역순서로 스위칭 한다. 영벡터 V_0와 V_7을 모두 이용하고 정방향/역방향 순서가 되도록 하는 것은 공간벡터가 변경될 때 한 상의 스위칭 소자만 ON/OFF 관계를 변화시켜서 반도체 소자의 스위칭 손실을 최소화하기 위한 것이다. 1영역 외의 다른 영역에서도 영역을 구성하는 공간벡터의 도통 시간을 결정하여 스위칭 순서를 정할 수 있다. V_1벡터의 경우는 a상 한 상만 위쪽 스위칭 소자가 ON되고 V_2의 경우는 a, b상 2개의 위쪽 스위칭 소자가 ON되기 때문에 1영역에 V^*가 존재할 경우 스위칭 과정이 $V_0 \rightarrow V_1 \rightarrow V_2 \rightarrow V_7$의 반 주기와 $V_7 \rightarrow V_2 \rightarrow V_1 \rightarrow V_0$의 반 주기의 순서로 진행되는 것이 손실을 최소화 할 수 있다. 2영역을 구성하는 전압벡터는 V_0, V_2, V_3, V_7인데 V_2는 a, b상 2개의 위쪽 스위칭 소자가 ON되며 V_3는 b상 하나만 위쪽 스위칭 소자만 ON이 되므로 스위칭 순서는 $V_0 \rightarrow V_3 \rightarrow V_2 \rightarrow V_7$의 반 주기와 역방향의 반 주기로 결정한다. 그림 6.77에 영역별 스위칭 순서가 나타나 있다. 각 영역을 구성하는 공간벡터를 이용하여 영역을 판단하고 공간벡터별 적용시간과 순서를 정하면 된다.

6.7 AC-AC 컨버터

AC-AC 컨버터는 AC를 AC로 변환하는 전력변환장치로 그림 6.78과 같이 AC를 정류하여 직류를 만들고 직류로부터 원하는 크기와 주파수를 갖는 AC를 생성하는 간접식과 AC에서 직접 원하는 AC로 변환하는 직접식이 있다. 간접식은 스위칭 소자의 특성에 따라서 다양한 주파수영역을 출력시킬 수 있어 일반적으로 사용되는 방법이다. 반면 직접식은 전원 주파수보다 높은 주파수로 변환시킬 수 없으므로 모터제어와 같이 주파수를 0 ~ f_{max}까지 제어해야 하는 분야에서는 사용되기 어렵다.

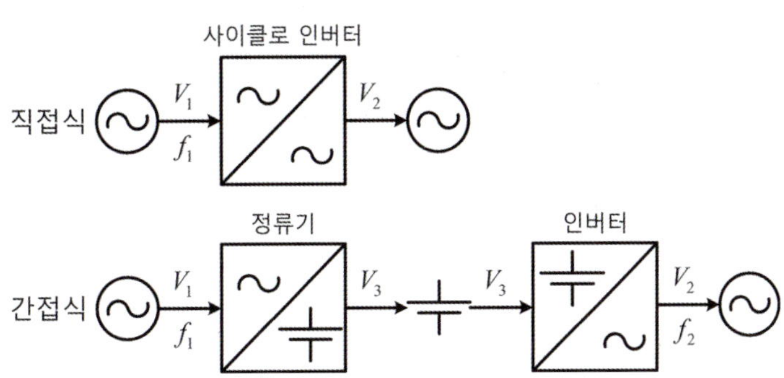

그림 6.78 AC-AC컨버터의 종류

직접적으로 AC를 AC로 변환하는 컨버터는 전압과 주파수의 변환 가능여부와 상수에 따라 표 6.7과 같이 분류할 수 있다. 위상제어 AC-AC 컨버터는 위상제어를 통하여 전압의 크기를 조절하는 AC-DC 컨버터의 위상제어 개념과 같다. 위상제어 AC-AC 컨버터는 주파수를 제어할 수 없으므로 변압기와 같은 역할을 하며 순시적으로 변압을 할 수 있다는 장점을 갖는다. 또한 교류 쵸퍼는 AC-DC 컨버터의 쵸퍼와 회로의 구성이나 개념이 같으며 위상제어 AC-AC 컨버터에 비해서 고조파가 작고 주파수의 제어가 불가능하다. 반면 사이클로 컨버터는 크기와 주파수 모두 제어가 가능하지만 주파수 제어는 입력전원의 주파수보다 크게 제어를 할 수 없고 주파수를 작게 할 수는 있다. 사이클로 컨버터를 대용량에 응용하면 캐패시터와 인덕터를 필요로 하지 않기 때문에 가격적인 면과 크기면에서 장점을 가지므로 저속 교류전동기의 구동에 많이 사용된다.

그림 6.79는 사이클로 컨버터의 종류와 각각의 기본회로를 나타내고 있다. 그림에서와 같이 단상교류전원으로부터 주파수와 크기를 제어하여 원하는 단상교류를 출력할 수 있다. 또한 3상의 교류입력으로부터 원하는 단상의 교류를 출력하는 방식은 3펄스 방식과 6펄스 방식이 있으며 3펄스 방식에 비해서 6펄스 방식이 고조파가 적다. 3상-3상 사이클로 컨버터는 그림 6.79(d)와 같이 3상-단상 사이클로 컨버터 3개로 구성된다.

사이클로 컨버터 중에서 가장 간단한 형태는 단상-단상 사이클로 컨버터로써 그림 6.80과 같은 기본회로에서 P컨버터는 정방향(+) 방향의 정류회로로 동작하고 N형 컨버터는 역방향(-)의 정류회로로 동작한다. 전력전자의 기초에서 다룬바와 같이 P형 컨버터는 양의 극성을 발생시키는 컨버터로 작용하고 T_1, T_4가 스위칭 되면 전원전압과 같은 극성으로 출력하고 T_2, T_3가 출력되면 전원전압과 반대 극성으로 출력을 하게 된다. 반대로 N형 컨버터는 음의 극성을 발생시키고 T_1', T_4'가 스위칭 되면 전원전압과 같은 극성으로 출력하고 T_2', T_3'가 출력되면 전원전압과 반대 극성으로 출력전압을 발생시킨다.

표 6.7 AC-AC 컨버터 분류

분류 1	분류 2		비고
위상제어 AC-AC 컨버터	단상		크기 제어 가능 주파수 제어 불가
	3상		
교류 쵸퍼	단상		크기 제어 가능 주파수 제어 불가 Buck 컨버터와 동일한 회로
	3상		
사이클로 컨버터	단상-단상		크기와 주파수 조절 가능 높은 주파수로 변환은 불가 대용량의 저속 교류전동기 구동에 주로 사용됨
	3상-단상	3 펄스식	
		6 펄스식	
	3상-3상		

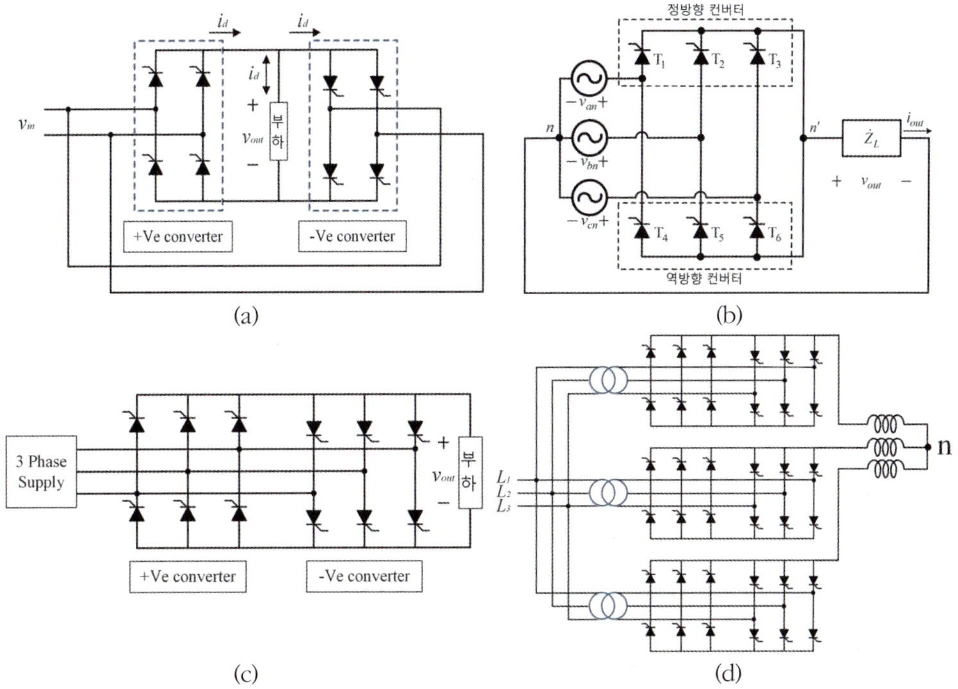

그림 6.79 사이클로 컨버터의 종류
(a)단상-단상 (b)삼상-단상(3펄스식) (c)삼상-단상(6펄스식) (d)삼상-삼상

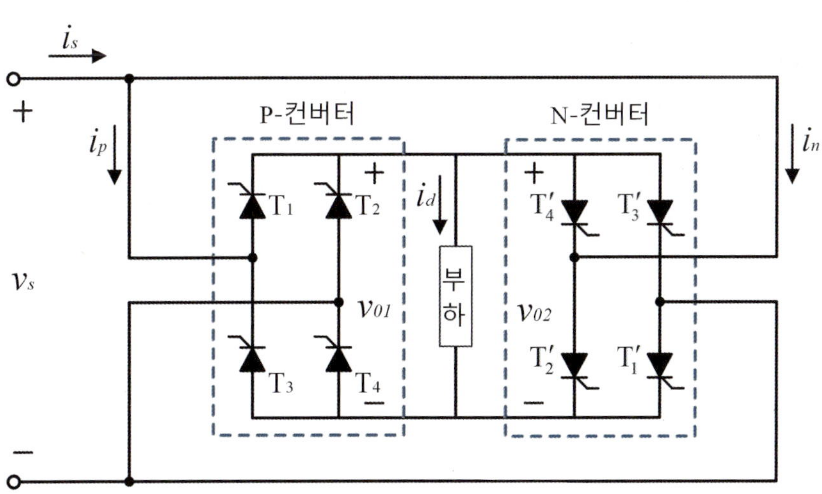

그림 6.80 단상 사이클로 컨버터의 기본회로

이러한 원리를 사용하여 가변 주파수의 전류를 발생시키는 것을 그림 6.81에서 나타내고 있다. 그림 6.81는 v_{in}에 비해서 주파수가 1/3인 전압 v_{out}을 발생시키는 원리를 나타내고 있다. 지령전압이 양일 때는 P형 컨버터를 이용하여 양의 방향으로 정류하고 지령전압이 음일 때는 N형 컨버터를 사용하여 음의 방향으로 정류함으로써 원하는 교류의 주파수를 얻을 수 있다. 또한 그림 6.81(d)에서와 같이 위상각 α을 조절함으로써 고조파를 줄일 수 있다.

그림 6.82은 3상-단상 6펄스식 사이클로 컨버터의 기본 회로를 나타내고 있다. 단상-단상 사이클로 컨버터와 마찬가지로 P형의 3상 전파 위상제어 정류회로와 N형의 3상 전파 위상제어 정류회로를 가지고 있다. T_1, T_2, ..., T_6를 정방향 컨버터라고하고 T_7, T_8, ..., T_{12}

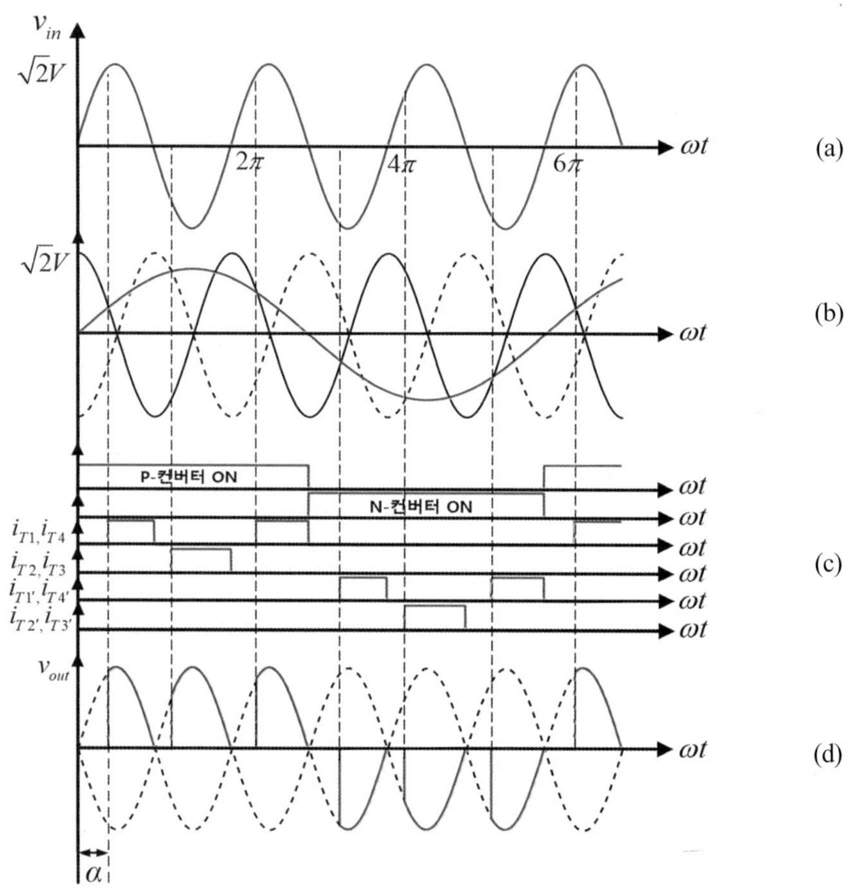

그림 6.81 사이클로 컨버터 출력 파형
(a) 입력전압 (b) 지령전압 (c) 스위칭 순서 (d) 출력전압 v_{out}

를 역방향 컨버터라고 한다. 부하 $\dot{Z}_L$는 두 개의 컨버터 접속 모선 사이에 연결하여 60° 마다 통전하므로 6펄스식이라고 한다.

동작특성은 단상-단상 사이클로 컨버터와 동일하게 지령전압이 양의 극성일 때는 P형 컨버터에 의해 정류를 하고 지령전압이 음의 극성을 가질 때는 N형 컨버터를 이용하여 정류함으로써 교류를 발생시킨다. 그림 6.83은 주파수를 1/6배로 감소시키기 위한 삼상-단상 6펄스 사이클로 컨버터의 출력파형 제어의 예를 나타내고 있다. 그림 6.83에서는 지령전압이 양일 때를 나타내고 있으므로 P형 컨버터가 동작하는 영역을 나타내고 있다. 여기서 출력전압을 보다 정현적으로 출력하기 위해서 지령전압의 크기가 커질수록 점호 위상각을 줄이게 되면 고조파를 줄일 수 있고 그림 6.83(b)와 같이 $\alpha_1 \le \alpha_2 \le \alpha_3 \le \alpha_4$ 으로 제어하면 된다. 이와 같이 스위칭하게 되면 출력전압 v_{out}은 그림 6.83(b)와 같은 전압이 되어 주파수가 $\frac{1}{6}$로 줄어든다 또한 부하에 큰 인덕턴스 성분을 가지고 있으면 출력전류는 그림 6.83(c)와 같이 정현적인 전류가 된다.

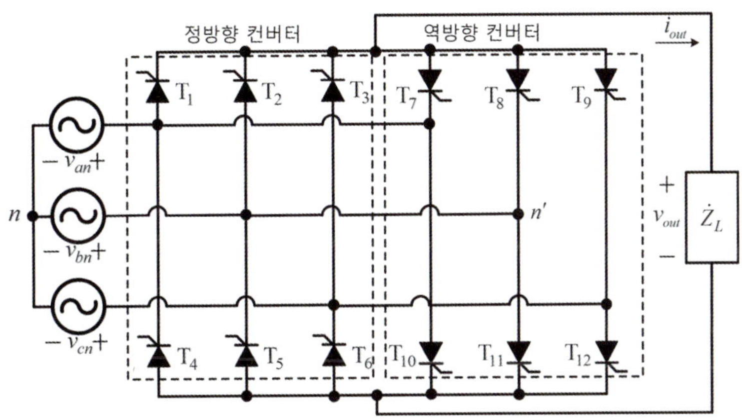

그림 6.82 6펄스식 사이클로 컨버터 회로

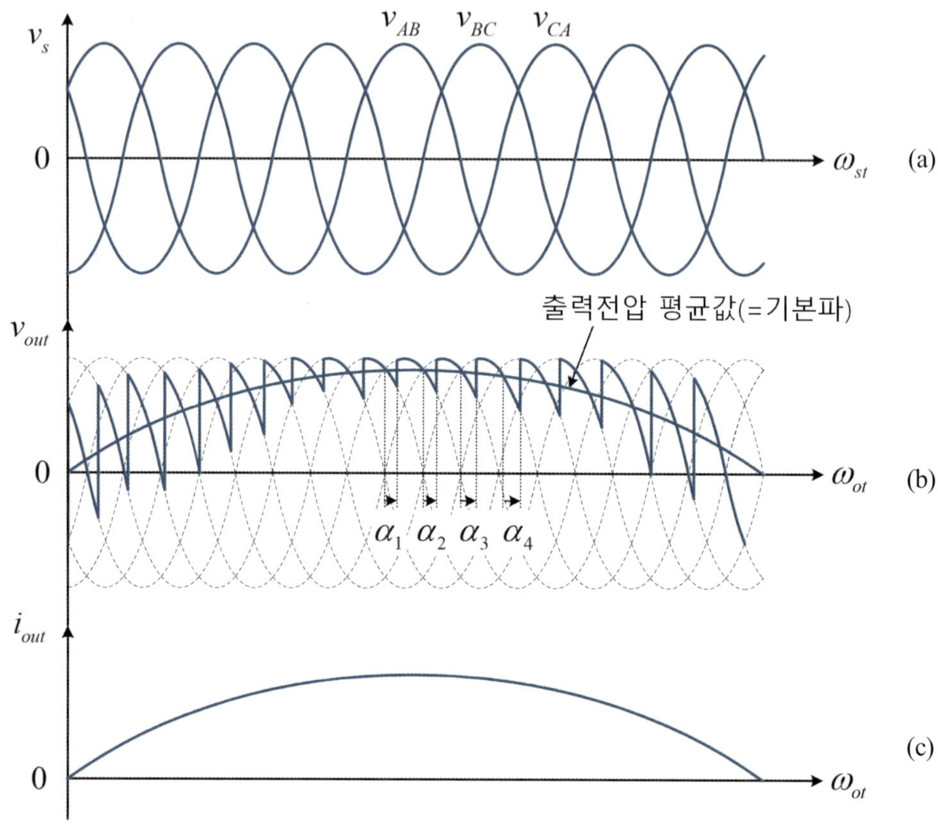

그림 6.83 6펄스식 삼상-단상 사이클로 컨버터 출력 파형 ($f_s = 60$ Hz, $f_o = 10$ Hz)
(a) 입력전압 (b) 출력전압 v_{out} (c) 출력전류 i_{out}

▸▸ 기호정리 ◂◂

기호	의미	기호	의미
A	애노드	i_A	Anode의 전류
α	제어 지연각	i_B	베이스의 전류
α_h	홀딩각도	i_C	컬렉터의 전류
α_N	역방향 위상제어지연각	i_G	게이트의 전류
α_P	정방향 위상제어지연각	i_L	인덕터전류
B	베이스	i_{in}	교류입력전류
β	도통각	i_{out}	교류출력전류
β_N	선행각도	i_s	내부전류
C	커패시터	K	캐소드
C	컬렉터	L	인덕터
D	다이오드	L_l	누설인덕턴스
D	듀티비	L_s	평활인덕터
D	드레인	m	변조비
E	에미터	n	중성점
e_a, e_b, e_c	3상의 역기전력	T	스위칭소자
G	게이트	Q_{rr}	역방향 회복 전하량
I_C	컬렉터 도통전류	R	저항
I_H	홀딩전류	S	소스
I_{in}	직류입력전류	T	사이리스터
$I_{\max}$	최대전류	t_{ON}	스위치 온 시간
$I_{\min}$	최소전류	t_{rr}	역방향 회복시간
I_{out}	인덕터에 의한 직류출력 전류	T_s	주기
I_o	실효전류	V*	공간벡터 지령
I_{rrm}	역방향전류의 최대치	$V_{1,6-\mathrm{step}}$	6-Step 구동시 기본파 성분의 크기
i_a, i_b, i_c	3상의 전류	V_{BF}	정방향 항복전압

기호	의미	기호	의미
V_{BR}	역방향 항복전압	v_{GE}	게이트와 에미터 사이의 전압
V_c	커패시터 전압	v_{GS}	게이트와 소스 사이의 전압
V_N	역방향 컨버터의 평균출력전압	v_{Nn}	N점의 전위
V_P	정방향 컨버터의 평균출력전압	v_{Pn}	P점의 전위
V_{TH}	문턱전압	v_X, v_Y	비교파
V_{dc}	DC 링크전압	v_{a0}, v_{b0}, v_{c0}	3상의 폴전압
V_{emf}	역기전력성분	v_{DS}	드레인과 소스 사이의 전압
V_{in}	직류입력전압의 크기	v_{ab}, v_{bc}, v_{ca}	3상의 선간전압
V_m	전압의 최대치	v_{an}, v_{bn}, v_{cn}	3상의 부하 상전압
V_{out}	평균출력전압	v_{in}	교류입력전압
V_r	지령전압	v_{n0}	중성점 전압
v_{AK}	A핀과 K핀 사이에 걸리는 전압	v_{out}	교류출력전압
v_{CE}	컬렉터와 에미터 사이의 전압	u	중복각
i_D	드레인전류	$\dot{Z}_L$	부하임피던스

부록

Appendix

A.1 삼각함수 공식 및 단위계, 물질상수

1. 삼각함수 공식

1.1 기본 항등식

$$\sin^2\alpha + \cos^2\alpha = 1$$

$$\tan\alpha \cdot \cot\alpha = 1$$

$$1 + \tan^2\alpha = \frac{1}{\cos^2\alpha}$$

$$1 + \cot^2\alpha = \frac{1}{\sin^2\alpha}$$

1.2 각도의 합과 차

$$\sin(\alpha \pm \beta) = \sin\alpha \cdot \cos\beta \pm \cos\alpha \cdot \sin\beta$$

$$\cos(\alpha \pm \beta) = \cos\alpha \cdot \cos\beta \mp \sin\alpha \cdot \sin\beta$$

$$\tan(\alpha \pm \beta) = \frac{\tan\alpha \pm \tan\beta}{1 \mp \tan\alpha \cdot \tan\beta}$$

$$\cot(\alpha \pm \beta) = \frac{\cot\alpha \cdot \cot\beta \mp 1}{\pm \cot\alpha + \cot\beta}$$

1.3 함수의 합과 차

$$\sin\alpha + \sin\beta = 2 \cdot \sin\frac{\alpha+\beta}{2} \cdot \cos\frac{\alpha-\beta}{2}$$

$$\sin\alpha - \sin\beta = 2 \cdot \cos\frac{\alpha+\beta}{2} \cdot \sin\frac{\alpha-\beta}{2}$$

$$\cos\alpha + \cos\beta = 2 \cdot \cos\frac{\alpha+\beta}{2} \cdot \cos\frac{\alpha-\beta}{2}$$

$$\cos\alpha - \cos\beta = -2 \cdot \sin\frac{\alpha+\beta}{2} \cdot \sin\frac{\alpha-\beta}{2}$$

$$\tan\alpha \pm \tan\beta = \frac{\sin(\alpha \pm \beta)}{\cos\alpha \cdot \cos\beta}$$

$$\cot\alpha \pm \cot\beta = \frac{\sin(\beta \pm \alpha)}{\sin\alpha \cdot \sin\beta}$$

$$\sin\alpha \cdot \cos\beta = \frac{1}{2}\sin(\alpha+\beta) + \frac{1}{2}\sin(\alpha-\beta)$$

$$\cos\alpha \cdot \sin\beta = \frac{1}{2}\sin(\alpha+\beta) - \frac{1}{2}\sin(\alpha-\beta)$$

$$\cos\alpha \cdot \cos\beta = \frac{1}{2}\cos(\alpha+\beta) + \frac{1}{2}\cos(\alpha-\beta)$$

$$\sin\alpha \cdot \sin\beta = -\frac{1}{2}\cos(\alpha+\beta) + \frac{1}{2}\cos(\alpha-\beta)$$

$$\tan\alpha \cdot \tan\beta = \frac{\tan\alpha + \tan\beta}{\cot\alpha + \cot\beta} = -\frac{\tan\alpha - \tan\beta}{\cot\alpha - \cot\beta}$$

$$\cot\alpha \cdot \cot\beta = \frac{\cot\alpha + \cot\beta}{\tan\alpha + \tan\beta} = -\frac{\cot\alpha - \cot\beta}{\tan\alpha - \tan\beta}$$

$$\cot\alpha \cdot \tan\beta = \frac{\cot\alpha + \tan\beta}{\tan\alpha + \cot\beta} = -\frac{\cot\alpha - \tan\beta}{\tan\alpha - \cot\beta}$$

1.4 동일 주파수의 정현함수의 합

$$a\sin(\omega t + \phi_1) + b\cos(\omega t + \phi_2) = \sqrt{c^2 + d^2} \cdot \sin(\omega t + \phi)$$

$$c = a\sin\phi_1 + b\cos\phi_2$$

$$d = a\cos\phi_1 - b\sin\phi_2$$

$\phi = \arctan\frac{c}{d}$, $\phi = \arcsin\frac{c}{\sqrt{c^2 + d^2}}$: 두 값을 모두 만족해야함

1.5 예각, 배각, 반각공식

$\sin\alpha =$	$\cos\alpha =$	$\tan\alpha =$	$\cot\alpha =$
$\cos(90° - \alpha)$	$\sin(90° - \alpha)$	$\cot(90° - \alpha)$	$\tan(90° - \alpha)$
$\sqrt{1 - \cos^2\alpha}$	$\sqrt{1 - \sin^2\alpha}$	$\frac{1}{\cot\alpha}$	$\frac{1}{\tan\alpha}$
$2\sin\frac{\alpha}{2}cos\frac{\alpha}{2}$	$\cos^2\frac{\alpha}{2} - \sin^2\frac{\alpha}{2}$	$\frac{\sin\alpha}{\cos\alpha}$	$\frac{\cos\alpha}{\sin\alpha}$
$\frac{\tan\alpha}{\sqrt{1+\tan^2\alpha}}$	$\frac{\cot\alpha}{\sqrt{1+\cot^2\alpha}}$	$\frac{\sin\alpha}{\sqrt{1-\sin^2\alpha}}$	$\frac{\cos\alpha}{\sqrt{1-\cos^2\alpha}}$
$\sqrt{\cos^2\alpha - \cos 2\alpha}$	$1 - 2\sin^2\frac{\alpha}{2}$	$\sqrt{\frac{1}{\cos^2\alpha} - 1}$	$\sqrt{\frac{1}{\sin^2\alpha} - 1}$

〈계속〉

$\sin\alpha =$	$\cos\alpha =$	$\tan\alpha =$	$\cot\alpha =$
$\sqrt{\frac{1-\cos 2\alpha}{2}}$	$\sqrt{\frac{1+\cos 2\alpha}{2}}$	$\frac{\sqrt{1-\cos^2\alpha}}{\cos\alpha}$	$\frac{\sqrt{1-\sin^2\alpha}}{\sin\alpha}$
$\frac{1}{\sqrt{1+\cot^2\alpha}}$	$\frac{1}{\sqrt{1+\tan^2\alpha}}$		
$\frac{2\tan\frac{\alpha}{2}}{1+\tan^2\frac{\alpha}{2}}$	$\frac{1-\tan^2\frac{\alpha}{2}}{1+\tan^2\frac{\alpha}{2}}$	$\frac{2\tan\frac{\alpha}{2}}{1-\tan^2\frac{\alpha}{2}}$	$\frac{\cot^2\frac{\alpha}{2}-1}{2\cot\frac{\alpha}{2}}$
$\sin 2\alpha =$	$\cos 2\alpha =$	$\tan 2\alpha =$	$\cot 2\alpha =$
$2\sin\alpha\cos\alpha$	$\cos^2\alpha - \sin^2\alpha$	$\frac{2\tan\alpha}{1-\tan^2\alpha}$	$\frac{\cot^2\alpha - 1}{2\cot\alpha}$
	$2\cos^2\alpha - 1$	$\frac{2}{\cot\alpha - \tan\alpha}$	$\frac{1}{2}\cot\alpha - \frac{1}{2}\tan\alpha$
	$1-2\sin^2\alpha$		
$\sin\frac{\alpha}{2} =$	$\cos\frac{\alpha}{2} =$	$\tan\frac{\alpha}{2} =$	$\cot\frac{\alpha}{2} =$
$\sqrt{\frac{1-\cos\alpha}{2}}$	$\sqrt{\frac{1+\cos\alpha}{2}}$	$\frac{\sin\alpha}{1+\cos\alpha}$	$\frac{\sin\alpha}{1-\cos\alpha}$
		$\frac{1-\cos\alpha}{\sin\alpha}$	$\frac{1+\cos\alpha}{\sin\alpha}$
		$\sqrt{\frac{1-\cos\alpha}{1+\cos\alpha}}$	$\sqrt{\frac{1+\cos\alpha}{1-\cos\alpha}}$

2. 단위계

2.1 국제단위계에서 전기량 및 자기량의 용어와 단위

기호	이름		단위	약어
ν	속도	Velocity	meter/second	m/s
F	힘	Force	newton	N
Q	전하	Charge	coulomb	C
r, R	거리	Distance	meter	m
ϵ_0, ϵ	유전율	Permittivity	farad/meter	F/m

〈계속〉

기호	이름		단위	약어
E	전계 강도	Electric field intensity	volt/meter	V/m
ρ_v	체적 전하 밀도	Volume charge density	coulomb/meter^3	C/m^3
v	체적	Volume	meter^3	m^3
ρ_L	선 전하 밀도	Linear charge density	coulomb/meter	C/m
ρ_S	면 전하 밀도	Surface charge density	coulomb/meter^2	C/m^2
Ψ	전속	Electric flux	coulomb	C
D	전속 밀도	Electric flux density	coulomb/meter^2	C/m^2
S	면적	Area	meter^2	m^2
W	일, 에너지	Work, energy	joule	J
L	길이	Length	meter	m
V	포텐셜	Potential	volt	V
p	쌍극자 모멘트	Dipole moment	coulomb-meter	C · m
I	전류	Current	ampere	A
J	전류 밀도	Current density	ampere/meter^2	A/m^2
μ_e, μ_h	유동성	Mobility	meter^2/volt-second	m^2/V · s
e	전자전하	Electronic charge	coulomb	C
σ	도전율	Conductivity	siemens/meter	S/m
R	저항	Resistance	ohm	Ω
P	분극	Polarization	coulomb/meter^2	C/m^2
$\chi_{e,m}$	자화율	Susceptibility		
C	캐패시턴스	Capacitance	farad	F
R_s	표면 저항	Sheet resistance	ohm per square	Ω
H	자계 강도	Magnetic field intensity	ampere/meter	A/m
K	면전류 밀도	Surface current density	ampere/meter	A/m
B	자속 밀도	Magnetic flux density	tesla(weber/meter^2)	T(Wb/m^2)
μ_0, μ	투자율	Permeability	henry/meter	H/m
ϕ	자속	Magnetic flux	weber	Wb

〈계속〉

기호	이름		단위	약어
V_m	자기 스칼라 포텐셜	Magnetic scalar potential	ampere	A
A	벡터 자기 포텐셜	Magnetic vector potential	weber/meter	Wb/m
T	토크	Torque	newton-meter	N · m
m	자기 모멘트	Magnetic moment	ampere-meter^2	A · m^2
M	자화	Magnetization	ampere/meter	A/m
R_m	자기저항	Reluctance	ampere-turn/weber	A · t/Wb
L	인덕턴스	Inductance	henry	H
M	상호 인덕턴스	Mutual inductance	henry	H
ω	각주파수	Radian frequency	radian/second	rad/s
c	광속도	Velocity of light	meter/second	m/s
λ	파장	Wavelength	meter	m
η	고유 임피던스	Intrinsic impedance	ohm	Ω
α	감쇠 상수	Attenuation constant	neper/meter	Np/m
β	위상 상수	Phase constant	radian/meter	rad/m
f	주파수	Frequency	hertz	Hz
S	포인팅 벡터	Poynting vector	watt/meter^2	W/m^2
P	전력	Power	watt	W
δ	표피 두께	Skin depth	meter	m
Γ	반사 계수	Reflection coefficient		
s	정재파 비	Standing wave ratio		
γ	전파 상수	Propagation constant	meter^{-1}	m^{-1}
G	컨덕턴스	Conductance	siemen	S
Z	임피던스	Impedance	ohm	Ω
Y	어드미턴스	Admittance	siemen	S
Q	양호도	Quality factor		

2.2 국제단위계에서 가우스 단위계 또는 기타 단위계로의 변환계수

양	MKS 단위	가우스 단위	기타 단위
d	1m	10^2cm	39.37in
F	1N	10^5dyne	$0.2248\,lb_f$
W	1J	10^7erg	$0.7376\,ft-lb_f$
Q	1C	$10c$statC	0.1abC
ρ_v	$1C/m^3$	$10^{-5}c\,statC/cm^3$	$10^{-7}abC/cm^3$
D	$1C/m^2$	$4\pi 10^{-3}c$(esu)	$4\pi 10^{-5}$(emu)
E	1V/m	$10^4/c$statV/cm	10^6abV/cm
V	1V	10^6cstatV	10^8abV
I	1A	0.1abA	$10c$ statA
H	1A/m	$4\pi 10^{-3}$oersted	$0.4\pi c$(esu)
V_m	1A · t	0.4π gilbert	$40\pi c$(esu)
B	1T	10^4gauss	$100/c$(esu)
ϕ	1Wb	10^8maxwell	$10^6/c$(esu)
A	1Wb/m	10^6maxwell/cm	
R	1Ω	$10^9ab\Omega$	$10^5/c^2stat\Omega$
L	1H	10^9abH	$10^5/c^2$statH
C	1F	$10^{-5}c^2$ statF	10^{-9}abF
σ	1S/m	10^{-11}abS/cm	$10^{-7}c^2$statS/cm
μ	1H/m	$10^7/4\pi$(emu)	$10^3/4\pi c^2$(esu)
ϵ	1F/m	$4\pi 10^{-7}c^2$(esu)	$4\pi 10^{-11}$(emu)

2.3 국제단위계에서 사용하는 접두어

접두어	약어	의미	접두어	약어	의미
atto−	a−	10^{-18}	deca−	da−	10^{1}
femto−	f−	10^{-15}	hecto−	h−	10^{2}
pico−	p−	10^{-12}	kilo−	k−	10^{3}
nano−	n−	10^{-9}	mega−	M−	10^{6}
micro−	μ−	10^{-6}	giga−	G−	10^{9}
milli−	m−	10^{-3}	tera−	T−	10^{12}
centi−	c−	10^{-2}	peta−	P−	10^{15}
deci−	d−	10^{-1}	exa−	E−	10^{18}

3. 물질상수

3.1 비유전율 $\epsilon_r{}'$과 전손실 ϵ''/ϵ'

물질	$\epsilon_r{}'$	ϵ''/ϵ'
공기	1.0005	
알코올, 에틸	25	0.1
산화알루미늄	8.8	0.0006
호박	2.7	0.002
베이클라이트	4.74	0.022
티이타늄산바륨	1200	0.013
이산화탄소	1.001	
페라이트(NiZn)	12.4	0.00025
게르마늄	16	
유리	4−7	0.002
얼음	4.2	0.05
운모	5.4	0.0006
네오프렌	6.6	0.011
나일론	3.5	0.02

〈계속〉

물질	ϵ_r'	ϵ''/ϵ'
종이	3	0.008
플렉시 유리	3.45	0.03
폴리에틸렌	2.26	0.0002
폴리프로필렌	2.25	0.0003
폴리스티렌	2.56	0.00005
포슬린 (dry process)	6	0.014
피라놀	4.4	0.0005
파이렉스 유리	4	0.0006
수정	3.8	0.00075
고무	2.5 − 3	0.002
실리카 또는 SiO_2	3.8	0.00075
실리콘	11.8	
눈	3.3	0.5
염화나트륨	5.9	0.0001
흙 (건조)	2.8	0.05
동석	5.8	0.003
스티로폼	1.03	0.0001
테프론	2.1	0.0003
산화타이타늄	100	0.0015
증류수	80	0.04
바닷물		4
탈수된 물	1	0
분말수	1.5 − 4	0.01

3.2 도전율 σ

물질	σ, S/m	물질	σ, S/m
은	6.17×10^{7}	흑연	7×10^{4}
동	5.80×10^{7}	실리콘	2300
금	4.10×10^{7}	페라이트 (typical)	100
알루미늄	3.82×10^{7}	바닷물	5
텅스텐	1.82×10^{7}	석화암	10^{-2}
아연	1.67×10^{7}	점토	5×10^{-3}
황동	1.5×10^{7}	담수	10^{-3}
니켈	1.45×10^{7}	증류수	10^{-4}
철	1.03×10^{7}	모래	10^{-5}
청동	1×10^{7}	화강암	10^{-6}
납	0.7×10^{7}	대리석	10^{-8}
탄소강	0.6×10^{7}	베이클라이트	10^{-9}
양은	0.3×10^{7}	포슬린 (dry process)	10^{-10}
망가닌	0.227×10^{7}	다이아몬드	2×10^{-13}
콘스탄탄	0.226×10^{7}	폴리스티렌	10^{-16}
게르마늄	0.22×10^{7}	수정	10^{-17}
스테인레스강	0.11×10^{7}		
니크롬	0.1×10^{7}		

3.3 비투자율 μ_r

물질	μ_r	물질	μ_r
비스무트	0.9999986	분말철	100
파라핀	0.99999942	기기철	300
나무	0.9999995	페라이트 (typical)	1000
은	0.99999981	퍼멀로이 45	2500
알루미늄	1.00000065	변압기강판	3000
베릴륨	1.00000079	규소강판	3500
염화니켈	1.00004	순철	4000
황산망간	1.0001	뮤메탈	20000
니켈	50	센더스트	30000
주철	60	슈퍼멀로이	100000
코발트	60		

3.4 물리량 상수

전자의 전하량	$e = (1.60217733 \pm 0.00000046) \times 10^{-19}\,\mathrm{C}$
전자의 질량	$m = (9.1093897 \pm 0.0000054) \times 10^{-31}\,\mathrm{kg}$
자유공간의 유전율	$\epsilon_0 = 8.854187817 \times 10^{-12}\,\mathrm{F/m}$
자유공간의 투자율	$\mu_0 = 4\pi \times 10^{-7}\,\mathrm{H/m}$
빛의 속도	$c = 2.99792458 \times 10^8\,\mathrm{m/s}$

▸▸ 참고문헌 ◂◂

[1] A.E. Fitzgerald, et al., Electric Machinery, 2nd ed: Tata McGraw-Hill, 2002.

[2] Bimal K. Bose, "Power Electronics and Motor Drives", Academic press, 2006.

[3] Bimal K. Bose, Modern Power Electronics and AC Drives: Prentice Hall PTR, 2002.

[4] C. G. Veinott, Theory and design of small induction motors. New York,: McGraw–Hill, 1959.

[5] D. C. Hanselman, Brushless permanent-magnet motor design. McGraw–Hill, 1994.

[6] D. C. Hanselman, Brushless permanent magnet motor design, 2nd ed. Cranston, R.I.: The Writers' Collective, 2003.

[7] E. S. Hamdi, Design of small electrical machines. Chichester ; New York: Wiley, 1994.

[8] Frede Blaabjerg, Control of Power Electronic converters and systems: Academic Press, 2018.

[9] G. R. Slemon and A. Straughen, Electric machines: Addison Wesley Publishing Company, 1980.

[10] I. Boldea and S. A. Nasar, The induction machines design handbook, 2nd ed. New York: Taylor & Francis, 2010.

[11] I. Husain, Electric and hybrid vehicles : design fundamentals. Boca Raton, Fla.: CRC Press, 2003.

[12] J. R. Hendershot JR and T. J. E. Miller, Design of brushless permanent-magnet motors. Hillsboro, OH: Oxford: Magna Physics Pub. ;Clarendon Press, 1994.

[13] Jan A. Melkebeek, Electrical Machines and Drives: Springer, 2018

[14] Jimmie J. Cathey, "Electric Machines", McGraw–Hill, 2001.

[15] Ned Mohan, Power Electronics: Media Enhanced Third Edition, Wiley, 2003.

[16] M. S. Sarma, Electric machines: West Pub. Co., 1992.

[17] R. Krishnan, "Electric Motor Drives", Modeling, Analysis, And Control, Prentice Hall, 2001.

[18] Raymond A. Decarlo, et al., "Linear Circuit Analysis", OXFORD, 2001.

[19] S. J. Chapman, "Electric Machinery Fundamentals," New York, 2004.

[20] W. H. Yeadon and A. W. Yeadon, Handbook of small electric motors. New York: McGraw–Hill, 2001.

[21] William H. Hayt, Jr. John A. Buck, "Engineering Electromagnetics", McGraw–Hill, 2007.

[22] William H. Hayt, et al., "Engineering Circuit Analysis", McGraw–Hill, 2008.

[23] 穴山　武、エネルギー変換工學基礎論、丸善株式會社、1977.

[24] 柴田岩夫と三澤　茂、エネルギー変換工學、森北出版株式會社、1992.

[25] 竹內壽太郎、新版電氣機器設計學、オー　ム社、1961.

[26] 竹生修己、パワーエレクトロニクス回路、オーム社、2009.

[27] 多田隈　進と石川芳博と常廣　譲、電氣機器學基礎論、電氣學會、2007.

[28] 多田隈　進、電氣機器工學Ⅱ「2版改訂」、電氣學會、2008.

[29] 年野治文、電氣機器工學Ⅱ改訂版、電氣學會、1997.

[30] 野中作太郎、電氣機器(I)、森北出版株式會社、1986.

[31] 野中作太郎、電氣機器(Ⅱ)、森北出版株式會社、1983.

[32] 廣瀨敬一と炭谷英夫、電氣設計概論「4版改訂」、電氣學會、2007.

[33] 松瀨貢規、電動機制御工學、電氣學會、2007.

[34] 宮入庄太、電氣·機械エネルギー変換工學、大學工學、1976.

[35] 김상훈, "DC AC BLDC 모터제어", 복두출판사, 2010.

[36] 설승기, "전기기기 제어론", 홍릉과학출판사, 2007.

[37] 임달호, 전기계의 유한요소법, 동명사, 1986.

[38] 한양대학교 에너지변환연구실 譯, 매입자석 동기모터의 설계 및 제어, 교보문고, 2007.

[39] R. Ramarathnam and B. Desai, "Optimization Of Polyphase Induction Motor Design: A Nonlinear Programming Approach," Power Apparatus and Systems, IEEE Transactions on, pp. 570-578, 1971.

[40] 전연도, et al., "고효율 유도전동기 최저효율제 기술동향," 전력전자학회지 vol. 11, p. 32~39, 2006.

[41] 한필완, et al., "프리미엄급 고효율 유도전동기 기술동향," 전력전자학회지 vol. 11, p. 27~31, 2006.

[42] 김솔, "동기형 릴럭턴스 전동기의 단순구조형 센서리스 제어에 관한 연구", 박사학위논문, 한양대학교 대학원, 서울, 2004.

[43] 이갑재, "HEV용 영구자석 매입형 동기전동기의 설계에 관한 연구," 박사학위논문, 한양대학교 대학원, 서울, 2004.

[44] 안준선, "저전압 대전류 동기형 릴럭턴스 전동기의 약계자 제어", 박사학위논문, 한양대학교 대학원, 서울, 2006.

[45] 김기찬, "EV/HEV용 매입형 영구자석 동기전동기의 최적 설계 및 제어 특성 연구,"박사학위논문, 한양대학교 대학원, 서울, 2008.

[46] 김승주, "저전압 대전류 매입형 영구자석 동기전동기의 뉴튼-랩슨법을 이용한 약계자 제어", 박사학위논문, 한양대학교 대학원, 서울, 2010.

[47] 배재남, "비장하 자동 선정을 통한 영구자석 동기전동기의 설계기법에 관한 연구," 박

사학위논문, 한양대학교 대학원, 서울, 2010.

[48] 김광수, "유도전동기의 MEPS에 부합하는 고효율화 설계 기법 도출 및 실증연구", 박사학위논문, 한양대학교 대학원, 서울, 2011.

[49] 진창성, "견인용 BLDC 구동 전동기 설계 및 제어 성능 향상에 관한 연구", 박사학위논문, 한양대학교 대학원, 서울, 2011.

▸▸ 찾아보기 ◂◂

(숫자)

(A)

(B)

(C)

(D)

(F)

(H)

(I)

(N)

(M)

(P)

(T)

(V)

(ㄱ)

(ㄴ)

(ㄷ)

(ㄹ)

(ㅁ)

(ㅂ)

(ㅅ)

(ㅇ)

(ㅈ)

(ㅊ)

(ㅌ)

(ㅍ)

(ㅎ)

▸▸ 전기기기용어 ◂◂

(숫자)

120-degree conduction method	120도 통전 방식
180-degree conduction method	180도 통전 방식
4-quadrant chopper	4상한 초퍼
6-step operation	6-스텝 운전

(A)

AC-AC converter	AC-AC 컨버터
AC chopper	교류 초퍼
AC-DC converter	AC-DC 컨버터
AC electromagnet	교류 전자석
AC motor	교류전동기
AC steady state	교류정상상태
AC steady state analysis	교류정상해석
active element	능동소자
adjustable speed control	가변속 제어
air gap	공극
air gap flux	공극자속
alternating current controller	교류제어기
alternating magnetic field	교번자계
Ampere's circuital law	암페어의 주회법칙
amplitude modulation ratio	진폭 변조비
analog controller	아날로그 제어기
angle of phase control	위상각 제어
apparent electric power	피상전력
approximate equivalent circuit	간이 등가회로
armature	전기자
armature core	전기자 철심
armature flux	전기자 자속
armature reaction	전기자 반작용
armature reaction flux	전기자 반작용 자속

armature reaction reactance	전기자 반작용 리액턴스
armature slot	전기자 슬롯
armature winding	전기자 권선
average power	평균전력
average torque	평균토크

(B)

back electromotive force	역기전력
back electromotive force constant	역기전력상수
balanced current	평형전류
balanced load	평형부하
balanced state	평형상태
balanced three phase circuit	평형 3상회로
balanced three phase source	평형 3상 전원
bandwidth	대역폭
base point	기준점
base speed	기저속도
bipolar junction transistor	BJT
bipolar method	바이폴라 방식
BLAC motor	브러시리스 교류 전동기
BLDC motor	브러시리스 직류 전동기
block diagram	블록선도
boost converter	승압형 컨버터
boost voltage	Boost 전압
breakdown voltage	항복전압
brushed DC electric machine	브러시형 직류기
brushless motor	브러시리스전동기
Buck converter	강압형 컨버터
Buck–Boost converter	Buck–Boost 컨버터

(C)

capacitance	커패시턴스
carrier wave	반송파
characteristic area	특성영역
chopper	쵸퍼
chopping	쵸핑
circuit analysis	회로해석
circuit constant	회로정수
closed loop control	폐루프 제어
coercivity	보자력
conductance	컨덕턴스
conduction	도통
conductivity	도전율
conductor	도체
constant horsepower range	정출력 영역
constant power load	정출력 부하
constant speed control	일정 속도제어
constant torque control	정토크 제어
constant torque load	정토크 부하
constant torque region	정토크 영역
coordinate transducer	좌표변환기
core loss or iron loss	철손
critical damping	임계제동
cuk converter	cuk 컨버터
current controller	전류제어기
current limit	전류제한
current model	전류 모델
current reference	지령 전류
current source inverter	전류형 인버터
current vector angle	전류 벡터각
current vector control	전류벡터제어
cutoff frequency	차단주파수
cyclo converter	사이클로 컨버터

(D)

damping bar	댐핑바
damping coefficient	댐핑계수
DC-AC converter	DC-AC 컨버터
DC machine(direct current machine)	직류기
DC-DC converter	DC-DC 컨버터
delay angle	지연각
delay time	지연시간
demagnetization effect	감자현상
dielectric strength	절연 내력
diode	다이오드
direct current controller	직류제어기
direct current generator	직류발전기
direct current motor	직류전동기
direct current steady state analysis	직류정상해석
direct current transient state analysis	직류과도해석
direct vector control	직접벡터제어
disturbance	외란
disturbance torque	외란토크
dq transformation	dq 변환
duty ratio	듀티비
dynamic characteristic	동특성

(E)

effective current	유효전류
effective power	유효전력
efficiency	효율
electric flux density	전속밀도
electric power transfer circuit	전력변환회로
electric power transfer device	전력변환 장치
electrical synchronous speed	전기적 동기속도
electromagnet	전자석
electrostatic field	정전계
equalization capacitor	평활 커패시터
equalization inductor	평활 인덕터

equivalent circuit of induction motor	유도전동기의 등가회로
exciter	여자기
excitation current	여자전류

(F)

Faraday's law	패러데이법칙
ferromagnetic substance	강자성체
field	계자
field control method	계자제어법
field current	계자전류
field magnetic flux	계자자속
field pole	계자극
field weakening	약계자
field weakening control	약계자제어
field winding	계자권선
firing angle	점호각
fixed coordinate system	고정좌표계
fixed speed control	정속제어
Fleming's left hand rule	플레밍의 왼손법칙
Fleming's right hand rule	플레밍의 오른손법칙
flux linkage	쇄교 자속
flyback converter	flyback 컨버터
forward converter	forward 컨버터
four quadrant operation	4상한 운전
friction torque	마찰토크
frequency command	주파수 지령
frequency control	주파수제어
frequency domain	주파수영역
frequency domain analysis	주파수영역해석
full bridge	풀 브리지
full load	전부하
full wave	전파
fundamental wave	기본파

(G)

gain cross angle frequency	이득 교차각 주파수
gate turn off thyristor	GTO
Gauss's law	가우스법칙
governing equations	지배방정식

(H)

half bridge	하프브리지
half wave	반파
hall sensor	홀센서
harmonics	고조파
high speed micro controller	고속 마이크로컨트롤러
holding current	홀딩전류
hysteresis	히스테리시스
hysteresis controller	히스테리시스 컨트롤러
hysteresis loop	히스테리시스 루프
hysteresis loss	히스테리시스 손실
hysteresis regulator	히스테리시스 레귤레이터

(I)

insulated gate bipolar transistor	IGBT
insulated gate-commutated thyristor	IGCT
impulse voltage	임펄스전압
indirect vector control	간접벡터제어
induced electromotive force	유도기전력
inductance	인덕턴스
induction machine	유도기
induction motor	유도전동기
instantaneous power	순시전력
intelligent power module	지능형 전력 모듈
Interior Permanent magnet synchronous motor	매입형 영구자석 동기전동기
inverter	인버터

(L)

lagging power factor	지상 역률
leading power factor	진상 역률
leakage current	누설 전류
leakage design number	누설 계수
leakage flux	누설 자속
leakage inductance	누설 인덕턴스
leakage reactance	누설 리액턴스
leakage reluctance	누설 자기저항
Lenz's law	렌츠의 법칙
line current	선전류
line voltage	선간전압
linear modulation	선형변조
linear time invariant system	선형 시불변 시스템
load	부하
load angle	부하각
load capacity	부하용량
load current	부하전류
load torque	부하토크
low pass filter	저역통과 필터

(M)

magnetic (electric) neutral point	자기적(전기적) 중성점
magnetic alignment torque	자기배열 토크
magnetic circuit	자기회로
magnetic flux density	자속밀도
magnetic flux sensor	자속 센서
magnetic force	마그네틱 힘
magnetic torque	마그네틱 토크
magnetic reactance	자기리액턴스
magnetic resistance	자기저항
magnetic substance	자성체
magnetic torque	마그네틱 토크
magnetization	자화

magnetization inductance	자화인덕턴스
magnetomotive force(mmf)	기자력
maximum torque control	최대 토크 제어
maximum Torque Per Ampere	전류당 최대 토크
maximum Torque Per Voltage	전압당 최대 토크
mechanical neutral point	기계적인 중성점
mechanical output	기계적 출력
mechanical synchronous speed	기계적 동기속도
metal oxide semiconductor field effect transistor	MOSFET
method of symmetrical coordinates for three phase	3상 대칭좌표법
method of symmetrical coordinates for two phase	2상 대칭좌표법
modulation	변조
modulation method	변조방식
muti-level inverter	멀티 레벨 인버터
mutual flux	상호 자속
mutual flux linkage	상호 쇄교자속
mutual inductance	상호 인덕턴스
nyquist stability criterion	나이키스트 안정도 판별법

(N)

neutral point	중성점
nonlinear	비선형
number of poles	극수
numerical analysis	수치해석적 기법
n-type converter	n형 컨버터

(O)

off loss	차단손실
on loss	도통손실
open loop control	개루프 제어
operating point	동작점
operation region	운전영역
over damping	과제동
overmodulation	과변조

(P)

permanent magnet	영구자석
permanent magnet motor	영구자석 전동기
permanent magnet synchronous motor	영구자석 동기전동기
permeability	투자율
permeance	퍼미언스
permittivity	유전율
phase control	위상제어
phase control rectifier circuit	위상제어 정류회로
phase current	상전류
phase margin	위상여유
phase rotation	상회전
phase voltage	상전압
phasor	페이저
phasor analysis	페이저해석
phasor diagram	페이저도
PI controller	PI 제어기
plugging	역상제동
polarity test	극성 시험법
polar voltage	극 전압
pole voltage	폴 전압
position control	위치제어
position control motor	위치제어전동기
power converter	전력변환기
power factor	역률
power factor angle	역률각
power factor compensation	역률보상
power semiconductor	전력용반도체
power transformer	전력용 변압기
p-type converter	p형 컨버터
PWM(pulse width modulation)	펄스폭 변조

(R)

slip angle frequency	슬립각주파수
rated current	정격전류

rated load	정격부하
rated power	정격용량
rated voltage	정격전압
rating	정격
reactance	리액턴스
reactance voltage	리액턴스 전압
reactive power	무효전력
rectifier	정류기
rectifier circuit	정류회로
regenerative region	회생영역
relative permeability	비투자율
relative permeance	비퍼미언스
reluctance	릴럭턴스
reluctance torque	릴럭턴스 토크
residual flux	잔류자속
residual flux density	잔류자속밀도
residual voltage	잔류전압
resistance	저항
resistance control	저항 제어
resistance starting	저항기동
resonance frequency	공진 주파수
response speed	응답속도
rest frame	정지좌표계
reverse converter	역방향 컨버터
reverse response	역방향 응답
reverse saliency	역돌극성
rise time	상승시간
root mean square value(RMS)	실효치
rotating field	회전자계
rotor	회전자

(S)

saliency	돌극성
saliency ratio	돌극비
salient pole difference	돌극차
salient pole synchronous–induction motor	돌극형 권선형 동기전동기

saturation	포화
scalar control	스칼라 제어
search coil	서치코일
self inductance	자기인덕턴스
self magnetic flux	자기자속
semi-spherical wave	준 구형파
separately direct current motor	타여자 직류전동기
series motor	직권전동기
short circuit current	단락전류
short circuit ratio	단락비
short pitch factor	단절계수
single phase	단상
single phase Full-bridge	단상 풀 브리지
single phase Half-bridge	단상 하프 브리지
slip	슬립
slip angular frequency command	슬립각주파수 지령
slip angular velocity	슬립각속도
solar cell	태양전지
space vector PWM	공간벡터 PWM
speed command	속도지령
speed control	속도제어
speed controller	속도제어기
speed current characteristic	속도 전류 특성
speed electromotive force	속도기전력
speed electromotive force vector	속도기전력 벡터
speed torque characteristic	속도 토크 특성
SPMSM(Surface permanent magnet synchronous motor)	표면부착형영구자석동기전동기
SPWM(sinusoidal pulse width modulation)	정현파 PWM
square wave	구형파
starting	기동
starting current	기동전류
starting torque	기동토크
stationary coordinate system	정지좌표계
stator	고정자
steady state	정상상태
steady state analysis method	정상상태해석법
switch	스위치

switching cycle	스위칭 주기
switching frequency	스위칭 주파수
switching technique	스위칭 기법
symmetrical coordinates method	대칭좌표법
synchronous generator	동기발전기
synchronous motor	동기전동기
synchronous reactance	동기리액턴스
synchronous reluctance motor	동기형 릴럭턴스 전동기
synchronous rotation coordinate system	동기회전좌표계
synchronous speed	동기속도
synthetic magnetic flux	합성자속
synthetic magnetic flux vector	합성자속 벡터

(T)

third harmonics	3고조파
third harmonics injected method	3고조파 주입 방식
third harmonics magnetic flux	3고조파 자속
three phase	3상
three phase−two phase transformation	3상−2상 변환
three phase circuit	3상 회로
three phase circuit analysis method	3상 회로 해석법
three phase Full−bridge	3상 풀 브리지
threshold voltage	문턱전압
thyristor	사이리스터
time constant	시정수
time domain	시간영역
time domain analysis	시간영역 해석
time domain response	시간영역 응답
time invariant system	시불변 시스템
time varying field	시변계
torque ripple	토크 리플
torsional factor	비틀림 계수
transfer function	전달함수
transient characteristic	과도특성
transient state	과도상태
Triode for Alternating Current	TRIAC

turns	턴수
turns ratio	권선비
two phase full-bridge	2상 풀 브리지
two phase symmetric transformation	2상 대칭변환

(U)

unipolar method	유니폴라 방식
unity power factor	단위역률

(V)

V/f constant control	V/f 일정제어
variable resistance	가변저항
variable speed	가변속
Variable Voltage and Variable Frequency Inverter	VVVF 인버터
vector control	벡터제어
voltage blocking	전압저지
voltage control	전압제어
voltage control method	전압 제어법
voltage drop	전압강하
voltage equation	전압방정식
voltage fluctuation rate	전압변동률
voltage limit	전압제한
voltage model	전압모델
voltage reference	지령 전압
voltage starting	전압기동
voltage type inverter	전압형 인버터

(W)

winding factor	권선계수

대표저자 Ⅰ 이주 Lee Ju

한양대학교 공과대학 전기공학과를 졸업하고 동대학원에서 공학석사, 1997년 일본 큐슈대학(九州大學)에서 전기전자시스템공학을 전공하여 공학박사 학위를 받았다. 국방과학연구소 연구원, 한국철도기술연구원 선임연구원을 지내고 1997년부터 현재까지 한양대학교 공과대학 전기공학전공 교수로 재직 중이다. 주요 수상경력으로는 교육 분야에서 2009년, 2010년, 2014년, 2015년 '한양대학교 강의 우수교수상', 2010년 '산학협력 우수교수상', 2016년 '연구 우수 교수', 2018년 'HYU 학술상(석학교수)'을 수상하였고 연구분야에서는 1995년 일본전기학회 '우수논문상', 2009년, 2010년 대한전기학회 '우수논문상', 2018년 HY Innovation Awards '우수상'을 수상하였다. 또한 2014년 국토교통부 '장관 표창장', 2015년 한국연구재단 '감사장', 2015년 산업통상자원부 '장관 표창장'등을 수상하였다.

주요 사회활동으로는 대한전기학회 국제이사, 재무이사, IEC-TC2 분야 Korea Chairman of National Committee 등을 역임하였으며 현재는 전기기기산업 인력양성센터 소장, 한양대학교 기술고시반 지도교수, IEEE Senior Member 등으로 활동하고 있다. 저서로는 「전기기기」, 역서로는 「매입자석 동기모터의 설계 및 제어」, 「인증」, 「전기설계개론」 등 다수가 있다.

정가 20,000원

(신) 전기기기 공학 II

2020년 5월 13일 초판 인쇄
2020년 5월 25일 초판 발행
저　자 : 한양대학교 에너지변환연구실
발행자 : 송　준
발행처 : 도서출판 홍릉
주　소 : 서울시 강북구 인수봉로 50길 10
01093
등　록 : 1976년 10월 21일 제5-66호
전　화 : (02) 999-2274~5, 903-7037
팩　스 : (02) 905-6729
e-mail: hongpub@hongpub.co.kr
http://www.hongpub.co.kr
ISBN: 979-11-5600-765-4

저자와의 협의하에 인지생략